U0312962

中国室内环境概况调查与研究

王喜元　陈松华　梅　菁　王倩雪　吴文保　等著

中国计划出版社

图书在版编目（ＣＩＰ）数据

中国室内环境概况调查与研究 / 王喜元等著. -- 北
京：中国计划出版社，2018.8
ISBN 978-7-5182-0926-2

Ⅰ．①中… Ⅱ．①王… Ⅲ．①室内环境－环境监测－
中国 Ⅳ．①X83

中国版本图书馆CIP数据核字(2018)第202205号

中国室内环境概况调查与研究

王喜元　陈松华　梅　菁　王倩雪　吴文保　等著

中国计划出版社出版发行

网址：www.jhpress.com

地址：北京市西城区木樨地北里甲 11 号国宏大厦 C 座 3 层

邮政编码：100038　电话：（010）63906433（发行部）

三河富华印刷包装有限公司印刷

787mm×1092mm　1/16　23 印张　555 千字

2018 年 9 月第 1 版　2018 年 9 月第 1 次印刷

印数 1—1500 册

ISBN 978-7-5182-0926-2

定价：70.00 元

《中国室内环境概况调查与研究》编委会

主要著作人：王喜元　陈松华　梅　菁　王倩雪　吴文保

著作编写委员会：

李守坤	郭　强	张国杰	陈宇红	方　燕	胡国庆
王建香	李赵相	孙秀萍	梁辑攀	陈　璞	吴　强
李红霞	邓淑娟	郭芳杰	蒋　武	冯陈盛	潘　红
何成诗	路和平	杨莉萍	王　圣	陈永良	夏金珍
刘凤东	刘　媛	朱明峰	殷晓梅	贾婧姝	张立根
翟延波	赵　英	江伟武	姜春林	卢立用	黄　勇
朱小红	白锡庆	王永姣	马淮北	李晶晶	陈　翠
郭晶晶	王路禹	李留波	常维峰	邹　奎	周　婷
林　盛	赵　强	石亚群	吴振威	陈　荣	郑楚腾
田维震	王冬梅	把哈尔古丽·帕塔尔			魏香玉
姚　静	朱爱英	张　霞	陈国电	林　盛	陈可舒
张玉婕	陆小军	苗瑞荣	赵　磊	孙　超	张　达
李佳林	罗　娴	金　龙	林倩芸	范英伟	朱亮亮
李　芳	房　跃	张　明	王　慧	邢志飞	员秀梅
崔咏军	阙振业	胡　斌	张立成	彭金梅	刘西峰
侯书平	赵明辉	王　宾	肖仁兴	李小龙	孟　波
陆小军	陈国翠	魏　新	杨　倩	孙英健	李桂燕
陈佳宁	王　哲	袁连宝			

参加单位：泰宏建设发展有限公司

河南省建筑科学研究院/国家建筑工程室内环境检测中心

昆山市建设工程质量检测中心

太原市建筑工程质量检测站

临沂市建设安全工程质量监督管理处

天津市建筑材料科学研究院

山东省建筑科学研究院

福建省建筑科学研究院

广东省建筑科学研究院
宁夏建筑科学研究院
浙江省建筑科学研究院
河南省航空物探遥感中心
烟台市建设工程质量检测站
温州市质量技术监督检测院
珠海市建设工程质量监督检测站
苏州市建筑科学研究院
吉林省祥瑞环境检测有限公司
上海众材工程检测有限公司
通标标准技术服务（上海）有限公司
深圳市建筑科学研究院
新疆建筑科学研究院

前　言

20世纪末，我国室内环境污染问题凸显，曾连续数年成为社会热点问题。

为控制室内环境污染发展势头，住房城乡建设部于2001年组织编制了《民用建筑工程室内环境污染控制规范》GB 50325。该规范发布执行后，各有关部门做了许多工作，某些方面有所好转，但问题依然存在，多地室内环境污染问题投诉不断，纠纷时有发生，患白血病儿童病例增多。

为弄清我国现阶段存在的室内环境污染问题，找到解决办法，住房城乡建设部于2013年立项开展《中国室内环境概况调查与研究》课题研究，课题明确以化学污染为主要研究对象（住建部2006—2010年已开展过《中国室内氡研究》的课题研究，不再作为本课题研究内容）。

"中国室内环境概况调查与研究"课题需要弄清"我国目前室内环境污染状况究竟如何？""目前存在的主要问题是什么？如何解决？"等问题。课题技术路线是：从现场实测调查入手，采用统计分析方法，找出对自然通风房屋室内环境污染有影响的装修材料污染物释放量、装修材料使用量、房间通风换气率以及门窗关闭时间、装修完工时间、温度、家具污染等主要因素与室内环境污染情况的相关性，求解主要影响因素的相关参数，然后编制成规范性标准，供装修设计、施工使用。

现场实测调查能否满足课题要求，关键在于两点：一是必须有足够的样本量，必须采集到能代表各种情况的海量数据。据测算，现场测试调查房屋应在1000栋以上，房间应在5000间以上；二是现场实测调查项目必须详细，要涵盖对室内环境质量有影响的所有要素。为此，课题要求：每一被调查房间进行现场实测并提交以下数据信息：民用建筑分类；现场检测日期、时间；装修人造板使用量（m²）；实木板材使用量（m²）；复合木地板使用量（m²）；地毯使用量（m²）；壁纸、壁布使用量（m²）；活动家具类型、数量及折合人造板量（m²）；门及窗材质及使用量（m²）；装修完工到现场实测的历时（月）；室内污染源初判断；室内净空间容积（m³）；门材质及密封性直观评价（良、一般、差三级）；窗材质及密封直观评价（良、一般、差三级）；现场温、湿度（℃/RH%）；房间通风方式（自然通风、中央空调）；测前对外门窗关闭时间（h）；室内甲醛浓度（酚试剂分光光度法）；室内TVOC浓度（气相色谱法）；TVOC中"9种识别成分"占TVOC百分比等；专项进行的工作有室内苯浓度、氨浓度、通风换气率测定等实测调查研究。

参加课题单位共有 20 个：泰宏建设发展有限公司、河南省建科院/国家建筑工程室内环境检测中心、昆山市建工检测中心、太原市建工检测站、临沂市建工监管处、天津市建材院、山东省建科院、福建省建科院、广东省建科院、宁夏建科院、浙江省建科院、河南省航空物探遥感中心、烟台市建工检测站、温州市质监院、苏州市建科院、珠海市建工监测站、吉林省祥瑞环境检测公司、上海众材工程检测公司、通标（上海）有限公司、新疆建科院，深圳市建科院有限公司也提供了 2010—2013 年部分资料。

调查的城市有 19 个：郑州、新乡、昆山、太原、济南、烟台、杭州、苏州、珠海、广州、上海、温州、福州、天津、银川、临沂，以及长春、深圳、乌鲁木齐（2010—2017 年部分资料）。

课题原计划 2015 年结束，由于多方面原因，延续到 2016 年底至 2017 年初收尾，历时 3 年多。调查研究表明：我国目前室内环境污染严重，突出污染物是甲醛和挥发性有机化合物（VOC）；装修材料使用量大、污染物释放量高、家具污染突出、房间通风换气率低等是造成室内环境污染的主要原因；以课题研究为基础编制的《民用建筑绿色装修设计材料选用规程》CECS 标准将全面提升我国室内装修污染防治技术水平；课题还为我国进一步开展室内污染防治提出了不少新的研究方向。

由于课题工作量大，缺少国家经费支持，完成课题的难度可以想见。各参加单位在财力、人力、物力上给予了大力支持，大家把完成课题视为贡献国家和社会的行动，不计报酬，任劳任怨，凝结了全体参加人员的劳苦和心血。在此，谨对课题参加单位和人员表示深深地感谢，感谢大家为完成本课题研究所做的巨大努力和贡献。课题得到住房城乡建设部标准司（所）领导韩爱兴副司长、杨瑾峰所长的关心和支持，在此一并感谢。

本书是在"中国室内环境概况调查与研究"课题研究成果基础上完成的，著作编写委员会由课题参加人员组成，第二章由各课题承担单位编写，因此，本书相当于研究课题的成果汇编。

课题所提供的研究成果应当说是初步的，需要进一步研究的问题还有很多。随着我国社会经济的快速发展，人民群众对生活质量、对室内外环境的要求将不断提高。可以相信，今后，随着研究工作的逐步深入和研究资料的不断积累，将会对控制室内环境污染提供更多强有力的技术支持，必将进一步加快我国改善室内环境进程，为人民群众创造出良好的绿色工作和生活环境。

王喜元
2018.1

目　录

1 | 室内环境现场调查方案

1.1 室内环境现场调查总体方案

中华人民共和国住房城乡建设部于 2013 年 5 月 13 日发文将《中国室内环境概况调查与研究》列入 2013 年科学技术项目计划（建科函〔2013〕103 号）。

本科研项目的主要研究目标是找出我国建筑室内环境污染发生的原因、主要影响因素以及解决办法。

20 世纪末，我国室内环境污染问题已相当严重，曾连续数年成为社会热点问题：中国消费者协会 2001 年公布的一项调查结果表明，北京市抽查的 30 户居民装修后的室内环境污染检测，甲醛浓度超标的达到 73%；杭州市抽查的 53 户居民装修后的室内环境污染检测，甲醛浓度超标的达到 79%，最高的超标 10 多倍。此外，VOC 和苯超标在 40% 以上。

《民用建筑工程室内环境污染控制规范》GB 50325—2001 在 2002 年初发布施行后，各有关部门依据规范相关规定做了许多工作，总体情况虽逐渐有所好转，但问题依然存在。据 2006—2009 年部分地区已装修住宅、办公楼的室内环境污染检测结果显示，甲醛超标比例仍在 50% 以上，TVOC 超标 40%。中央电视台 CCTV‐2 生活频道曾于 2005 年组织过一次室内装修污染部分项目粗查，结果显示超标严重的是甲醛（超标比例是 70%），其次是 TVOC（超标比例是 38%），苯污染较轻（超标比例是 11%），粗查结论是：我国因装修造成的室内污染严重，应引起我国有关部门关注（该粗查由于缺少技术支持和质量控制，数据仅供参考）。地方报纸、电视新闻报道出现的室内环境污染问题投诉不断，室内环境污染纠纷时有发生，患白血病儿童病例增多，矛头指向仍为室内装修污染。

20 多年过去了，"我国目前室内环境污染状况究竟如何？""目前存在的主要问题是什么？如何解决？""装修设计中如何掌握使用装修材料使用量以保证室内空气污染不超标？""如何保证室内装修材料污染在不同季节（不同温度）均在国家规定的限量值以内？"等诸多问题均难以给出确切回答，原因是基本情况不清楚，深入研究少。

我国已进入"十三五"建设时期，城镇化将成为带动社会经济发展的主要动力之一，住宅、办公楼等普通建筑的开发将成为今后一个时期的重要内需。为了弄清我国室内装修材料污染基本情况，弄清室内环境污染与装饰装修的内在关系，十分必要对我国目前住宅、办公楼等室内污染状况进行一次系统调查，并从装修设计、施工的实际情况出发进行深入研究，提出污染防治针对性措施，修订并完善有关标准规范，为全面建设小康社会做出贡献。

项目是基于以上的背景条件下设立的，课题总体研究内容分四大部分：

（1）全国室内污染现场实测检测调查；

（2）室内装饰装修污染模拟研究；

（3）室内装修污染控制示范工程；

（4）编制民用建筑装饰装修室内环境污染控制方面的规范性文件（"民用建筑绿色装修设计材料选用规程" CECS 标准，2018 年 7 月已报批），并对《民用建筑工程室内环境污染控制规范》GB 50325—2010 国家标准修订提出建议。

1.1.1 全国室内装饰装修污染现场实测调查方案

1. 总体构想

组织动员国内东部、西部、南部、北部、中部不同省市检测单位对 19 个城市开展室内污染现场检测调查（参加调查的检测单位须具有检测能力，并通过计量认证或实验室认可）。

根据城市大小，每座城市选择 10～20 栋以上单体建筑，现场实测调查室内污染状况（最少 40～100 套/间/户）。

通过现场实测调查分析，希望实现以下目标：

（1）统计出我国目前室内环境污染物浓度现状、超标率、超标污染物种类；

（2）找出室内环境污染物与装修材料种类（板材、涂料、胶粘剂、壁纸、地板、木家具等）、装修材料环境品质（污染物释放量等）及使用量、室内外通风情况、环境温湿度变化（季节）等因素之间的关联性，为装修污染防治提供基础资料。

2. 检测调查建筑物类型

检测调查选取三种类型建筑物：住宅、办公楼、幼儿园，住宅应占四分之三以上（重点）。

将检测调查的建筑物分为已装修使用及已装修未使用两种情况，已装修未使用大体占三分之二以上，自然通风类建筑占五分之四以上。

3. 检测污染物及现场取样检测要求

（1）检测污染物 4 项（主要 2 项）：甲醛、TVOC（或简便方法的 VOC_s[①]）、氨（限东北、西北地区）、苯（限有固定或活动油漆木家具）。

（2）取样检测要求：

当按国家标准《民用建筑工程室内环境污染控制规范》GB 50325 标准方法检测 TVOC 时，需按本规范相关规定计算出 TVOC 浓度，同时对 9 种可识别成分分别计算峰面积及 9 种成分总峰面积，对其他成分计算总峰面积，并计算出 9 种可识别成分所占全部谱线峰面积比例。

4. 现场检测调查注意事项

（1）已装修未入住使用房屋检测调查需注意的要点如下：门窗关闭时间问题。按国家标准《民用建筑工程室内环境污染控制规范》GB 50325 规定，对外门窗关闭 1h 后取样检测。其中：

甲醛、VOC_s 可采用扩散吸收（被动采样）简便方法检测。（注意：当使用被动采样器时，对外门窗关闭 1h 后人员进入室内安放采样器，需放置 6～8h，过程中人员减少进出，后封装待测。扩散吸收被动式采样器及样品分析由课题组统一安排）；

---

① VOC_s 检测简便方法：被动采样器分析方法或者光离子化分析方法的分析原理与《民用建筑工程室内环境污染控制规范》GB 50325 规定 Tenax-TA 吸附、气相色谱分析方法不同，简便方法对 VOC 的分析结果虽然会与标准方法接近，但仍然有所区别，因此，我们把简便方法对 VOC 的分析结果叫作 VOC_s。

甲醛、VOCs 可采用泵吸入式主动采样简便仪器检测。注意：对外门窗关闭 1h 后人员进入室内，2h 内进行两次测量，两次测量间隔 0.5h 以上，每次测量取样检测 5 个数据，取平均值（主动式采样检测仪器由课题组统一安排，自有仪器需经指定实验室校准认可：甲醛检测由河南院负责，VOCs 检测由深圳院负责）。

氨、苯取样检测按国家标准《民用建筑工程室内环境污染控制规范》GB 50325 规定。

（2）已装修使用的房屋检测调查需注意的要点如下：

甲醛、氨、苯、TVOC 按国家标准《民用建筑工程室内环境污染控制规范》GB 50325 规定的取样检测标准方法，房屋正常使用状态下进行（对外门窗关闭 1h 后人员进入，过程中人员减少进出，停止做饭等会产生污染的生活活动）。其中：

甲醛、VOCs 可采用被动采样简便方法（对外门窗关闭 1h 后人员进入室内安放采样器，需放置 6～8h，过程中人员减少进出，后封装待测；被动式采样器由课题组统一安排）。

甲醛、VOCs 可采用主动采样简便仪器检测方法（对外门窗关闭 1h 后人员进入室内，2h 内进行两次测量，两次测量间隔 0.5h 以上，每次测量取样检测 5 个数据，取平均值；主动式采样器由课题组统一安排；自有仪器需经指定实验室校准认可：甲醛检测由河南院负责，VOCs 检测由深圳院负责）。

氨、苯取样检测按国家标准《民用建筑工程室内环境污染控制规范》GB 50325 规定。

（3）尽量利用历史检测资料。为减轻检测调查工作量，2010 年以来的已验收装修工程检测资料及住户入住后委托检测的资料只要数据真实、符合以上条件要求并有室内装饰装修情况等现场原始记录可查的，可予采用。应注意，本单位存档的 2010 年以来已做民用建筑竣工验收检测项目报告，凡按 5% 抽检的房间中，户型设计相同、装修情况相同的，同一建筑单体最多可选用 4 个房间（套/户）的检测结果作为本课题检测调查资料。

（4）简便检测方法的使用范围和相关要求。

当使用简便检测方法时，需按照行业标准《建筑室内空气污染简便取样仪器检测方法》JG/T 498—2016 的使用范围和相关要求进行。

简便取样仪器检测方法测量值使用时应符合下列规定：

1）当某种方法的测量值小于被测污染物浓度限量值减去该方法被确认的相对于标准方法相对偏差时，可作为判定室内环境污染是否超标的依据，结论应为"不超标"；

2）当某种方法的测量值大于被测污染物浓度限量值加上该方法被确认的相对于标准方法相对偏差时，可作为判定室内环境污染是否超标的依据，结论应为"超标"；

3）当某种方法的测量值处在被测污染物浓度限量值加、减相对于标准方法相对偏差内时，不可作为判定室内环境污染是否超标的依据，结论应为"不确定"。

以上三种判定方法的简明表述见表 1.1-1。

表 1.1-1　简便取样仪器检测方法检测值的使用与判定

室内环境污染简便取样仪器检测方法的测量值范围	适用性	检测结论
$C_c <$（$1-r$）限量值 L	可使用	不超标
（$1-r$）限量值 $L \leqslant C_c \leqslant$（$1+r$）限量值 L	不可使用	不确定
$C_c >$（$1+r$）限量值 L	可使用	超标

注：r—校准实验室确认给出的某种方法限量值附近浓度下测量值的相对偏差。

（5）关于不同季节检测资料的利用。已使用装修房屋在不同季节进行过两次取样检测的，只要室内家具状况相同，只是季节不同、室内气温不同或门窗关闭情况不同的，可将两种情况下的检测结果一并采用，并根据现场记录进行对比、分析，作为重要调查资料放在调查报告中。

（6）关于不同门窗关闭时间检测资料的利用。已使用装修房屋按关闭门窗 1h、12h 进行过两次取样检测的，只要室内家具状况相同，取样测量条件相同，可将两种情况下的检测结果一并采用，并根据现场记录，对两种情况下的检测结果进行对比、分析，作为重要调查资料放在调查报告中。

（7）关于由于建筑物地面防水施工造成甲醛或 VOC 超标检测资料的利用。2010 年以来的一般装修房或毛坯房工程验收检测中，发现甲醛或 VOC 超标、经现场分析属于防水施工（防水材料污染）等造成室内环境污染超标情况的，只要数据真实并有现场原始记录可查的，应对检测结果进行对比、分析，可作为重要情况放在调查报告中。

（8）关于超标治理前后检测资料的利用。2010 年以来的装修房或毛坯房工程验收检测中，发现甲醛或 VOC 超标后采取治理措施，进行了第二次检测的，可将前后两次检测结果一并采用，并根据现场记录，对两种情况下的检测结果进行对比、分析，作为调查资料放在调查报告中。

（9）现场记录。在进行现场检测调查时，需详细记录检测日期、被调查房间（套、户）位置、房间数量、面积及各房间长×宽×高尺寸、房间（套、户）对外门窗面积、材质、门窗密封性文字描述、采暖空调方式及使用情况、装修完工日期、室内装修详细描述（地面、墙壁、顶板、壁柜、吊柜等方面情况，其中壁柜、吊柜使用人造板材质的，应记录壁柜、吊柜数量及每件固定家具的长×宽×高尺寸及饰面情况）、室内活动家具情况（数量及每件固定家具的长×宽×高尺寸及饰面情况）、当日室内外环境温湿度、当天风力等。

（10）现场检测调查结束后及时总结。每座城市现场检测调查结束后，根据调查结果，在 3 个月内写出文字总结，内容包括：本地概况、调查实施方案、现场测试调查过程、质量控制、调查结果及统计分析、结论、建议等。

（11）做好准备工作。参加课题研究的检测单位在工作开始前，应对本单位存档的所在城市已做民用建筑竣工验收检测项目报告及住户委托检测报告认真进行一次整理筛查，对照课题要求，筛选出符合课题要求的检测报告，然后根据课题关于一座城市的检测调查内容和工作量要求，提出需要补充开展的工作项目和内容，写出下一步调查工作方案。

调查工作方案内容包括：本地近年来住宅、办公楼、幼儿园开工面积、竣工面积等基本情况，以及建筑结构形式、通风方式、门窗材质、"三性"方面的基本统计分析，列出拟进行检测调查的工程详情、计划现场调查测试时间、方法、质量控制措施、进度计划等，连同筛选出拟用的 2010 年以来已完成的符合课题要求的房间（套、户）检测结果一并报课题组，经审查同意后方可开始下一步现场检测调查。

检测调查工作开始前，检测单位应对所用取样测量仪器进行校准（有效期内），标准检测方法的标准曲线应在有效期内，自用甲醛、VOC$_s$ 主动采样简便检测仪器的标定应在 1 年有效期内（未进行标定的需到指定实验室标定：甲醛检测仪——河南省建筑科学研究院；

VOC 检测仪——深圳市建筑科学研究院）。

无主动采样简便检测仪器但准备使用进行检测调查的单位及准备使用被动采样器的单位，需向课题组提出使用计划，由课题组统筹安排提供（借用）。

被动采样器采样后的处理分析由课题组统一安排：三菱-甲醛采样器及三菱- VOC 采样器交由广州工业与信息化部五所；SKC -甲醛采样器及 SKC-VOC 采样器交由深圳市建筑科学研究院。

使用被动采样器或主动采样简便检测仪器的单位在调查开始前需进行技术培训（由总课题组统一组织）。

1.1.2　室内装饰装修污染模拟研究

1. 研制建造室内装饰装修污染模拟实验房

研制模拟实验房目的：

（1）进行全装修房室内环境污染模拟研究；

（2）进行整体木家具污染物释放测试研究；

（3）进行地毯、壁布释放甲醛、VOC 污染模拟测试研究（作为大型环境测试舱使用）。

2. 利用模拟实验房开展模拟测试研究

模拟研究内容包括以下几个方面：

（1）全装修房室内污染实物模拟研究；

（2）地毯、壁布释放甲醛、VOC 污染测试研究（作为大型环境测试舱使用）；

（3）整体木家具释放甲醛、VOC 污染测试研究（作为大型环境测试舱使用）。

1.1.3　室内装饰装修污染控制示范工程（具体内容略）

我国目前装饰装修材料环境品质普遍较差，市场监管不到位的情况也比较严重，为了引导房地产开发企业在保证室内环境质量（装修房工程竣工验收时室内环境检测不超标）的前提下逐步扩大装修房验收建设规模，并为编制《住宅装修室内环境污染控制》规范性指导文件提供技术支撑，特依托河南泰宏集团建设室内装修污染控制示范工程。

该示范工程主要技术内容有：

（1）选择住宅小区作为室内装修污染控制示范工程；

（2）在现有国家标准基础上，示范工程对装修材料环境品质提出更加严格要求。

1.1.4　项目计划进度

1. 2013 年任务

上半年：完成城市室内装修污染调查项目组织及技术方案编制；进行模拟实验房系统设计、建造方案的讨论和选点；

下半年：完成课题参加单位的动员、组织、分工，完成检测仪器的标定，基本完成模拟实验房的系统设计、建造，技术指标的测试，完成模拟实验方案的编制并力争开始模拟试验研究；进行示范工程的前期准备。

2．2014 年任务

开展并基本完成城市室内装修污染调查，完成国外资料调研，基本完成模拟实验房室内装修污染模拟研究；开始建设示范工程。

3．2015 年任务

上半年完成各项研究及总结工作（示范工程除外），下半年完成项目总结的汇总。2015 年12 月完成全部任务（示范工程抓紧进行，如赶不上总体进度，可另行安排），并准备成果鉴定。

1.1.5　补充说明

2014 年初，在课题组启动会（课题人员全体会议）上课题组负责人对课题方案做了进一步说明。

调查方案中要求，本单位存档的 2010 年以来已做民用建筑竣工验收检测项目报告，凡按 5％抽检的房间中，户型设计相同、装修情况相同的，同一建筑单体最多可选用 4 个房间（套、户）的检测结果作为本课题检测调查资料。这样要求主要从以下两方面考虑：

（1）本课题工作量非常大，但是没有国家经费支持，一切活动只能靠参加单位自己想办法解决。这种情况下，利用各单位过去工作的已有数据是最现实、最容易做的。课题参加单位基本上都是各省市工程质量检测的核心单位，日常主要工作就是承担工程竣工验收的室内环境质量检测，积累有大量数据，只是许多验收的工程是毛坯房，没有进行装饰装修，数据没有使用价值，但许多地方简装修后验收的房屋也不少，数据可以使用。加上住户入住后委托检测的事也时有发生，这样，积累起来总会有一些数据资料可以利用，即 2010—2013 年的房间验收检测甲醛、氨、苯、VOC 浓度数据，可以用来说明我国近年来室内环境污染现状的部分数据使用，事半功倍。

（2）经过半年多准备，本课题启动会于 2014 年 1 月召开，真正能够用于分析影响室内环境污染方面面原因的房间空间情况、建筑装修材料使用情况、通风等情况数据只能通过2014 年的现场实测得到，也就是说，2014 年的现场实测数据将起到两方面作用：一是补充2010—2013 年的房间验收检测甲醛、氨、苯、VOC 浓度数据，说明我国近年来室内环境污染现状；二是通过 2014 年的房间空间情况、建筑装修材料使用情况、通风等情况数据，统计分析房间空间情况、建筑装修材料使用情况、通风等对室内环境污染的影响，考虑到工作量很大，各单位能拿出的时间有限，因此，2014 年调查的深度、广度要适当，不能太大。

1.1.6　关于简便方法的使用

按照住建部计划安排，由河南省建筑科学研究院牵头编制了行业标准《建筑室内空气污染简便取样仪器检测方法》JG/T 498—2016，如能在本课题中应用既可以减少调查单位的工作量，对遴选出来的简便方法也是个很好的试用，因此，课题方案中将简便方法列为可选用的方法之一。

1．行业标准《建筑室内空气污染简便取样仪器检测方法》简介

空气污染检测技术是一项随着空气污染的发现、研究而发展起来的微量测量技术，近几十年，随着光谱、气相色谱、液相色谱、质谱等高端检测技术的使用，使得空气污染检测技

术水平大大提高。但是，这些检测方法使用的仪器设备价格昂贵，检测费用也比较高。按GB 50325 标准要求，以目前一般检测单位的检测费用粗略统计，1 个检测点的甲醛、氨、苯、氡、挥发性有机化合物（TVOC）等五项检测所需成本费用在 300～600 元，对外收费为 500～1000 元，一套住宅最少按测 2 个点计算，需支付 1000～2000 元，一般老百姓感觉费用高，难以接受，因而不少住宅、学校、幼儿园未经检测即投入使用，后果严重。

民用建筑工程验收时，要求进行的室内环境污染检测一般比较集中、工作量大、时间要求急，按照国家标准《民用建筑工程室内环境污染控制规范》GB 50325 规定的室内环境污染标准检测方法，化学污染物取样检测程序复杂、周期长，往往给及时提交检测报告造成困难；比较起来，简便取样仪器检测方法虽然方便快捷，但易受环境因素影响，且多数灵敏度较低。可以看出，标准检测方法与简便取样仪器检测方法两者各有所长。

我国目前的室内环境污染问题依然比较突出，普通老百姓要求了解自家污染情况的愿望十分迫切，希望国家推出空气污染简便检测方法，降低检测收费。实际上，普通老百姓只要求知道室内空气污染物是否超标，只要不超标就可以放心。从技术上讲，回答"是否超标"属于"筛选性检测"，而不是要求采用高端技术测得的十分准确的数据结果。

这种情况在发达国家同样存在。为了适应社会公众的普遍要求，美国、日本以及欧洲国家早已认可了一些带有"筛选性检测"的空气污染简便检测方法，并出台了相应的规范性要求，早已在学校、幼儿园、临时居住点普遍使用，以便迅速发现问题及时处置。也正是出于这一考虑，国家标准《民用建筑工程室内环境污染控制规范》GB 50325—2001 中也早已经允许甲醛检测、氡检测采用简便检测的现场检测方法，但对于氨、苯、挥发性有机化合物等项污染物，由于缺少深入调查研究，简便检测方法一直被排除在外。

《建筑室内空气污染简便取样仪器检测方法》JG/T 498—2016 的编制将承认适用的简便取样仪器检测方法，并规范室内环境污染简便取样仪器检测方法的考核和现场检测使用，从而完善室内环境污染检测方法体系。也就是说，在保证检测质量的前提下，允许室内环境污染物检测合理使用简便取样仪器检测方法，以满足社会多方面需要，加强民用建筑工程室内环境污染检测管理。

需要强调的是，空气污染简便检测方法的作用和定位在于回答"是否超标"，它与精准取样测量方法相辅相成。当然，并不是所有简便检测方法都能无条件回答"是否超标"问题；有些简便检测方法的准确程度太低，或者受环境条件影响太大，将不被允许；有的虽予允许，但必须附加限制条件或者限制使用范围。从发达国家的经验看，通过遴选，最终要开列出入选的简便检测方法清单，以供社会选择。

因此，《建筑室内空气污染简便取样仪器检测方法》编制的目的是通过专项研究及与精准检测方法的比对，科学遴选出适合于我国民用建筑室内空气污染（甲醛、氨、苯、VOC等）检测的简便方法，明确其使用条件和范围，建立简便检测方法涉及的定期校准技术平台，建立起与精准检测方法相配套的科学合理的完整检测方法体系，推动我国建筑业更快更好发展，满足人民群众的广泛需求。

2．遴选出的简便方法

（1）甲醛检测的简便方法如表 1.1-2 所示。

表 1.1-2　甲醛检测的简便方法

方法类别	电化学法（便携式现场取样检测）	酚试剂现场仪器比色法（便携式现场取样检测）	被动式取样检测
方法原理	当使用电化学传感器检测空气中甲醛浓度时，空气被取样泵抽到反应室内，接触系统内的传感器，在一个催化性主动电极上发生电氧化化学反应，产生一微小电流，该电流正比于样品甲醛浓度，通过微处理器计算出甲醛浓度值，并显示在显示屏上	空气中甲醛与酚试剂反应生成嗪，嗪在酸性溶液中被高价铁离子氧化成蓝绿色化合物，根据颜色深浅，比色定量	被动式取样器内装有固体吸附剂，将其挂于室内，通过分子扩散吸附待测环境中甲醛，达到规定取样时间后，将被动式取样器封装寄回实验室，分析被动式取样器吸附的甲醛量，通过转换因子换算成污染物在空气中的浓度
仪器校准要求	工作开始前用简易标准器进行现场工作校准，年度正式校准不少于1次	年度正式校准不少于1次	应在取样器标明的有效期内使用

（2）苯检测的简便方法如表 1.1-3 所示。

表 1.1-3　苯检测的简便方法

方法类别	便携式气相色谱	被动式取样检测
方法原理	待测气体通过系统内置取样泵进入六通阀定量环，经阀切换，被载气带入色谱柱分离，然后被检测器检测，直接给出分析结果	被动式取样器内装有固体吸附剂，将其挂于室内，通过分子扩散吸附待测环境中苯，达到规定取样时间后，将取样器封装寄回实验室，分析其吸附的苯的量，通过转换因子换算成苯在空气中的浓度
仪器校准要求	工作校准（在实验室与标准检测方法比对）3个月进行1次，年度正式校准不少于1次	应在取样器标明的有效期内使用

（3）挥发性有机化合物（VOC）检测的简便方法如表 1.1-4 所示。

表 1.1-4　VOC检测的简便方法

方法类别	便携式气相色谱仪	被动式取样检测	光离子化挥发性有机化合物总量直接检测法（便携式现场取样检测）
方法原理	待测气体通过系统内置取样泵进入六通阀定量环，经阀切换，被载气带入色谱柱分离，然后被检测器检测，直接给出分析结果	被动式取样装置内装有固体吸附剂，将其挂于室内，吸附待测环境中挥发性有机物，达到规定取样时间后，将取样器封装寄回实验室，分析其吸附的有机物的量，通过转换因子换算成污染物在空气中的浓度	通过空气泵实时采集空气样本，被光离子化检测器检测，实时显示挥发性有机化合物浓度
仪器校准要求	工作校准（在实验室与标准检测方法比对）3个月进行1次，年度正式校准不少于1次	应在取样器标明的有效期内使用	每次检测前进行工作校准，年度正式校准不少于1次

3．关于简便方法的使用

简便取样仪器检测方法测量值使用时应符合下列要求：

（1）当某种方法的测量值小于被测污染物浓度限量值减去该方法被确认的相对于标准方法相对偏差时，可作为判定室内环境污染是否超标的依据，结论应为"不超标"；

（2）当某种方法的测量值大于被测污染物浓度限量值加上该方法被确认的相对于标准方法相对偏差时，可作为判定室内环境污染是否超标的依据，结论应为"超标"；

（3）当某种方法的测量值处在被测污染物浓度限量值加、减相对于标准方法相对偏差内时，不可作为判定室内环境污染是否超标的依据，结论应为"不确定"。

以上要求的简明表述如表 1.1-5 所示。

表 1.1-5　简便取样仪器检测方法检测值的使用与判定

室内环境污染简便取样仪器检测方法的测量值范围	适用性	检测结论
$C_c <$ （1−r）限量值 L	可使用	不超标
（1−r）限量值 $L \leqslant C_c \leqslant$ （1+r）限量值 L	不可使用	不确定
$C_c >$ （1+r）限量值 L	可使用	超标

注：r—校准实验室确认给出的某种方法限量值附近浓度下测量值的相对偏差。

需要说明的是，在本课题现场调查中，部分单位发现供应商提供的简便方法仪器（特别是 VOC 检测仪器）不稳定，有的仪器毛病多，因此，真正使用简便方法取样检测的数据不多，绝大部分数据还是通过标准方法取得的，加大了工作量。

1.2　2014 年室内环境现场实测调查方案

1.2.1　室内空间概况调查（2014—2015 年）

课题研究目标是室内环境污染问题，产生污染的源头主要是装饰装修所使用的建筑装修材料及家具等，同样多的污染源如果发生在一个大的空间里，污染物的积累和严重程度可能会轻得多，如果发生在一个小的空间里，可能会重得多，因此，室内空间（容积）大小是构成室内环境的要素之一。

1．室内空间现场实测调查项目

国家标准《民用建筑工程室内环境污染控制规范》GB 50325 所要求的污染物控制以房间为基本单位，该规范第 6.0.12 条规定，民用建筑工程验收时，应抽检每个建筑单体有代表性的房间室内环境污染物浓度。因此，本课题现场实测调查以房间为基本单位，要求调查的房间空间项目有：房间地面面积测量计算，墙面高度、墙面面积测量计算，房间容积计算（m^3）等。

2．调查方法

现场空间实测调查要求：用钢卷尺测量房间长宽高（精确到 cm），门窗数量、长宽高尺寸（精确到 cm），有门家具长宽高尺寸（精确到 cm），计算出房间净空间容积（m^3）。

1.2.2 室内空气污染实测调查污染物项目

本课题室内污染物调查主要为国家标准《民用建筑工程室内环境污染控制规范》GB 50325控制的化学污染物，由于2006—2010年已经进行过全国性室内氡调查，所以，氡不再作为本次调查对象。

1. 主检污染物

甲醛、TVOC、苯三项均为化学污染物。各参加单位可根据自己情况增加检测项目，例如，氨、TVOC的可识别成分等。

甲醛：致癌物，有刺激性气味，主要来源于各类人造板，释放过程缓慢，国家标准《民用建筑工程室内环境污染控制规范》GB 50325控制的主要污染物之一，许多污染纠纷案件均由于甲醛超标，社会各方面要求控制呼声最高的污染物。

TVOC：可以挥发的有机化合物，来源于各类油漆涂料、胶粘剂，国家标准《民用建筑工程室内环境污染控制规范》GB 50325控制的主要污染物之一，许多污染纠纷案件均与VOC有关，社会多方面要求控制呼声较高的污染物。

苯：致癌物，有气味，主要来源于各类有机涂料、胶粘剂，国家标准《民用建筑工程室内环境污染控制规范》GB 50325控制的主要污染物之一，曾经是社会高度关注并要求控制的污染物之一。

2. 实测调查方法

（1）甲醛取样检测可以使用以下4种方法：

①国家标准国家标准《民用建筑工程室内环境污染控制规范》GB 50325中提到的标准方法（GB/T 18204.26酚试剂法），提倡使用；

②电化学法（英产ppm400）；

③酚试剂现场仪器比色法（吉大-小天鹅）；

④扩散吸收采样器法（徽章，美产）。

（2）挥发性有机化合物（VOC）取样检测可以使用以下4种方法：

①TVOC：国家标准《民用建筑工程室内环境污染控制规范》GB 50325—2010中（附录G）提到的标准方法，提倡使用；

②TVOC：便挟式气相色谱法（GC-PID）；

③VOC$_s$：扩散吸收采样仪器分析方法（徽章，美产）；

④VOC$_s$：光离子化总量检测法（RAE3000　VOC检测仪）。

（3）苯取样检测可以使用以下3种方法：

①国家标准《民用建筑工程室内环境污染控制规范》GB 50325—2010中附录F提到的标准方法，提倡使用；

②便挟式气相色谱法（GC-PID）；

③扩散吸收采样仪器分析方法（徽章，美产）。

3. 取样检测操作要求

（1）当使用标准方法（或便挟式气相色谱）检测TVOC时，需按国家标准《民用建筑工程室内环境污染控制规范》GB 50325 规定计算出 TVOC 浓度，同时对 9 种可识别成分分别计算峰面积和总峰面积、计算其他成分峰总面积，并计算出 9 种可识别成分占全部谱线峰面积比例。

（2）当使用扩散吸收式采样器检测甲醛、苯、VOC$_S$ 时，对外门窗关闭 1h 后人员进入室内安放采样器，须放置 6～8h，过程中人员减少进出，后封装寄送指定实验室待测（采样器及样品分析由课题组统一安排）。

（3）当使用泵吸入式主动采样简便仪器检测甲醛、VOC$_S$ 时，对外门窗关闭 1h 后人员进入室内，并在 4h 内进行两次测量，两次测量间隔 0.5h 以上，每次测量取样检测 5 个数据，取平均值（检测仪器由课题组统一安排；使用自有仪器者需先经指定实验室校准考核：甲醛——河南建科院，VOC$_S$——深圳建科院）。

（4）按国家标准《民用建筑工程室内环境污染控制规范》GB 50325 规定的标准方法对"已装修未使用"房屋检测甲醛、氨、苯、TVOC 时，对外门窗关闭 1h 后取样检测。

（5）"已装修使用"房屋调查时，取样检测在房屋正常使用状态下进行（即对外门窗关闭 1h 后人员进入，测量过程中人员减少进出，停止做饭等产生污染活动）。

4. 进行实地检测调查方式和关键点

实地检测调查方式分以下两种方式：

方式一（主要方式）：结合已装修工程验收检测、结合客户委托的"已装修使用"检测进行（属日常工作，多数检测单位承担的这类检测任务应可以满足课题检测调查工作量要求），只要认真观察并做好现场原始记录即可（注意：当使用方式一时，甲醛检测可采用简便方法，氨、苯、TVOC 检测要采用国家标准要求的方法；当然，苯、TVOC-VOC$_S$ 检测也可并行采用简便方法）。

方式二（补充方式）：进行专项实地检测调查（少数检测单位接受委托性检测量少，需要专门组织进行课题检测调查）。由于这类检测调查不承担具体工程验收及客户委托检测"是否超标"判定任务，因此，甲醛、苯、VOC$_S$ 检测可以全部使用简便方法，以减少检测调查工作量。

1.2.3 调查建筑物类型

本次调查自然通风房屋以已装修住宅为主，建筑物类型可以具体分以下三种类型：

（1）住宅、幼儿园（1 类建筑）、办公楼、宾馆等（2 类建筑），以住宅为主要调查对象（数量应占四分之三以上）。

（2）房屋可分为"已装修未使用"（工程竣工验收检测）及"已装修使用"两类，毛坯房不调查，已装修未使用房屋大体应占三分之二以上（"已装修"指简装修、精装修两种情况。"精装修"概指室内各房间已装修到位，具备入住条件，只缺少家具、家电等的室内装饰装修状况）。

（3）自然通风建筑与机械通风建筑均可进入调查房屋范围，以自然通风类型建筑为主（数量应占五分之四以上）。

1.2.4　室内空间现场调查具体内容

现场空间实测调查内容包括：

（1）房间总体情况。认真进行现场观察并记录如下信息：被测房间功能、套内房间数量、被测房间面积、房间长×宽×高尺寸（cm）、检测日期、检测方法、对外门窗关闭时间等。

（2）房间通风情况。认真进行现场观察并记录如下信息：房间对外门（窗）面积、门（窗）材质、门（窗）密封性（直观，文字描述）、采暖空调方式（中央空调、空调一体机、分体机、地暖、抽排风机等）及使用情况（检测时是否使用）、当天风力、室内外环境温湿度等。

（3）室内装修情况。认真进行现成观察并详细描述室内装修情况：地面（地板砖、地板革、复合地板、地毯、木地板等）、墙壁（涂料、壁纸、壁布、人造板＋壁布混合等）、顶板（涂料、石膏板吊顶、泡沫板吊顶、复杂吊顶等）；有无固定式壁柜、吊柜及壁柜、吊柜材质，壁柜、吊柜使用人造板材质的，应记录壁柜、吊柜数量及每件固定式家具的长×宽×高尺寸（cm）及有无油漆饰面情况，装修完工日期等。

（4）室内活动家具情况。注意现场观察并详细描述：有无室内活动家具、数量及每件固定家具的长×宽×高尺寸（cm），以及有无油漆饰面情况等。

以上内容可以参照表 1.2-1 填写。

表 1.2-1　室内环境污染实地检测调查原始记录表

工程项目名称					
室内环境条件	温度				
	湿度				
现场检测日期		装修完工日期		测前门窗关闭时间	
通风采暖方式及使用情况：					
记录人：		记录时间：　　年　　月　　日			

填表说明：
1. 地面、墙面、屋顶主要写长、宽、装修材料种类及所用材料施工面积。
2. 家具一栏主要填各类家具（固定式吊柜、壁柜、案台等，活动式桌子、橱柜、床、沙发等）的类型、数量、材质，对使用人造板材的家具要写明家具尺寸（长、宽、高）及饰面情况。
3. 采用标准方法测得的 TVOC 主要填 TVOC 总量及九种定性组分量和以甲苯计组分量及百分比。
4. 采样房间功能指卧室、厅、卫生间、厨房等。
5. 涉及尺寸的单位为厘米（cm）

1.2.5　工作组织及调查样本量要求

为了使调查能够比较好地反映我国目前室内环境污染状况，必须考虑有较好的地域代表性，为此，需要组织动员东、西、南、北、中不同省市的检测单位对 19 个城市开展室内装饰装修污染实地检测调查（参加调查的检测单位须具有检测能力并通过计量认证或实验室认可）。

每座参加实测调查的城市，应根据被调查城市大小，选择 10～20 栋（或以上）单体建筑，实地检测调查最少 40～100 套（间、户）室内污染状况（根据调查城市大小）。

也就是说，力争参加调查的城市达到 15 个以上，房间数达到 2000 间以上。

1.2.6　工作步骤

1. 整理 2010—2013 年房屋验收检测数据，筛选出符合调查要求的数据资料

为减轻检测调查工作量，只要数据真实、可靠，应尽量使用 2010—2013 年的装修工程验收检测资料及"已装修使用"的客户委托检测资料，筛选出符合课题要求的检测报告，并按以下四种情况分类：

（1）按"已装修未使用"及"已装修使用"两种情况分类；

（2）按住宅、幼儿园、办公楼（宾馆）三类建筑分类；

（3）按自然通风建筑与机械通风建筑两种情况分类；

（4）按不同城市汇总。

资料分类汇总后，对于已装修工程验收检测资料，注意尽可能补充完善以下内容：工程名称、装修完工日期、检测日期、检测方法、检测房间功能（卧室、卫生间等）、对外门窗关闭时间、检测值、当天天气、室内环境温度等原始记录。如有可能，可对室内装修情况进行简要描述（例如说明简装、精装，有无油漆家具等）。

对于"已装修使用"的客户委托检测资料，注意尽可能补充完善以下内容：被测房屋名称（例如住宅、幼儿园等）、装修完工日期、室内装修状况简要描述（例如说明简装、精装，有无油漆家具等）、检测日期、检测方法、检测房间功能（卧室、卫生间等）、对外门窗关闭时间、检测值、当天天气、室内环境温度等原始记录等，并按前述课题注意事项，形成 2010—2013 年室内装饰装修污染实地检测调查报告。

在进行资料整理和筛选时，注意以下几点：

（1）检测单位存档的 2010—2013 年以来竣工验收检测项目报告，凡按 5% 抽检的房间中，户型设计相同、装修情况相同的，同一建筑单体最多可选用 4 个房间（套、户）的检测结果作为本课题检测调查数据（不取平均）。

（2）检测单位 2010—2013 年以来拥有多个城市检测项目的，可分城市整理检测数据，多少不限（在课题总报告中是否显示城市名称待定）。

（3）检测单位 2010—2013 年以来在某城市拥有更多有用检测数据的［10～20 栋以上单体建筑，实地检测 40～100 套以上（间、户）］，可全数整理作为课题检测数据，多少不限。

（4）客户委托的"已装修使用"房屋在不同季节进行过两次取样检测的，只要室内家具状况相同，只是季节不同、室内气温不同或门窗关闭情况不同的，检测单位可将两种情况下的检测结果一并整理采用，并根据实地记录进行对比、分析，作为重要调查资料放在调查报告中。

（5）客户委托的"已装修使用"房屋按关闭门窗 1h、12h 进行过两次取样检测的，只要室内家具状况相同，只是取样测量条件相同，检测单位可将两种情况下的检测结果一并整理采用，并根据实地记录，对两种情况下的检测结果进行对比、分析，作为重要调查资料放在调查报告中。

（6）2010—2013 年的工程验收检测中，发现甲醛或 VOC 超标、经实地分析属于防水施工（厨房、卫生间防水材料污染）等造成室内环境污染超标情况的，无论是否装修房或毛坯房，只要数据真实并有实地原始记录可查的（认定根据），检测单位可对检测结果进行对比、分析，作为重要情况放在调查报告中。

（7）2010—2013 年的装修房或毛坯房工程验收检测中，发现甲醛或 VOC 超标、后采取治理措施，进行了第二次检测的，检测单位可将前后两次检测结果一并采用，并将治理措施作为背景材料和实地检测结果一起进行对比、分析，作为调查资料放在调查报告中。

2．编制好现场实测调查计划，做好 2014 年现场实测调查工作

编制 2014 年工作计划时的几点提示：

（1）希望各参加课题研究检测单位根据课题要求，并本着量力而行原则，编制出 2014 年工作计划，着重是提出需要补充开展的工作项目和工作内容、进度计划及申请使用简便方法计划等，连同筛选出拟用的检测数据资料，一并报总课题组。

（2）新的检测调查工作开始前，检测单位应对所用取样测量仪器进行校准（有效期内），标准检测方法的标准曲线应在有效期内，自有甲醛泵吸入采样简便检测仪器的标定应在 1 年有效期内（未进行标定的需到河南省建筑科学研究院校准；自用泵吸入 VOC 检测仪需到深圳市建筑科学研究院校准）。

（3）计划借用主动采样简便检测仪器进行检测调查的单位及计划使用扩散吸收采样器的单位，需在 2014 年度工作计划中提出借（使）用简便方法的时间段（不超过 3 个月），由课题组统筹安排提供（用）。扩散吸收采样器采样后的处理分析由课题组统一安排（工业与信息化部第五研究所）。

（4）使用扩散吸收采样器或泵吸入采样简便检测仪器的单位在调查开始前需进行必要的技术培训（由总课题组统一组织）。

希望 2014 年的实地检测调查数据能够显示室内环境污染物与装修材料种类（板材、涂料、胶粘剂、壁纸、地板、木家具等）、装修材料环境品质（污染物释放量等）及装修材料使用量、室内外通风情况、环境温湿度变化（季节）等因素之间的关联性，与实验室研究相结合，为装修污染防治及编制规范性文件提供技术支撑（实现最高目标要求）。

（5）关于土壤氡、室内氡检测调查问题：计划进行土壤氡、室内氡检测调查的单位可参照以往调查经验组织进行，可另行编制计划，总课题组将提供技术支持。

3．实地检测调查总结

实地检测调查结束后，根据调查结果，希望各课题参加单位在 3 个月内写出文字总结，内容包括：本地有关方面概况、检测调查实施方案、实地检测调查过程、质量控制、调查结果及统计分析、结论、建议等。

1.3　课题进行期间的进一步部署

1.3.1　2014 年 9 月项目第二次会议

2014 年现场实测调查工作进行中，9 月份召开课题参加单位第二次会议，对已开展工作进行了初步总结，对下一步工作进一步具体部署。

1.3.2 关于课题完成时间后延的说明（2015年8月）

（1）课题参加单位大部分现场实测调查工作均在2015年初结束，并开始整理数据、编写报告，个别单位因种种原因有所拖延。

（2）课题初步总结发现，现场实测调查得出的我国目前住宅建筑通风换气率数据（0.3～0.4次/h）达不到《民用建筑供暖通风与空气调节设计规范》GB 50736—2012的规定（约0.5次/h），这一情况有必要进一步调查落实，因此，进一步动员参加课题单位补充测试示踪气体法测试房间通风换气率数据。此项工作在2016年完成。

国家标准《民用建筑供暖通风与空气调节设计规范》GB 50736—2012的第3.0.6条的条文说明已明确居住建筑的换气次数参照ASHRAE Standard62.1—2007确定，结果见表1.3-1。

表 1.3-1 住宅和医院建筑最小新风量（1/h）

建筑类型	人均居住面积	换气次数
居住建筑	人均居住面积≤10m	0.7
	10m² <人均居住面积≤20m²	0.6
	20m² <人均居住面积≤50m²	0.5
	人均居住面积>50 m²	0.45

1.3.3 现场实测调查项目的进一步明确（2015年9月）

课题最高目标是：通过现场实测调查，探索室内装修造成污染的原因，找出影响因素与室内环境污染之间的定量相关性，从而寻求有效解决办法，达到既有装修又不使污染超标的目标。

既往经验表明：造成室内环境污染的主要因素是装修材料、家具等（污染源），空间大小及通风情况（环境容量）影响到室内环境污染的最终结果，另外，装修完工时间长短、环境温度高低等也都会产生影响，实际上，正是这些因素的共同作用决定了室内环境的最终状况。这些因素具体体现在实测调查的以下信息中：

（1）现场检测日期、时间；

（2）房间装修人造板（分类及总）使用量（m²）；

（3）实木板材使用量（m²）；

（4）复合木地板使用量（m²）；

（5）地毯使用量（m²）；

（6）壁纸、壁布使用量（m²）；

（7）室内活动家具类型、数量及折合人造板使用量（m²）；

（8）门材质、窗材质及使用量（m²）；

（9）装修完工到现场检测调查时的历时（月）；

　（10）房间内（长、宽、高）净空间容积（m³）；

　（11）门密封性直观评价（良、一般、差三级）；

　（12）窗密封直观评价（良、一般、差三级）；

　（13）现场温、湿度（℃/RH%）；

　（14）房间通风方式（自然通风、中央空调）；

　（15）测前对外门窗关闭时间（h）；

　（16）室内甲醛浓度（酚试剂分光光度法、简便方法）；

　（17）室内 TVOC（气相色谱法、简便方法）；

　（18）TVOC 中"9 种识别成分"占 TVOC 百分比；

　（19）民用建筑分类、室内主要污染源初步判断等。

　　由于影响因素多，相互交织在一起，共同作用，这就给分析诸因素之间的内在联系造成困难。因此，现场实测调查完成后的数据汇总整理、统计分析历时一年多，应可以理解。

2 | 19 个城市室内环境污染实测调查（2010—2015 年）

2.1 昆山市装修污染调查与研究

2.1.1 昆山市概况

近年来，昆山地区的建筑量较大，2014 年昆山地区累计建设项目报建量为 1524.38 万 m²，房产项目累计 978.50 万 m²，占总报建量的 64%。2011—2015 年的建筑开工量如表 2.1-1 所示。

表 2.1-1 昆山市 2011—2015 年建筑开工量统计表

建设时间（年份）	2011	2012	2013	2014	2015
开工面积（万 m²）	1616.7	1332.0	1846.8	1524.8	1046.8

2.1.2 2010—2013 年室内环境污染状况统计

2010—2013 年室内环境污染状况统计数据主要来源于已装修工程验收检测资料和客户委托的"已装修使用房屋"检测资料。

2010—2013 年共对 121 幢 558 间建筑物进行了室内空气中甲醛浓度、TVOC 浓度现场检测调查，其中 I 类建筑物 97 幢 449 间、II 类建筑物 24 幢 109 间。调查中，TVOC 浓度检测使用简便方法光离子化总量检测法（RAE 3000 VOC 检测仪），甲醛浓度检测使用《民用建筑工程室内环境污染控制规范》GB 50325 标准方法和简便方法电化学法（英产 PPM400）两种检测方法，检测结果中，甲醛浓度保留三位小数的数据为使用《民用建筑工程室内环境污染控制规范》GB 50325 标准方法所得结果，共计 309 组，保留两位小数的数据为使用简便方法电化学法（英产 PPM400）所得结果，共计 249 组。

昆山市 2010—2013 年民用建筑室内空气中甲醛、TVOC 浓度统计分析，如表 2.1-2、表 2.1-3 所示。

表 2.1-2 昆山市 2010—2013 年 I 类民用建筑室内空气甲醛、
TVOC 浓度超标率统计表

检测时间（年份）	甲醛浓度超标率（%）	TVOC 浓度超标率（%）
2010	44.4	19.9
2011	22.9	20.0
2012	40.4	6.4
2013	22.7	20.4

表 2.1-3　昆山市 2010—2013 年 Ⅱ类民用建筑室内空气甲醛、
TVOC 浓度超标率统计表

检测时间（年份）	甲醛浓度超标率（%）	TVOC 浓度超标率（%）
2010	41.2	23.5
2011	0.0	31.8
2012	31.8	18.2
2013	12.9	29.0

由表 2.1-2、表 2.1-3 可知，昆山地区 2010—2013 年，民用建筑室内装修污染情况一直较为严重。

2.1.3　2014—2015 年室内环境污染实测调查统计

1. 现场实测调查实施方案

（1）主检污染物：甲醛、TVOC。

（2）检测方法。经过比较分析，本次调查，选择以下检测方法：

1）甲醛检测方法：简便方法电化学法（英产 PPM400）；

2）TVOC 检测方法：简便方法光离子化总量检测法（RAE3000 VOC 检测仪）。

（3）取样检测操作要求。

1）检测时，对外门窗关闭 1h 后人员进入室内，并在 4h 内进行两次测量，两次测量间隔 0.5h 以上，每次测量取样检测 5 个数据，取平均值（检测仪器为自有仪器，已经课题组指定实验室校准考核）。

2）"已装修使用"房屋调查时，取样检测在房屋正常使用状态下进行（对外门窗关闭 1h 后人员进入，测量过程中人员减少进出，停止做饭等产生污染活动）。

2. 现场实测调查过程

（1）现场实测调查时间。本次调查时间为 2014 年 4 月至 2014 年 12 月，调查总量为 47 幢建筑，180 个房间，结合 2014 年日常进行的已装修工程验收检测及客户委托的"已装修使用房屋"检测进行。

（2）从以下四个方面进行了现场实测原始记录。

1）检测方面。被测房间功能、套内房间数量、被测房间面积、被测房间长×宽×高尺寸（cm）、检测日期、检测方法、对外门窗关闭时间及检测结果等。

2）房间通风方面。房间对外门（窗）面积、门（窗）材质、门（窗）密封性（直观，文字描述）、采暖空调方式（中央空调、空调一体机、分体式空调、地暖、抽排风机等）及使用情况（检测时是否使用）、室内外环境温湿度等。

3）室内装修方面。地面装修材料（地板砖、地板革、复合地板、地毯、木地板等）、墙壁装修材料（涂料、壁纸、壁布、人造板＋壁布混合等）、顶板装修材料（涂料、石膏板吊顶、泡沫板吊顶、复杂吊顶等）；有无固定式壁柜、吊柜，壁柜、吊柜材质〔壁柜、吊柜使用人造板材质的，应记录壁柜、吊柜数量及每件固定式家具的长×宽×高尺寸（cm）及有无油漆饰面情况〕，装修完工日期等。

4）室内活动家具情况。有无室内活动家具、数量及每件固定家具的长×宽×高尺寸

（cm）及有无油漆饰面情况等。

3．现场实测调查质量控制

（1）甲醛检测：在同一条件下，分别使用《民用建筑工程室内环境污染控制规范》GB 50325标准方法和简便方法电化学法（英产PPM400）进行甲醛浓度检测，检测数据汇总如表2.1-4所示。

表2.1-4 甲醛检测方法对比表

序号	GB 50325标准方法（mg/m³）	简便方法电化学法（mg/m³）	误差（%）
1	0.062	0.06	3.2
2	0.023	0.02	15.0
3	0.045	0.04	11.1
4	0.037	0.03	18.9
5	0.053	0.05	5.7
平均值	0.044	0.04	9.1

（2）TVOC检测：在同一条件下，分别使用《民用建筑工程室内环境污染控制规范》GB 50325标准方法和简便方法光离子化总量检测法（RAE3000 VOC检测仪）进行室内空气中TVOC浓度检测，检测数据汇总如表2.1-5所示。

表2.1-5 TVOC检测方法对比表

序号	GB 50325标准方法（mg/m³）	简便方法光离子化总量检测法（mg/m³）	误差（%）
1	0.53	0.51	3.8
2	0.45	0.49	8.9
3	0.32	0.33	3.1
4	0.39	0.41	5.1
5	0.36	0.39	8.3
平均值	0.41	0.43	4.9

（3）检测方法选择。经验证，使用现场简便方法检测室内空气中甲醛浓度、TVOC浓度，检测结果与《民用建筑工程室内环境污染控制规范》GB 50325中的检测方法的检测结果误差均小于10%，数据可靠。

经过比较分析，本次调查甲醛检测可选用电化学法（英产PPM400）；TVOC检测可选用光离子化总量检测法（RAE3000 VOC检测仪）。

（4）取样检测操作要求。检测时，对外门窗关闭1h后人员进入室内，并在4h内进行两次测量，两次测量间隔0.5h以上，每次测量取样检测5个数据，取平均值（检测仪器为自有仪器，已经课题组指定实验室校准考核），取样检测在房屋正常使用状态下进行（对外门窗关闭1h后人员进入，测量过程中人员减少进出，停止做饭等产生污染活动）。

4．现场实测调查结果及统计分析

本次调查的180个采样房间均为精装修状态，通风情况良好。卧室地板均采样木质材料，配有床和衣柜。抽取的32间客厅中，21间采用地砖，11间采用木质地板。

（1）检测结果汇总如表2.1-6～表2.1-9所示。

表 2.1-6　Ⅰ类建筑实测调查信息汇总表

序号	房间类型	人造板使用量（m²）	实木板材使用量（m²）	壁纸、壁布使用量（m²）	活动家具类型、数量	门窗材质及使用量（m²）	窗密闭直观评价	房间内净空间容积（m³）
1	客厅	5	10	50	沙发1、茶几1、电视柜1	铝合金窗8、木门6.8	良好	65
2	主卧	30	15	30	床1、床头柜2、衣柜1	铝合金窗4、木门1.7	良好	50
3	书房	20	10	15	书桌1、椅子1、书架1	铝合金窗4、木门1.7	良好	26
4	卧室	10	30	30	床1、床头柜1、电视柜1	铝合金窗6、木门2	良好	45
5	卧室	15	20	25	床1、床头柜2、衣柜1	铝合金窗4、木门2	良好	35
6	卧室	15	20	20	床1、床头柜2、衣柜1	铝合金窗4、木门2	良好	32
7	书房	15	15	0	书桌1、椅子1、书柜1	铝合金窗4、木门2	良好	25
8	主卧	30	25	35	床1、床头柜2、衣柜1、电视柜1	铝合金窗4、木门2	良好	50
9	客厅	20	20	40	沙发1、茶几1、电视柜1、木隔断1	铝合金窗8、木门6	良好	60
10	客厅	10	25	30	沙发1、茶几1、电视柜1、椅子1	铝合金窗8、木门6.8	良好	55
11	书房	20	10	20	书桌1、椅子2、书柜1	铝合金窗4、木门1.7	良好	22
12	主卧	22	28	35	床1、床头柜2、衣柜1、电视柜1	铝合金窗4、木门1.7	良好	50
13	东卧	20	25	30	床1、床头柜2、衣柜1、电视柜1	铝合金窗4、木门1.7	良好	45
14	中卧	18	20	30	床1、床头柜2、衣柜1	铝合金窗2、玻璃移门3.6	良好	40
15	厨房	25	0	0	橱柜1		良好	22
16	卫生间	15	0	0	壁柜1、台盆柜1	铝合金窗2、木门1.7	良好	10
17	客厅	10	0	50	沙发1、茶几1、电视柜1	铝合金窗8、木门6.8	良好	50
18	儿童房	15	25	30	床1、床头柜1、桌1、椅子1	铝合金窗4、木门1.7	良好	40
19	客厅	25	10	30	床1、床头柜2、衣柜1	铝合金窗4、木门1.7	良好	45
20	主卧	30	30	40	床1、床头柜2、衣柜1、电视柜1	铝合金窗4、木门1.7	良好	60
21	主卧	40	0	35	床1、床头柜2、衣柜1、电视柜1	铝合金窗4、木门2	良好	55
22	副卧	35	0	30	床1、床头柜2、衣柜1、电视柜1	铝合金窗4、木门2	良好	45
23	客厅	20	5	40	沙发1、茶几1、电视柜1、椅子1	铝合金窗8、木门8	良好	70
24	主卧	5	15	30	床1、床头柜1、电视柜1	铝合金窗8、木门10	良好	60
25	主卧	40	10	36	床1、床头柜2、衣柜1、电视柜1、梳妆台1	铝合金窗4、木门2	良好	50
26	书房	12	5	25	书桌1、椅子1、书柜1	铝合金窗3、木门2	良好	25
27	次卧	20	5	20	床1、床头柜1、衣柜1、三角柜1	铝合金窗4、木门2	良好	35
28	厨房	20	0	0	橱柜1	铝合金窗2、木门2	良好	25
29	客厅	10	20	35	沙发1、茶几1、电视柜1	铝合金窗8、木门2	良好	55
30	主卧	5	30	35	床1、床头柜2、衣柜1	铝合金窗4、木门2	良好	45
31	副卧	5	30	30	床1、床头柜2、衣柜1	铝合金窗4、木门2	良好	40
32	书房	10	15	20	书桌1、椅子1、书柜1	铝合金窗3、木门2	良好	25

续表

序号	房间类型	人造板使用量（m²）	实木板材使用量（m²）	壁纸、壁布使用量（m²）	活动家具类型、数量	门窗材质及使用量（m²）	窗密闭直观评价	房间内净空间容积（m³）
33	衣帽间	20	10	0	衣柜	窗0，木门2	良好	15
34	客厅	45	5	45	沙发1，茶几1，电视柜1，木隔断1	铝合金窗8，木门5.1	良好	65
35	主卧	50	5	40	床1，床头柜1，衣柜1，梳妆台1	铝合金窗4，木门1.7	良好	50
36	副卧	30	5	30	床1，床头柜2，电视柜1	铝合金窗4，木门1.7	良好	40
37	客厅	10	5	40	沙发1，茶几1，电视柜1	铝合金窗8，木门6.8	良好	55
38	卧室	10	20	30	床1，床头柜1，电视柜1	铝合金窗4，木门1.7	良好	40
39	主卧	12	20	32	床1，床头柜1，衣柜1	铝合金窗4，木门1.7	良好	45
40	客卧	10	18	28	床1，床头柜1，衣柜1	铝合金窗4，木门1.7	良好	40
41	客厅	55	5	45	沙发1，茶几1，电视柜1，储物柜1	铝合金窗8，木门10	良好	60
42	主卧	45	2	40	床1，床头柜2，电视柜1，衣柜1	铝合金窗4，木门2	良好	55
43	卧室	30	0	30	床1，床头柜1，电视柜1	铝合金窗4，木门2	良好	40
44	卧室	32	0	35	床1，床头柜2，衣柜1	铝合金窗4，木门2	良好	40
45	儿童房	30	5	25	床1，床头柜2，柜1，桌1，椅子1	铝合金窗4，木门2	良好	40
46	客厅	50	5	45	沙发1，茶几1，电视柜1	铝合金窗8，木门8	良好	65
47	主卧	40	2	40	床1，床头柜1，衣柜1	铝合金窗6，木门2	良好	50
48	副卧	40	0	35	床1，床头柜2，衣柜1	铝合金窗4，木门2	良好	45
49	北卧	35	0	30	床1，床头柜2，衣柜1	铝合金窗4，木门2	良好	40
50	书房	25	0	20	书桌1，椅子1，书柜1	铝合金窗2，木门2	良好	20
51	书房	30	0	30	书桌1，椅子1，书柜1	铝合金窗1，木门2	良好	25
52	卧室	40	5	35	床1，床头柜2，衣柜1，电视柜1	铝合金窗3，木门2	良好	45
53	书房	20	5	20	书桌1，椅子1，书柜1	铝合金窗2，木门2	良好	25
54	地下室	20	0	0	沙发1，茶几1，柜1	窗0，木门1.4	良好	70
55	客厅	15	30	45	沙发1，茶几1，电视柜1，储物柜1	铝合金窗8，木门6.8	良好	60
56	卧室	20	20	45	床1，床头柜2，衣柜1，储物柜1	铝合金窗4，木门1.7	良好	55
57	客房	15	15	30	床1，床头柜2，衣柜1	铝合金窗4，木门1.7	良好	40
58	儿童房	10	20	30	床1，衣柜1，书桌1，椅子1	铝合金窗4，木门1.7	良好	40
59	主卧	15	35	40	床1，床头柜1，衣柜1	铝合金窗6，木门1.7	良好	50
60	客厅	10	35	45	沙发1，茶几1，衣柜1，电视柜1	铝合金窗8，木门5.1	良好	60
61	主卧	10	30	40	床1，床头柜1，电视柜1，衣柜1	铝合金窗4，木门1.7	良好	45
62	副卧	10	20	30	床1，床头柜2，衣柜1	铝合金窗4，木门1.7	良好	40
63	北卧	10	20	30	床1，床头柜2，衣柜1	铝合金窗4，木门1.7	良好	40
64	客厅	40	5	48	沙发1，茶几1，电视柜1，储物柜1	铝合金窗8，木门5.1	良好	62

续表

序号	房间类型	人造板使用量（m²）	实木板材使用量（m²）	壁纸、壁布使用量（m²）	活动家具类型、数量	门窗材质及使用量（m²）	窗密闭直观评价	房间内净空间容积（m³）
65	主卧	30	15	35	床1、床头柜2、衣柜1、电视柜1	铝合金窗4、木门1.7	良好	55
66	书房	20	5	20	书桌1、椅子1、书柜1	铝合金窗2、木门1.7	良好	25
67	副卧	28	5	30	床1、床头柜2、衣柜1、储物柜1	铝合金窗4、木门1.7	良好	40
68	卧室	32	3	30	床1、床头柜2、衣柜1、梳妆台1	铝合金窗4、木门1.7	良好	40
69	书房	20	5	20	书桌1、椅子1、书柜1	铝合金窗2、木门1.7	良好	25
70	客厅	10	25	40	沙发1、茶几1、电视柜1	铝合金窗8、木门6.5	良好	50
71	次卧	45	15	30	床1、床头柜2、衣柜1	铝合金窗4、木门1.6	良好	35
72	客房	15	20	32	床1、床头柜2、衣柜1	铝合金窗4、木门1.6	良好	40
73	主卧	20	20	40	床1、床头柜2、衣柜1、储物柜1	铝合金窗8、木门1.6	良好	45
74	阳光房	0	8	0	桌子1、椅子4	铝合金窗6、木门1.2	良好	40
75	客厅	35	5	50	沙发1、茶几1、电视柜1	铝合金窗8、木门6.5	良好	55
76	主卧	30	5	40	床1、床头柜2、衣柜1、储物柜1	铝合金窗4、木门1.7	良好	45
77	儿童房	25	10	30	床1、衣柜1、书桌1、椅子1	铝合金窗4、木门1.6	良好	40
78	副卧	35	5	35	床1、床头柜2、衣柜1	铝合金窗4、木门1.6	良好	45
79	客厅	40	5	50	沙发1、茶几1、电视柜1	铝合金窗8、木门6.8	良好	60
80	主卧	40	5	40	床1、床头柜2、衣柜1、储物柜1	铝合金窗4、木门1.7	良好	55
81	卧室	35	5	30	床1、床头柜2、衣柜1、梳妆台1	铝合金窗4、木门1.7	良好	45
82	卧室	30	2	30	床1、床头柜2、衣柜1、储物柜1	铝合金窗2、木门1.7	良好	40
83	儿童房	20	10	30	床1、衣柜1、书桌1、椅子1	铝合金窗4、木门1.7	良好	40
84	老人房	5	25	20	床1、床头柜2、衣柜1	铝合金窗2、木门1.7	良好	42
85	客厅	5	35	40	沙发1、茶几1、电视柜1	铝合金窗8、木门6.8	良好	68
86	主卧	15	25	35	床1、床头柜2、衣柜1、储物柜1	铝合金窗4、木门1.7	良好	52
87	客房	5	25	30	床1、床头柜2、衣柜1	铝合金窗4、木门1.7	良好	45
88	副卧	5	20	25	床1、床头柜2、衣柜1	铝合金窗4、木门1.7	良好	40
89	主卧	8	30	30	床1、床头柜2、衣柜1、储物柜1	铝合金窗4、木门1.7	良好	48
90	主卧	5	25	25	床1、床头柜2、衣柜1	铝合金窗4、木门1.7	良好	45
91	副卧	5	20	25	床1、床头柜2、衣柜1	铝合金窗4、木门1.7	良好	40
92	客厅	5	40	40	沙发1、茶几1、电视柜1	铝合金窗8、木门6.8	良好	58
93	客厅	5	35	45	沙发1、茶几1、电视柜1	铝合金窗8、木门4.8	良好	62
94	主卧	10	25	35	床1、床头柜2、衣柜1、储物柜1	铝合金窗4、木门1.6	良好	48
95	副卧	10	20	25	床1、床头柜2、衣柜1	铝合金窗4、木门1.6	良好	42
96	客厅	30	5	45	沙发1、茶几1、电视柜1、储物柜1	铝合金窗8、木门5.1	良好	60

续表

序号	房间类型	人造板使用量（m²）	实木板材使用量（m²）	壁纸、壁布使用量（m²）	活动家具类型、数量	门窗材质及使用量（m²）	窗密闭直观评价	房间内净空间容积（m³）
97	主卧	30	10	40	床1、床头柜2、储物柜1	铝合金窗4、木门1.7	良好	50
98	儿童房	25	10	35	床1、床头柜1、衣柜1	铝合金窗4、木门1.7	良好	40
99	北卧	25	5	35	床1、床头柜2、衣柜1	铝合金窗3、木门1.7	良好	38
100	客厅	40	5	50	沙发1、茶几1、电视柜1、储物柜1	铝合金窗8、木门5.1	良好	55
101	主卧	40	5	40	床1、床头柜2、衣柜1、储物柜1	铝合金窗4、木门1.7	良好	45
102	客厅	40	5	50	沙发1、茶几1、电视柜1、储物柜1	铝合金窗8、玻璃移门10	良好	60
103	厨房	15	0	0	橱柜1	窗2、玻璃移门3.5	良好	25
104	女儿房	30	5	30	床1、床头柜2、衣柜1、桌子1、椅子1	铝合金窗4、木门2	良好	40
105	儿子房	30	5	30	床1、床头柜2、衣柜1、桌子1、椅子1	铝合金窗4、木门2	良好	40
106	主卧	30	5	40	床1、床头柜1、衣柜1、储物柜1	铝合金窗6、木门2	良好	50
107	影视厅	10	5	0	电视柜1、沙发1、茶几1、储物柜2	窗0、木门2	良好	70
108	客厅	5	30	50	沙发1、茶几1、电视柜1	铝合金窗12、木门6.4	良好	60
109	主卧	10	20	30	床1、床头柜1	铝合金窗6、木门1.6	良好	45
110	北卧	10	20	30	床1、床头柜1	铝合金窗4、木门1.6	良好	38
111	儿童房	5	25	30	床1、床头柜1、衣柜1、桌子1	铝合金窗4、木门1.6	良好	35
112	客厅	10	0	48	沙发1、茶几1、电视柜1	铝合金窗8、木门6.4	良好	55
113	主卧	5	20	40	床1、床头柜2、电视柜1	铝合金窗4、木门1.6	良好	48
114	南卧	5	20	30	床1、床头柜2、衣柜1	铝合金窗4、木门1.6	良好	45
115	书房	10	15	25	书架1、床头柜1、柜子1、椅子1	铝合金窗2、木门1.6	良好	22
116	北卧	5	20	30	床1、床头柜2、衣柜1	铝合金窗4、木门1.6	良好	35
117	客厅	5	30	35	沙发1、茶几1、电视柜1	铝合金窗8、木门5.1	良好	52
118	主卧	6	35	30	床1、床头柜2、梳妆台1	铝合金窗4、木门1.7	良好	45
119	副卧	3	30	25	床1、床头柜2、衣柜1	铝合金窗4、木门1.7	良好	40
120	客厅	10	0	0	沙发1、茶几1、电视柜1	铝合金窗12、木门8	良好	55
121	副卧	10	25	0	床1、床头柜2、衣柜1	铝合金窗4、木门1.6	良好	35
122	主卧	10	30	0	床1、床头柜2、衣柜1	铝合金窗4、木门1.6	良好	45
123	副卧	10	28	0	床1、床头柜2、衣柜1	铝合金窗4、木门1.6	良好	40
124	书房	15	10	0	书架1、电视柜1、柜子1、椅子1	铝合金窗4、木门1.6	良好	22
125	客厅	8	35	50	沙发1、茶几1、电视柜1	铝合金窗8、木门6.8	良好	55
126	主卧	8	35	35	床1、床头柜2、衣柜1	铝合金窗4、木门1.7	良好	45
127	副卧	8	35	30	床1、床头柜2、衣柜1	铝合金窗4、木门1.7	良好	38
128	客厅	5	30	50	沙发1、茶几1、电视柜1	铝合金窗8、木门6.4	良好	55

续表

序号	房间类型	人造板使用量 (m²)	实木板材使用量 (m²)	壁纸、壁布使用量 (m²)	活动家具类型、数量	门窗材质及使用量 (m²)	窗密闭直观评价	房间内净空间容积 (m³)
129	卧室	5	30	35	床1、床头柜2、衣柜1	铝合金窗4、木门1.6	良好	40
130	书房	5	20	25	书桌1、书柜1、椅子1	铝合金窗2、木门1.6	良好	20
131	主卧房	10	30	38	床1、床头柜2、柜子1	铝合金窗4、木门1.6	良好	42
132	儿童房	5	30	0	床1、柜子1、桌子1、凳子1	铝合金窗4、木门1.6	良好	35
133	次卧	10	25	35	床1、床头柜2、柜子1	铝合金窗4、木门1.6	良好	38
134	客厅	5	5	50	沙发1、茶几1、电视柜1	铝合金窗12、木门8	良好	58
135	卧室	5	30	40	床1、床头柜2、衣柜1	铝合金窗4、木门1.7	良好	45
136	客厅	5	35	50	沙发1、茶几1、电视柜1	铝合金窗4、木门5.1	良好	58
137	主卧	2	30	0	床1、床头柜2、柜子1、衣柜1	铝合金窗8、木门1.7	良好	48
138	书房	2	25	0	书桌1、椅子1、衣柜1	铝合金窗2、木门1.7	良好	28
139	客房	5	25	0	床1、床头柜2、柜子1	铝合金窗4、木门1.7	良好	36
140	主卧	25	5	40	床1、床头柜2、衣柜1	铝合金窗4、木门1.6	良好	45
141	副卧	25	5	35	床1、床头柜2、衣柜1	铝合金窗4、木门1.6	良好	38
142	客厅	35	5	55	沙发1、茶几1、电视柜1、柜子1	铝合金窗8、木门6.4		60
143	副卧	25	5	40	床1、床头柜2、衣柜1	铝合金窗4、木门1.6	良好	42
144	主卧	35	5	45	床1、床头柜2、梳妆台1	铝合金窗4、木门1.6	良好	50
145	儿童房	35	2	0	床1、床头柜1、衣柜1	铝合金窗4、木门1.6	良好	45
146	北卧	25	5	40	床1、床头柜2、衣柜1	铝合金窗4、木门1.6	良好	40
147	主卧	10	35	0	床1、床头柜2、柜子1	铝合金窗4、木门1.6	良好	48
148	主卧	5	30	0	床1、床头柜2、柜子1	铝合金窗4、木门1.7	良好	45
149	主卧	5	30	0	床1、床头柜2、柜子1	铝合金窗4、木门1.7	良好	45
150	副卧	5	30	0	床1、床头柜2、衣柜1	铝合金窗2、木门1.7	良好	38
151	客厅	10	2	50	沙发1、茶几1、电视柜1、储物柜1	铝合金窗8、木门5.1	良好	58
152	客厅	10	5	45	沙发1、茶几1、电视柜1	铝合金窗8、木门6.8	良好	50
153	主卧	5	35	45	床1、床头柜2、柜子1	铝合金窗4、木门1.7	良好	48
154	副卧	5	30	40	床1、床头柜2、衣柜1	铝合金窗4、木门1.7	良好	38
155	书房	10	25	30	书桌1、书柜1、椅子1、储物柜1	铝合金窗3、木门1.7	良好	28
156	主卧	5	35	40	床1、床头柜2、衣柜1	铝合金窗4、木门1.6	良好	45
157	副卧	5	30	35	床1、床头柜2、衣柜1	铝合金窗4、木门1.6	良好	40

表2.1-7　I类建筑实测调查结果汇总表

序号	房间类型	检测时间	装修完工到检测历时（月）	室内主要污染源初步判断	房间内净空间容积（m³）	温度（℃）	湿度（RH%）	通风方式	测前门窗关闭时间（h）	甲醛含量（mg/m³）	TVOC含量（mg/m³）
1	客厅	4.28	12	沙发、电视柜	65	22	49	自然通风	6	0.02	0.21
2	主卧	4.28	12	床、床头柜、衣柜	50	22	49	自然通风	6	0.02	0.27
3	书房	4.28	12	书桌、椅子、书架	26	22	49	自然通风	6	0.01	0.18
4	卧室	4.29	3	床、床头柜、衣柜、电视柜	45	20	51	自然通风	6	0.1	0.61
5	卧室	4.29	3	床、床头柜、衣柜	35	20	51	自然通风	6	0.09	0.63
6	卧室	4.29	3	床、床头柜、衣柜	32	20	51	自然通风	6	0.06	0.52
7	书房	4.29	3	书桌、椅子、书柜	25	20	51	自然通风	6	0.06	0.56
8	主卧	4.29	3	床、床头柜、衣柜、电视柜	50	20	51	自然通风	6	0.06	0.91
9	客厅	4.29	3	沙发、茶几、电视柜、木隔断	60	20	51	自然通风	6	0.06	0.72
10	客厅	4.29	30	沙发、茶几、电视柜、椅子	55	22	54	自然通风	2	0.05	0.33
11	书房	4.29	30	书桌、椅子、书柜	22	22	54	自然通风	2	0.04	0.25
12	主卧	4.29	30	床、床头柜、衣柜、电视柜	50	22	54	自然通风	2	0.04	0.21
13	东卧	4.29	30	床、床头柜、衣柜、电视柜	45	22	54	自然通风	2	0.03	0.22
14	中卧	4.29	30	床、床头柜、衣柜	40	22	54	自然通风	2	0.03	0.37
15	厨房	4.29	30	橱柜	22	22	54	自然通风	2	0.04	0.22
16	卫生间	4.29	30	壁柜、台盆柜	10	22	54	自然通风	2	0.03	0.26
17	客厅	4.30	36	沙发、电视柜	50	21	55	自然通风	2	0.05	0.23
18	儿童房	4.30	36	床、床头柜、书桌、椅子	40	21	55	自然通风	2	0.07	0.39
19	客房	4.30	36	床、床头柜、衣柜	45	21	55	自然通风	2	0.09	0.44
20	主卧	4.30	36	床、床头柜、衣柜、电视柜	60	20	55	自然通风	2	0.08	0.38
21	主卧	5.4	1	床、床头柜、衣柜、电视柜	55	20	69	自然通风	12	0.18	0.91
22	副卧	5.4	1	床、床头柜、衣柜、电视柜	45	20	69	自然通风	12	0.16	0.82
23	客厅	5.4	1	沙发、茶几、电视柜	70	20	69	自然通风	12	0.15	0.68
24	客厅	5.7	1	床、床头柜、电视柜、梳妆台	60	22	50	自然通风	12	0.05	0.91
25	主卧	5.7	1	床、床头柜、电视柜、梳妆台	50	22	50	自然通风	12	0.11	0.88
26	书房	5.7	1	书桌、椅子、书柜	25	22	50	自然通风	24	0.04	0.56
27	次卧	5.7	1	床、床头柜、衣柜、三角柜	35	22	50	自然通风	24	0.05	0.64
28	厨房	5.7	1	橱柜	25	22	50	自然通风	24	0.04	0.58
29	客厅	5.7	2	沙发、茶几、衣柜、电视柜	55	22	50	自然通风	24	0.04	0.32
30	主卧	5.7	2	床、床头柜、衣柜	45	22	50	自然通风	24	0.05	0.36
31	副卧	5.7	2	床、床头柜、椅子、衣柜	40	22	50	自然通风	24	0.04	0.35
32	书房	5.7	2	书桌、椅子、书柜	25	22	50	自然通风	24	0.04	0.31

续表

序号	房间类型	检测时间	装修完工到检测历时（月）	室内主要污染源初步判断	房间内净空间容积（m³）	温度（℃）	湿度（RH%）	通风方式	测前门窗关闭时间（h）	甲醛含量（mg/m³）	TVOC含量（mg/m³）
33	衣帽间	5.7	2	衣柜	15	22	50	自然通风	24	0.05	0.53
34	客厅	5.20	7	沙发、茶几、电视柜、木隔断	65	25	43	自然通风	12	0.19	0.78
35	主卧	5.20	7	床、床头柜、衣柜、电视柜	50	25	43	自然通风	12	0.25	0.94
36	副卧	5.20	7	床、床头柜、衣柜、电视柜	40	25	43	自然通风	12	0.2	0.86
37	客厅	6.3	5	沙发、茶几、电视柜	55	25	68	自然通风	6	0.13	0.62
38	卧室	6.3	5	床、床头柜、衣柜、电视柜	40	25	68	自然通风	6	0.11	0.51
39	主卧	6.3	5	床、床头柜、衣柜、电视柜	45	25	68	自然通风	6	0.09	0.48
40	客卧	6.3	5	床、床头柜、衣柜	40	25	68	自然通风	6	0.06	0.44
41	客厅	6.16	2	沙发、茶几、电视柜、储物柜	60	25	69	自然通风	24	0.22	0.88
42	主卧	6.16	2	床、床头柜、衣柜、电视柜	55	25	69	自然通风	24	0.4	0.99
43	卧室	6.16	2	床、床头柜、衣柜、电视柜	40	25	69	自然通风	24	0.33	0.89
44	卧室	6.16	2	床、床头柜、衣柜	40	25	69	自然通风	24	0.58	1.07
45	儿童房	6.16	2	床、床头柜、衣柜、书桌	40	25	69	自然通风	24	0.44	0.91
46	客厅	6.18	7	沙发、茶几、电视柜	65	25	77	自然通风	24	0.13	0.83
47	主卧	6.18	7	床、床头柜、衣柜、电视柜	50	25	77	自然通风	24	0.1	1.06
48	副卧	6.18	7	床、床头柜、衣柜	45	25	77	自然通风	24	0.14	1.66
49	北卧	6.18	7	床、床头柜、衣柜	40	25	77	自然通风	24	0.08	0.82
50	书房	6.18	7	书桌、椅子、书柜	20	25	72	自然通风	24	0.05	0.52
51	书房	6.18	6	书桌、椅子、书柜	25	25	72	中央空调	24	0.11	1.91
52	卧室	6.18	6	床、床头柜、衣柜、电视柜	45	25	72	中央空调	24	0.15	1.32
53	书房	6.18	6	书桌、椅子、书柜	25	25	72	中央空调	24	0.11	1.05
54	地下室	6.18	6	沙发、茶几、书柜	70	25	72	中央空调	24	0.06	1.23
55	客厅	6.18	2	沙发、茶几、电视柜、储物柜	60	27	63	自然通风	24	0.08	0.56
56	卧室	6.18	2	床、床头柜、衣柜	55	27	63	自然通风	24	0.12	0.76
57	客房	6.18	2	床、衣柜	40	27	63	自然通风	24	0.11	0.66
58	儿童房	6.18	2	床、书桌、衣柜	40	27	63	自然通风	24	0.1	0.78
59	主卧	6.18	2	床、床头柜、衣柜、电视柜	50	27	63	自然通风	24	0.11	0.67
60	客厅	6.19	1	沙发、茶几、衣柜	60	28	66	分体式空调	12	0.05	0.41
61	主卧	6.19	1	床、床头柜、衣柜、电视柜	45	28	66	分体式空调	12	0.07	0.42
62	副卧	6.19	1	床、床头柜、衣柜	40	28	66	分体式空调	12	0.06	0.42
63	北卧	6.19	1	床、床头柜、衣柜	40	28	66	分体式空调	12	0.06	0.4
64	客厅	6.25	8	沙发、茶几、电视柜、储物柜	62	28	65	自然通风	12	0.09	0.78

续表

序号	房间类型	检测时间	装修完工到检测历时（月）	室内主要污染源初步判断	房间内净空间容积（m³）	温度（℃）	湿度（RH%）	通风方式	测前门窗关闭时间（h）	甲醛含量（mg/m³）	TVOC含量（mg/m³）
65	主卧	6.25	8	床、床头柜、衣柜、电视柜	55	28	65	自然通风	12	0.12	0.8
66	书房	6.25	8	书桌、椅子、书柜	25	28	65	自然通风	12	0.14	0.73
67	副卧	6.25	8	床、床头柜、衣柜、储物柜	40	28	65	自然通风	12	0.13	0.73
68	卧室	6.25	8	床、床头柜、衣柜、梳妆台	40	28	65	自然通风	12	0.26	0.69
69	书房	6.25	8	书桌、椅子、书柜	25	28	65	自然通风	12	0.16	0.59
70	客厅	6.31	2	沙发、茶几、电视柜	50	25	41	中央空调	12	0.08	0.91
71	次卧	6.31	2	床、床头柜、衣柜	35	25	41	中央空调	12	0.16	0.78
72	客房	6.31	2	床、床头柜、衣柜	40	25	41	中央空调	12	0.11	0.71
73	主卧	6.31	2	床、床头柜、衣柜、储物柜	45	25	41	中央空调	12	0.11	0.61
74	阳光房	6.31	2	桌子、椅子	40	25	41	中央空调	12	0.13	0.63
75	客厅	7.4	9	沙发、茶几、电视柜	55	30	45	自然通风	2	0.06	0.42
76	主卧	7.4	9	床、床头柜、衣柜、储物柜	45	30	45	自然通风	2	0.07	0.45
77	儿童房	7.4	9	床、床头柜、书桌、椅子	40	30	45	自然通风	2	0.07	0.48
78	副卧	7.4	9	床、床头柜、衣柜	45	30	45	自然通风	2	0.07	0.46
79	客厅	7.11	3	沙发、茶几、电视柜、储物柜	60	30	62	自然通风	6	0.18	0.81
80	主卧	7.11	3	床、床头柜、衣柜、梳妆台	55	30	62	自然通风	6	0.28	0.89
81	卧室	7.11	3	床、床头柜、衣柜、储物柜	45	30	62	自然通风	6	0.22	0.78
82	卧室	7.11	3	床、床头柜、书桌、椅子	40	30	62	自然通风	6	0.3	0.92
83	儿童房	7.11	3	床、衣柜、储物柜	40	30	62	自然通风	6	0.26	0.86
84	老人房	7.16	12	床、床头柜、衣柜	42	30	55	中央空调	24	0.14	0.58
85	客厅	7.16	12	沙发、茶几、电视柜	68	30	55	中央空调	24	0.11	0.6
86	主卧	7.16	12	床、床头柜、衣柜、储物柜	52	30	55	中央空调	24	0.12	0.54
87	客房	7.16	12	床、床头柜、衣柜	45	30	55	中央空调	24	0.11	0.49
88	副卧	7.16	12	床、床头柜、衣柜	40	30	55	中央空调	24	0.11	0.55
89	主卧	7.16	12	床、衣柜、储物柜	48	30	55	中央空调	24	0.12	0.57
90	主卧	7.16	36	床、床头柜、衣柜	45	27	72	分体式空调	24	0.05	0.1
91	副卧	7.16	36	床、床头柜、衣柜	40	27	72	分体式空调	24	0.03	0.1
92	客厅	7.16	36	沙发、茶几、电视柜	58	27	72	分体式空调	24	0.02	0.09
93	客厅	7.17	36	沙发、茶几、电视柜	62	29	82	自然通风	6	0.12	0.26
94	主卧	7.17	36	床、床头柜、衣柜、储物柜	48	29	82	自然通风	6	0.12	0.21
95	副卧	7.17	36	床、床头柜、衣柜	42	29	82	自然通风	6	0.11	0.2
96	客厅	7.21	8	沙发、茶几、电视柜、储物柜	60	29	67	自然通风	2	0.07	0.32

续表

序号	房间类型	检测时间	装修完工到检测历时（月）	室内主要污染源初步判断	房间内净空间容积（m³）	温度（℃）	湿度（RH%）	通风方式	测前门窗关闭时间（h）	甲醛含量（mg/m³）	TVOC含量（mg/m³）
97	主卧	7.21	8	床、床头柜、储物柜	50	29	67	自然通风	2	0.09	0.41
98	儿童房	7.21	8	床、床头柜、衣柜	40	29	67	自然通风	2	0.06	0.31
99	北卧	7.21	8	床、床头柜、衣柜	38	29	67	自然通风	2	0.09	0.39
100	客厅	7.23	3	沙发、茶几、电视柜、储物柜	55	29	78	自然通风	12	0.15	0.76
101	主卧	7.23	3	床、床头柜、衣柜、储物柜	45	29	78	自然通风	12	0.22	0.87
102	客厅	8.25	7	沙发、茶几、电视柜、储物柜	60	28	72	中央空调	6	0.2	0.67
103	厨房	8.25	7	橱柜	25	28	72	中央空调	6	0.2	0.69
104	女儿房	8.25	7	床、床头柜、衣柜、桌子	40	28	72	中央空调	6	0.13	0.58
105	儿子房	8.25	7	床、床头柜、衣柜、桌子	40	28	72	中央空调	6	0.15	0.63
106	主卧	8.25	7	床、床头柜、衣柜、桌子	50	28	72	中央空调	6	0.18	0.6
107	影视厅	8.25	7	电视柜、沙发、茶几、储物柜	70	28	72	中央空调	6	0.18	0.59
108	客厅	9.4	6	沙发、茶几、电视柜	60	25	64	分体式空调	1	0.04	0.25
109	主卧	9.4	6	床、床头柜、衣柜	45	25	64	分体式空调	1	0.05	0.36
110	北卧	9.4	6	床、床头柜、衣柜	38	25	64	分体式空调	1	0.04	0.41
111	儿童房	9.4	6	床、床头柜、衣柜、桌子	35	25	64	分体式空调	1	0.04	0.38
112	客厅	9.11	3	沙发、茶几、电视柜	55	25	60	自然通风	1	0.03	0.31
113	主卧	9.11	3	床、床头柜、梳妆台	48	25	60	自然通风	1	0.03	0.35
114	南卧	9.11	3	床、床头柜、衣柜	45	25	60	自然通风	1	0.03	0.38
115	书房	9.11	3	书桌、书架、柜子、椅子	22	25	60	自然通风	1	0.03	0.34
116	北卧	9.11	3	床、床头柜、衣柜	35	25	60	自然通风	1	0.03	0.33
117	客厅	9.17	2	沙发、茶几、电视柜	52	26	70	自然通风	1	0.07	0.3
118	主卧	9.17	2	床、床头柜、衣柜	45	26	70	自然通风	1	0.11	0.42
119	副卧	9.17	2	床、床头柜、衣柜	40	26	70	自然通风	1	0.15	0.68
120	客厅	9.22	8	沙发、茶几、电视柜	55	25	72	自然通风	1	0.02	0.22
121	副卧	9.22	8	床、书架	35	25	72	自然通风	1	0.02	0.3
122	主卧	9.22	8	床、床头柜、衣柜	45	25	72	自然通风	1	0.03	0.35
123	副卧	9.22	8	床、床头柜、衣柜	40	25	72	自然通风	1	0.03	0.32
124	书房	9.22	8	书桌、柜子	22	25	72	自然通风	1	0.03	0.29
125	客厅	9.23	1	沙发、茶几、电视柜、柜子	55	27	64	自然通风	1	0.04	0.41
126	主卧	9.23	1	床、床头柜、衣柜、柜子	45	27	64	自然通风	1	0.05	0.45
127	副卧	9.23	1	床、床头柜、衣柜	38	27	64	自然通风	1	0.04	0.39
128	客厅	9.25	10	沙发、茶几、电视柜、电视柜	55	26	66	自然通风	1	0.03	0.21

续表

序号	房间类型	检测时间	装修完工到检测历时（月）	室内主要污染源初步判断	房间内净空间容积（m³）	温度（℃）	湿度（RH%）	通风方式	测前门窗关闭时间（h）	甲醛含量（mg/m³）	TVOC含量（mg/m³）
129	卧室	9.25	10	床、床头柜、衣柜	40	26	66	自然通风	1	0.03	0.25
130	书房	9.25	10	书桌、书柜、椅子	20	26	66	自然通风	1	0.02	0.19
131	主卧	9.28	8	床、床头柜、柜子	42	26	78	自然通风	1	0.03	0.28
132	儿童房	9.28	8	床、柜子、桌子、凳子	35	26	78	自然通风	1	0.03	0.32
133	次卧	9.28	8	床、床头柜、柜子	38	26	78	自然通风	1	0.04	0.39
134	客厅	9.28	8	沙发、茶几、电视柜	58	26	78	自然通风	1	0.02	0.21
135	卧室	9.29	2	床、床头柜、柜子	45	27	63	自然通风	1	0.05	0.42
136	客厅	9.29	7	沙发、茶几、电视柜	58	26	42	自然通风	1	0.02	0.21
137	主卧	10.9	7	床、床头柜、柜子、衣柜	48	26	42	自然通风	1	0.03	0.35
138	书房	10.9	7	书桌、书柜、椅子、柜子	28	26	42	自然通风	1	0.02	0.28
139	客房	10.9	7	床、床头柜、柜子	36	26	42	自然通风	1	0.04	0.37
140	主卧	10.31	4	床、床头柜、衣柜	45	20	50	自然通风	1	0.03	0.29
141	副卧	10.31	4	床、床头柜、柜子	38	20	50	自然通风	1	0.04	0.36
142	客厅	10.31	3	沙发、茶几、电视柜、柜子	60	23	78	自然通风	1	0.06	0.42
143	副卧	10.31	3	床、床头柜、衣柜	42	23	78	自然通风	1	0.03	0.31
144	主卧	10.31	3	床、床头柜、梳妆台	50	23	78	自然通风	1	0.08	0.56
145	儿童房	10.31	3	床、床头柜、衣柜	45	23	78	自然通风	1	0.04	0.5
146	北卧	10.31	3	床、床头柜、柜子	40	20	50	自然通风	1	0.1	0.68
147	主卧	11.2	1	床、床头柜、衣柜	48	20	50	自然通风	1	0.02	0.11
148	主卧	11.2	1	床、床头柜、柜子	45	20	40	自然通风	1	0.01	0.1
149	副卧	12.3	3	床、床头柜、柜子	45	16	40	自然通风	1	0.02	0.12
150	客厅	12.3	3	沙发、茶几、电视柜、储物柜	38	16	40	自然通风	1	0.01	0.1
151	客厅	12.3	3	沙发、茶几、电视柜	58	16	40	自然通风	1	0.02	0.13
152	主卧	12.24	3	床、床头柜、柜子	50	20	28	分体式空调	1	0.03	0.27
153	副卧	12.24	3	床、床头柜、衣柜	48	20	28	分体式空调	1	0.04	0.33
154	书房	12.24	3	书桌、书柜、椅子、衣柜	38	20	28	分体式空调	1	0.04	0.31
155	主卧	12.24	3	床、书柜、椅子、衣柜、储物柜	28	20	28	分体式空调	1	0.03	0.31
156	主卧	12.25	12	床、床头柜、衣柜	45	18	25	中央空调	1	0.08	0.48
157	副卧	12.25	12	床、床头柜、衣柜	40	18	25	中央空调	1	0.06	0.37

表 2.1-8 Ⅱ类建筑实测调查信息汇总表

序号	房间类型	人造板使用量 (m²)	实木板材使用量 (m²)	壁纸、壁布使用量 (m²)	活动家具类型、数量	门窗材质及使用量 (m²)	窗密闭直观评价	房间内净空间容积 (m³)
1	办公室	35	20	0	办公桌 1，椅子 6，沙发 1，茶几 1	铝合金窗 6，木门 2.0	良好	80
2	会议室	10	15	0	会议桌 1，椅子 12	铝合金窗 10，木门 4.0	良好	60
3	办公室	5	5	0	办公桌 1，椅子 2	窗 0，玻璃移门 3.0	—	35
4	办公室	10	15	0	办公桌 1，椅子 2，沙发 1，茶几 1	铝合金窗 8，木门 2.0	良好	55
5	客房	5	10	40	床 1，桌子 1，椅子 2	铝合金窗 2，木门 1.4	良好	52
6	客房	5	10	40	床 1，桌子 1，椅子 2	铝合金窗 2，木门 1.4	良好	52
7	客房	5	10	40	床 1，桌子 1，椅子 2	铝合金窗 2，木门 1.4	良好	52
8	办公室	10	5	0	办公桌 1，椅子 4	铝合金窗 4，木门 1.7	良好	55
9	办公室	5	2	0	办公桌 1，椅子 2	铝合金窗 3，木门 1.7	良好	32
10	办公室	5	2	0	办公桌 1，椅子 2	铝合金窗 3，木门 1.7	良好	36
11	办公室	10	12	0	办公桌 1，椅子 1，沙发 1，茶几 1	铝合金窗 6，木门 1.7	良好	60
12	商铺	5	2	0	桌子 1，椅子 1	窗 0，玻璃门 1.4	—	48
13	商铺	5	2	0	桌子 1，椅子 1	窗 0，玻璃门 1.4	—	48
14	办公室	10	10	0	办公桌 1，椅子 3，沙发 1，茶几 1	铝合金窗 8，木门 1.7	良好	66
15	会议室	5	5	0	会议桌 1，椅子 4	铝合金窗 4，木门 1.7	良好	28
16	办公室	8	2	0	办公桌 8，椅子 8	铝合金窗 6，木门 3.4	良好	62
17	办公室	5	10	0	办公桌 2，椅子 6	铝合金窗 3，木门 1.7	良好	35
18	办公室	5	10	0	办公桌 1，椅子 3，沙发 1	铝合金窗 5，木门 1.7	良好	55
19	会议室	5	12	0	会议桌 1，椅子 8	铝合金窗 4，玻璃门 1.4	良好	60
20	办公室	5	15	0	办公桌 1，椅子 3，沙发 1	铝合金窗 4，木门 1.7	良好	52
21	会议室	3	5	0	办公桌 1，椅子 6	铝合金窗 2，木门 2.0	良好	48
22	办公室	5	10	0	办公桌 6，椅子 8	铝合金窗 4，木门 2.0	良好	65
23	办公室	20	15	0	办公桌 1，椅子 2，沙发 1，茶几 1	铝合金窗 6，木门 2.0	良好	78

表2.1-9 Ⅱ类建筑实测调查结果汇总表

序号	房间类型	检测时间	装修完工到检测历时（月）	室内主要污染源初步判断	房间内净空间容积（m³）	温度（℃）	湿度（RH%）	通风方式	测前门窗关闭时间（h）	甲醛含量（mg/m³）	TVOC含量（mg/m³）
1	办公室	4.30	36	办公桌、椅子、沙发、茶几	80	21	55	自然通风	2	0.02	0.18
2	会议室	5.8	5	会议桌、椅子	60	22	53	自然通风	4	0.18	0.66
3	办公室	5.8	5	办公桌、椅子	35	22	53	自然通风	4	0.15	0.65
4	办公室	5.8	5	办公桌、椅子、沙发、茶几	55	22	53	自然通风	4	0.13	0.52
5	客房	6.17	2	床、桌子、椅子	52	28	49	自然通风	2	0.11	0.69
6	客房	6.17	2	床、桌子、椅子	52	28	49	自然通风	2	0.12	0.72
7	客房	6.17	2	床、桌子、椅子	52	28	49	自然通风	2	0.09	0.53
8	办公室	7.5	18	办公桌、椅子	55	26	65	自然通风	12	0.07	0.45
9	办公室	7.5	18	办公桌、椅子	32	26	65	自然通风	12	0.10	0.47
10	办公室	7.5	18	办公桌、椅子	36	26	65	自然通风	12	0.11	0.55
11	办公室	7.5	18	办公桌、椅子、沙发、茶几	60	26	65	自然通风	12	0.13	0.61
12	商铺	8.18	6	桌子、椅子	48	28	59	自然通风	4	0.05	0.38
13	商铺	8.18	6	桌子、椅子	48	28	59	自然通风	4	0.06	0.35
14	办公室	9.10	5	办公桌、椅子、沙发、茶几	66	25	63	自然通风	24	0.19	0.77
15	会议室	9.10	5	会议桌、椅子	28	25	63	自然通风	24	0.15	0.69
16	办公室	9.10	5	办公桌、椅子	62	25	63	自然通风	24	0.13	0.43
17	办公室	10.16	24	办公桌、椅子	35	22	52	自然通风	12	0.06	0.41
18	办公室	10.16	24	办公桌、椅子、沙发	55	22	52	自然通风	12	0.07	0.39
19	会议室	11.9	10	会议桌、椅子	60	19	48	自然通风	24	0.13	0.71
20	办公室	11.9	10	办公桌、椅子、沙发	52	19	48	自然通风	24	0.09	0.62
21	会议室	12.11	6	会议桌、椅子	48	22	45	自然通风	12	0.07	0.43
22	办公室	12.11	6	办公桌、椅子	65	22	45	自然通风	12	0.04	0.36
23	办公室	12.11	6	办公桌、椅子、沙发、茶几	78	22	45	自然通风	12	0.06	0.41

（2）调查结果分析。根据检测结果，2014 年度昆山地区，Ⅰ类民用建筑甲醛浓度的超标率为 42.0%，TVOC 浓度的超标率为 45.2%；Ⅱ类民用建筑甲醛浓度的超标率为 39.1%，TVOC 浓度的超标率为 34.8%。

1）按照检测前门窗关闭时间统计超标率，如表 2.1-10、表 2.1-11 所示。

表 2.1-10　Ⅰ类建筑甲醛超标率统计表

检测前门窗关闭时间（h）	甲醛浓度超标率（%）	TVOC 浓度超标率（%）
1	6.0	6.0
2	15.8	0.0
6	70.4	70.4
12	80.0	84.0
24	58.3	77.8

表 2.1-11　Ⅱ类建筑甲醛超标率统计表

检测前门窗关闭时间（h）	甲醛浓度超标率（%）	TVOC 浓度超标率（%）
1	0.0	0.0
2	33.3	50.0
6	0.0	0.0
12	33.3	16.7
24	83.3	66.7

2）按照检测时室内温度统计超标率，如表 2.1-12 所示。

表 2.1-12　检测时室内温度超标率统计表

检测时室内温度	甲醛浓度超标率（%）	TVOC 浓度超标率（%）
25℃以上	55.2	51.4
25℃以下	15.4	32.7

3）按照检测时室内温度统计超标率，如表 2.1-13 所示。

表 2.1-13　Ⅱ类建筑甲醛超标率统计表

检测时室内温度	甲醛浓度超标率（%）	TVOC 浓度超标率（%）
25℃以上	46.2	38.5
25℃以下	30.0	30.0

2.1.4　结论与建议

（1）通过本课题调查可知，2014 年度昆山地区，Ⅰ类民用建筑甲醛浓度的超标率为 42.0%，TVOC 浓度的超标率为 45.2%；Ⅱ类民用建筑甲醛浓度的超标率为 39.1%，TVOC 浓度的超标率为 34.8%，整体装修污染情况较为严重。

（2）本次调查研究结果表明，门窗关闭时间以及室内温度直接影响室内装修污染物的浓度。

（3）室内装修应选用合格的装饰材料且不应过度装修。

（4）平时居住时，用户应注重开窗通风，尤其是装修污染物散发较快的夏季，以提高空气质量。

（5）此次课题由于工作量大、周期长、技术人员水平有限等，研究深度存在一定的局限性，在寻求有效的防污降污措施方面，今后还需要开展深入系统的研究。

2.2　太原市装修污染调查与研究

2.2.1　太原市概况

城镇化是带动社会经济发展的主要动力之一，住宅、办公楼等普通建筑的开发将成为今后一个时期的重要内需。太原市城市建设的现状是工业用地将会越来越难批准，居住用地的供给比率将大幅上调，在一份2015年城市建设用地一览表上，我们注意到居住用地占到了建设用地总供给量的36%。公众居住用地和公共设施用地、市政公用设施用地、道路广场用地、绿地用地四项比率加起来占到了城市建设用地总供给的80%。

按照近期城市建设规划方案，至2015年，全市建设用地规模达到了340km² 左右，规划期内新增用地50km²，平均每年新增10km²。近期新增的居住用地主要会供应给三给地区、枣园地区、龙城大街两侧、晋阳湖地区、汾东新区、晋阳新区等区域。棚户区改造类居住地主要结合旧城区改造等进行供应。近期太原市还将会新增保障性住房用地供应。近期商品房新增用地主要供应城市南部及东西部地区。

通过对重点开发地区的建设，将进一步提升城市功能，让更多人享受到国际影响力大都市的舒适生活，住房供应从非常紧缺到有效供给。进入新世纪，旧城改造快马加鞭，城市面貌日新月异。棚户区改造也拉开了帷幕，作为太原棚户区改造的开端，2006年西山煤电集团开始大规模实施，2007—2010年，太原城区137万 m²、141片棚户区被改造，约6.4万户居民告别陋居。重要的是居住环境从脏乱拥挤到优美宜居。"西进南移"的城市规划，使得去南部、西部买房置业成为时尚。新建住宅小区绿化率的提高，以及工业、生活等污染治理力度的日益加大，二级以上的好天气逐年增加，人们的生活、工作环境得到了"革命性"改善。

2.2.2　2012—2013年室内环境污染状况统计

据2012—2013年太原市建筑工程质量检测站实地委托检测，分别将各污染物浓度数据结果从低到高排列，得到各污染物浓度范围、浓度平均值以及该污染物在所统计范围内的超标率。

以两类建筑物为调查研究对象：Ⅰ类——住宅、幼儿园共80间；Ⅱ类——办公楼、宾馆饭店共9间，对其室内环境污染物（甲醛、苯、TVOC）进行实地检测调查研究，依据《民用建筑工程室内环境污染控制规范》GB 50325、《公共场所空气中甲醛测定方法》GB/T

18204.26 酚试剂分光光度法以及《公共场所空气中氨测定方法》GB/T 18204.25 靛酚蓝分光光度法进行取样、检测。所用仪器设备有：①BS-H2 型双气路恒流大气采样仪（上海百斯建筑科技有限公司）；②GL-102B 型数字皂膜/液体流量计（北京捷思达仪分析仪器研发中心）；③1106 型可见分光光度计（上海谱元仪器有限公司）；④GC 4000A 气相色谱仪（北京东西分析仪器有限公司）。

　　2012—2013 年室内环境污染统计结果得出：无论是住宅楼（幼儿园）还是办公楼（宾馆饭店），室内空气中主要超标物是甲醛。分析其原因有：室内家具的使用量大小、家具的材质、家具的品质、是否使用壁纸等，因此总结为装饰装修以及活动家具带来的污染是导致室内空气中甲醛浓度超标的主要原因。检测结果汇总如表 2.2-1 所示。

表 2.2-1　2012—2013 年室内环境污染物检测结果

年份	类型	污染物名称	浓度范围（mg/m³）	浓度平均值（mg/m³）	超标率（%）
2012 年	办公楼（宾馆、饭店）	甲醛	0.11～0.74	0.46	100
		苯	0.07～0.09	0.08	0
		TVOC	0.30～0.40	0.43	0
	住宅楼（幼儿园）	甲醛	0.02～0.82	0.20	66.67
		苯	0.04～0.07	0.05	0
		TVOC	0.10～0.50	0.31	0
2013 年	办公楼（宾馆、饭店）	甲醛	0.03～0.61	0.17	33.33
		苯	0.07～0.08	0.07	0
		TVOC	0.30～0.50	0.42	0
	住宅楼（幼儿园）	甲醛	0.02～0.82	0.15	72.31
		苯	0.02～0.09	0.05	0
		TVOC	0.02～0.50	0.29	0

2.2.3　2014—2015 年室内环境污染实测调查统计

1. 现场实测调查实施方案

　　自 2014 年 2 月，以两类建筑物：Ⅰ类建筑（民用住宅）、Ⅱ类建筑（办公楼、宾馆）为调查研究对象，采用国家标准方法对其室内环境污染物进行实地检测，同时与便携式仪器测得的数据进行比对。根据得到的检测数据确定室内环境污染物甲醛、氨的浓度水平，并找出超标物种类，计算出相应的污染物超标率。同时分析讨论室内环境污染物与装修材料种类、装修材料环境品质及装修材料使用量、室内外通风情况、环境温湿度变化（季节）等因素之间的关联性。

　　（1）Ⅰ类建筑（民用住宅）。

　　1）对住宅 35 套（共 154 间）进行实地检测调查研究。实地检测工作的同时详细记录被测房间功能、被测房间面积、检测日期、对外门窗关闭时间、室内装修程度、装饰装修材料的材质、家具的材质和数量、室内温湿度、现场天气状况等。依据污染物浓度的检测结果，对太原市室内环境污染物浓度水平以及超标率进行分析。另使用便携式仪器实地检测室内甲醛、TVOC 浓度，与国家标准方法进行比对。

2）将所调查的 154 间房屋按功能房进行分类，得到不同功能房室内空气中甲醛和氨的浓度水平，并分析超标原因。

3）对 5 户（共 18 间）装修未使用的房屋进行室内甲醛和氨的现场检测，依据检测数据分析讨论甲醛和氨浓度与环境温度之间的关联性，以及装修材料种类、品质、使用量对室内甲醛、氨浓度的影响。

4）在同一季节下，选取 4 户（2 组）装修已使用的住户，其房间大小一样，装修程度相差不大，分析讨论室内空气中甲醛、氨浓度的高低与装饰装修材料的质量和种类、家具数量、家具材质的质量和种类之间的关联性。

5）对 7 户（共 25 间）装修已使用的住户进行室内空气中甲醛、氨的现场检测，依据检测数据分析讨论室内温度、湿度、通风情况、门窗关闭时间对室内甲醛、氨浓度的影响。

（2）Ⅱ类建筑（办公楼、宾馆）。

对办公楼（宾馆）6 栋（共 28 间）室内甲醛和氨浓度进行检测调查，分析甲醛和氨的浓度水平以及超标率情况。

2. 检测方法、仪器设备与操作要求

（1）检测方法。

甲醛的检测方法有以下两种：

①根据《民用建筑工程室内环境污染控制规范》GB 50325—2010（《公共场所空气中甲醛测定方法》GB/T 18204.26—2000 酚试剂分光光度法）相关规定。

②PPM htv-m 记录型甲醛检测仪（原理：通过检测仪内部的电化学甲醛传感器测定空气中的甲醛浓度）。

氨的检测方法：依据《民用建筑工程室内环境污染控制规范》GB 50325—2010（《公共场所空气中氨测定方法》GB/T 18204.25 靛酚蓝分光光度法）的相关规定。

TVOC 的检测方法：依据《民用建筑工程室内环境污染控制规范》GB 50325—2010 附录 G 的相关规定。

（2）仪器设备。

①BS-H2 型双气路恒流大气采样仪（上海百斯建筑科技有限公司）。

②GL-102B 型数字皂膜/液体流量计（北京捷思达仪分析仪器研发中心）。

③1106 型可见分光光度计（上海谱元仪器有限公司）。

④GC 4000A 气相色谱仪（北京东西分析仪器有限公司）。

⑤PPM htv-m 记录型甲醛检测仪（新仪仪器有限公司）。

（3）取样检测操作要求。

当使用泵吸入式主动采样简便仪器检测甲醛时，对外门窗关闭 1h 后人员进入室内，并在 4h 内进行两次测量，两次测量间隔 0.5h 以上，每次测量检测 5 个数据，取平均值。

按《民用建筑工程室内环境污染控制规范》GB 50325 标准方法或便携式仪器对"已装修未使用"房屋室内甲醛、氨进行检测时，对外门窗关闭 1h 后取样检测。

对"已装修使用"房屋进行调查时，取样检测在房屋正常使用状态下进行。人员进入房间进行检测过程中要减少人员的进出，停止做饭、吸烟等会产生污染的活动。

现场采样时，所设检测点应距内墙面不小于 0.5m、距楼地面高度 0.8m～1.5m。检测点应均匀分布，避开通风道和通风口。

3. 现场实测调查过程

自 2014 年 2 月开始，我单位课题参与人员在太原地区对民用住宅、办公楼（宾馆）进行了室内污染物调查研究工作。调查过程分三个阶段：现场采样、实验室化学分析、数据汇总分析。

（1）现场采样严格按照《民用建筑工程室内环境污染控制规范》GB 50325—2010 的要求进行布点，并在采样前后对大气恒流采样器进行校准；采样同时填写实地检测调查原始记录，记录采样房间相关详细信息。

（2）实验室化学分析严格按照《公共场所空气中甲醛测定方法》GB/T 18204.26 酚试剂分光光度法酚试剂分光光度和《公共场所空气中氨测定方法》GB/T 18204.25—2000 靛酚蓝分光光度法分别对甲醛和氨进行浓度测定。

（3）将所收集的数据进行汇总整理，并填写实测调查汇总表。同时对数据进行分析，得到室内环境污染物与装修材料种类、装修材料环境品质及装修材料使用量、室内外通风情况、环境温湿度变化（季节）等因素之间的关联性。

4. 现场实测调查质量控制

（1）执行国家标准方法检测污染物时使用的仪器设备均在检定周期内。

（2）定期绘制各检测项目的工作曲线，并不定时用标准样品（国家环保部标样中心）对其工作曲线进行校核。

（3）使用双气路恒流大气采样仪外出采样前后，用皂膜流量计进行校核。

（4）使用便携式仪器进行检测时，要定期对仪器进行校准。

5. 现场实测调查结果及统计分析

（1）Ⅰ类建筑（民用住宅）。

选取太原市地区共 154 间房屋进行室内空气中甲醛和氨浓度的测定，检测结果及调查信息如表 2.2-2、表 2.2-3 所示。

本次调查房间数共 154 间，其中包含装修已使用与装修未使用房屋，通风方式均为自然通风，均无地毯装饰。由表 2.2-2～表 2.2-4 可知，民用住宅因装饰装修带来的污染物以甲醛为主。造成室内甲醛污染的原因可能来源于室内装饰装修所用到的人造板，用人造板制作的家具以及油漆、涂料、墙纸等各类墙面材料。而造成室内氨污染的原因可能来源于民用建筑工程中所使用的阻燃剂、混凝土外加剂，也有可能来自室内装饰材料，比如家具涂饰时所用的添加剂和增白剂。因此，我们发现室内空气中甲醛和氨的污染与装饰装修有着紧密的联系。

（2）将所调查的 154 间房屋按功能房进行分类，得到不同功能房室内环境污染物浓度检测结果，如表 2.2-5 和图 2.2-1 所示。

表 2.2-2　Ⅰ类建筑实测调查汇总表（一）

序号	房间类型	人造板使用量（m²）	实木板材使用量（m²）	复合地板使用量（m²）	地毯使用量（m²）	壁纸、壁布使用量（m²）	活动家具类型、数量、计算人造板使用量（m²）	门材质及使用量（m²）	窗材质及使用量（m²）	房间内净空间容积（m³）	门密封直观评价（良、一般、差）	窗密封直观评价（良、一般、差）
1	客厅	0	22.9	0	0	20.5	0	实木（1.6）金属（1.6）	断桥铝（4.8）	75.0	一般	良
2	卧室	0	34.1	0	0	23.4	0	实木（1.6）	断桥铝（19.2）	42.8	一般	良
3	卧室	0	34.1	0	0	22.7	0	实木（1.6）	断桥铝（2.9）	42.8	一般	良
4	卧室	0	19.3	0	0	27.7	0	实木（1.6）	断桥铝（1.7）	25.9	一般	良
5	书房	0	11.3	0	0	23.3	0	实木（1.6）	断桥铝（3.2）	50.6	一般	良
6	厨房	0	11.5	0	0	0	0	实木（1.6）	断桥铝（1.1）	19.7	一般	良
7	卫生间	0	0	0	0	0	0	实木（1.6）	0	16.2	一般	—
8	客厅	3.2	63.2	0	0	69.2	0	人造板（3.2）	断桥铝（8.3）	135.2	一般	良
9	卧室	4.8	22.3	0	0	39	0	人造板（4.8）	断桥铝（5.5）	40.6	一般	良
10	卧室	4.8	19	0	0	23.9	0	人造板（4.8）	断桥铝（8.5）	33.3	一般	良
11	衣帽间	1.6	18.1	0	0	3.1	0	人造板（1.6）	0	9.36	一般	—
12	客厅	31.5	0	0	0	0	26.7	人造板（4.8）	塑钢（2.3）	69.3	一般	良
13	卧室	1.6	10.9	10.5	0	0	0	人造板（1.6）	塑钢（2.3）	61.6	一般	良
14	卧室	1.6	9.1	10.5	0	0	0	人造板（1.6）	塑钢（2.3）	53.9	一般	良
15	客厅	36.6	0	16.8	0	0	15	人造板（4.8）	塑钢（1.7）	47.0	一般	良
16	卧室	17.9	0	10.5	0	0	5.8	人造板（1.6）	塑钢（2.4）	29.4	一般	良
17	卧室	18.3	0	10.5	0	0	6.2	人造板（1.6）	塑钢（2.4）	29.4	一般	良
18	客厅	46.8	0	28	0	53.5	9.2	人造板（9.6）	塑钢（2.2）	72.8	一般	良
19	卧室	27.4	0	10.1	0	58.2	15.7	人造板（1.6）	塑钢（2.4）	26.2	一般	良
20	卧室	36.8	0	16.9	0	0	18.3	人造板（1.6）	塑钢（9.4）	44.0	一般	良
21	卧室	28.1	0	10.3	0	0	16.2	人造板（1.6）	塑钢（1.5）	26.7	一般	良
22	卧室	6.5	0	0	0	0	4.9	人造板（1.4）	塑钢（1.4）	9.0	一般	良
23	客厅	8.4	0	0	0	44.9	5.2	人造板（3.2）	断桥铝（5.5）	71.7	一般	良
24	卧室	15.1	0	0	0	32.1	13.5	人造板（1.6）	断桥铝（3.0）	39.7	一般	良
25	卧室	16.5	0	0	0	32.1	14.9	人造板（1.6）	断桥铝（6.9）	39.7	一般	良
26	卧室	18.4	0	0	0	36.2	16.8	人造板（1.6）	断桥铝（2.9）	52.9	一般	良
27	餐厅	8.4	0	0	0	18.9	6.8	人造板（1.6）	0	44.8	一般	—

续表

序号	房间类型	人造板使用量（m³）	实木板材使用量（m²）	复合地板使用量（m²）	地毯使用量（m²）	壁纸、壁布使用量（m²）	活动家具类型、数量、计算人造板使用量（m²）	门材质及使用量（m²）	窗材质及使用量（m²）	房间内净空间容积（m³）	门密封直观评价（良、一般、差）	窗密封直观评价（良、一般、差）
28	客厅	12.8	41.3	0	0	0	6.4	人造板（6.4）	塑钢（6.9）	90.8	一般	良
29	卧室	12.8	27.4	16.7	0	0	6.4	人造板（6.4）	塑钢（2.4）	45.8	一般	良
30	卧室	4.8	54.7	11.8	0	0	2.4	人造板（2.4）	塑钢（4.0）	32.3	一般	良
31	卧室	4.8	23	11.8	0	0	2.4	人造板（2.4）	塑钢（4.0）	32.3	一般	良
32	卫生间	6.4	0	0	0	0	3.2	人造板（3.2）	0	16.3	一般	—
33	厨房	6.4	27.6	0	0	0	3.2	人造板（3.2）	塑钢（6.2）	25.3	一般	良
34	厨房	10.3	0	0	0	24	8.7	人造板（1.6）	断桥铝（3.4）	22.9	一般	良
35	客厅	13.9	0	0	0	41.1	7.5	金属（1.6）	断桥铝（3.6）	88.6	一般	良
36	卧室	15	0	0	0	23.2	13.4	人造板（1.6）	断桥铝（7.5）	51.7	一般	良
37	卧室	21.8	0	0	0	31.9	20.2	人造板（1.6）	断桥铝（2.3）	23.4	一般	良
38	储藏间	41.4	0	0	0	21	39.8	人造板（1.6）	断桥铝（1.8）	21.0	一般	良
39	客厅	0	0	0	0	0	0	金属（1.6）	塑钢（3.8）	59.8	一般	良
40	书房	3.2	9.1	0	0	0	1.6	人造板（1.6）	塑钢（2.5）	29.9	一般	良
41	卧室	28	0	0	0	0	26.4	人造板（1.6）	塑钢（8.4）	34.9	一般	良
42	卧室	14.3	11.1	0	0	0	12.7	人造板（1.6）	塑钢（2.5）	30.8	一般	良
43	客厅	5.4	2.4	0	0	0	0	金属（5.4）	塑钢（3.1）	89.6	一般	良
44	书房	1.4	2.2	0	0	0	0	人造板（1.4）	塑钢（3.1）	28.0	一般	良
45	卧室	10.3	0	0	0	0	8.5	人造板（1.8）	塑钢（1.7）	58.3	一般	良
46	卧室	6.9	0	0	0	0	5.1	人造板（1.8）	塑钢（9.4）	51.0	一般	良
47	厨房	5.9	0	0	0	0	4.1	人造板（1.8）	断桥铝（2.4）	24.3	一般	良
48	客厅	11.9	0	12.4	0	0	6.8	人造板（5.1）金属（1.8）	塑钢（6.9）	34.7	差	良
49	卧室	14.8	0	17.2	0	0	13.1	人造板（1.7）	铝合金（2.7）	48.0	差	良
50	卧室	13.4	0	15.2	0	0	11.7	人造板（1.7）	铝合金（2.7）	42.6	差	良
51	卧室	9	0	0	0	0	7.4	人造板（1.6）	断桥铝（4.8）	36.5	差	良
52	卧室	9	0	0	0	0	7.4	人造板（1.6）	断桥铝（1.7）	34.0	差	良
53	客厅	11.5	0	0	0	0	6.7	人造板（4.8）	0	30.2	差	良
54	卫生间	3.9	0	0	0	0	2.3	人造板（1.6）	0	6.7	差	良

续表

序号	房间类型	人造板使用量（m²）	实木板材使用量（m²）	复合地板使用量（m²）	地毯使用量（m²）	壁纸、壁布使用量（m²）	活动家具类型、数量，计算人造板使用量（m²）	门材质及使用量（m²）	窗材质及使用量（m²）	房间内净空间容积（m³）	门密封直观评价（良、一般、差）	窗密封直观评价（良、一般、差）
55	卧室	0	33.6	0	0	35.5	0	实木（1.7）	塑钢（4.8）	36.0	良	良
56	卧室	0	16.9	0	0	32.4	0	实木（1.7）	塑钢（1.9）	27.0	良	良
57	书房	0	12.1	0	0	1.8	0	实木（4.0）	0	12.0	良	一
58	客厅	0	1	0	0	25	0	实木（1.7）	塑钢（4.8）	85.8	良	良
59	卧室	0	8.3	0	0	37.5	0	实木（2.1）	塑钢（6.5）	31.1	良	良
60	客厅	0	2.6	0	0	52.6	0	实木（2.1）	塑钢（3.2）	61.4	良	良
61	卧室	0	14.9	0	0	46.5	0	实木（2.1）	塑钢（3.2）	43.1	良	良
62	书房	0	13.3	0	0	34.2	0	实木（2.1）	塑钢（6.5）	25.5	良	良
63	卧室	0	27.4	0	0	0	0	实木（2.0）	塑钢（4.3）	42.2	良	良
64	客厅	0	11.3	0	0	0	0	实木（8.0）	塑钢（6.2）	66.9	良	良
65	卧室	0	19	0	0	0	0	实木（2.0）	塑钢（1.9）	36.5	良	良
66	卧室	0	11.4	0	0	0	0	实木（2.0）	塑钢（6.2）	26.7	良	良
67	卧室	16.6	0	0	0	0	15	人造板（1.6）	断桥铝（9.0）	32.4	良	良
68	卧室	16.6	0	0	0	0	15	人造板（1.6）	断桥铝（2.9）	32.4	良	良
69	客厅	9.6	0	0	0	0	6.4	人造板（3.2）	断桥铝（2.5）	47.3	良	良
70	卧室	10.7	0	0	0	0	9	人造板（1.7）	塑钢（5.9）	40.3	良	良
71	卧室	16.8	0	0	0	0	15.1	人造板（1.7）	塑钢（3.6）	28.6	良	良
72	卧室	9.6	2.1	9.6	0	0	0	实木（2.1）人造板（9.6）	塑钢（3.0）	26.8	良	良
73	客厅	0	0	0	0	5.8	0	实木（4.2）金属（2.3）	断桥铝（8.2）	20.6	良	良
74	卧室	12.9	2.1	12.9	0	0	0	实木（2.1）	断桥铝（5.0）	36.0	良	良
75	厨房	11.6	0	0	0	0	11.6	金属（3.9）	断桥铝（1.2）	9.7	良	良
76	客厅	11.1	0	0	0	3	7.9	人造板（3.2）金属（1.6）	断桥铝（7.6）	50.3	良	良
77	卧室	21.4	0	12.2	0	0	7.6	人造板（1.6）	断桥铝（2.7）	39.0	良	良
78	卧室	15.8	0	14.2	0	0	0	人造板（1.6）	断桥铝（1.5）	34.2	良	良
79	客厅	21.2	0	0	0	35.9	16.4	人造板（4.8）金属（4.8）	塑钢（4.8）	44.1	良	良
80	卧室	11.5	0	0	0	36.9	9.9	人造板（1.6）	塑钢（5.7）	42.9	良	良

续表

序号	房间类型	人造板材使用量（m²）	实木板材使用量（m²）	复合地板使用量（m²）	地毯使用量（m²）	壁纸、壁布使用量（m²）	活动家具类型、数量、计算人造板使用量（m²）	门材质及使用量（m²）	窗材质及使用量（m²）	房间内净空间容积（m³）	门密封直观评价（良、一般、差）	窗密封直观评价（良、一般、差）
81	卧室	1.6	0	0	0	22	0	人造板（1.6）	塑钢（5.5）	20.3	良	良
82	客厅	0	0	0	0	19.8	0	金属（1.8）	断桥铝（4.6）	77.6	良	良
83	卧室	12.2	0	12.2	0	0	0	实木（1.6）	断桥铝（5.1）	34.1	良	良
84	卧室	13.8	0	12.2	0	0	0	人造板（1.6）	断桥铝（6.0）	51.4	良	良
85	卧室	13.1	0	11.5	0	28.7	0	人造板（1.6）	断桥铝（2.4）	32.1	良	良
86	厨房	0.6	0	0	0	0	0	人造板（0.6）	断桥铝（4.8）	25.7	良	良
87	客厅	21.2	0	0	0	35.9	16.4	人造板（4.8）金属（1.8）	塑钢（4.8）	44.1	良	良
88	卧室	11.5	0	0	0	36.9	9.9	人造板（1.6）	塑钢（5.5）	20.3	良	良
89	卧室	1.6	0	0	0	22	0	人造板（1.6）	塑钢（3.3）	25.7	良	良
90	卧室	53.9	0	18	0	39.8	34.3	人造板（1.6）	断桥铝（8.4）	50.3	良	良
91	客厅	15.7	0	0	0	27.1	12.5	金属（1.8）	断桥铝（3.6）	39.0	良	良
92	卧室	31.5	0	12.2	0	33.8	17.7	人造板（1.6）	断桥铝（3.8）	34.2	良	良
93	客厅	29.5	0	0	0	0	24.7	人造板（4.8）金属（1.8）	断桥铝（5.7）	60.1	良	良
94	卧室	32.4	0	13.2	0	0	17.6	人造板（1.6）	断桥铝（2.9）	37.0	良	良
95	卧室	16	0	0	0	0	14.4	人造板（1.6）	断桥铝（1.8）	18.5	良	一
96	客厅	0	10.8	0	0	46.8	0	实木（7.2）金属（1.8）	断桥铝（8.1）	109.4	良	良
97	餐厅	0	7.4	0	0	15.9	0	实木（5.6）	0	42.5	良	良
98	卧室	0	43.2	0	0	39.3	0	实木（1.8）	断桥铝（3.2）	56.9	良	良
99	卧室	0	41.5	0	0	36.7	0	实木（3.4）	断桥铝（3.2）	52.2	良	良
100	衣帽间	0	10.2	0	0	0	0	人造板（3.2）	断桥铝（0.8）	10.8	良	良
101	客厅	3.2	0	0	0	0	0	金属（1.6）	塑钢（2.7）	47.3	良	良
102	卧室	1.6	0	0	0	0	0	人造板（1.6）	塑钢（10.5）	37.8	良	良
103	卧室	1.6	0	0	0	0	0	人造板（1.6）	塑钢（1.8）	29.8	良	良
104	客厅	9.6	0	0	0	47.6	0	人造板（9.6）	断桥铝（4.9）	84.2	良	良
105	卧室	1.6	0	0	0	48.8	0	金属（2.4）	断桥铝（3.6）	59.7	良	良

续表

序号	房间类型	人造板使用量（m²）	实木板材使用量（m²）	复合地板使用量（m²）	地毯使用量（m²）	壁纸、壁布使用量（m²）	活动家具类型、数量，计算人造板使用量（m²）	门材质及使用量（m²）	窗材质及使用量（m²）	房间内净空间容积（m³）	门密封直观评价（良、一般、差）	窗密封直观评价（良、一般、差）
106	卧室	1.6	0	0	0	54.2	0	人造板（1.6）	断桥铝（3.6）	64.8	良	良
107	书房	1.6	0	0	0	29.7	0	人造板（1.6）	断桥铝（2.7）	26.7	良	良
108	客厅	9.0	0	0	0	36		人造板（9.0）金属（3.3）	塑钢（2.6）	124.8	良	良
109	卧室	3.5	0	0	0	25	0	人造板（3.5）	塑钢（2.6）	35.1	良	良
110	卧室	1.8	0	0	0	18.8	0	人造板（1.8）	塑钢（2.6）	35.1	良	良
111	卧室	1.8	0	0	0	18.8	0	人造板（1.8）	塑钢（2.6）	25.0	良	良
112	客厅	0	22	0	0	46.7	0	实木（10.5）金属（2.5）	断桥铝（13.8）	119.1	良	良
113	卧室	0	13.6	0	0	28.9	0	实木（2.1）	断桥铝（3.5）	39.5	良	良
114	卧室	0	12.4	0	0	31.1	0	实木（2.1）	断桥铝（9.6）	39.0	良	良
115	卧室	0	21.7	0	0	41.6	0	实木（2.1）	断桥铝（1.7）	47.4	良	良
116	储藏室	0	15.3	0	0	8.9	0	实木（2.1）	断桥铝（1.2）	17.8	良	良
117	客厅	4.8	14.1	0	0	26.9	0	人造板（4.8）金属（1.6）	断桥铝（1.0）	54.6	良	良
118	卧室	5.3	16.9	0	0	20.8	3.7	人造板（1.6）金属（6.2）	断桥铝（6.2）	33.0	良	良
119	卧室	12.1	0	0	0	15.6	12.1	0	断桥铝（6.2）	27.3	良	良
120	客厅	16	0	0	0	0	13	人造板（3.0）金属（1.8）	塑钢（2.6）	48.7	良	良
121	卧室	3.6	20.5	0	0	37.8	1.8	人造板（1.8）	塑钢（8.8）	50.4	良	良
122	卧室	13.5	0	0	0		11.9	人造板（1.6）	塑钢（2.4）	26.9	良	良
123	客厅	33.7	13	26.5	0	45	3.6	人造板（3.6）金属（1.8）	塑钢（1.8）	69.0	良	良
124	卧室	37.2	0	23.1	0	0	10.9	人造板（3.2）	塑钢（6.0）	60.1	良	良
125	卧室	28.6	0	11.2	0	0	15.8	人造板（1.6）	塑钢（1.8）	29.1	良	良
126	卧室	28.2	0	12	0	0	14.6	人造板（1.6）	塑钢（2.4）	31.3	良	良
127	厨房	9.2	0	0	0	0	7.6	人造板（1.6）	塑钢（4.8）	31.2	良	良
128	卧室	0	21.7	0	0	32.4	0	实木（10.0）金属（2.0）	断桥铝（6.4）	44.1	良	良
129	卧室	0	9.3	0	0	32.5	0	实木（2.0）	断桥铝（1.8）	36.3	良	良

续表

序号	房间类型	人造板使用量（m²）	实木板材使用量（m²）	复合地板使用量（m²）	地毯使用量（m²）	壁纸、壁布使用量（m²）	活动家具类型、数量、计算人造板使用量（m²）	门材质及使用量（m²）	窗材质及使用量（m²）	房间内净空间容积（m³）	门密封直观评价（良、一般、差）	窗密封直观评价（良、一般、差）
130	卧室	0	10.6	0	0	23.4	0	实木（2.0）	断桥铝（1.8）	25.7	良	良
131	客厅	0	27.5	0	0	46.5	0	金属（2.0）	断桥铝（2.2）	87.4	良	良
132	卧室	0	36.7	0	0	32.4	0	实木（2.0）	断桥铝（6.4）	44.1	良	良
133	卧室	0	23.5	0	0	32.5	0	实木（2.0）	断桥铝（1.8）	36.3	良	良
134	卧室	0	20.4	0	0	23.4	0	实木（2.0）	断桥铝（1.8）	25.7	良	良
135	客厅	0	10.9	0	0	46.5	0	金属（2.0）	断桥铝（2.2）	87.4	良	良
136	客厅	0	23.6	0	0	0	0	实木（10.2）	断桥铝（3.6）	101.1	良	良
137	卧室	0	47.8	0	0	42	0	实木（3.4）	断桥铝（3.6）	65.3	良	良
138	衣帽	0	35.2	0	0	31.3	0	实木（1.7）	断桥铝（1.8）	31.6	良	良
139	卧室	0	47.5	0	0	43.6	0	实木（1.7）	断桥铝（3.6）	69.7	良	良
140	卧室	0	47.5	0	0	40.8	0	实木（1.7）	断桥铝（3.6）	59.4	良	良
141	餐厅	0	18.8	0	0	26.5	0	实木（1.7）	断桥铝（3.6）	56.9	良	良
142	书房	0	23.8	0	0	32.2	0	实木（1.7）	断桥铝（1.8）	36.8	良	良
143	客厅	46.3	13.7	23.6	0	33.8	16.3	人造板（6.4）	断桥铝（4.8）	62.3	良	良
144	卧室	33.5	0	15.8	0	33.2	16.1	人造板（1.6）	断桥铝（8.4）	42.5	良	良
145	卧室	28.3	0	13.1	0	29.3	13.6	人造板（1.6）	断桥铝（1.9）	35.2	良	良
146	卧室	30.4	0	13.2	0	29	15.6	人造板（1.6）	断桥铝（8.8）	35.6	良	良
147	书房	20.9	0	9.2	0	29	10.1	人造板（1.6）	断桥铝（2.3）	24.9	良	良
148	客厅	25.2	0	0	0	46.5	20.4	人造板（4.8）	断桥铝（4.3）	145.1	良	良
149	卧室	18.2	0	0	0	37.5	16.6	人造板（1.6）	断桥铝（5.4）	64.5	良	良
150	卧室	21.8	0	0	0	44.7	20.2	人造板（1.6）	断桥铝（5.2）	40.4	良	良
151	衣帽间	17.4	0	0	0	10.6	15.8	人造板（1.6）	断桥铝（3.1）	43.7	良	良
152	卧室	22.0	0	0	0	32	20.4	人造板（1.6）	断桥铝（2.4）	49.5	良	良
153	卧室	19.4	0	0	0	34	17.8	人造板（4.8）	断桥铝（2.4）	31.9	良	良
154	客厅	11.5	0	0	0	26.4	6.7	金属（1.6）	断桥铝（1.7）	30.5	良	良

表2.2-3 I类建筑实测调查汇总表（二）

序号	房间类型	检测时间	装修完工到检测历时（月）	室内主要污染源初步判断	房间内净空间容积（m³）	温湿度（℃/RH%）	通风方式、通风换气率次（h）	测前门窗关闭时间（h）	甲醛（酚试剂分光光度法）	氨（靛酚蓝分光光度法）
1	客厅	2014.2.28	5	疑似有	75.0	25/64	自然通风、通风次数2~3次/天	1	0.11	0.19
2	卧室	2014.2.28	5	疑似有	42.8	25/64	自然通风、通风次数2~3次/天	1	0.11	0.10
3	卧室	2014.2.28	5	疑似有	42.8	25/64	自然通风、通风次数2~3次/天	1	0.16	0.15
4	卧室	2014.2.28	5	疑似有	25.9	25/64	自然通风、通风次数2~3次/天	1	0.21	0.16
5	书房	2014.2.28	5	疑似有	50.6	25/64	自然通风、通风次数2~3次/天	1	0.12	0.17
6	厨房	2014.2.28	5	疑似有	19.7	25/64	自然通风、通风次数2~3次/天	1	0.15	0.21
7	卫生间	2014.2.28	5	疑似有	16.2	25/64	自然通风、通风次数2~3次/天	1	0.11	0.18
8	客厅	2014.6.30	6	无	135.2	25/58	未入住	12	0.07	0.10
9	卧室	2014.6.30	6	无	40.6	25/58	未入住	12	0.06	0.20
10	卧室	2014.6.30	6	无	33.3	25/58	未入住	12	0.08	0.41
11	衣帽间	2014.6.30	6	无	9.36	25/58	未入住	12	0.08	0.37
12	客厅	2014.6.10	7	明显有	69.3	30/40	自然通风、通风次数2~3次/天	12	0.24	0.13
13	卧室	2014.6.10	7	明显有	61.6	30/40	自然通风、通风次数2~3次/天	12	0.28	0.26
14	卧室	2014.6.10	7	明显有	53.9	30/40	自然通风、通风次数2~3次/天	12	0.24	0.25
15	客厅	2014.4.14	3	明显有	47.0	24/42	自然通风、通风次数2~3次/天	12	0.28	0.29
16	卧室	2014.4.14	3	明显有	29.4	24/42	自然通风、通风次数2~3次/天	12	0.26	0.40
17	卧室	2014.4.14	3	明显有	29.4	24/42	自然通风、通风次数2~3次/天	12	0.30	0.52
18	客厅	2014.4.18	5	无	72.8	22/38	自然通风、通风次数2~3次/天	12	0.10	0.17
19	卧室	2014.4.18	5	无	26.2	22/38	自然通风、通风次数2~3次/天	12	0.12	0.16
20	卧室	2014.4.18	5	无	44.0	22/38	自然通风、通风次数2~3次/天	12	0.11	0.18
21	卧室	2014.4.18	5	无	26.7	22/38	自然通风、通风次数2~3次/天	12	0.12	0.20
22	卧室	2014.4.18	5	无	9.0	22/38	自然通风、通风次数2~3次/天	12	0.11	0.10
23	客厅	2014.7.28	7	疑似有	71.7	29/52	自然通风、通风次数2~3次/天	12	0.06	0.26
24	卧室	2014.7.28	7	疑似有	39.7	29/52	自然通风、通风次数2~3次/天	12	0.05	0.30
25	卧室	2014.7.28	7	疑似有	39.7	29/52	自然通风、通风次数2~3次/天	12	0.05	0.22
26	卧室	2014.7.28	7	疑似有	52.9	29/52	自然通风、通风次数2~3次/天	12	0.05	0.47
27	餐厅	2014.7.28	7	疑似有	44.8	29/52	自然通风、通风次数2~3次/天	12	0.06	0.40
28	客厅	2014.3.10	5	无	90.8	24/48	自然通风、通风次数2~3次/天	12	0.10	0.43
29	卧室	2014.3.10	5	无	45.8	24/48	自然通风、通风次数2~3次/天	12	0.10	0.19
30	卧室	2014.3.10	5	无	32.3	24/48	自然通风、通风次数2~3次/天	12	0.09	0.23

续表

序号	房间类型	检测时间	装修完工到检测历时时间（月）	室内主要污染源初步判断	房间内净空间容积（m³）	温湿度（℃/RH%）	通风方式、通风换气率次（h）	测前门窗关闭时间（h）	甲醛（酚试剂分光光度法）	氨（靛酚蓝分光光度法）
31	卧室	2014.3.10	5	无	32.3	24/48	自然通风，通风次数2~3次/天	12	0.07	0.17
32	卫生间	2014.3.10	5	无	16.3	24/48	自然通风，通风次数2~3次/天	12	0.10	0.29
33	厨房	2014.3.10	5	无	25.3	24/48	自然通风，通风次数2~3次/天	12	0.11	0.29
34	厨房	2014.2.10	1	无	22.9	25/40	自然通风，通风次数2~3次/天	1	0.08	0.46
35	客厅	2014.2.10	1	无	88.6	25/40	自然通风，通风次数2~3次/天	1	0.11	0.50
36	卧室	2014.2.10	1	无	51.7	25/40	自然通风，通风次数2~3次/天	1	0.08	0.48
37	卧室	2014.2.10	1	无	23.4	25/40	自然通风，通风次数2~3次/天	1	0.23	0.45
38	储藏间	2014.2.10	1	无	21.0	25/40	自然通风，通风次数2~3次/天	1	0.09	0.32
39	客厅	2014.7.10	2	无	59.8	30/56	自然通风，通风次数2~3次/天	1	0.07	0.14
40	书房	2014.7.10	2	无	29.9	30/56	自然通风，通风次数2~3次/天	1	0.08	0.30
41	卧室	2014.7.10	2	无	34.9	30/56	自然通风，通风次数2~3次/天	1	0.07	0.30
42	卧室	2014.7.10	2	疑似有	30.8	30/56	自然通风，通风次数2~3次/天	1	0.10	0.26
43	客厅	2014.3.10	4	疑似有	89.6	16/40	自然通风，通风次数2~3次/天	1	0.04	0.27
44	书房	2014.3.10	4	疑似有	28.0	16/40	自然通风，通风次数2~3次/天	1	0.03	0.28
45	卧室	2014.3.10	4	疑似有	58.3	16/40	自然通风，通风次数2~3次/天	1	0.03	0.30
46	卧室	2014.3.10	4	疑似有	51.0	16/40	自然通风，通风次数2~3次/天	1	0.07	0.24
47	厨房	2014.3.10	4	疑似有	24.3	16/40	自然通风，通风次数2~3次/天	1	0.03	0.31
48	客厅	2014.9.11	1	疑似有	34.7	23/50	自然通风，通风次数2~3次/天	1	0.22	0.20
49	卧室	2014.9.11	1	疑似有	48.0	23/50	自然通风，通风次数2~3次/天	1	0.14	0.24
50	卧室	2014.9.11	1	疑似有	42.6	23/50	自然通风，通风次数2~3次/天	1	0.21	0.13
51	卧室	2014.5.6	6	疑似有	36.5	22/48	自然通风，通风次数2~3次/天	1	0.18	0.24
52	卧室	2014.5.6	6	疑似有	34.0	22/48	自然通风，通风次数2~3次/天	1	0.11	0.13
53	客厅	2014.5.6	6	疑似有	30.2	22/48	自然通风，通风次数2~3次/天	1	0.11	0.34
54	卫生间	2014.5.6	6	疑似有	6.7	22/48	自然通风，通风次数2~3次/天	1	0.13	0.48
55	卧室	2014.2.27	11	无	36.0	29/42	自然通风，通风次数2~3次/天	1	0.09	0.09
56	卧室	2014.2.27	11	无	27.0	29/42	自然通风，通风次数2~3次/天	1	0.09	0.03
57	书房	2014.2.27	11	无	12.0	29/42	自然通风，通风次数2~3次/天	1	0.09	0.07
58	客厅	2014.2.27	11	无	85.8	29/42	自然通风，通风次数2~3次/天	1	0.09	0.09
59	卧室	2014.2.26	6	疑似有	31.1	22/45	自然通风，通风次数2~3次/天	1	0.08	0.14
60	客厅	2014.2.26	6	疑似有	61.4	22/45	自然通风，通风次数2~3次/天	1	0.08	0.18
61	卧室	2014.2.26	6	疑似有	43.1	22/45	自然通风，通风次数2~3次/天	1	0.09	0.33

续表

序号	房间类型	检测时间	装修竣工到检测历时（月）	室内主要污染源初步判断	房间内净空间容积（m³）	温湿度（℃/RH%）	通风方式、通风换气率次（h）	测前门窗关闭时间（h）	甲醛（酚试剂分光度法）	氨（靛酚蓝分光光度法）
62	书房	2014.2.26	6	疑似有	25.5	22/45	自然通风，通风次数2~3次/天	1	0.09	0.48
63	卧室	2014.7.17	7	疑似有	42.2	29/58	自然通风，通风次数2~3次/天	12	0.24	0.11
64	客厅	2014.7.17	7	疑似有	66.9	29/58	自然通风，通风次数2~3次/天	12	0.23	0.40
65	卧室	2014.7.17	7	疑似有	36.5	29/58	自然通风，通风次数2~3次/天	12	0.29	0.17
66	卧室	2014.7.17	7	疑似有	26.7	29/58	自然通风，通风次数2~3次/天	12	0.25	0.32
67	卧室	2014.4.8	5	疑似有	32.4	22/42	自然通风，通风次数2~3次/天	12	0.15	0.25
68	卧室	2014.4.8	5	疑似有	32.4	22/42	自然通风，通风次数2~3次/天	12	0.19	0.21
69	客室	2014.4.8	5	疑似有	47.3	22/42	自然通风，通风次数2~3次/天	12	0.15	0.14
70	卧室	2014.7.30	7	无	40.3	26/66	自然通风，通风次数2~3次/天	12	0.25	0.30
71	卧室	2014.7.30	7	无	28.6	26/66	自然通风，通风次数2~3次/天	12	0.54	0.20
72	卧室	2014.10.16	1	无	26.8	16/52	自然通风，通风次数2~3次/天	12	0.01	0.06
73	客厅	2014.10.16	1	无	20.6	16/52	自然通风，通风次数2~3次/天	1	0.01	0.14
74	卧室	2014.10.16	1	无	36.0	16/52	自然通风，通风次数2~3次/天	1	0.01	0.11
75	厨房	2014.10.16	1	无	9.7	16/52	自然通风，通风次数2~3次/天	1	0.02	0.04
76	客厅	2014.10.14	1	明显有	50.3	14/40	自然通风，通风次数2~3次/天	1	0.05	0.24
77	卧室	2014.10.14	1	明显有	39.0	14/40	自然通风，通风次数2~3次/天	1	0.04	0.03
78	卧室	2014.10.14	1	明显有	34.2	14/40	自然通风，通风次数2~3次/天	1	0.03	0.29
79	客厅	2014.10.28	1	明显有	44.1	16/55	自然通风，通风次数2~3次/天	1	0.02	0.16
80	卧室	2014.10.28	1	明显有	42.9	16/55	自然通风，通风次数2~3次/天	12	0.01	0.26
81	卧室	2014.10.28	1	明显有	20.3	16/55	自然通风，通风次数2~3次/天	12	0.01	0.10
82	客厅	2014.10.11	2	无	77.6	21/41	自然通风，通风次数2~3次/天	12	0.03	0.14
83	卧室	2014.10.11	2	无	34.1	21/41	自然通风，通风次数2~3次/天	12	0.05	0.11
84	卧室	2014.10.11	2	无	51.4	21/41	自然通风，通风次数2~3次/天	12	0.03	0.06
85	卧室	2014.10.11	2	无	32.1	21/41	自然通风，通风次数2~3次/天	12	0.03	0.03
86	厨房	2014.10.11	2	无	25.7	21/41	自然通风，通风次数2~3次/天	12	0.02	0.04
87	客厅	2014.10.28	1	明显有	44.1	16/55	自然通风，通风次数2~3次/天	12	0.03	0.22
88	卧室	2014.10.28	1	明显有	20.3	16/55	自然通风，通风次数2~3次/天	12	0.02	0.09
89	卧室	2014.10.28	1	明显有	25.7	16/55	自然通风，通风次数2~3次/天	12	0.04	0.03
90	卧室	2014.10.17	7	明显有	50.3	17/55	自然通风，通风次数2~3次/天	12	0.27	0.12
91	客厅	2014.10.17	7	明显有	39.0	17/55	自然通风，通风次数2~3次/天	12	0.19	0.15
92	卧室	2014.10.17	7	明显有	34.2	17/55	自然通风，通风次数2~3次/天	12	0.17	0.22

续表

序号	房间类型	检测时间	装修完工到检测历时时间（月）	室内主要污染源初步判断	房间内净空间容积（m³）	温湿度（℃/RH%）	通风方式、通风换气率次（h）	测前门窗关闭时间（h）	甲醛（酚试剂分光光度法）	氨（靛酚蓝分光光度法）
93	客厅	2014.10.20	11	无	60.1	17/56	自然通风，通风次数2~3次/天	12	0.03	0.30
94	卧室	2014.10.20	11	无	37.0	17/56	自然通风，通风次数2~3次/天	12	0.03	0.25
95	卧室	2014.10.20	11	无	18.5	17/56	自然通风，通风次数2~3次/天	12	0.03	0.31
96	客厅	2014.5.6	6	疑似有	109.4	17/56	自然通风，通风次数2~3次/天	1	0.08	0.10
97	餐厅	2014.5.6	6	疑似有	42.5	22/45	自然通风，通风次数2~3次/天	1	0.09	0.19
98	卧室	2014.5.6	6	疑似有	56.9	22/45	自然通风，通风次数2~3次/天	1	0.07	0.27
99	卧室	2014.5.6	6	疑似有	52.2	22/45	自然通风，通风次数2~3次/天	1	0.06	0.14
100	衣帽间	2014.5.6	6	疑似有	10.8	22/45	自然通风，通风次数2~3次/天	1	0.1	0.09
101	客厅	2014.5.7	5	疑似有	47.3	24/38	自然通风，通风次数2~3次/天	12	0.16	0.37
102	卧室	2014.5.7	5	疑似有	37.8	24/38	自然通风，通风次数2~3次/天	12	0.11	0.29
103	卧室	2014.5.7	5	疑似有	29.8	24/38	自然通风，通风次数2~3次/天	12	0.11	0.23
104	客厅	2014.8.27	—	疑似有	84.2	26/54	自然通风，通风次数2~3次/天	12	0.07	0.15
105	卧室	2014.8.27	—	疑似有	59.7	26/54	自然通风，通风次数2~3次/天	12	0.06	0.15
106	卧室	2014.8.27	—	疑似有	64.8	26/54	自然通风，通风次数2~3次/天	12	0.15	0.21
107	书房	2014.8.27	—	疑似有	26.7	26/54	自然通风，通风次数2~3次/天	12	0.08	0.20
108	客厅	2014.7.13	6	明显有	124.8	26/54	自然通风，通风次数2~3次/天	12	0.59	0.67
109	卧室	2014.7.13	6	明显有	35.1	26/54	自然通风，通风次数2~3次/天	12	0.43	0.30
110	卧室	2014.7.13	6	明显有	35.1	26/54	自然通风，通风次数2~3次/天	12	0.46	0.30
111	卧室	2014.7.13	6	明显有	25.0	26/54	自然通风，通风次数2~3次/天	12	0.31	0.30
112	客厅	2014.9.10	7	疑似有	119.1	25/52	自然通风，通风次数2~3次/天	1	0.19	0.26
113	卧室	2014.9.10	7	疑似有	39.5	25/52	自然通风，通风次数2~3次/天	1	0.18	0.21
114	卧室	2014.9.10	7	疑似有	39.0	25/52	自然通风，通风次数2~3次/天	1	0.34	0.21
115	卧室	2014.9.10	7	疑似有	47.4	25/52	自然通风，通风次数2~3次/天	1	0.15	0.30
116	储藏室	2014.9.10	7	疑似有	17.8	25/52	自然通风，通风次数2~3次/天	1	0.38	0.17
117	客厅	2014.6.16	12	疑似有	54.6	28/54	自然通风，通风次数2~3次/天	12	0.16	0.29
118	卧室	2014.6.16	12	疑似有	33.0	28/54	自然通风，通风次数2~3次/天	12	0.19	0.50
119	卧室	2014.6.16	12	疑似有	27.3	28/54	自然通风，通风次数2~3次/天	12	0.16	0.32
120	客厅	2014.6.16	1	疑似有	48.7	28/50	自然通风，通风次数2~3次/天	12	0.28	0.51
121	卧室	2014.6.16	1	疑似有	50.4	28/50	自然通风，通风次数2~3次/天	12	0.27	0.28
122	卧室	2014.6.16	1	疑似有	26.9	28/50	自然通风，通风次数2~3次/天	12	0.24	0.34
123	客厅	2014.7.18	6	疑似有	69.0	25/58	自然通风，通风次数2~3次/天	12	0.25	0.16

续表

序号	房间类型	检测时间	装修完工到检测历时时间（月）	室内主要污染源初步判断	房间内净空间容积（m³）	温湿度（℃/RH%）	通风方式、通风换气率次（h）	测前门窗关闭时间（h）	甲醛（酚试剂分光光度法）	氨（靛酚蓝分光光度法）
124	卧室	2014.7.18	6	疑似有	60.1	25/58	自然通风，通风次数2~3次/天	12	0.24	0.17
125	卧室	2014.7.18	6	疑似有	29.1	25/58	自然通风，通风次数2~3次/天	12	0.24	0.13
126	卧室	2014.7.18	6	疑似有	31.3	25/58	自然通风，通风次数2~3次/天	12	0.28	0.18
127	厨房	2014.7.18	6	疑似有	31.2	25/58	自然通风，通风次数2~3次/天	12	0.31	0.27
128	卧室	2014.10.9	5	疑似有	44.1	22/54	自然通风，通风次数2~3次/天	12	0.09	0.07
129	卧室	2014.10.9	5	疑似有	36.3	22/54	自然通风，通风次数2~3次/天	12	0.08	0.10
130	卧室	2014.10.9	5	疑似有	25.7	22/54	自然通风，通风次数2~3次/天	12	0.03	0.06
131	客厅	2014.10.9	5	疑似有	87.4	22/54	自然通风，通风次数2~3次/天	12	0.11	0.13
132	卧室	2014.10.9	5	疑似有	44.1	22/54	自然通风，通风次数2~3次/天	12	0.09	0.21
133	卧室	2014.10.9	5	疑似有	36.3	22/54	自然通风，通风次数2~3次/天	12	0.06	0.10
134	卧室	2014.10.9	5	疑似有	25.7	22/54	自然通风，通风次数2~3次/天	12	0.1	0.16
135	客厅	2014.8.13	5	疑似有	87.4	22/54	自然通风，通风次数2~3次/天	12	0.06	0.03
136	客厅	2014.8.13	4	疑似有	101.1	24/50	自然通风，通风次数2~3次/天	12	0.20	0.13
137	卧室	2014.8.13	4	疑似有	65.3	24/50	自然通风，通风次数2~3次/天	12.	0.11	0.10
138	卧室	2014.8.13	4	疑似有	31.6	24/50	自然通风，通风次数2~3次/天	12	0.20	0.16
139	卧室	2014.8.13	4	疑似有	69.7	24/50	自然通风，通风次数2~3次/天	12	0.14	0.12
140	衣帽间	2014.8.13	4	疑似有	59.4	24/50	自然通风，通风次数2~3次/天	12	0.06	0.23
141	卧室	2014.8.13	4	疑似有	56.9	24/50	自然通风，通风次数2~3次/天	12	0.05	0.15
142	餐厅	2014.8.13	4	疑似有	36.8	24/50	自然通风，通风次数2~3次/天	12	0.17	0.25
143	书房	2014.7.17	1	疑似有	62.3	27/52	自然通风，通风次数2~3次/天	1	0.16	0.29
144	客厅	2014.7.18	1	疑似有	42.5	27/52	自然通风，通风次数2~3次/天	1	0.13	0.32
145	卧室	2014.7.19	1	疑似有	35.2	27/52	自然通风，通风次数2~3次/天	1	0.09	0.13
146	卧室	2014.7.20	1	疑似有	35.6	27/52	自然通风，通风次数2~3次/天	1	0.15	0.25
147	书房	2014.7.21	2	无	24.9	27/52	自然通风，通风次数2~3次/天	1	0.14	0.33
148	客厅	2014.7.22	2	无	145.1	28/60	自然通风，通风次数2~3次/天	1	0.15	0.31
149	卧室	2014.7.23	2	无	64.5	28/60	自然通风，通风次数2~3次/天	1	0.10	0.21
150	卧室	2014.7.24	2	无	40.4	28/60	自然通风，通风次数2~3次/天	1	0.08	0.35
151	衣帽室	2014.7.25	2	无	43.7	28/60	自然通风，通风次数2~3次/天	1	0.23	0.21
152	卧室	2014.7.26	2	无	49.5	29/58	自然通风，通风次数2~3次/天	1	0.10	0.26
153	卧室	2014.7.27	2	无	31.9	29/58	自然通风，通风次数2~3次/天	1	0.20	0.27
154	客厅	2014.7.28	2	无	30.5	29/58	自然通风，通风次数2~3次/天	1	0.12	0.31

表 2.2-4　Ⅰ 类建筑实测调查结果汇总表

样本数量（间）	污染物浓度范围（mg/m³）		污染物平均浓度（mg/m³）		污染物超标率（%）	
	甲醛	氨	甲醛	氨	甲醛	氨
154	0.01～0.59	0.03～0.67	0.13	0.23	63.6	53.2

表 2.2-5　不同功能房室内环境污染物浓度情况

民用住宅功能房	样本数量（间）	污染物浓度范围（mg/m³）		污染物平均浓度（mg/m³）		污染物超标率（%）	
		甲醛	氨	甲醛	氨	甲醛	氨
卧室	90	0.01～0.54	0.03～0.52	0.14	0.21	64.4	54.4
客厅	37	0.01～0.59	0.03～0.67	0.14	0.24	62.2	48.6
书房	8	0.03～0.17	0.07～0.48	0.09	0.26	62.5	62.5
餐厅	3	0.05～0.09	0.15～0.40	0.07	0.25	33.3	33.3
卫生间	3	0.10～0.13	0.18～0.48	0.11	0.32	100	66.7
厨房	7	0.02～0.31	0.04～0.46	0.10	0.23	42.9	71.4
储物（衣帽）间	6	0.08～0.38	0.09～0.37	0.18	0.22	83.3	50

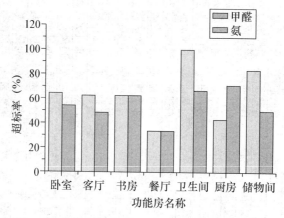

图 2.2-1　各功能房室内空气中甲醛和氨的超标率柱形图

由表 2.2-5 和图 2.2-1 可以清楚地看出：①甲醛超标严重的功能房为卫生间和储物间，这是因为卫生间所使用的收纳柜大多为相对劣质的人造板，并且空间较小，通风较差；而储物间使用的人造板家具同样相对较多，并且家具材质的质量相对较差，加上长期处于密闭状态，因此甲醛浓度相对高一些；卧室和客厅相比较，卧室甲醛的超标率要稍稍高于客厅，这是因为卧室地面铺有木地板的房间总数要高于客厅，并且一般情况下卧室使用人造板家具的要比客厅多，再加上卧室空间相对较小，即家具的承载率相对较大，因此甲醛的浓度就会高一些。②氨超标严重的是厨房和卫生间，这可能来自下水道产生的气体、人的尿液、蔬菜腐败后产生的气体以及天然气燃烧产生的气体。书房氨超标率高于客厅和卧室的原因有可能是因为书房一般空间较小，通风较差，氨的挥发速度相对就会慢一些。

以客厅为例，可能散发甲醛的散发源有人造板材固定家具和活动家具（包括门）、实木地板（或复合木地板）、壁纸，在门窗关闭时间相同（1h），检测距离装修时间、室内温湿度相差不大的条件下，调查研究发现 6 个房间内甲醛浓度与散发源总的使用面积呈正相关关系，如图 2.2-2 所示。

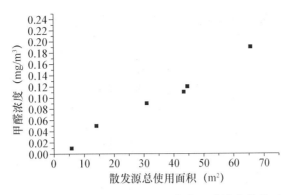

图 2.2-2 散发源总使用面积与室内甲醛浓度的关系

（3）选取 5 户（共 18 间）装修未使用的房屋，分别在供暖前后对其室内甲醛和氨进行检测，检测结果如表 2.2-6 所示。

表 2.2-6 供暖前后室内甲醛和氨浓度检测结果（mg/m³）

采样地点	供暖前后	门窗关闭时间（h）	采样温度（℃）	客厅		主卧		次卧		客卧		厨房	
				甲醛	氨	甲醛	氨	甲醛	氨	甲醛	氨	甲醛	氨
华清苑	前	1	19	0.03	0.14	0.05	0.11	0.03	0.06	0.03	0.03	0.02	0.04
	后	1	23	0.05	0.16	0.07	0.13	0.06	0.10	0.06	0.08	0.05	0.15
北辰花苑	前	1	14	0.05	0.24	0.04	0.16	0.03	0.29	—	—	—	—
	后	1	20	0.06	0.30	0.05	0.20	0.05	0.31	—	—	—	—
葡萄苑四	前	1	14.8	0.03	0.02	0.02	0.03	0.04	0.06	—	—	—	—
	后	1	17	0.04	0.03	0.04	0.04	0.05	0.05	—	—	—	—
葡萄苑五	前	1	14.8	0.02	0.07	0.01	0.06	0.01	0.04	—	—	—	—
	后	1	17	0.04	0.06	0.05	0.06	0.03	0.04	—	—	—	—
恒大绿洲	前	1	16	0.01	0.1	0.01	0.09	0.01	0.08	—	—	0.02	0.11
	后	1	21	0.04	0.13	0.05	0.16	0.03	0.15	—	—	0.04	0.20

如表 2.2-6 所示，装修未使用房屋在供暖前后，室内甲醛和氨的浓度有所差别，供暖之后室内甲醛和氨的浓度比供暖之前要高。这是因为供暖之前室内温度较低，精装修使用的装修装饰材料中所含甲醛和氨两种污染物在较低温度环境下的释放速度相对慢一些，而当供暖之后，室内温度升高，相反甲醛和氨在较高温度下的释放速度相对会快一些。因此装饰装修材料中甲醛和氨的释放量和温度有着直接关系。

从选取的 5 户（共 18 间）装修未使用房屋的现场检测调查中发现，甲醛浓度均符合《民用建筑工程室内环境污染控制规范》GB 50325—2010 中 I 类民用建筑工程的要求。从室内装修装饰材料来看，客厅地面使用的是地板砖，卧室地面使用的是复合木地板；墙面壁纸用量较少，大部分为乳胶漆；天花板为涂料装饰，并且所用的装饰装修材料的质量属于中等偏上档次，使用量也不大，因此甲醛的散发源相对较少，空气中甲醛的浓度相对也会偏低。

（4）在同一季节下，选取 4 户（2 组）装修已使用房屋，其房间大小一样，装修程度相差不大，室内甲醛、氨浓度检测结果如表 2.2-7 所示。

表 2. 2-7　装修已使用房屋室内甲醛、氨浓度检测结果（mg/m³）

序号	采样地点		门窗关闭时间（h）	客厅		主卧		次卧		客卧		书房	
				甲醛	氨	甲醛	氨	甲醛	氨	甲醛	氨	甲醛	氨
1	紫正园	10层	12	0.20	0.13	0.11	0.10	0.14	0.12	0.06	0.23	0.17	0.25
		13层		0.19	0.08	0.19	0.11	0.05	0.10	0.31	0.23	0.20	0.29
2	义井佳园	20层	1	0.11	0.13	0.09	0.07	0.08	0.10	0.03	0.06	—	—
		29层		0.06	0.03	0.09	0.21	0.06	0.10	0.10	0.16	—	—

紫正园小区中的两个住户，其属于同一单元、方位一致、房间大小一样的不同楼层关系，以相同的门窗关闭时间，同一天的检测时间这两个条件为前提，通过得到的检测数据，我们将出现的情况总结如下：

1）13 层的客厅和次卧室内甲醛、氨的浓度相对 10 层的客厅和次卧要低一些。经过分析我们发现，从房间内家具数量来看，同一功能房间内所摆放的家具数量相差较大，10 层的相对多一些，因此在同样体积大小的空间内，室内家具的承载率就要大一些，那么室内甲醛、氨的浓度也相应会高一些；从家具材质和装修材料的质量方面来看，10 层大多使用的是实木家具，13 层大多使用的是实木和板材相结合的家具，10 层装修材料的质量相对 13 层稍微好一些，但 10 层室内甲醛、氨浓度仍出现高的现象，说明就该研究对象来说家具和装修材料材质、品质好坏不是影响室内污染物浓度高低的主要因素，家具数量（家具承载率）才是影响室内甲醛和氨浓度的主要因素。

2）13 层的主卧和客卧室内甲醛、氨的浓度相对 10 层的客厅和次卧要高一些。经过分析我们发现，这两个功能房内家具数量相差不多，但家具和装修材料的质量有一定的差别，13 层的这两个功能房间内所摆放的复合板家具居多，10 层所摆放的家具是实木材质，10 层装修材料的质量相对 13 层也稍微好一些，这就说明，该研究对象中主卧和客卧室内污染物浓度出现差别的原因与家具和装修材料的种类、品质有直接的关系，家具和装修材料的材质越环保、品质越好，室内甲醛、氨的浓度就越低。

义井佳园小区中的两个住户，其属于房间大小一样、不同单元、方位一致的不同楼层关系，以相同的门窗关闭时间，同一天的检测时间这两个条件为前提，通过得到的检测数据，我们将出现的情况总结如下：

1）20 层的客厅室内甲醛、氨的浓度相对 29 层的客厅要高一些。经过分析我们发现，该功能房内所用家具的材质都为实木，且这两个住户的装修材料的质量相差不多，但 20 层中家具的数量较多，对同一大小的功能房来说，室内家具的承载率就要大一些，因此室内甲醛、氨的浓度也相应高一些。

2）20 层的主卧和客卧室内氨的浓度相对 29 层的主卧和客卧明显很低。经过分析我们发现，20 层的主卧和客卧墙壁装饰使用的是壁纸，29 层的主卧和客卧墙壁装饰使用的是新型墙体材料，影响室内氨浓度的原因可能是新型墙体材料的使用。

3）20 层的客卧室内甲醛浓度相对 29 层的客卧明显很低。经过分析我们发现，该功能房内家具的承载率相差很小，唯一的差别就是 20 层的家具材质是实木，而 29 层的家具材质为复合板，因此家具材质、品质是影响该功能房内甲醛浓度高低的重要因素。

综上所述，通过对选取的两组住户进行调查分析发现，家具数量相差不多时，室内甲醛和氨浓度的高低与家具材质和装修材料的种类、品质有关；家具材质和装修材料的种类、品质相差不多时，室内甲醛和氨浓度的高低与家具的数量（室内家具承载率）有关；当家具数量，家具材质和装修材料的种类、品质都存在差别时，这就需要分析谁是影响甲醛和氨浓度高低的主要因素。

（5）对 7 户（共 25 间）装修已使用的房屋进行室内甲醛、氨的现场检测，依据检测数据分析讨论室内温度、湿度、通风情况和门窗关闭时间对室内空气中甲醛、氨浓度的影响。

1）温度影响。选取 7 户（共 25 间）装修已使用房屋分别在夏季和秋季对其室内甲醛和氨进行现场检测，检测结果如表 2.2-8、图 2.2-3 所示。

表 2.2-8　装修已使用房屋室内甲醛和氨浓度的检测结果（mg/m³）

序号	采样地点	采样季节	采样温度（℃）	卧室		客厅	
				甲醛	氨	甲醛	氨
1	北张小区 19 层（1h）	夏季	27	0.10	0.26	0.12	0.31
				0.20	0.27		
		秋季	16	0.04	0.06	0.03	0.06
				0.05	0.04		
2	北张小区 13 层（1h）	夏季	27	0.10	0.21	0.15	0.31
				0.11	0.27		
		秋季	16.5	0.02	0.11	0.03	0.05
				0.02	0.13		
3	天朗美域 （12h）	夏季	25	0.10	0.25	0.09	0.30
		秋季	17.5	0.03	0.02	0.03	0.02
4	晋机（12h）	夏季	24	0.27	0.12	0.17	0.22
				0.19	0.15		
		秋季	17	0.04	0.07	0.05	0.17
				0.05	0.08		
5	良源小区 （12h）	夏季	27	0.13	0.32	0.16	0.29
				0.09	0.13		
				0.15	0.25		
		秋季	15.8	0.02	0.20	0.03	0.12
				0.02	0.09		
				0.02	0.14		
6	紫园（12h）	夏季	26	0.15	0.21	0.07	0.15
				0.06	0.15		
		秋季	18	0.08	0.20	0.06	0.12
				0.04	0.12		
7	义井（12h）	夏季	24	0.11	0.29	0.16	0.37
				0.11	0.23		
		秋季	18.9	0.05	0.07	0.03	0.19
				0.05	0.25		

根据表 2.2-8 和图 2.2-3 可以看出，夏季室内甲醛和氨的浓度相比秋季要高一些，这是因为在开窗频率相差不多的情况下，夏季室内温度高，装饰装修材料中的甲醛和氨的释放速度较快，因此室内空气中甲醛和氨的浓度就要高一些。总而言之，室内温度越高，空气中甲醛和氨的浓度就越高。

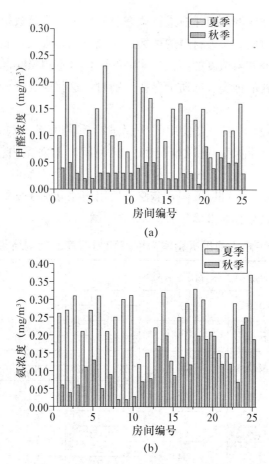

图 2.2-3　装修已使用房屋室内甲醛和氨在夏季和秋季下的浓度分布图

2）湿度影响。选取 6 户（共 22 间）装修已使用房屋分别在夏季和冬季对其室内甲醛和氨进行现场检测，检测结果如表 2.2-9、图 2.2-4 所示。

表 2.2-9　装修已使用房屋室内甲醛和氨浓度的检测结果（mg/m³）

序号	采样地点	采样季节	采样温度（℃）	卧室		客厅	
				甲醛	氨	甲醛	氨
1	北张小区 19 层（1h）	夏季	27	0.10	0.26	0.12	0.31
				0.20	0.27		
		冬季	22	0.04	0.20	0.04	0.11
				0.06	0.19		
2	北张小区 13 层（1h）	夏季	27	0.10	0.21	0.15	0.31
				0.11	0.27		
		冬季	22	0.10	0.22	0.12	0.25
				0.12	0.15		
3	天朗美域 （12h）	夏季	25	0.10	0.25	0.09	0.30
		冬季	21	0.02	0.04	0.02	0.06
4	晋机（12h）	夏季	24	0.27	0.12	0.17	0.22
				0.19	0.15		
		冬季	23	0.07	0.10	0.07	0.18
				0.10	0.02		

续表

序号	采样地点	采样季节	采样温度（℃）	卧室		客厅	
				甲醛	氨	甲醛	氨
5	良源小区 （12h）	夏季	27	0.13	0.32	0.16	0.29
				0.09	0.13		
				0.15	0.25		
		冬季	24	0.03	0.08	0.03	0.03
				0.03	0.04		
				0.04	0.07		
6	翠玉小区 （12h）	夏季	29	0.24	0.08	0.38	0.14
				0.26	0.18		
		冬季	27.7	0.03	0.06	0.04	0.08
				0.03	0.08		

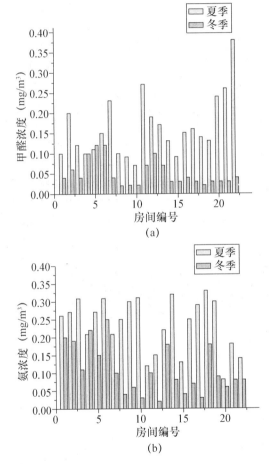

图 2.2-4 装修已使用房屋室内甲醛和氨在夏季和冬季下的浓度分布图

根据表 2.2-9 和图 2.2-4 可以看出，夏季室内甲醛和氨的浓度相比冬季要高一些，这是因为在夏季和冬季的室内温度相差不多的情况下，夏季室内湿度大，加之甲醛和氨易溶于水，在相对潮湿的空气中容易滞留在室内，因此即使夏季开窗频率高，也会导致室内甲醛和氨的浓度增大，而冬季虽然开窗频率低，但室内湿度不大，相比较而言，调查发现冬季供暖后所测得的甲醛和氨的浓度要比夏季低。因此湿度大小是影响室内甲醛和氨浓度的主要因素。

3）通风情况和门窗关闭时间影响。选取 7 户（共 25 间）装修已使用房屋分别在秋季和冬季对其室内甲醛和氨进行现场检测，检测结果如表 2.2-10、表 2.2-11 和图 2.2-5 所示。

表 2.2-10　装修已使用房屋室内甲醛和氨浓度的检测结果（一）（mg/m³）

序号	采样地点	门窗关闭时间(h)	采样温度(℃)	客厅		主卧		次卧		客卧		储物间	
				甲醛	氨	甲醛	氨	甲醛	氨	甲醛	氨	甲醛	氨
1	北张小区19层	1	16	0.03	0.06	0.04	0.06	0.05	0.04	—	—	—	—
		12	16.2	0.06	0.07	0.05	0.09	0.07	0.05	—	—	—	—
2	北张小区13层	1	16.5	0.03	0.05	0.02	0.11	0.02	0.13	—	—	0.03	0.09
		12	17.5	0.04	0.05	0.03	0.06	0.03	0.04	—	—	0.07	0.05
3	晋机	1	17.5	0.03	0.10	0.02	0.05	0.03	0.04	—	—	—	—
		12	17	0.05	0.17	0.04	0.04	0.05	0.08	—	—	—	—
4	良源	1	16.5	0.01	0.08	0.01	0.15	0.01	0.03	0.01	0.08	—	—
		12	15.8	0.03	0.12	0.02	0.20	0.02	0.09	0.02	0.14	—	—
5	天朗	1	15.0	0.01	0.04	0.02	0.01	—	—	—	—	0.01	0.01
		12	17.5	0.01	0.06	0.03	0.02	—	—	—	—	0.03	0.03
6	紫园	1	17.5	0.05	0.09	0.04	0.09	0.06	0.13	—	—	—	—
		12	18	0.06	0.12	0.04	0.12	0.08	0.20	—	—	—	—
7	义井	1	17	0.02	0.11	0.03	0.04	0.03	0.20	—	—	—	—
		12	18.9	0.03	0.19	0.05	0.07	0.05	0.25	—	—	—	—

表 2.2-11　装修已使用房屋室内甲醛和氨浓度的检测结果（二）（mg/m³）

序号	采样地点	门窗关闭时间(h)	采样温度(℃)	客厅		主卧		次卧		客卧		储物间	
				甲醛	氨	甲醛	氨	甲醛	氨	甲醛	氨	甲醛	氨
1	北张小区19层	1	22	0.04	0.11	0.04	0.20	0.06	0.19	—	—	—	—
		12	23	0.07	0.14	0.06	0.20	0.08	0.20	—	—	—	—
2	北张小区13层	1	22	0.12	0.25	0.10	0.22	0.12	0.15	—	—	0.04	0.10
		12	22	0.15	0.26	0.13	0.20	0.13	0.18	—	—	0.06	0.11
3	晋机	1	23	0.07	0.18	0.07	0.16	0.10	0.02	—	—	—	—
		12	24	0.07	0.20	0.08	0.20	0.11	0.10	—	—	—	—
4	天朗	1	22	0.01	0.03	0.02	0.03	—	—	—	—	0.02	0.03
		12	21	0.01	0.06	0.03	0.04	—	—	—	—	0.02	0.03
5	良源	1	24	0.04	0.09	0.03	0.20	0.03	0.04	0.04	0.07	—	—
		12	25	0.04	0.13	0.03	0.22	0.05	0.09	0.05	0.15	—	—
6	紫园	1	22	0.05	0.22	0.09	0.21	0.16	0.17	—	—	—	—
		12	22	0.05	0.22	0.09	0.21	0.15	0.18	—	—	—	—
7	义井	1	24	0.03	0.12	0.04	0.08	0.05	0.20	—	—	—	—
		12	24	0.04	0.19	0.06	0.12	0.06	0.26	—	—	—	—

根据表 2.2-10、表 2.2-11 和图 2.2-5 发现，秋季所测得的室内甲醛和氨的浓度要低于冬季所测得的室内甲醛和氨的浓度，这是因为冬季室内温度比秋季室内温度高，冬季开窗频率要比秋季低，虽然甲醛和氨在高温度下释放快，但是当开窗频率小时，其向室外挥发的就慢，因此就导致冬季室内甲醛和氨的浓度比秋季室内的甲醛和氨的浓度相对要高一些。总而言之，开窗频率高低是影响室内甲醛和氨浓度高低的主要因素。

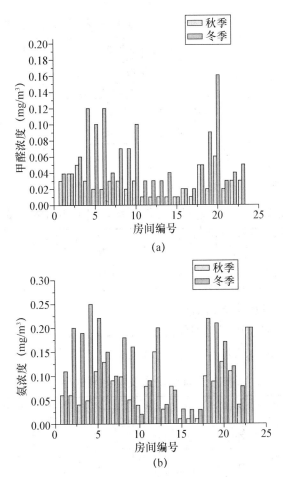

图 2.2-5　装修已使用房屋室内甲醛和氨在秋季和冬季下的浓度分布图

同时根据现有数据可知，无论是秋季还是冬季，同一季节下在室内温度相差很小时，不同门窗关闭时间（1h/12h）下测得的甲醛和氨的浓度有所差别。12h下测得的结果要稍稍高于1h下测得的结果，这是因为甲醛和氨的释放需要一定时间，在一定时间段内，甲醛和氨在门窗关闭状态下被积累的时间越长，所测得的浓度越高。

综上所述，调查研究发现：室内温度越高、湿度越大、开窗频率越低，甲醛和氨的浓度越高。

（6）Ⅱ类建筑（办公楼、宾馆）（由于数据有限，故不作详细分析）。

办公楼室内空气中甲醛和氨浓度的检测结果，如表 2.2-12 所示。

表 2.2-12　办公楼室内空气中甲醛和氨浓度的检测结果（mg/m³）

序号	名称	检测时间	办公室 1		办公室 2		办公室 3		办公室 4	
			甲醛	氨	甲醛	氨	甲醛	氨	甲醛	氨
1	银行	2014.7.29	0.33	0.17	0.26	0.10	0.19	0.07	—	—
2	青山绿水公司	2014.7.8	0.29	0.36	0.31	0.37	0.14	0.31	—	—
3	电力设计院	2014.6.3	0.04	0.05	0.05	0.03	0.10	0.10	0.04	0.04
4	节能公司	2014.7.4	0.05	0.36	0.06	0.54	0.06	0.18	0.05	0.49

宾馆房间室内空气中甲醛和氨浓度的检测结果，如表 2.2-13 所示。

表 2.2-13　宾馆房间室内空气中甲醛和氨浓度的检测结果（mg/m³）

序号	名称	检测时间	客房1		客房2		客房3		客房4	
			甲醛	氨	甲醛	氨	甲醛	氨	甲醛	氨
1	亿汇酒店	2014.7.17	0.49	0.26	0.25	0.36	0.25	0.26	0.42	0.24
			0.49	0.23	0.27	0.17	0.30	0.15	0.15	0.30
2	酒店	2014.7.21	客房1		客房2		客房3		客房4	
			0.33	0.23	0.28	0.20	0.40	0.29	0.45	0.32
			0.58	0.13	0.52	0.28	—	—	—	—

对表 2.2-12、表 2.2-13 中数据进行汇总，汇总结果如表 2.2-14 所示。由表可知，办公楼（宾馆）因装修带来的污染物以甲醛为主。

表 2.2-14　办公楼（宾馆）室内甲醛和氨浓度情况

样本名称	样本数量（间）	污染物浓度范围（mg/m³）		污染物平均浓度（mg/m³）		污染物超标率（%）	
		甲醛	氨	甲醛	氨	甲醛	氨
办公楼（宾馆）	28	0.04~0.58	0.05~0.54	0.26	0.24	64.3	46.4

6. 便携式仪器与国家标准方法的比对

使用 PPM htv-m 记录型甲醛检测仪测定甲醛浓度，并与《民用建筑工程室内环境污染控制规范》GB 50325 标准方法进行比对，结果如表 2.2-15 所示。

表 2.2-15　标准方法与便携式仪器测得的甲醛浓度比对结果

序号	采样地点	门窗关闭时间（h）	检测方法	甲醛（mg/m³）				
				房a	房b	房c	房d	房e
1	华清苑	1	标准方法	0.03	0.05	0.03	0.03	0.02
			便携式	0.04	0.06	0.04	0.03	0.03
2	北辰花苑	1	标准方法	0.05	0.04	0.03	—	—
			便携式	0.05	0.04	0.04	—	—
3	北张小区19层	1	标准方法	0.04	0.05	0.03	—	—
			便携式	0.05	0.07	0.06	—	—
4	北张小区13层	1	标准方法	0.02	0.02	0.03	0.03	—
			便携式	0.05	0.06	0.05	0.03	—
5	恒大绿洲	1	标准方法	0.01	0.01	0.01	0.02	—
			便携式	0.02	0.02	0.02	0.01	—
6	晋机	1	标准方法	0.02	0.02	0.03	—	—
			便携式	0.02	0.02	0.04	—	—
7	天朗美域	1	标准方法	0.01	0.02	0.02	—	—
			便携式	0.02	0.03	0.02	—	—
8	义井化研所	1	标准方法	0.03	0.04	0.02	—	—
			便携式	0.04	0.06	0.03	—	—

根据表 2.2-15 中数据可见，除个例外，PPM htv-m 记录型甲醛检测仪测试结果比国家标准测试方法得到的结果偏高，但结果相差较小，说明该便携式仪器稳定，数据可信。

2.2.4　结论与建议

1. 结论

选用两类建筑物：Ⅰ 类建筑（民用住宅）、Ⅱ 类建筑（办公楼、宾馆）作为本次调查对象，主要对其室内空气中甲醛和氨的浓度进行了现场检测，通过本次课题调查研究，得到的结果总结如下：

（1）Ⅰ类建筑（民用住宅）。

1）民用住宅（共 154 间）房屋室内空气中甲醛的超标率为 63.6%，氨的超标率为 53.2%，造成室内甲醛污染的原因主要来源于室内装饰装修所用到的人造板，用人造板制作的家具以及油漆、涂料、墙纸等各类墙面材料。而造成室内氨污染的原因主要来源于民用建筑工程中所使用的阻燃剂、混凝土外加剂，也有可能来自室内装饰材料，比如家具涂饰时所用的添加剂和增白剂。因此调查发现室内空气中甲醛和氨污染与装饰装修有着紧密的联系。

2）甲醛超标严重的功能房为卫生间和储物间，并且卧室和客厅相比较，卧室甲醛的超标率要稍稍高于客厅，以客厅为例，调查发现甲醛浓度与散发源总的使用面积呈正相关关系；氨超标严重的是厨房和卫生间。

3）选取 5 户（共 18 间）装修未使用的房屋，分别在供暖前后对其室内甲醛和氨进行检测，可以发现装饰装修材料中甲醛和氨的释放量和温度有直接关系，室内温度越高，甲醛和氨的释放速度越快，并且当散发甲醛的装饰装修材料使用量相对较少时，空气中甲醛的浓度相对也会偏低。

4）在同一季节下，选取 4 户（2 组）装修已使用的房屋，其房间大小一样，装修程度相差不大，当家具数量相差不多时，室内污染物浓度的高低与家具材质和装修材料的种类、品质有关；家具材质和装修材料的种类、品质相差不多时，室内污染物浓度的高低与家具的数量（室内家具承载率）有关；当家具数量，家具材质和装修材料的种类、品质都存在差别时，这就需要分析影响污染物浓度高低的主要因素。

5）选取 7 户（共 25 间）装修已使用的房屋，对其进行室内甲醛、氨的现场检测，研究发现室内温度越高、湿度越大、开窗频率越低，甲醛和氨的浓度越高。

6）便携式仪器与国家标准方法的比对研究表明 PPM htv-m 记录型甲醛检测仪稳定并且数据可信。

（2）Ⅱ类建筑（办公楼、宾馆）。

办公楼（宾馆）因装修带来的污染物主要以甲醛为主，平均浓度为 0.26 mg/m³，超标率为 64.3%；而氨的平均浓度为 0.24 mg/m³，超标率为 46.4%。

2. 建议

本次课题研究除了弄清我国室内装修材料污染基本情况，室内环境污染与装饰装修的内在关系，以及为装修污染防治及编制规范性文件提供技术支撑，修改或完善有关标准规范以外，通过本次调查研究，我们自身对太原市地区民用建筑室内空气中甲醛和氨浓度也有了大致了解，对提出污染防治针对性措施有着重大意义，因此建议如下：

（1）从污染源头控制。

1）改革生产工艺过程，减少甲醛和使用量，使产品中的甲醛含量降低。

2）在建筑工程中，所使用的阻燃剂、混凝土外加剂，严禁含有氨水、尿素、硝铵等可挥发氨气的成分，以避免工程交付使用后墙体释放出氨气。

3）在施工过程中，可通过一些工艺手段，对建筑材料进行预先处理，以减少污染。例如对木质板材表面和端面采取有效的覆盖处理措施，从而减少污染物从散发源的释放。

4）对于我们自身来说，要选用优质合格的建筑装饰装修材料，重装饰轻装修，且尽量减少人造板材家具，实木地板（复合木地板）以及壁纸的使用来降低室内空气中甲醛的含量。

（2）加强室内通风换气。因为通风换气是降低室内污染物浓度最直接的方法。尤其是室内温度较高时，通过加大开窗频次和延长开窗时间来保证室内空气质量。

（3）装修时建议安装新风系统装置。净化室内空气，起到减少室内装饰装修后长期缓释的有害气体的作用。

2.3　临沂市装修污染调查与研究

2.3.1　临沂市概况

2014 年全市共监督在建工程项目 675 个，单体工程 3587 个，建筑面积 1896 万 m^2。共创鲁班奖工程 1 个，国家绿色施工示范工程 1 个，省泰山杯工程 7 个，省级优质结构工程 26 个，省级安全文明工地 27 个，省级安全文明小区 3 个，省住宅工程质量常见问题专项治理示范工程 5 个，位于全省前列。

2.3.2　2014—2015 年室内环境污染实测调查统计

1．现场实测调查实施方案

（1）临沂市根据城市大小选择了 30 栋单体建筑，其中Ⅰ类建筑 25 栋，Ⅱ类建筑 5 栋；实地检测调查 115 个房间的室内装饰装修污染状况，其中Ⅰ类建筑 100 间，Ⅱ类建筑 15 间，分以下六个方面：

①检测调查 3 种类型房屋：住宅（93 间）、办公楼（15 间）、幼儿园（7 间）；以住宅为主（数量占总房间的四分之三以上）。

②主要检测甲醛和 TVOC 两种污染物。

③装修完工到检测历时从半个月到两年不等。

④调查"已装修未使用"房屋及"已装修使用"房屋，其中已装修未入住的有 66 间，占调查住宅的 71%，办公楼和幼儿园均已投入使用。

⑤分简装修、精装修两种情况，"精装修"指室内各房间已装修到位，具备入住条件，"简装修"指只铺地板砖和刷墙皮，没有任何家具，调查的 93 间住宅中，有 6 间是简装修；15 间办公室中，2 间为简装修；幼儿园全部为精装修。

⑥已装修的住户调查内容包括：地面为地板砖、复合地板、木地板、地毯；墙壁为涂料、壁纸、硅藻泥；天花板为涂料、硅藻泥、石膏板吊顶、泡沫板吊顶、复杂吊顶等各种装修材料。

（2）实地调查污染物现场记录情况。

1）检测方面：被测房间功能、被测房间面积、被测房间长×宽×高尺寸（cm）、检测日期、温度、湿度、大气压、对外门窗关闭时间等；

2）房间通风方面：房间对外门（窗）面积、门（窗）材质、门（窗）密封性（直观、文字描述）、采暖空调方式（中央空调、空调一体机、分体机、地暖、抽排风机等）及使用情况（检测时是否使用）；

3）室内装修方面：地面装修材料（地板砖、复合地板、木地板等）、墙壁装修材料（涂料、硅藻泥、壁纸等）、顶板装修材料（涂料、硅藻泥、石膏板吊顶等）；有无固定式壁柜、吊柜，壁柜、吊柜材质（壁柜、吊柜使用人造板材质的，应记录壁柜、吊柜数量及每件固定式家具的长×宽×高尺寸（cm）及有无油漆饰面情况），装修完工日期等；

4）室内活动家具情况：有无室内活动家具、数量、材质及每件固定家具的长×宽×高尺寸（cm）及有无油漆饰面情况等。

2．现场实测调查过程

（1）临沂市竣工验收工程大部分为毛坯房，精装房极少，接受委托性检测量少，不能满足课题的要求，因此，我们专门征集已装修住户进行调查检测。根据实验室的自身情况和工作安排，我们专门抽出两个月的时间对已经征集完的装修住户进行调查检测，由于这类检测调查不承担具体工程验收及客户委托检测"是否超标"判定任务，因此，甲醛和TVOC的检测均采用简便方法，以减少检测调查的工作量。

（2）去每个房间做现场检测调查之前，我们会提前一天联系好装修住户，告知对方我们去现场检测的时间和关闭门窗的时间。

（3）甲醛的采样间隔为1 min，每个房间采集10 min，10个数据取平均值作为最后的调查结果，TVOC检测仪提前一天开机预热，等待仪器稳定后读数然后换算成标准单位记录结果，记录每个房间的室内装饰装修情况，填写原始记录表格。

（4）图2.3-1、图2.3-2为现场调查的部分图片。

图2.3-1　某住宅主卧带家具图片

图2.3-2　某住宅次卧不带活动家具图片

3．现场实测调查质量控制

（1）PPM htv-m 记录型甲醛检测仪和 ppbRAE 3000VOC 检测仪均由国家建筑工程室内环境检测中心校准，工作状态稳定。调查工作开始前，我们对标准方法与简便检测方法进行了比较，结果如下：

1）甲醛检测方法：在同一条件下，分别使用 GB 50325 标准方法和简便方法电化学法（英产 PPM htv-m）进行甲醛浓度检测，检测数据汇总如表 2.3-1 所示。

表 2.3-1 标准方法与简便方法测甲醛数据对比表

序号	GB 50325 标准方法（mg/m^3）	简便方法电化学法（mg/m^3）	误差（%）
1	0.055	0.05	9.1
2	0.134	0.13	3.0
3	0.073	0.07	4.1
4	0.216	0.21	2.8
5	0.471	0.45	4.5
6	0.066	0.06	9.1
平均值	0.169	0.162	4.1

2）TVOC 检测方法：在同一条件下，分别使用 GB 50325 标准方法和简便法光离子化总量检测法（ppbRAE 3000VOC 检测仪）进行室内空气中 TVOC 浓度检测，检测数据汇总如表 2.3-2 所示。

表 2.3-2 标准方法与简便方法测 TVOC 数据对比表

序号	GB 50325 标准方法（mg/m^3）	简便方法光离子总量检测法（mg/m^3）	误差（%）
1	0.412	0.44	6.8
2	4.159	4.32	3.9
3	0.980	1.08	10.2
4	0.515	0.53	2.9
5	0.158	0.17	7.6
6	1.831	1.99	8.7
平均值	1.343	1.422	5.9

由表 2.3-2 可以看出，使用现场简便方法检测室内空气中甲醛浓度、TVOC 浓度，检测结果与使用《民用建筑工程室内环境污染控制规范》GB 50325 中的检测方法的检测结果误差均小于 10%，数据可靠。

（2）本项目的参与人员对仪器的使用均经过认真严格的培训，掌握仪器的性能和使用方法，外出采样调查时，严格按照标准规范和仪器使用注意事项等要求。

（3）本次室内装饰装修污染调查所选的住户，均进行了提前关闭门窗，检测过程中减少人员进出，停止做饭、吸烟等产生污染活动的培训，确保高质量地完成临沂市室内装饰装修污染调查工作。

（4）外出采样时避开雾霾等对室内环境污染物有影响的天气。

（5）数据的记录、录入和分析均由 2 人共同进行，防止误差，确保调查结果准确可靠。

4．现场实测调查结果统计

本次临沂市共进行了 115 个房间室内装饰装修污染物调查检测，包括 93 间住宅，15 间办公室，7 间幼儿园，115 个房间的检测结果列表如表 2.3-3～表 2.3-6 所示。

表2.3-3　I类建筑实测调查汇总表（一）

序号	房间类型	人造板使用量（m²）	实木板使用量（m²）	复合木地板使用量（m²）	地毯使用量（m²）	壁纸、壁布使用量（m²）	活动家具类型、数量，计算人造板使用量（m²）	门、窗材质及使用量（m²）	房间净空间容积（m³）	门密封直观评价（良、一般、差）	窗密封直观评价（良、一般、差）
1	主卧	16.3	0	0	0	0	16.5	6.76	33.1	一般	良
2	次卧	9.2	4	0	0	0	17.2	4.63	23.6	一般	良
3	客厅	6.4	6.9	0	0	0	11.9	8.26	37.5	良	良
4	主卧	19.8	0	0	0	27.9	19.8	4.42	43.9	一般	良
5	次卧	22.6	0	0	0	26.7	10.1	4.27	39.6	一般	良
6	主卧	11.4	9.8	0	0	0	25	6.34	37.6	一般	良
7	次卧	14.7	7.2	0	0	0	21.9	4.53	28.9	一般	良
8	书房	0	6.7	0	0	0	20.2	4.49	20.5	一般	良
9	主卧	15.6	8.5	0	0	0	24.1	4.41	58.8	一般	良
10	次卧	14.4	0	0	0	0	21.8	4.18	33.1	一般	良
11	主卧	0	16.7	0	0	0	16.7	5.52	43.6	一般	良
12	次卧	0	15.2	0	0	0	19.5	5.14	33	一般	良
13	客厅	0	7.9	0	0	0	13.9	5.32	29	一般	良
14	书房	0	2.1	0	0	0	24.6	5.1	28.4	一般	良
15	主卧	46.7	7.7	23.4	0	0	31.2	4.75	64.5	一般	良
16	次卧	5	4.1	0	0	0	7.1	3.62	26.9	一般	良
17	主卧	27.9	0	0	0	0	24.2	4.41	36.5	一般	良
18	次卧	25.4	0	0	0	0	16.1	4.41	33.6	一般	良
19	主卧	13.4	6.2	0	0	0	19.6	5.76	48.4	良	良
20	次卧	0	26.8	0	0	0	26.8	4.36	44.5	良	良
21	主卧	22.2	0	0	0	0	22.2	6.88	46.7	一般	良
22	次卧	10.2	0	0	0	0	10.2	5.04	39.1	一般	良
23	主卧	11.9	0	0	0	0	11.9	4.72	63.5	一般	良
24	主卧	16.9	0	0	0	0	16.9	5.94	35.3	一般	良
25	主卧	21.5	0	0	0	34.7	21.5	5.07	56	一般	良
26	次卧	0	26.8	0	0	24.1	0	3.88	32.8	一般	良
27	厨房	10.9	0	0	0	0	10.9	10.05	19.7	一般	良
28	主卧	0	41.5	0	0	0	21.4	5	56.4	一般	良
29	次卧	0	56.7	0	0	0	42.7	4.29	38.8	一般	良
30	主卧	33.1	0	21.2	0	35.5	11.9	6.07	58.2	良	良
31	次卧	31.3	0	10.9	0	20.9	20.4	4.23	30.4	良	良

续表

序号	房间类型	人造板使用量（m²）	实木板使用量（m²）	复合木地板使用量（m²）	地毯使用量（m²）	壁纸、壁布使用量（m²）	活动家具类型、数量、计算人造板使用量（m²）	门、窗材质及使用量（m²）	房间净空间容积（m³）	门密封直观评价（良、一般、差）	窗密封直观评价（良、一般、差）
32	主卧	29.3	0	16.3	0	0	13	5.71	46.6	良	良
33	次卧	10.5	5.1	10.5	0	0	5.1	4.58	30.2	良	良
34	主卧	32.2	5.9	18	0	28.8	20.1	5.75	49.2	良	良
35	次卧	35.9	4.7	12.2	0	25.2	16.4	3.86	33.7	良	良
36	客卧	30	0	10.6	0	0	10.1	4.93	29.5	良	良
37	书房	25.3	0	9.8	0	16.2	15.5	4.68	27.5	良	良
38	主卧	46.1	0	21.6	0	0	24.5	5.23	59.5	一般	良
39	次卧	27.4	0	14.5	0	0	12.9	4.24	34.4	一般	良
40	主卧	22.1	0	0	0	0	25.9	4.18	36.8	一般	良
41	次卧	10.1	3.6	0	0	0	14.8	4.68	33.2	一般	良
42	主卧	21	10	21	0	40.3	10	7.81	66.7	良	良
43	主卧	15.3	0	0	0	0	15.3	4.73	33	一般	一般
44	次卧	15.7	1.23	0	0	0	17	3.91	27.3	一般	一般
45	次卧	3.8	0	0	0	0	3.8	5.17	29.6	一般	一般
46	客卧	6.6	0	0	0	0	6.6	3.81	33	一般	一般
47	客厅	0	0	0	0	0	0	6.13	46.1	良	良
48	主卧	0	0	0	0	0	0	4.95	37.5	一般	一般
49	次卧	0	0	0	0	0	0	4.11	32.2	一般	一般
50	主卧	0	0	0	0	0	0	4.52	33.5	一般	一般
51	次卧	0	0	0	0	0	0	4.17	28.7	一般	一般
52	主卧	0	0	0	0	0	0	4.58	33.5	一般	一般
53	次卧	0	0	0	0	0	0	4.14	28.8	一般	一般
54	主卧	13	6.8	0	0	17.8	19.8	6.02	58.9	良	良
55	次卧	12.4	3	0	0	0	15.4	4.25	32.7	一般	良
56	客厅	4.6	4.5	0	0	0	9.1	6.04	49.9	良	良
57	主卧	15.1	23.3	0	0	0	23.8	4.66	39.7	一般	一般
58	客厅	0	12.9	0	0	0	12.9	5.2	57.5	一般	一般
59	书房	0	7.2	0	0	0	7.2	4.64	32	一般	一般
60	主卧	10.3	25.2	0	0	0	14.8	4.62	51.8	一般	良
61	次卧	9.2	22.5	0	0	0	13.7	4.62	45.3	良	良
62	客厅	0	47.5	0	0	0	12.6	4.4	83.6	良	良

续表

序号	房间类型	人造板使用量（m²）	实木板使用量（m²）	复合木地板使用量（m²）	地毯使用量（m²）	壁纸、壁布使用量（m²）	活动家具类型、数量、计算人造板使用量（m²）	门、窗材质及使用量（m²）	房间净空间容积（m³）	门密封直观评价（良、一般、差）	窗密封直观评价（良、一般、差）
63	主卧	13.3	3.1	0	0	0	16.4	3.71	39.9	一般	一般
64	次卧	11.1	0	0	0	0	11.1	2.75	35.1	一般	一般
65	主卧	9.4	0	0	0	12.6	0	5.43	42.5	一般	良
66	次卧	8.8	0	0	0	0	0	4.22	38.9	一般	良
67	主卧	22.5	6.41	12.6	0	0	15.3	4.82	35	一般	良
68	次卧	25.3	0	10.8	0	0	14.5	4.56	31.3	一般	良
69	客卧	19.5	2.5	9.1	0	0	12.9	4.32	30.2	一般	良
70	主卧	23.4	3.9	0	0	0	27.3	5.95	36.6	一般	良
71	次卧	9.3	0	0	0	0	9.3	4.19	25	一般	良
72	主卧	0	15.4	0	0	0	15.5	5.57	59.3	一般	一般
73	主卧	18.5	19.6	18.5	0	0	19.6	6.25	50.2	一般	一般
74	次卧	16.2	14.9	16.2	0	0	14.9	4.88	45.9	一般	良
75	书房	12.9	23.5	12.9	0	0	23.5	5.11	32.9	良	良
76	儿童房	13.3	21.5	13.3	0	0	21.5	5.44	37	良	良
77	主卧	16	0	0	0	27.9	11.7	4.81	56.4	良	良
78	次卧	22.1	0	0	0	0	22.1	3.35	45.9	一般	良
79	客厅	8.7	0	0	0	0	8.7	6.97	70.1	一般	良
80	主卧	17.7	0	0	0	0	17.7	4.9	31.3	一般	良
81	次卧	14.5	0	0	0	0	14.5	4.99	27.4	良	良
82	主卧	12.3	0	0	0	0	12.3	4.46	32.6	一般	良
83	次卧	0	0	0	0	0	8.2	4.39	17.6	一般	良
84	主卧	0	7.7	0	0	0	7.7	5.11	62.5	一般	良
85	次卧	13.6	0	0	0	0	13.6	4.4	40.8	一般	良
86	客卧	0	8.1	0	0	0	8.1	3.14	52.3	良	良
87	主卧	12.9	22.6	0	0	0	12.9	4.91	62.3	良	良
88	次卧	24.5	26.1	0	0	0	24.5	7.42	68.4	良	良
89	客卧	10.7	20.2	0	0	0	10.7	4.76	56.8	良	良
90	主卧	17.6	0	0	0	0	12.8	5.51	54.3	良	良
91	次卧	4.9	0	11.1	0	0	9.6	5.36	31	一般	良
92	主卧	0	51.2	0	0	0	35.5	5.57	43.8	一般	良
93	次卧	0	10.1	0	0	0	10.1	5.03	34	一般	良

续表

序号	房间类型	人造板使用量 (m²)	实木板使用量 (m²)	复合木地板使用量 (m²)	地毯使用量 (m²)	壁纸、壁布使用量 (m²)	活动家具类型、数量、计算人造板使用量 (m²)	门、窗材质及使用量 (m²)	房间净空间容积 (m³)	门密封直观评价（良、一般、差）	窗密封直观评价（良、一般、差）
94	教室2	30.7	0	0	0	0	30.7	1.64	71.6	一般	无窗
95	教室1	33	0	0	0	0	33	8.08	86.9	一般	良
96	美术室	0	5.9	42.1	0	0	5.9	17.69	137.3	一般	一般
97	架子鼓室	0	0	31.2	0	0	0	12.82	96.2	一般	一般
98	小海星班	0	28.7	0	0	0	28.7	21.62	198.8	一般	良
99	小神童班	0	35	0	0	0	35	19.52	208	一般	良
100	美工坊	39.7	0	0	0	0	39.7	10.62	82.9	一般	一般

表 2.3-4　Ⅰ类建筑实测调查汇总表（二）

序号	房间类型	检测时间	装修完工到检测历时（月）	室内主要污染源初步判断	房间内净空间容积 (m³)	温湿度 (℃/RH%)	通风方式	测前门窗关闭时间	甲醛 (mg/m³)	TVOC (mg/m³)
1	主卧	2014.5.28	0.5	明显有	33.1	30/39	自然通风	12h	0.1	2.62
2	次卧	2014.5.28	0.5	明显有	23.6	30/39	自然通风	12h	0.08	2.57
3	客厅	2014.5.28	0.5	明显有	37.5	30/39	自然通风	12h	0.12	2.47
4	主卧	2014.5.28	0.5	明显有	43.9	28/46	自然通风	24h	0.22	3
5	次卧	2014.5.28	0.5	无	39.6	28/46	自然通风	24h	0.23	3.36
6	主卧	2014.5.28	12	疑似有	37.6	30.5/42	自然通风	12h	0.07	1.15
7	次卧	2014.5.28	12	明显有	28.9	30.5/42	自然通风	12h	0.18	1.68
8	书房	2014.5.28	12	无	20.5	30.5/42	自然通风	12h	0.04	1.09
9	主卧	2014.5.29	12	明显有	58.8	28/44	自然通风	24h	0.28	1.08
10	次卧	2014.5.29	12	明显有	33.1	28/44	自然通风	24h	0.67	1.13
11	主卧	2014.5.29	9	无	43.6	29/40	自然通风	15h	0.06	1.32
12	次卧	2014.5.29	9	疑似有	33	29/40	自然通风	15h	0.09	0.82
13	客厅	2014.5.29	9	明显有	29	29/40	自然通风	15h	0.09	1.13
14	书房	2014.5.29	9	明显有	28.4	29/40	自然通风	15h	0.06	1.56
15	主卧	2014.5.29	7	明显有	64.5	30/42	自然通风	17h	0.28	1.25
16	次卧	2014.5.29	7	无	26.9	30/42	自然通风	17h	0.26	3.66
17	主卧	2014.5.29	24	无	36.5	31/41	自然通风	8h	0.05	0.43
18	次卧	2014.5.29	24	无	33.6	31/41	自然通风	8h	0.05	0.4

续表

序号	房间类型	检测时间	装修完工到检测历时（月）	室内主要污染源初步判断	房间内净空间容积（m³）	温湿度（℃/RH%）	通风方式	测前门窗关闭时间	甲醛（mg/m³）	TVOC（mg/m³）
19	主卧	2014.5.30	12	疑似有	48.4	31/49	自然通风	3h	0.2	2.82
20	次卧	2014.5.30	12	疑似有	44.5	31/49	自然通风	3h	0.21	2.88
21	主卧	2014.5.30	1	明显有	46.7	32/48	自然通风	24h	0.56	14.4
22	次卧	2014.5.30	1	明显有	39.1	32/48	自然通风	24h	0.54	14.4
23	主卧	2014.5.30	6	疑似有	63.5	30.5/41	自然通风	2h	0.06	0.43
24	次卧	2014.5.30	6	疑似有	35.3	30.5/41	自然通风	2h	0.12	0.28
25	主卧	2014.6.4	9	明显有	56	26/57	自然通风	18h	0.3	2.16
26	次卧	2014.6.4	9	明显有	32.8	26/57	自然通风	18h	0.27	2.16
27	厨房	2014.6.4	9	明显有	19.7	26/57	自然通风	18h	0.26	1.8
28	主卧	2014.6.4	7	无	56.4	27/54	自然通风	2h	0.1	0.72
29	次卧	2014.6.4	7	明显有	38.8	27/54	自然通风	2h	0.11	0.96
30	主卧	2014.6.4	1	疑似有	58.2	27/50	自然通风	3h	0.07	0.57
31	次卧	2014.6.4	1	明显有	30.4	27/50	自然通风	3h	0.12	1.08
32	主卧	2014.6.4	7	明显有	46.6	28/51	自然通风	12h	0.13	2.24
33	次卧	2014.6.4	7	疑似有	30.2	28/51	自然通风	12h	0.09	1.99
34	主卧	2014.6.4	12	无	49.2	28/51	自然通风	1h	0.08	0.57
35	次卧	2014.6.4	12	无	33.7	28/51	自然通风	1h	0.09	0.66
36	客厅	2014.6.4	12	无	29.5	27.7/55	自然通风	1h	0.08	0.7
37	书房	2014.6.4	12	疑似有	27.5	27.7/55	自然通风	1h	0.13	0.93
38	主卧	2014.6.5	2	明显有	59.5	27.7/55	自然通风	2h	0.21	0.44
39	次卧	2014.6.5	2	明显有	34.4	27.7/55	自然通风	2h	0.2	0.56
40	主卧	2014.6.5	14	无	36.8	29/55	自然通风	3h	0.2	1.79
41	次卧	2014.6.5	14	无	33.2	27/60	自然通风	3h	0.17	0.51
42	主卧	2014.6.5	0.5	明显有	66.7	27/60	自然通风	1h	0.25	5.64
43	次卧	2014.6.6	6	疑似有	33	28/66	自然通风	3h	0.37	0.65
44	次卧	2014.6.6	6	疑似有	27.3	28/66	自然通风	3h	0.34	0.64
45	次卧	2014.6.6	1	明显有	29.6	28/66	自然通风	4h	0.32	5.04
46	客卧	2014.6.6	1	明显有	33	28/50	自然通风	4h	0.3	4.32
47	客厅	2014.6.6	1	明显有	46.1	28/50	自然通风	4h	0.25	3.24
48	主卧	2014.6.6	10	疑似有	37.5	28/59	自然通风	72h	0.1	0.26
49	次卧	2014.6.6	10	疑似有	32.2	28/59	自然通风	72h	0.1	0.19
50	主卧	2014.6.6	10	疑似有	33.5	28/59	自然通风	72h	0.1	0.28

续表

序号	房间类型	检测时间	装修完工到检测历时（月）	室内主要污染源初步判断	房间内净空间容积（m³）	温湿度（℃/RH%）	通风方式	测前门窗关闭时间	甲醛（mg/m³）	TVOC（mg/m³）
51	次卧	2014.6.6	10	疑似有	28.7	27/60	自然通风	72h	0.11	0.27
52	主卧	2014.6.6	10	疑似有	33.5	27/60	自然通风	72h	0.12	0.18
53	次卧	2014.6.6	10	疑似有	28.8	27/60	自然通风	72h	0.08	0.17
54	主卧	2014.6.9	6	明显有	58.9	28/64	自然通风	4h	0.2	0.54
55	次卧	2014.6.9	6	明显有	32.7	28/64	自然通风	4h	0.22	1.07
56	客厅	2014.6.9	6	明显有	49.9	28/64	自然通风	4h	0.23	0.25
57	主卧	2014.6.9	12	疑似有	39.7	28/58	自然通风	12h	0.3	0.48
58	客厅	2014.6.9	12	疑似有	57.5	28/58	自然通风	12h	0.33	0.49
59	书房	2014.6.9	12	疑似有	32	28/58	自然通风	12h	0.3	0.44
60	主卧	2014.6.9	12	疑似有	51.8	28/57	自然通风	5h	0.16	0.39
61	次卧	2014.6.9	12	疑似有	45.3	28/57	自然通风	5h	0.1	0.6
62	客厅	2014.6.9	12	疑似有	83.6	27/59	自然通风	5h	0.15	0.41
63	主卧	2014.6.9	6	疑似有	39.9	27/59	自然通风	3h	0.15	0.27
64	次卧	2014.6.9	6	疑似有	35.1	27/59	自然通风	3h	0.15	0.27
65	主卧	2014.6.10	7	明显有	42.5	27/59	自然通风	10h	0.35	1.57
66	次卧	2014.6.10	7	明显有	38.9	28/57	自然通风	10h	0.31	1.51
67	主卧	2014.6.10	7	疑似有	35	28/57	自然通风	10h	0.4	0.68
68	次卧	2014.6.10	7	疑似有	31.3	28/57	自然通风	10h	0.21	0.3
69	客厅	2014.6.10	10	疑似有	30.2	28.5/60	自然通风	12h	0.25	0.25
70	主卧	2014.6.10	10	明显有	36.6	28.5/60	自然通风	12h	0.17	3.19
71	次卧	2014.6.10	2	明显有	25	28/57	自然通风	12h	0.18	3.08
72	主卧	2014.6.10	2	无	59.3	28/57	自然通风	10h	0.13	0.72
73	次卧	2014.6.10	6	无	50.2	28/57	自然通风	10h	0.06	0.03
74	书房	2014.6.10	20	无	45.9	28/57	自然通风	24h	0.08	0.03
75	儿童房	2014.6.10	20	疑似有	32.9	28/51	自然通风	8h	0.09	0.53
76	主卧	2014.6.12	20	疑似有	37	28/51	自然通风	8h	0.08	0.05
77	主卧	2014.6.12	20	无	56.4	28/51	自然通风	8h	0.07	0.84
78	次卧	2014.6.12	20	疑似有	45.9	28/51	自然通风	8h	0.07	0.65
79	客厅	2014.6.12	3	疑似有	70.1	26/65	自然通风	5h	0.06	0.65
80	主卧	2014.6.17	3	明显有	31.3	26/65	自然通风	5h	0.45	2.21
81	次卧	2014.6.17	3	明显有	27.4	25/67	自然通风	5h	0.44	2.14
82	主卧	2014.6.17	2	明显有	32.6	25/67	自然通风	15d	0.32	2.08

续表

序号	房间类型	检测时间	人造板使用量(m²)	实木板使用量(m²)	复合木地板使用量(m²)	装修完工到检测房时间(月)	室内主要污染源初步判断	房间内净空间容积(m³)	温湿度(℃/RH%)	通风方式	测前门窗关闭时间	甲醛(mg/m³)	TVOC(mg/m³)
83	次卧	2014.6.17	38.7	0	0	2	明显有	17.6	26/67	自然通风	15d	0.23	2.41
84	主卧	2014.6.17	0	0	0	6	疑似有	62.5	26/67	自然通风	10h	0.26	0.14
85	次卧	2014.6.17	0	18.8	0	6	疑似有	40.8	26/67	自然通风	10h	0.25	0.09
86	客卧	2014.6.17	0	3.1	0	6	疑似有	52.3	27/59	自然通风	24h	0.18	0.72
87	主卧	2014.6.17	65.7	0	20	12	疑似有	62.3	27/59	自然通风	24h	0.27	2.2
88	次卧	2014.6.17	49.3	0	33.1	12	疑似有	68.4	27/59	自然通风	24h	0.4	2.42
89	客卧	2014.6.17	7.7	0	0	12	疑似有	56.8	29/55	自然通风	24h	0.27	2.28
90	主卧	2014.6.17				12	无	54.3	29/55	自然通风	24h	0.07	0
91	次卧	2014.6.18				12	无	31	27/64	自然通风	24h	0.08	0
92	主卧	2014.6.18				1	疑似有	43.8	27/64	自然通风	22h	0.1	0.18
93	次卧	2014.6.18				1	疑似有	34	25/66	自然通风	22h	0.15	1.8
94	教室2	2014.6.11				15	明显有	212.4	25/66	自然通风	2h	0.12	0.05
95	教室1	2014.6.11				15	明显有	173	25/66	自然通风	2h	0.2	0.84
96	美木室	2014.6.25				15	疑似有	63.9	25/66	自然通风	10h	0.05	0
97	架子鼓室	2014.6.25				15	明显有	144.4	26/55	自然通风	10h	0.24	0.73
98	小海星舞室	2014.7.2				5	明显有	160.8	26/55	自然通风	10h	0.17	0.24
99	小神童童班	2014.7.2				5	明显有	106.9	25/68	自然通风	72h	0.35	0.66
100	美工坊	2014.7.2				18	疑似有	70.1	25/68	自然通风	72h	0.12	0

表 2.3-5 Ⅱ类建筑实测调查汇总表（一）

序号	房间类型	人造板使用量(m²)	实木板使用量(m²)	复合木地板使用量(m²)	地毯使用量(m²)	壁纸、壁布使用量(m²)	活动家具类型、数量、计算人造板使用量(m²)	门、窗材质及使用量(m²)	门密封直观评价(良、一般、差)	房间净空间容积(m³)	甲醛(mg/m³)	窗密封直观评价(良、一般、差)
1	财务室	38.7	0	0	0	0	38.7	6.31	一般	212.4	0.23	良
2	办公室	0	0	0	0	0	0	9.18	一般	173	0.26	良
3	院长室	0	18.8	0	0	0	23.4	6.16	一般	63.9	0.25	良
4	休息室	0	3.1	0	0	0	3.1	5.78	一般	144.4	0.18	良
5	经理室	65.7	0	20	0	20.1	8	15.6	一般	160.8	0.27	良
6	财务室	49.3	0	33.1	0	21.5	16.2	6.07	一般	106.9	0.35	良
7	办公室	7.7	0	0	0	0	7.7	6.62	差	70.1	0.12	无窗

续表

序号	房间类型	人造板使用量(m²)	实木板使用量(m²)	复合木地板使用量(m²)	地毯使用量(m²)	壁纸、壁布使用量(m²)	活动家具类型、数量、计算人造板使用量(m²)	门、窗材质及使用量(m²)	房间净空间容积(m³)	门密封直观评价(良、一般、差)	窗密封直观评价(良、一般、差)
8	会议室	20.9	0	0	0	0	20.9	6.62	113.3	差	无窗
9	药具室	4.52	0	0	0	0	4.52	6.18	76.9	一般	良
10	政策室	8.85	0	0	0	0	8.85	6.18	76.4	一般	良
11	协会室	10.3	0	0	0	0	10.3	6.18	77.2	一般	良
12	办公室	15.5	0	0	0	0	15.5	8.14	68.8	一般	良
13	总经理室	21.2	0	0	0	0	21.2	8.14	69	一般	良
14	办公室3	0	0	0	0	0	0	8.34	112.3	一般	良
15	办公室2	0	0	0	0	0	0	8.34	112.9	一般	良

表 2.3-6　Ⅱ类建筑实测调查汇总表(二)

序号	房间类型	检测时间	装修完工到检测历时(月)	室内主要污染源初步判断	房间内净空间容积(m³)	温湿度(℃/RH%)	通风方式	测前门窗关闭时间(h)	甲醛(mg/m³)	TVOC(mg/m³)
1	财务室	2014.6.11	18	疑似有	113.3	26/69	自然通风	72	0.22	0
2	办公室	2014.6.11	12	疑似有	76.9	26/69	自然通风	15	0.27	0.26
3	院长室	2014.6.11	12	疑似有	76.4	26/69	自然通风	24	0.21	0
4	休息室	2014.6.11	6	疑似有	77.2	28/61	自然通风	12	0.34	0.41
5	经理室	2014.6.11	6	明显有	68.8	28/61	自然通风	1	0.23	1.38
6	财务室	2014.6.18	10	明显有	69	29/63	自然通风	12	0.17	1.21
7	办公室	2014.6.18	10	疑似有	112.3	29/63	自然通风	18	0.17	0
8	会议室	2014.6.18	4	明显有	112.9	26/59	自然通风	72	0.11	0
9	药具室	2014.6.18	4	明显有	71.6	26/59	自然通风	10	0.26	0.94
10	政策室	2014.6.25	20	疑似有	86.9	27/68	自然通风	10	0.3	1.02
11	协会室	2014.6.25	20	明显有	137.3	27/68	自然通风	12	0.17	0
12	办公室	2014.6.25	6	明显有	96.2	27/66	自然通风	12	0.2	0.43
13	总经理室	2014.6.25	6	疑似有	198.8	27/66	自然通风	12	0.15	0
14	办公室3	2014.6.25	6	疑似有	208	28/60	自然通风	12	0.14	0
15	办公室2	2014.6.25	24	疑似有	82.9	28/60	自然通风	12	0.24	0

下面分别按照门窗关闭时间和装修完工到检测历时统计甲醛和 TVOC 的超标率，结果如表 2.3-7、表 2.3-8 所示。

表 2.3-7　按照检测前门窗关闭时间统计超标率

检测前门窗关闭时间（h）	甲醛浓度超标率（%）	TVOC 浓度超标率（%）
≤8	73.8	71.4
>8，≤12	85.3	50
>12，≤24	77.8	74.1
>24	75	25

表 2.3-8　按照装修完工到检测历时统计超标率

装修完工到检测历时（月）	甲醛浓度超标率（%）	TVOC 浓度超标率（%）
≤6	86.7	68.9
>6，≤12	83	62.3
>12	64.7	41.2

2.3.3　结论与建议

1. 结论

对临沂市室内装饰装修污染物浓度综合调查，并对综合调查结果进行统计分析，结果表明装修后房间的污染物数值大多数都比国家标准要求的要高，而且有的超标很多倍。

（1）临沂市室内装饰装修污染物 93 间住宅中甲醛最大值为 0.67mg/m³，最小值为 0.04mg/m³，平均值为 0.193mg/m³，超过 0.08mg/m³ 的有 73 间，占调查总数的 78.5%；15 间办公室中甲醛最大值为 0.35mg/m³，最小值为 0.05mg/m³，平均值为 0.198mg/m³，超过 0.10mg/m³ 的有 14 间，占调查总数的 93.3%；7 间幼儿园中甲醛浓度最大值为 0.3mg/m³，最小值为 0.14mg/m³，平均值为 0.209mg/m³，均大于国家标准要求的 0.08mg/m³。

（2）临沂市室内装饰装修污染物 93 间被调查住宅中 TVOC 的最大值为 14.4mg/m³，最小值为 0，平均值为 1.56mg/m³，超过 0.5mg/m³ 的有 64 间，占调查总数的 68.8%；15 间办公室中 TVOC 最大值为 1.38mg/m³，最小值为 0，平均值为 0.385mg/m³，超过 0.6mg/m³ 的有 5 间，占调查总数的 33.3%；7 间幼儿园中 TVOC 浓度最大值为 1.02mg/m³，最小值为 0，平均值为 0.342mg/m³，超过 0.5mg/m³ 的有 2 间，占调查总数的 28.6%。

2. 建议

由于室内空气污染直接危害人民的健康和生命，我们应当认识到室内空气污染问题的严重性，并寻求检测和治理办法。但仍有不少人对装饰装修后是否需要进行室内空气检测认识不足。有的人嫌麻烦，自认为不会对身体造成多大的危害，只要开开门窗，房间里放些绿色植物就行了；有的人觉得房间里气味不大，不需要检测；也有的人认为装修材料都是自己精心挑选的，不会有污染等等。

绿色材料仅仅是满足了污染物的最低排放标准，并非绝对绿色建材。装修后空气质量取决于装修的程度、家具的质量等诸多不确定因素。有可能采用了绿色建材，因为装修过度也是有害无益的，装修用环保材料不等于就能实现环保装修，环保材料不是不含有害物质，只是在限量之内，在一定的空间范围内，用 1 张板环保不等于用 100 张板也环保。

对装饰装修的几点建议：

（1）选用环保材料，适度装修，从源头上降低污染物，复合板容易造成室内装修污染，在条件允许的情况下应尽量选择实木建材和家具。

（2）装修施工工艺尽量选用无毒、少毒、无污染和少污染的工艺，木工活尽量在工厂加工成成品后再运至现场装配。

（3）购买和装饰新居后，不要急于入住，最好在家具全部到场有效通风 6 个月且经过高温夏季后再入住。

（4）消除室内空气污染最经济、有效、快速简便的方法是通风换气，因此平时要加强通风，尤其是高温季节使用空调和冬季采暖期时应定时开窗换气，以降低污染物的浓度，减少对人体的危害。

（5）尽量减少在室内吸烟的机会，做到少吸烟或者不吸烟。

2.4 天津市装修污染调查与研究

2.4.1 天津市概况

将天津市主要以城镇为主的建筑工程情况进行整理统计，如表 2.4-1 所示。

表 2.4-1 2011—2015 年天津市建筑工程的相关情况

年 份		2011	2012	2013	2014	2015
建筑工程投资（亿元）		4027.41	4639.99	5278.97	6177.21	7117.11
房地产开发投资（亿元）	资产投资	1080.04	1260.00	1480.82	1699.65	1871.55
	新增资产投资	1226.25	1066.49	1308.04	1061.31	1167.32
	住宅建筑投资	689.08	843.05	986.28	1122.26	1251.53
	办公建筑投资	109.84	85.70	99.91	123.58	107.70
按建设性质投资（亿元）	新建	4351.71	5172.50	5904.00	2143.28	6946.76
	改、扩建及其他	1625.45	1907.77	6390.72	2896.13	3540.70
按建筑业投资（亿元）	固定资产投资	28.10	30.11	30.57	30.01	38.64
	新增固定资产投资	10.74	8.25	26.18	10.45	23.28
房屋建筑施工面积（万 m²）	整体	9233.98	9864.22	10892.17	10652.37	10230.22
	住宅建筑	6623.95	6923.52	7562.48	7204.46	6968.75
房屋建筑竣工面积（万 m²）	整体	2102.79	2542.75	2805.37	2924.82	2903.57
	住宅建筑	1645.10	1913.97	2117.66	2130.25	2182.99
房地产销售情况	住宅建筑销售面积（万 m²）	1365.71	1511.40	1720.34	1483.64	1668.18
	办公建筑销售面积（万 m²）	67.14	28.17	23.49	21.10	15.93
	住宅建筑销售额（亿元）	1167.36	1210.57	1443.34	1309.70	1646.43
	办公建筑销售额（亿元）	59.80	37.61	26.88	35.82	24.71

注：表中术语及数据来源于天津市统计局和国家统计局天津调查总队编制的各年度《天津统计年鉴》。

2.4.2 2014—2015 年室内环境污染状况统计

1. 现场实测调查实施方案

（1）调查检测类型及数量。

本研究以选取 2012 年以后建成，经业主装饰装修后，未有人居住活动的民用建筑作为室内环境污染物调查分析对象，于 2014 年 1 月至 12 月期间逐步完成了天津市市区具有代表性装饰装修民用建筑的室内环境污染物的调查检测工作，累计获得了 22 栋民用建筑中 128 个住宅住户 I 类建筑样本和 5 个办公楼房间 II 类建筑样本，其中各住宅住户样本从装饰装修完成时到现场调查测试时的时长在 0.5～6.0 个月内分布较为均匀，平均时长为 2.7 个月，且尽可能采集了住宅住户中的客厅、卧室、厨房、书房等功能的自然间样本。

（2）调查检测的污染物类型及方法。

调查检测的室内污染物项目：根据近年来文献报道的全国室内环境污染物状况，并结合总课题组的工作内容，选择了目前一致认为超标较为严重的甲醛、苯、TVOC（包括甲苯、二甲苯等 VOCs）室内环境污染物项目进行检测；在调查检测过程中发现苯项目超标极少，故在后期的调查检测工作中并未对苯项目做进一步的研究。调查检测采样布点要求按照《民用建筑工程室内环境污染物控制规范》GB 50325—2010（2013 年版）中的规定进行。

仪器设备：GC-112A 气相色谱仪 2 台，JX-3 热解析仪 2 台，BS-H2 型双气路恒流大气采样仪多台，723PC 可见分光光度计 1 台，DYM3 型空盒气压表 1 件，泰仕 TES-1360 手持式数显温湿度计 1 件，德图 535 二氧化碳测定仪 1 件，所有仪器设备均经国家计量单位周期检定，且在有效期内。

室内环境污染物调查检测测定方法：甲醛项目的检测方法按照《公共场所空气中甲醛测定方法》GB/T 18204.26—2000（现行标准为《公共场所卫生检验方法　第 2 部分：化学污染物》18204.2—2014）中酚试剂分光光度法的规定进行。苯项目的检测方法按照《民用建筑工程室内环境污染物控制规范》GB 50325—2010（2013 年版）附录 F 中的规定进行，其中采样用活性炭管是在现场采样前及时活化 1 h 以上至相对无杂质峰出现为止。TVOC 项目的检测方法按照《民用建筑工程室内环境污染物控制规范》GB 50325—2010（2013 年版）附录 G 中的规定进行，其中采样用 Tenax-TA 管是在现场采样前及时活化 1 h 左右至无相对杂质峰出现为止。

2．现场实测调查过程

（1）概述。

现场调查检测的工作方式方法均按《民用建筑工程室内环境污染控制规范》GB 50325—2010（2013 年版）规定进行：均到现场后先采取人为开窗方式进行自然通风换气，随后采样检测人员再将对外门窗关闭 1h 后进行现场采样工作，最后将采集的样品送于实验室进行测试，调查检测期间装饰装修建筑工程中完成的家具保持了正常使用状态；特别是有中央空调（或新风系统）的房屋，调查检测取样时并未将该设施设备进行开启以致运转使用，具体工作的方式方法按照上文现场实测调查实施方案所述进行。

（2）现场记录及实施情况。

外出调查检测过程中避开了雾霾等对室内环境污染物有影响的天气，同时尽量减少了人员进出对室内环境污染物的影响。原始记录表中应记录采样仪流量及采样时间、采样管唯一性编号、采样时的温湿度及大气压等，还应记录采样房屋的功能及长宽高尺寸，最后记录必要的固定式和活动式家具等相关信息。具体包括：房间通风方式；采暖方式；对外门窗长及宽、材质、开启方式、密封性；室内地面、墙面、顶棚的装饰装修材料种类及暴露尺寸；固定式和活动式家具的材质及暴露尺寸等。现场调查检测照片见图 2.4-1、现场调查检测人员培训见图 2.4-2。

图 2.4-1　现场实测调查研究的技术路线　　　图 2.4-2　现场调查检测人员培训图

根据相关研究文献、资料的查阅，以及总课题组的工作安排，对天津市民用建筑装饰装修室内环境污染物的污染特性及影响因素进行深入分析，确定研究方法。在执行标准要求基础上，采取一系列质量保证措施的条件下，通过对新建、新装修的住宅建筑装饰装修工程中室内环境污染情况进行现场调查和取样检测，首先研究分析目前住宅及其各功能房间中环境污染物的污染特性，确定天津市住宅室内环境污染状况；其次根据调查采集的众多因素在交互作用下对室内环境污染的影响，研究影响室内环境污染物的主要影响因素及其控制方式；综合前人的研究成果，最后提出民用建筑工程室内环境污染物防治的对策及建议。

3. 现场实测调查质量控制

甲醛、TVOC 等项目均在实施单位取得的相应资质范围内，取样检测所用仪器设备均经国家计量单位周期检定且在有效期内。

在取样检测过程中着重从采样仪器维护检查、采样管验收检查、仪器设备及设施状态、标准曲线制作及溶液检查、控制参考样及样品保存、数据及结果处理等多方面采取了质量控制，从而确保了样本数据的准确性、可靠性。其他质量保证事项：固体采样管活化或解吸所配置的设备应与采样管相适宜，包括采样管外径与设备活化床开槽相适宜，采样管吸附剂填充长度与设备活化加热床长度相适宜。

固体采样管样品运输至实验室的过程中应保持相对平衡状况，防止剧烈震动造成吸附剂的偏移，严重影响解吸效率，造成检测准确性较差。甲醛采样过程中同一采样点尽可能采取平行样，苯和 TVOC 项目采样过程有条件时在同一采样点采取平行样，以防数据丢失。

标准曲线制作计算过程中，若不能强制过零点，则应让标准曲线的截距尽可能小。《民用建筑工程室内环境污染控制规范》GB 50325—2010（2013 年版）中 TVOC 项目是按在101.3 kPa 标准压力条件，以气相色谱程序升温操作条件下，检测所得整个图谱中各种挥发性有机化合物总和表示。

4. 现场实测调查结果及统计分析

（1）室内污染状况初步分析。

将 2014 年度装饰装修民用建筑室内污染现场实测调查的情况汇总于表 2.4-2～表 2.4-5。

表2.4-2　Ⅰ类建筑基本情况实测调查汇总表

序号	检测编号	房间类型	人造板使用量(m²)	实木板使用量(m²)	复合木地板使用量(m²)	布艺使用量(m²)	壁纸使用量(m²)	活动家具中人造板使用量(m²)	活动式家具总使用量(m²)	门材质	窗材质	门窗使用量总计(m²)	房间净空间容积(m³)	门密封直观评价	窗密封直观评价
1	KY101	客厅	21.92	9.10	30.00	7.98	0.00	0.00	17.08	木质+铝合金	塑钢	51.01	76.17	一般+差	良
2	KY101	主卧室	0.00	29.42	16.95	4.66	0.00	0.00	30.18	木质	塑钢	3.50	40.41	一般	良
3	KY101	次卧室	0.00	34.86	11.07	4.37	0.00	0.00	34.86	木质	塑钢	3.50	24.32	一般	良
4	KY102	主卧室	25.22	13.22	16.68	7.75	8.24	25.22	41.53	木质	塑钢	4.18	38.32	一般	良
5	KY102	次卧室	16.24	11.51	11.22	4.37	8.24	16.24	27.75	木质	塑钢	3.58	25.53	一般	良
6	KY102	客厅+厨房	18.81	0.00	0.00	14.00	0.00	15.00	32.87	木质	塑钢	8.44	79.20	一般	良
7	KY103	客厅	0.00	61.88	0.00	0.00	45.89	0.00	32.08	木质	断桥铝	14.05	78.72	一般	良
8	KY103	主卧室	11.23	39.72	0.00	4.66	34.53	11.23	35.00	木质	断桥铝	8.83	36.45	一般	良
9	KY103	次卧室	42.77	21.71	0.00	4.37	28.92	42.77	53.57	木质	断桥铝	7.10	25.79	一般	良
10	KY103	厨房	4.16	0.00	0.00	0.00	0.00	0.00	0.00	木质	断桥铝	1.73	15.25	一般	良
11	KY104	客厅	0.00	37.36	49.00	11.20	13.23	0.00	49.44	木质	铝合金	16.42	121.88	一般	良
12	KY104	主卧室	0.00	50.12	22.63	4.66	0.00	0.00	50.12	木质	铝合金	5.61	52.43	一般	良
13	KY104	次卧室1	0.00	24.17	11.47	4.37	0.00	0.00	24.17	木质	铝合金	6.26	28.42	一般	良
14	KY104	次卧室2	0.00	22.66	6.44	4.37	0.00	0.00	22.66	木质	铝合金	3.96	13.61	一般	良
15	KY104	卫生间	0.00	2.64	0.00	0.00	0.00	0.00	0.00	木质	铝合金	2.70	12.26	一般	/
16	KY105A	厨房	9.48	0.00	0.00	0.00	0.00	0.00	0.00	木质	断桥铝	2.44	0.41	一般	良
17	KY105A	客厅	15.74	6.99	3.88	9.22	8.74	15.74	31.95	木质	断桥铝	9.44	6.30	一般	良
18	KY105A	厕所	2.72	0.00	0.00	0.00	0.00	0.00	0.00	木质	/	1.60	19.92	一般	/
19	KY105A	主卧室	14.36	12.58	14.57	4.66	36.40	0.00	26.94	木质	断桥铝	4.16	33.14	一般	良
20	KY105B	主卧室	14.36	12.58	14.57	5.66	36.40	0.00	26.94	木质	断桥铝	4.16	33.14	一般	良
21	KY105B	次卧室	0.00	0.00	11.16	0.00	32.04	0.00	0.00	木质	断桥铝	2.80	29.02	一般	良
22	KY105B	客厅	15.74	6.99	3.88	9.22	8.74	15.74	31.95	木质	断桥铝	9.44	6.30	一般	良
23	KY105B	厨房	9.48	0.00	0.00	0.00	0.00	0.00	0.00	木质	断桥铝	2.44	0.41	差	良
24	KY106	客厅	1.43	18.70	0.00	0.00	0.00	0.00	0.00	木质	塑钢	8.94	50.49	一般	良
25	KY106	次卧室	0.00	9.00	0.00	0.00	0.00	0.00	0.00	木质	塑钢	3.47	24.30	一般	良
26	KY106	主卧室	0.00	25.51	14.49	0.00	0.00	0.00	25.51	木质	塑钢	5.94	34.73	一般	良
27	KY106	厨房	19.20	0.00	0.00	0.00	0.00	0.00	0.00	玻璃	塑钢	2.94	18.13	差	良
28	KY107	客厅	0.00	41.35	0.00	0.00	5.72	0.00	13.17	木质	断桥铝	11.44	71.06	一般	良
29	KY107	次卧室	0.00	8.12	0.00	0.00	0.00	0.00	0.00	木质	断桥铝	4.12	16.96	一般	良

续表

序号	检测编号	房间类型	人造板使用量 (m²)	实木板使用量 (m²)	复合木地板使用量 (m²)	布艺使用量 (m²)	壁纸使用量 (m²)	活动家具中人造板使用量 (m²)	活动式家具总使用量 (m²)	门、窗材质及使用量			房间净空间容积 (m³)	门密封直观评价	窗密封直观评价
										门材质	窗材质	门窗使用量总计 (m²)			
30	KY107	主卧室	0.00	11.47	0.00	0.00	0.00	0.00	0.00	木质	断桥铝	7.00	25.67	一般	良
31	KY107	厨房	11.05	0.00	0.00	0.00	0.00	0.00	0.00	木质	断桥铝	2.50	9.37	一般	良
32	KY108	住户	11.52	0.00	0.00	0.00	0.00	0.00	0.00	/	塑钢	19.07	166.30	/	一般
33	KY109A	客厅+厨房	22.71	28.21	0.00	4.12	57.11	0.00	14.68	木质	断桥铝	14.87	122.63	一般	良
34	KY109A	主卧室	0.00	0.00	0.00	0.00	28.39	0.00	0.00	木质	断桥铝	9.95	33.97	一般	良
35	KY109A	次卧室	0.00	0.00	0.00	0.00	12.60	0.00	0.00	木质	断桥铝	7.14	34.02	一般	良
36	KY109A	书房	0.00	0.00	0.00	0.00	33.73	0.00	0.00	木质	断桥铝	4.34	28.86	一般	良
37	KY109B	客厅	0.00	28.21	0.00	4.12	57.55	0.00	14.68	木质	断桥铝	14.43	97.69	一般	良
38	KY109B	书房	0.00	0.00	0.00	0.00	33.73	0.00	0.00	木质	断桥铝	4.34	28.86	一般	良
39	KY109B	主卧室	0.00	0.00	0.00	0.00	28.39	0.00	0.00	木质	断桥铝	9.95	33.97	一般	良
40	KY109B	次卧室	0.00	0.00	0.00	0.00	12.60	0.00	0.00	木质	断桥铝	7.14	34.02	一般	良
41	KY109B	厨房	22.71	0.00	0.00	0.00	28.39	0.00	0.00	木质	断桥铝	4.39	24.94	一般	良
42	KY109C	主卧室	0.00	0.00	0.00	0.00	28.39	0.00	0.00	木质	断桥铝	9.95	33.97	一般	良
43	KY109C	书房	0.00	0.00	0.00	0.00	12.60	0.00	0.00	木质	断桥铝	7.14	34.02	一般	良
44	KY110	厨房	7.99	0.00	0.00	0.00	0.00	0.00	0.00	塑钢	断桥铝	12.13	24.27	良	良
45	KY110	客厅	0.00	3.76	0.00	0.00	0.00	0.00	3.76	木质	断桥铝	11.06	73.33	一般	良
46	KY110	主卧室	0.00	12.78	0.00	0.00	0.00	0.00	12.78	木质	断桥铝	5.06	32.32	一般	良
47	KY110	次卧室	0.00	12.78	0.00	0.00	0.00	0.00	12.78	木质	断桥铝	5.06	31.77	一般	良
48	KY110	书房	0.00	0.00	0.00	0.00	0.00	0.00	0.00	木质	断桥铝	5.06	34.59	一般	良
49	KY111	客厅	0.00	79.32	0.00	34.20	0.00	0.00	43.24	木质	塑钢	21.01	85.18	一般	良
50	KY111	次卧室	0.00	13.90	0.00	4.66	0.00	0.00	0.00	木质	塑钢	4.85	33.28	一般	良
51	KY111	厨房	0.00	9.22	0.00	0.00	0.00	0.00	0.00	木质	塑钢	4.39	27.93	一般	良
52	KY112	主卧室	0.00	46.81	0.00	4.66	0.00	0.00	30.81	木质	塑钢	5.78	35.05	一般	良
53	KY112	客厅	38.13	43.63	0.00	6.80	44.37	0.00	16.08	木质	断桥铝	16.74	76.52	一般	良
54	KY112	主卧室	18.51	33.82	0.00	4.66	31.12	18.51	35.31	木质	断桥铝	4.50	41.23	一般	良
55	KY112	次卧室	0.00	26.73	0.00	4.37	26.10	0.00	17.45	木质	断桥铝	4.50	24.06	一般	良
56	KY112	书房	13.20	5.22	0.00	0.00	22.04	13.20	13.20	木质	断桥铝	2.53	13.67	一般	良
57	KY113	客厅	36.81	9.21	144.00	34.20	126.65	0.00	84.94	木质	塑钢+铝木复合	27.46	319.32	一般	良
58	KY113	卧室上	4.00	0.00	9.18	4.66	46.21	4.00	14.15	木质	塑钢	1.76	32.73	一般	良
59	KY113	卧室下	14.37	0.00	15.48	4.66	35.71	14.37	14.15	木质	塑钢	6.95	36.33	一般	良

续表

序号	检测编号	房间类型	人造板使用量（m²）	实木板使用量（m²）	复合木地板使用量（m²）	布艺使用量（m²）	壁纸使用量（m²）	活动家具中人造板使用量（m²）	活动式家具总使用量（m²）	门材质	窗材质	门窗使用量总计（m²）	房间净空间容积（m³）	门密封直观评价	窗密封直观评价
60	KY114A	客厅	0.00	62.71	0.00	16.60	0.00	0.00	42.79	木质	断桥铝	12.97	93.97	一般	良
61	KY114A	书房	0.00	19.80	0.00	0.00	0.00	0.00	9.26	木质	断桥铝	4.99	27.48	一般	良
62	KY114A	主卧室	0.00	51.45	0.00	4.66	0.00	0.00	35.70	木质	断桥铝	6.91	36.38	一般	良
63	KY114A	次卧室	14.88	23.04	0.00	4.37	0.00	14.88	12.00	木质	断桥铝	4.35	24.93	一般	良
64	KY114A	厨房	10.96	0.00	0.00	0.00	0.00	0.00	0.00	木质	断桥铝	2.91	13.07	一般	良
65	KY114B	客厅	0.00	62.71	0.00	16.60	0.00	0.00	42.79	木质	断桥铝	12.97	93.97	一般	良
66	KY114B	主卧室	0.00	51.45	0.00	4.66	0.00	0.00	35.70	木质	断桥铝	6.91	36.38	一般	良
67	KY114B	厨房	10.96	0.00	0.00	0.00	0.00	0.00	0.00	木质	断桥铝	2.91	10.67	一般	良
68	KY114B	次卧室	14.88	23.04	0.00	4.37	0.00	14.88	12.00	木质	断桥铝	4.35	24.93	一般	良
69	KY114C	主卧室	0.00	51.45	0.00	4.66	0.00	0.00	35.70	木质	断桥铝	6.91	36.38	一般	良
70	KY114C	客厅	0.00	62.71	0.00	16.60	0.00	0.00	42.79	木质	断桥铝	12.97	93.97	一般	良
71	KY114C	次卧室	14.88	23.04	0.00	4.37	0.00	14.88	12.00	木质	断桥铝	4.35	24.93	一般	良
72	KY114C	厨房	10.96	0.00	0.00	0.00	0.00	0.00	0.00	木质	断桥铝	2.91	11.71	一般	良
73	KY114C	书房	0.00	19.80	0.00	0.00	0.00	0.00	9.26	木质	断桥铝	4.99	27.48	一般	良
74	KY114D	客厅	0.00	62.71	0.00	16.60	0.00	0.00	42.79	木质	断桥铝	12.97	93.97	一般	良
75	KY114D	主卧室	0.00	51.45	0.00	4.66	0.00	0.00	35.70	木质	断桥铝	6.91	36.38	一般	良
76	KY114D	次卧室	14.88	23.04	0.00	4.37	0.00	14.88	12.00	木质	断桥铝	4.35	24.93	一般	良
77	KY114D	厨房	10.96	0.00	0.00	0.00	0.00	0.00	0.00	木质	断桥铝	2.91	10.67	一般	良
78	KY114E	厨房	10.96	0.00	0.00	0.00	0.00	0.00	0.00	木质	断桥铝	2.91	13.07	一般	良
79	KY115E	次卧室	14.88	23.04	0.00	4.37	0.00	14.88	12.00	木质	断桥铝	4.35	24.93	一般	良
80	KY116E	主卧室	0.00	51.45	0.00	4.66	0.00	0.00	35.70	木质	断桥铝	6.91	36.38	一般	良
81	KY117E	客厅	0.00	62.71	0.00	16.60	0.00	0.00	42.79	木质	断桥铝	12.97	93.97	一般	良
82	KY118E	书房	0.00	19.80	0.00	0.00	0.00	0.00	9.26	木质	断桥铝	4.99	27.48	一般	良
83	KY115	客厅+厨房	10.37	62.63	0.00	8.58	61.61	0.00	38.25	木质	断桥铝	14.87	122.02	一般	良
84	KY115	次卧室	17.15	32.67	0.00	4.37	0.00	0.00	20.07	木质	断桥铝	7.14	31.45	一般	良
85	KY115	书房	17.15	11.57	0.00	4.66	0.00	17.15	17.15	木质	断桥铝	4.34	28.40	一般	良
86	KY115	主卧室	0.00	101.90	0.00	4.66	0.00	0.00	30.19	木质	断桥铝	9.95	29.28	一般	良
87	KY16	厨房	9.92	0.00	0.00	0.00	0.00	0.00	0.00	木质+玻璃	断桥铝	2.52	15.87	一般	良
88	KY16	客厅	9.02	9.37	0.00	12.60	46.72	9.02	31.01	木质	断桥铝	5.28	55.19	一般	良
89	KY16	主卧	13.08	17.34	13.26	4.66	28.16	13.08	30.42	木质	断桥铝	8.34	27.99	一般	良
90	KY16	书房	0.00	9.27	7.14	0.00	24.92	0.00	9.27	木质	断桥铝	2.58	17.85	一般	良

续表

序号	检测编号	房间类型	人造板使用量(m²)	实木板使用量(m²)	复合木地板使用量(m²)	布艺使用量(m²)	壁纸使用量(m²)	活动家具中人造板使用量(m²)	活动式家具总使用量(m²)	门材质	窗材质	门窗使用量总计(m²)	房间净空间容积(m³)	门密封直观评价	窗密封直观评价
91	KY117	客厅+厨房	3.44	27.15	0.00	10.26	46.50	0.00	27.15	木质	断桥铝	12.59	92.94	一般	良
92	KY117	次卧室	16.46	9.61	0.00	0.00	27.14	16.46	16.46	木质	断桥铝	5.10	24.09	一般	良
93	KY117	主卧室	0.00	46.90	0.00	4.66	31.40	0.00	34.90	木质	断桥铝	5.04	25.35	一般	良
94	KY118A	客厅+厨房	10.72	16.14	37.68	6.64	15.00	10.72	22.78	木质	塑钢	11.21	89.10	一般	良
95	KY118A	厕所	0.45	0.00	0.00	0.00	0.00	0.00	0.00	玻璃	塑钢	1.68	14.73	一般	良
96	KY118A	厨房	1.50	0.00	8.58	0.00	0.00	0.00	0.00	玻璃	塑钢	3.68	6.65	差	良
97	KY118A	次卧室	10.20	0.00	8.58	0.00	0.00	10.20	10.20	木质	塑钢	3.92	19.65	一般	良
98	KY118B	客厅+厨房	10.72	16.14	37.68	6.64	0.00	10.72	22.78	木质	塑钢	11.21	89.10	一般	良
99	KY118B	次卧室	10.20	0.00	8.58	0.00	0.00	10.20	10.20	木质	塑钢	3.92	19.65	差	良
100	KY118B	厨房	1.50	0.00	10.80	0.00	0.00	0.00	0.00	玻璃	塑钢	3.68	6.65	差	良
101	KY119A	厨房	1.50	0.00	9.30	0.00	0.00	0.00	0.00	玻璃	塑钢	3.68	6.65	一般	良
102	KY119A	客厅	0.00	7.54	26.88	6.64	15.00	0.00	11.12	木质	塑钢	10.49	66.18	一般	良
103	KY119A	厕所	0.45	0.00	0.00	0.00	0.00	0.00	0.00	木质	塑钢	1.68	14.73	一般	良
104	KY119A	主卧室	0.00	0.00	10.80	0.00	0.00	0.00	0.00	木质	塑钢	4.08	27.00	一般	良
105	KY119A	次卧室	0.00	0.00	8.58	0.00	0.00	0.00	0.00	木质	塑钢	3.92	21.45	一般	良
106	KY119B	客厅	0.00	7.54	26.88	6.64	0.00	0.00	11.12	木质	塑钢	10.49	66.18	一般	良
107	KY119B	主卧室	0.00	0.00	10.80	0.00	0.00	0.00	0.00	木质	塑钢	4.08	27.00	一般	良
108	KY119B	次卧室	0.00	0.00	8.58	0.00	0.00	0.00	0.00	木质	塑钢	3.92	21.45	一般	良
109	KY120A	客厅+厨房	0.00	21.73	21.44	10.00	0.00	0.00	0.00	木质	塑钢	9.14	72.81	一般	良
110	KY120A	主卧室	0.00	0.00	10.80	0.00	0.00	0.00	0.00	木质	塑钢	3.76	29.16	一般	良
111	KY120A	次卧室	0.00	0.00	9.30	0.00	0.00	0.00	0.00	木质	塑钢	3.44	25.11	一般	良
112	KY120B	客厅+厨房	0.00	35.09	21.44	10.00	0.00	0.00	23.40	木质	塑钢	9.14	70.45	一般	良
113	KY120B	次卧室	0.00	21.66	9.30	0.00	0.00	21.66	21.66	木质	塑钢	3.44	21.46	一般	良
114	KY120B	主卧室	0.00	21.66	10.80	0.00	0.00	21.66	21.66	木质	塑钢	3.76	25.22	一般	良
115	KY121	主卧室	14.64	0.00	13.60	4.66	32.10	14.64	25.64	木质	断桥铝	7.86	32.11	一般	良
116	KY121	客厅+厨房	24.58	7.79	0.00	0.00	49.91	17.34	44.57	木质	断桥铝	14.35	128.30	一般	良

续表

序号	检测编号	房间类型	人造板使用量(m²)	实木板使用量(m²)	复合木地板使用量(m²)	布艺使用量(m²)	壁纸使用量(m²)	活动家具中人造板使用量(m²)	活动式家具总使用量(m²)	门材质	窗材质	门窗使用量总计(m²)	房间净空间容积(m³)	门密封直观评价	窗密封直观评价
117	KY121	书房	24.19	1.92	10.64	0.00	31.79	24.19	26.11	木质	断桥铝	3.85	23.92	一般	良
118	KY121	次卧室	15.92	9.90	13.12	4.37	30.69	15.92	25.82	木质	断桥铝	4.95	30.73	一般	良
119	KY121	书房	0.00	10.19	9.80	0.00	30.88	0.00	10.19	木质	断桥铝	3.77	25.49	一般	良
120	KY122	客厅	15.16	4.90	0.00	14.92	25.00	15.16	34.98	木质	断桥铝	15.12	121.23	一般	良
121	KY122	主卧室	20.40	3.65	15.88	0.00	35.34	20.40	24.05	木质	断桥铝	7.86	36.40	一般	良
122	KY122	次卧室	14.16	9.54	10.55	0.00	31.33	14.16	23.70	木质	断桥铝	3.77	24.37	一般	良
123	KY122	厨房	13.25	0.00	0.00	0.00				木质	断桥铝	2.72	12.56	差	良

表 2.4-3 I 类建筑室内环境污染物实测调查汇总表

序号	房间类型	检测时间	装修完工到检测历时(月)	室内主要污染源初步判断	房间内净空间容积(m³)	温度(℃)	湿度(%)	通风方式	测前门窗关闭时间(h)	苯(mg/m³)	甲醛(mg/m³)	TVOC(mg/m³)	9种成分占TVOC百分比
1	客厅	2014.1.22	3.0	疑似有	76.17	22.00	35.40	自然通风	1	0.02	0.02	1.30	0.332
2	主卧室	2014.1.22	3.0	疑似有	40.41	22.00	35.40	自然通风	1	0.07	0.02	1.60	0.334
3	次卧室	2014.1.22	3.0	疑似有	24.32	22.00	35.40	自然通风	1	/	0.02	1.40	0.424
4	主卧室	2014.2.19	3.0	明显有	38.32	21.00	34.70	自然通风	1	0.03	0.03	0.50	0.140
5	次卧室	2014.2.19	3.0	明显有	25.53	20.00	33.90	自然通风	1	0.03	0.01	1.50	0.265
6	客厅+厨房	2014.2.19	3.0	明显有	79.20	20.00	33.60	自然通风	1	0.02	0.01	3.30	0.268
7	客厅	2014.1.8	1.0	无	78.72	21.00	38.90	集中中央空调	1	—	0.02	0.80	0.107
8	主卧室	2014.1.8	1.0	无	36.45	20.50	40.30	集中中央空调	1	0.03	0.04	0.80	0.328
9	次卧室	2014.1.8	1.0	疑似有	25.79	21.20	39.00	集中中央空调	1	0.00	0.04	1.40	0.133
10	厨房	2014.1.8	1.0	无	15.25	20.00	39.60	集中中央空调	1	—	0.09	1.90	0.328
11	客厅	2014.2.26	2.0	无	121.88	21.00	36.50	自然通风	1	0.01	0.06	1.70	0.092
12	主卧室	2014.2.26	2.0	无	52.43	22.00	37.10	自然通风	1	0.01	0.06	1.60	0.099
13	次卧室 1	2014.2.26	2.0	无	28.42	21.80	37.50	自然通风	1	0.00	0.06	1.60	0.173
14	次卧室 2	2014.2.26	2.0	无	13.61	20.00	37.10	自然通风	1	0.00	0.06	1.10	0.131
15	卫生间	2014.2.26	2.0	无	12.26	20.30	37.80	自然通风	1	0.02	0.06	1.90	0.214

续表

序号	房间类型	检测时间	装修完工到检测时历时间(月)	室内主要污染源初步判断	房间同内净空间容积(m³)	温度(℃)	湿度(%)	通风方式	测前门窗关闭时间(h)	苯(mg/m³)	甲醛(mg/m³)	TVOC(mg/m³)	9种成分占TVOC百分比
16	厨房	2014.1.24	4.0	明显有	0.41	17.20	43.00	自然通风	1	0.00	0.22	1.50	0.322
17	客厅	2014.1.24	4.0	明显有	6.30	17.20	43.00	自然通风	1	0.01	0.17	1.30	0.276
18	厕所	2014.1.24	4.0	明显有	19.92	16.40	46.00	自然通风	1	0.02	0.13	0.90	0.293
19	主卧室	2014.1.24	4.0	明显有	33.14	17.20	43.00	自然通风	1	0.01	0.23	1.00	0.251
20	主卧室	2014.3.27	6.0	无	33.14	20.00	56.00	自然通风	1	0.00	0.08	0.40	0.150
21	次卧室	2014.3.27	6.0	无	29.02	19.80	67.80	自然通风	1	0.00	0.03	0.70	0.117
22	客厅	2014.3.27	6.0	无	6.30	20.00	56.00	自然通风	1	0.01	0.09	0.60	0.176
23	厨房	2014.3.27	6.0	无	0.41	20.00	56.00	自然通风	1	0.00	0.18	1.40	0.129
24	客厅	2014.10.21	0.5	无	50.49	14.10	34.50	自然通风	1	—	0.00	0.10	0.174
25	次卧室	2014.10.21	0.5	无	24.30	16.70	42.40	自然通风	1	—	0.01	0.10	0.159
26	主卧室	2014.10.21	0.5	无	34.73	16.70	42.40	自然通风	1	—	0.03	0.10	0.229
27	厨房	2014.10.21	0.5	无	18.13	16.70	42.40	自然通风	1	—	0.04	/	/
28	客厅	2014.3.25	3.0	无	71.06	22.50	45.50	自然通风	1	0.02	0.04	1.60	0.126
29	次卧室	2014.3.25	3.0	无	16.96	22.50	45.50	自然通风	1	0.00	0.04	3.50	0.133
30	主卧室	2014.3.25	3.0	无	25.67	22.50	45.50	自然通风	1	0.00	0.02	1.00	0.041
31	厨房	2014.3.25	3.0	无	9.37	19.80	45.50	自然通风	1	0.01	0.04	5.50	0.214
32	住户	2014.10.31	0.5	明显有	166.30	18.60	72.20	自然通风	1	—	0.04	0.10	0.199
33	客厅+厨房	2014.6.6	0.0	明显有	122.63	33.60	43.10	新风系统	1	0.00	0.14	0.00	0.174
34	主卧室	2014.6.6	0.0	明显有	33.97	33.60	43.10	自然通风	1	0.00	0.03	0.30	0.252
35	次卧室	2014.6.6	0.0	明显有	34.02	33.60	43.10	自然通风	1	0.00	0.05	—	/
36	书房	2014.6.6	0.0	明显有	28.86	33.60	43.10	自然通风	1	0.00	0.13	—	/
37	客厅	2014.9.3	3.0	无	97.69	26.40	57.30	新风系统	1	—	0.03	0.30	0.226
38	书房	2014.9.3	3.0	无	28.86	26.40	57.30	自然通风	1	—	0.04	0.20	0.115
39	主卧室	2014.9.3	3.0	无	33.97	26.40	57.30	自然通风	1	—	0.07	0.30	0.187
40	次卧室	2014.9.3	3.0	无	34.02	26.40	57.30	自然通风	1	—	0.04	0.30	0.187
41	厨房	2014.9.3	3.0	无	24.94	26.40	57.30	自然通风	1	—	0.06	0.40	0.264
42	主卧室	2014.9.3	3.0	疑似有	33.97	26.40	57.30	自然通风	2	—	0.07	/	/

续表

序号	房间类型	检测时间	装修完工到检测历时(月)	室内主要污染源初步判断	房间内净空间容积(m³)	温度(℃)	湿度(%)	通风方式	测前门窗关闭时间(h)	苯(mg/m³)	甲醛(mg/m³)	TVOC(mg/m³)	9种成分占TVOC百分比
43	次卧室	2014.9.3	3.0	疑似有	34.02	26.40	57.30	自然通风	2	—	0.04	0.30	0.257
44	厨房	2014.11.18	1.0	无	24.27	21.50	47.70	自然通风	1	—	0.08	0.30	0.118
45	客厅	2014.11.18	1.0	无	73.33	21.50	47.70	自然通风	1	—	0.08	0.30	0.175
46	主卧室	2014.11.18	1.0	疑似有	32.32	21.50	47.70	自然通风	1	—	0.08	0.40	0.156
47	次卧室	2014.11.18	1.0	疑似有	31.77	21.50	47.70	自然通风	1	—	0.12	/	0.218
48	书房	2014.11.18	1.0	无	34.59	21.50	47.70	自然通风	1	0.03	0.07	0.30	0.032
49	客厅	2014.4.24	4.0	无	85.18	23.60	41.20	自然通风	1	0.00	0.05	0.00	0.045
50	次卧室	2014.4.24	4.0	无	33.28	23.60	39.80	自然通风	1	0.01	0.06	0.40	0.145
51	厨房	2014.4.24	4.0	无	27.93	23.60	39.80	自然通风	1	0.01	0.09	0.80	0.005
52	主卧室	2014.4.24	4.0	无	35.05	23.60	39.80	自然通风	1	0.00	0.02	0.30	
53	客厅	2014.4.28	2.5	无	76.52	24.30	30.20	中央空调+新风系统	1	0.00	0.00	0.70	0.036
54	主卧室	2014.4.28	2.5	无	41.23	24.50	31.30	中央空调	1	0.02	0.02	0.50	0.079
55	次卧室	2014.4.28	2.5	无	24.06	23.60	34.00	中央空调	1	0.00	0.00	0.00	0.022
56	书房	2014.4.28	2.5	疑似有	13.67	22.40	33.70	中央空调	1	0.02	0.05	0.20	0.005
57	客厅	2014.8.1	8.0	疑似有	319.32	32.40	68.20	自然通风	1	0.00	0.14	0.10	0.304
58	卧室上	2014.8.1	8.0	疑似有	32.73	32.90	64.40	自然通风	1	0.00	0.28	1.00	0.031
59	卧室下	2014.8.1	8.0	疑似有	36.33	32.90	63.80	自然通风	1	0.01	0.19	0.10	0.104
60	客厅	2014.7.24	2.5	疑似有	93.97	29.30	63.60	自然通风	1	0.00	0.01	0.30	0.261
61	书房	2014.7.24	2.5	疑似有	27.48	30.40	67.30	自然通风	1	0.01	0.12	0.20	0.230
62	主卧室	2014.7.24	2.5	疑似有	36.38	30.60	61.50	自然通风	1	0.00	0.12	0.50	0.249
63	次卧室	2014.7.24	2.5	疑似有	24.93	30.70	62.60	自然通风	1	—	0.15	0.40	0.364
64	厨房	2014.7.24	2.5	明显有	13.07	30.70	67.60	自然通风	1	—	0.51	0.50	0.278
65	客厅	2014.10.16	5.0	疑似有	93.97	18.20	41.00	自然通风	1	—	0.06	0.00	0.213
66	主卧室	2014.10.16	5.0	疑似有	36.38	18.20	41.00	自然通风	1	—	0.02	0.00	0.273
67	厨房	2014.10.16	5.0	疑似有	10.67	18.20	41.00	自然通风	1	—	0.08	0.10	0.245
68	次卧室	2014.10.16	5.0	疑似有	24.93	18.20	41.00	自然通风	1	—	0.03	0.00	0.273
69	主卧室	2014.10.16	5.0	疑似有	36.38	18.80	42.70	自然通风	4.5	—	0.02	0.10	0.193
70	客厅	2014.10.16	5.0	疑似有	93.97	18.80	42.70	自然通风	4.5	—	0.06	0.20	0.187

续表

序号	房间类型	检测时间	装修完工到检测历时(月)	室内主要污染源初步判断	房间内净空间容积(m³)	温度(℃)	湿度(%)	通风方式	测前门窗关闭时间(h)	苯(mg/m³)	甲醛(mg/m³)	TVOC(mg/m³)	9种成分占TVOC百分比
71	次卧室	2014.10.16	5.0	疑似有	24.93	18.80	42.70	自然通风	4.5	—	0.03	0.10	0.293
72	厨房	2014.10.16	5.0	疑似有	11.71	18.80	42.70	自然通风	4.5	—	0.19	0.10	0.187
73	书房	2014.10.16	5.0	疑似有	27.48	18.80	42.70	自然通风	4.5	—	0.06	/	/
74	客厅	2014.10.17	5.0	明显有	93.97	18.30	46.40	自然通风	24	—	0.09	0.40	0.228
75	主卧室	2014.10.17	5.0	明显有	36.38	18.30	46.40	自然通风	24	—	0.03	0.10	0.167
76	次卧室	2014.10.17	5.0	明显有	24.93	18.30	46.40	自然通风	24	—	0.05	0.10	0.013
77	厨房	2014.10.17	5.0	明显有	10.67	18.30	46.40	自然通风	24	—	0.26	0.20	0.167
78	厨房	2014.10.17	5.0	疑似有	13.07	18.70	49.10	自然通风	28.5	—	0.28	0.20	0.169
79	次卧室	2014.10.17	5.0	疑似有	24.93	18.70	49.10	自然通风	28.5	—	0.07	0.20	0.248
80	主卧室	2014.10.17	5.0	疑似有	36.38	18.70	49.10	自然通风	28.5	—	0.05	0.20	0.210
81	客厅	2014.10.17	5.0	疑似有	93.97	18.70	49.10	自然通风	28.5	—	0.11	0.40	0.196
82	书房	2014.10.17	5.0	疑似有	27.48	18.70	49.10	自然通风	28.5	—	0.13	0.30	0.210
83	客厅+厨房	2014.6.6	2.0	疑似有	122.02	28.80	53.30	新风系统	1	0.00	0.15	0.30	0.318
84	次卧室	2014.6.6	2.0	疑似有	31.45	28.80	53.30	自然通风	1	0.01	0.14	0.20	0.170
85	书房	2014.6.6	2.0	明显有	28.40	28.80	53.30	自然通风	1	0.01	0.24	0.30	0.027
86	主卧室	2014.6.6	2.0	疑似有	29.28	28.80	53.30	自然通风	1	0.00	0.21	0.40	0.219
87	厨房	2014.7.26	2.0	明显有	15.87	33.00	57.30	自然通风	1	0.00	0.33	0.50	0.354
88	客厅	2014.7.26	2.0	明显有	55.19	32.70	54.90	自然通风	1	0.01	0.27	0.10	0.157
89	主卧	2014.7.26	2.0	明显有	27.99	32.90	55.60	自然通风	1	0.00	0.37	0.00	0.125
90	书房	2014.7.26	2.0	明显有	17.85	32.80	55.90	自然通风	1	0.02	0.27	0.40	0.405
91	客厅+厨房	2014.8.13	1.5	无	92.94	27.70	63.20	自然通风	1	0.01	0.14	0.30	0.362
92	次卧室	2014.8.13	1.5	无	24.09	29.00	57.90	自然通风	1	0.01	0.14	0.50	/
93	主卧室	2014.8.13	1.5	无	25.35	29.20	58.10	自然通风	1	0.01	0.05	/	0.473
94	客厅+主卧室	2014.9.1	1.5	无	89.10	27.40	57.70	自然通风	1	—	0.04	0.20	0.314
95	厕所	2014.9.1	1.5	无	14.73	27.40	57.70	自然通风	1	—	0.03	0.30	0.282
96	厨房	2014.9.1	1.5	无	6.65	27.40	57.70	自然通风	1	—	0.08		

续表

序号	房间类型	检测时间	装修完工到检测历时（月）	室内主要污染源初步判断	房间内净空间容积（m³）	温度（℃）	湿度（%）	通风方式	测前门窗关闭时间（h）	苯（mg/m³）	甲醛（mg/m³）	TVOC（mg/m³）	9种成分占TVOC百分比
97	次卧室	2014.9.1	1.5	无	19.65	27.90	59.90	自然通风	1	—	0.08	0.30	0.318
98	客厅+主卧室	2014.9.1	1.5	无	89.10	27.40	57.70	自然通风	6	—	0.14	0.30	0.277
99	主卧室	2014.9.1	1.5	无	19.65	27.40	57.70	自然通风	6	—	0.13	0.30	0.330
100	厨房	2014.9.1	1.5	无	6.65	27.40	57.70	自然通风	6	—	0.18	0.20	0.462
101	厨房	2014.9.1	1.5	无	6.65	27.40	57.70	自然通风	1	—	0.01	0.20	0.320
102	客厅	2014.9.1	1.5	无	66.18	27.40	57.70	自然通风	1	—	0.14	0.20	0.240
103	厕所	2014.9.1	1.5	无	14.73	27.40	57.70	自然通风	1	—	0.06	0.30	0.218
104	主卧室	2014.9.1	1.5	无	27.00	27.40	57.70	自然通风	1	—	0.13	0.20	0.218
105	次卧室	2014.9.1	1.5	无	21.45	27.40	57.70	自然通风	1	—	0.09	0.40	0.219
106	客厅	2014.9.1	1.5	无	66.18	27.40	57.70	自然通风	5	—	0.11	0.30	0.366
107	主卧室	2014.9.1	1.5	无	27.00	27.40	57.70	自然通风	5	—	0.02	0.20	0.250
108	次卧室	2014.9.1	1.5	无	21.45	27.40	57.70	自然通风	5	—	0.07	0.20	0.255
109	客厅+厨房	2014.10.21	2.0	无	72.81	20.40	40.60	自然通风	1	—	0.05	0.20	0.146
110	主卧室	2014.10.21	2.0	无	29.16	20.40	40.60	自然通风	1	—	0.04	0.20	0.120
111	次卧室	2014.10.21	2.0	无	25.11	20.40	40.60	自然通风	1	—	0.14	/	/
112	客厅+厨房	2014.12.23	1.0	无	70.45	18.60	25.20	自然通风	1	—	0.03	0.20	0.229
113	次卧室	2014.12.23	1.0	无	21.46	18.60	25.20	自然通风	1	—	0.04	0.30	0.358
114	主卧室	2014.12.23	1.0	无	25.22	18.60	25.20	自然通风	1	—	0.05	0.50	0.379
115	主卧室	2014.11.21	3.0	无	32.11	20.20	36.20	自然通风	1	—	0.02	0.10	0.393
116	客厅+厨房	2014.11.21	3.0	无	128.30	21.60	36.20	自然通风	1	—	0.01	0.10	0.389
117	书房	2014.11.21	3.0	无	23.92	20.30	36.20	自然通风	1	—	0.01	0.10	0.379
118	次卧室	2014.11.21	3.0	无	30.73	20.20	36.20	自然通风	1	—	0.02	0.10	0.444
119	书房	2014.12.2	6.0	疑似有	25.49	22.50	24.80	自然通风	1	—	0.00	0.00	0.279
120	客厅	2014.12.2	6.0	疑似有	121.23	23.20	17.00	自然通风	1	—	0.02	0.00	0.232
121	主卧室	2014.12.2	6.0	明显有	36.40	22.40	14.30	自然通风	1	—	0.01	0.10	0.157
122	次卧室	2014.12.2	6.0	疑似有	24.37	21.20	12.80	自然通风	1	—	0.00	0.00	0.265
123	厨房	2014.12.2	6.0	疑似有	12.56	21.50	15.60	自然通风	1	—	0.02	0.00	0.271

表 2.4-4　Ⅱ类建筑基本情况实测调查汇总表

序号	检测编号	房间类型	人造板使用量（m²）	实木板使用量（m²）	复合木地板使用量（m²）	布艺使用量（m²）	壁纸使用量（m²）	活动家具中人造板使用量（m²）	活动式家具总使用量（m²）	门材质	窗材质	门窗使用量总计（m²）	房间净空间容积（m³）	门密封直观评价	窗密封直观评价
1	KY202	办公室	56.98	47.55	0.00	0.00	0.00	56.98	104.53	铝木幕墙	断桥铝	49.06	300.71	良	良
2	KY202	领导办公室	25.16	0.00	51.06	0.00	65.74	25.16	42.20	木质	断桥铝	11.48	134.48	良	良
3	KY202	休息室	8.00	0.00	0.00	4.37	0.00	8.00	8.00	木质	断桥铝	6.64	86.35	良	良
4	KY202	小会议室	23.87	0.00	0.00	0.00	35.60	2.43	2.43	铝木幕墙	断桥铝	31.28	152.22	良	良
5	KY202	办公间	0.00	0.00	0.00	0.00	0.00	0.00	0.00	铝木幕墙	断桥铝	11.98	68.64	良	良

表 2.4-5　Ⅱ类建筑室内环境污染物实测调查汇总表

序号	检测编号	房间类型	检测时间	装修完工到检测历时（月）	室内主要污染源初步判断	房间内净空间容积（m³）	温度（℃）	湿度（RH%）	通风方式	测前门窗关闭时间（h）	苯（mg/m³）	甲醛（mg/m³）	TVOC（mg/m³）	9种成分占TVOC百分比（%）
1	KY202	办公室204	2014.10.30	0.5	无	300.71	17.70	62.10	集中中央空调	1	—	0.01	0.10	30.8
2	KY202	领导办公室306	2014.10.30	0.5	无	134.48	18.20	64.40	集中中央空调	1	—	0.03	0.20	21.2
3	KY202	休息室307	2014.10.30	0.5	无	86.35	18.30	64.30	集中中央空调	1	—	0.01	0.10	31.3
4	KY202	小会议室103	2014.10.30	0.5	无	152.22	18.50	62.50	集中中央空调	1	—	0.04	0.20	21.2
5	KY202	办公间106	2014.10.30	0.5	无	68.64	18.40	62.60	集中中央空调	1	—	0.02	0.00	30.3

说明如下，以上表中：

1. "—"表示该项未进行测试；""表示该项进行了调查检测，但在实验过程中数据已丢失。
2. 人造板使用量统计时未包括复合木地板的使用量。
3. 关门窗类使用量均按以对室内空气暴露面积计，未按开门面积计。
4. 活动式家具总使用量统计了家具材质包括实木、板材、布艺、皮革等的使用量总和。

1）初步统计分析。根据表 2.4-2 的数据，甲醛、苯、TVOC 项目分别按照《民用建筑工程室内环境污染物控制规范》GB 50325—2010（2013 年版）中Ⅰ类建筑 0.08mg/m³、0.09mg/m³、0.5mg/m³ 的 1h 限值评价，将住宅各项目的相关数据分析结果列于表 2.4-6；将装饰装修住宅室内甲醛、TVOC 的检测结果均升序排列后，分别绘制其样本与浓度的分布关系图，见图 2.4-3。

从表 2.4-6 可知，天津市装饰装修住宅中苯污染物的状况已完全得以改善，主要是近年来随着居民环保意识的不断加强，而不大量使用溶剂型涂料、有机粘合剂类装饰装修材料，同时在相关国家标准体系的制定完善中严格控制了装饰装修材料中的苯项目。而装饰装修住宅中甲醛和 TVOC 的超标率均较高，甲醛和 TVOC 的超标率分别为 30.19%、28.28%，而且各装饰装修住宅中甲醛和 TVOC 的浓度分布范围极大，其中甲醛最高超标浓度是国家标准限量浓度的 6.4 倍，TVOC 则为 11.0 倍，并由图 2.4-3 分析知，甲醛和 TVOC 的浓度分布变化趋势相似，甲醛和 TVOC 分别在 0.28mg/m³、1.9mg/m³ 后的样本数极少，其中样本分布集中区平均浓度为 0.07mg/m³、0.5mg/m³，与其整体样本的平均浓度 0.08mg/m³、0.6mg/m³ 相差不大。

表 2.4-6 项目的数据分析结果

项目	样本数（个）	浓度分布范围（mg/m³）	平均浓度（mg/m³）	超标率（%）
甲醛	106	0.00～0.51	0.08	30.19
TVOC	99	0.0～5.5	0.6	28.28
苯	55	0.00～0.07	0.01	0.00

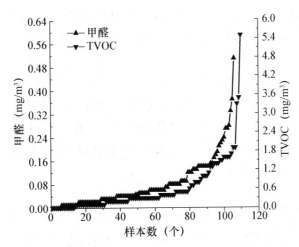

图 2.4-3 装饰装修住宅室内有机污染物的浓度分布

综上表明，天津市装饰装修住宅中甲醛、总挥发性有机化合物 TVOC 污染物的污染状况比较严重。

2）房间类型（房间功能）与污染物关系。

根据表 2.4-3 的数据，甲醛、苯、TVOC 项目分别按照国家标准《民用建筑工程室内环境污染控制规范》GB 50325 规范中Ⅰ类建筑 0.08mg/m³、0.09mg/m³、0.5 mg/m³ 的 1 h

限值评价，将住宅住户样本的甲醛和 TVOC 污染物按照房间功能进一步分析统计，结果如表 2.4-7 所示。

表 2.4-7　住宅住户房间功能的污染物状况

房间功能	甲醛				TVOC			
	样本数（个）	浓度分布范围（mg/m³）	平均浓度（mg/m³）	超标率（%）	样本数（个）	浓度分布范围（mg/m³）	平均浓度（mg/m³）	超标率（%）
主卧室	25	0.01～0.37	0.09	28.00	24	0.0～1.6	0.5	20.83
次卧室	23	0.00～0.15	0.06	26.09	20	0.0～3.5	0.7	35.00
客厅	17	0.00～0.27	0.08	29.41	17	0.0～1.7	0.6	41.18
厨房	14	0.01～0.51	0.13	42.86	12	0.0～5.5	1.1	41.67
客厅和厨房	7	0.01～0.15	0.08	42.86	7	0.0～3.3	0.6	0.14
书房	9	0.00～0.13	0.10	44.44	8	0.0～0.4	0.2	0.00

注："客厅和厨房"是指一个自然间的功能房屋。

从表 2.4-7 可以看出，客厅和厨房、书房的样本数很少，主要是由于调查检测的住宅住户多数为二居室布局，且大多数住户的厨房与客厅之间有自然门。由表 2.4-7 可知，装饰装修住户各功能房间中甲醛及 TVOC 污染物的超标率均较高，其浓度分布范围较宽，且相互之间存在着较大的差异，总体上各功能房间中的 TVOC 超标率高于甲醛超标率。

对于室内甲醛污染物，厨房中装有的大量固定式木质壁橱，大量挥发释放污染物致使其超标率极高，超标率达 42.9%，而次卧室的超标率相对较低，主要是该房间多作为儿童卧室，住户选择使用了适量且品质较好的木柜、床、桌椅等装饰产品，或是住户在装修后未再进行装饰。

针对各功能房间中 TVOC 的污染情况，厨房及客厅中的超标率较高，分别达 41.7%、41.2%，主卧室的超标率相比较低；因厨房及客厅装有的大量装饰装修材料中使用了粘合剂、溶剂型腻子、溶剂型涂料等，此外客厅还使用了大量化纤材料、布艺类材料等共同释放后均使其超标率较高，而主卧室多朝阳，日常房间温度相对较高且通透性较好，利于 TVOC 污染物的扩散使得其超标率相对较低。

3）结论及建议。

天津市装饰装修住宅中苯的污染状况已改善，而甲醛、总挥发性有机化合物 TVOC 污染物的污染状况比较严重；其中甲醛和 TVOC 的超标率分别为 30.19%、28.28%，且甲醛最高超标浓度是国家标准限量浓度的 6.4 倍，TVOC 则为 11.0 倍。

天津市装饰装修住宅各功能房间中 TVOC 的超标率整体上高于甲醛的超标率；而厨房中的甲醛及 TVOC 污染状况明显差于其余功能房间，其甲醛及 TVOC 的超标率分别为 42.9%、41.7%。

民用建筑室内环境污染物浓度受除装饰装修材料主要因素外其他因素的影响。

（2）装饰装修材料与污染物关系分析。

1）装饰装修材料整体分析。

该调查检测的住宅住户几乎均为装饰装修住户，各住户选用的装饰装修材料种类较为传统，且具有普遍性，只有 KY122 样本的主卧室、次卧室使用了新型建筑材料硅藻泥（造价约为 1500 元/m²），使用量分别为 35.34m²、31.33m²。

住宅住户装饰装修时在板材、壁纸、布艺等装饰装修材料的选用上对各功能房间的布设较有规律性，故选择以房间功能分类分析装饰装修材料承载量（承载量是指暴露于室内空气中装饰装修材料的总表面积与室内净空间容积之比）与室内有机污染物的关系。将各样本的装饰装修材料使用情况和承载率情况分析结果列于表 2.4-8、表 2.4-9，其中家具统计了包括实木板材、人造板材、布艺、皮革等的使用量总和。

由表 2.4-8 和表 2.4-9 可知，相同功能房间中装饰装修材料间的承载量相差较大，且选用的装饰装修材料主要有板材、壁纸、布艺，其中板材在厨房中以人造板材为主，平均承载量为 0.61 m²/m³；不同功能房间中的装饰装修材料承载量相差也较大，从综合使用情况分析表明：主卧室中实木板材、壁纸使用的较多，其平均承载量分别为 0.71 m²/m³、0.43 m²/m³，客厅中布艺类材料使用的最多，平均承载量是 0.18 m²/m³；住宅住户整体人造板材及实木板材的平均承载量为 0.88 m²/m³，住宅住户板材平均承载量接近于 1.0 m²/m³。

综上，在壁纸、布艺装饰装修材料的选用上，根据各功能房间污染物浓度水平为参考依据，其承载量宜分别控制在 0.43 m²/m³、0.18 m²/m³ 内，以达到从源头控制室内环境污染的目的。

2）板材与污染物关系分析。

结合表 2.4-8 和表 2.4-9 分析可知，虽然室内有机污染物状况受对外通风改善时长、房间新风量、室内温湿度、室外大气 VOCs 污染状况、气象条件等因素的影响，但是住宅功能房间中板材的承载量对室内有机污染物状况的影响比较有规律性，其中板材承载量与室内有机污染物超标率的关系见图 2.4-4，板材承载量与室内有机污染物平均浓度关系见图 2.4-5。

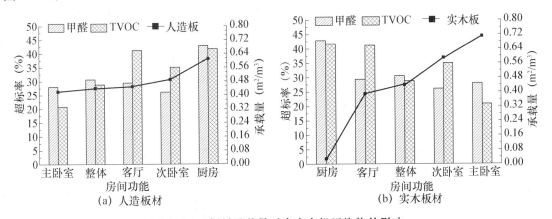

图 2.4-4　板材承载量对室内有机污染物的影响

表 2.4-8　样本装饰装修材料使用情况分析结果

房间功能	样本数（个）	复合地板（m²）		其他人造板（m²）		实木板（m²）		壁纸（m²）		布艺（包括床垫）（m²）		活动家具使用量（m²）	
		分布范围	平均值	分布范围	平均值	分布范围	平均值	分布范围	平均值	分布范围	平均值	分布范围	平均值
整体	87	0.00~144.00	7.75	0.00~42.77	7.38	0.00~101.90	16.63	0.00~126.65	13.23	0.00~34.28	3.24	0.00~84.94	17.73
主卧室	22	0.00~22.63	8.41	0.00~25.22	6.17	0.00~101.90	23.56	0.00~46.21	14.19	0.00~7.75	3.1	0.00~50.12	23.59
次卧室	20	0.00~13.12	5.43	0.00~42.77	6.53	0.00~34.86	14.14	0.00~30.69	6.68	0.00~4.37	1.97	0.00~53.57	16.16
客厅	14	0.00~144.00	19.46	0.00~38.13	9.87	0.00~79.32	26.94	0.00~126.65	23.67	0.00~34.28	8.59	0.00~84.94	29.4
厨房	11			0.00~19.20	8.09	0.00~9.22	0.84	/	/	/	/	/	/
客厅和厨房	7	0.00~21.44	6.13	0.00~24.58	11.42	0.00~62.63	26.09	0.00~61.61	30.73	0.00~14.06	6.72	0.00~44.57	25.85
书房	8	0.00~10.64	3.45	0.00~24.19	6.82	0.00~19.80	7.25	0.00~33.73	17.92	/	/	0.00~16.11	10.65
卫生间	4	/	/	0.00~2.72	0.91	0.00~2.64	0.66	/	/	/	/	/	/

表 2.4-9　样本装饰装修材料承载率情况分析结果

房间功能	样本数（个）	人造板（m²/m³）		实木板（m²/m³）		壁纸（m²/m³）		布艺（包括床垫）（m²/m³）		活动家具使用量（m²/m³）	
		分布范围	平均值	分布范围	平均值	分布范围	平均值	分布范围	平均值	分布范围	平均值
整体	87	0.00~3.11	0.44	0.00~3.48	0.44	0.00~1.61	0.32	0.00~1.46	0.08	0.00~5.07	0.50
主卧室	22	0.00~1.09	0.42	0.00~3.48	0.71	0.00~1.41	0.43	0.00~0.20	0.09	0.00~1.38	0.68
次卧室	20	0.00~1.66	0.49	0.00~1.66	0.59	0.00~1.13	0.25	0.00~0.32	0.08	0.00~2.08	0.67
客厅	14	0.00~3.11	0.45	0.00~1.11	0.39	0.00~1.39	0.32	0.00~1.46	0.18	0.00~5.07	0.63
厨房	11	0.00~1.18	0.61	0.00~0.33	0.03	/	/	/	/	/	/
客厅和厨房	7	0.00~0.30	0.19	0.00~0.51	0.27	0.00~0.50	0.27	0.00~0.18	0.08	0.00~0.42	0.26
书房	8	0.00~1.46	0.48	0.00~0.72	0.31	0.00~1.61	0.84	/	/	0.00~1.09	0.49
卫生间	4	0.00~0.14	0.05	0.00~0.22	0.05	/	/	/	/	/	/

板材材料在房屋中的填充使用情况分析结果及布艺类材料在房屋中的填充使用情况分析结果分别如表 2.4-10、表 2.4-11 所示。

表 2.4-10　板材材料在房屋中的填充使用情况分析结果

装饰装修材料种类	样本数（个）	壁饰（m²）		吊顶（m²）		橱柜（m²）		地板（m²）		家具（m²）	
		分布范围	平均值	分布范围	平均值	分布范围	平均值	分布范围	平均值	分布范围	平均值
人造板	87	/	0.00	/	0.00	0.00~13.25	1.06	0.00~144.00	9.30	0.00~24.19	5.74
实木板	87	/	0.15	0.00~6.40	0.00	0.00~24.37	0.83	0.00~36.52	4.31	0.00~86.12	11.34

表 2.4-11   布艺类材料在房屋中的填充使用情况分析结果

布艺（m²）			床垫（m²）		
样本数（个）	分布范围	平均值	样本数（个）	分布范围	平均值
87	0.00～34.28	2.04	43	0.00～4.66	2.48

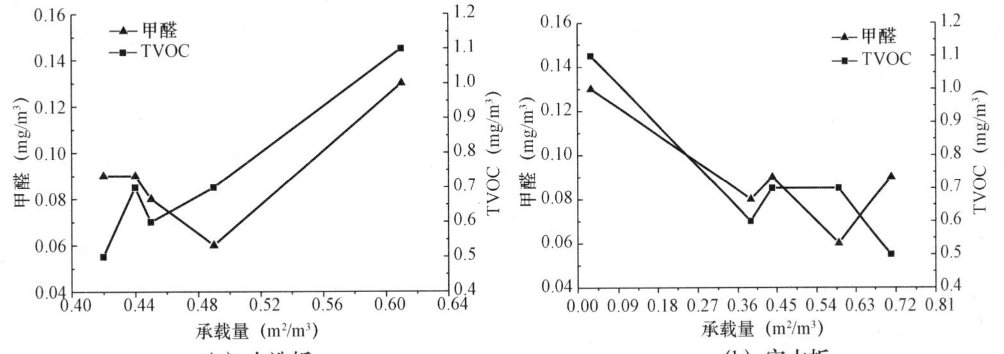

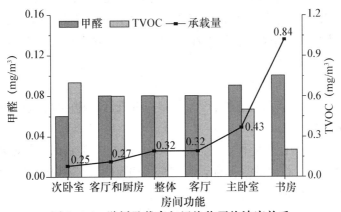

(a) 人造板　　　　　　　　　　(b) 实木板

图 2.4-5   板材承载量与室内有机污染物平均浓度的关系

由图 2.4-4、图 2.4-5 可知，随着住宅功能房间选用人造板承载量的增大，室内甲醛及 TVOC 污染物的超标率总体上呈上升趋势，尤其是厨房，当其人造板的平均承载量为 0.61 m²/m³ 时，室内甲醛超标率为 42.86％、TVOC 超标率为 41.67％；因住户功能房间中选用板材的总承载量相对固定，当人造板材的使用量偏多时，必然实木板材的使用量会减少，结合图 2.4-4（b）、图 2.4-5（b）可以看出，随着住宅功能房间选用实木板承载量的增大，室内甲醛及 TVOC 污染物的超标率总体上呈现了下降趋势，充分表明住宅功能房间中人造板材的承载量对室内有机污染物状况有较大影响。从图 2.4-5 进一步分析知，住宅在装饰装修中人造板材的使用承载量应控制在 0.49 m²/m³ 内，实木板材的使用承载量不宜小于 0.39 m²/m³，才可从污染源头预防控制室内环境有机污染物的污染状况。

（3）壁纸与甲醛污染物关系。

将住宅功能房间中壁纸的承载量与室内有机污染物平均浓度间绘制关系图 2.4-6。从图 2.4-6 可知，随着住宅功能房间选用壁纸承载量的增大，室内甲醛污染物的平均浓度总体上有所上升，故日常应重视对壁纸中甲醛污染物的监管及检测。

图 2.4-6   壁纸承载率与污染物平均浓度关系

（4）结论及建议。

民用建筑装饰装修工程控制室内环境污染时，装饰装修材料应优先控制人造板材的使用量，应使人造板材的承载量控制在 0.49 m²/m³ 内，实木板材的承载量不宜小于 0.39 m²/m³，板材总承载量控制在 1.0 m²/m³ 内，特别是对固定式橱柜、地板中人造板材的使用量应引起高度重视；人造板材及其制品材料进行环保性能控制时，除控制甲醛污染物外，还应对 TVOC 污染物进行控制。

民用建筑工程装饰装修时，壁纸、布艺类材料宜控制其使用量分别在 0.43 m²/m³、0.18 m²/m³ 内，以达到从源头控制室内环境污染的目的；其中应对壁纸及其配套材料进行甲醛污染物的监管及检测控制，对床垫的环保性能进行必要的控制规定。

民用建筑工程装饰装修时，可选用适宜的新型环保材料（如硅藻泥壁材），但选用的材料应满足相关材料的有害物质限量要求，且在其施工中不应引入相关污染。

（5）影响室内环境污染的其他因素统分析。

1）主观感觉与污染物关系。

根据表 2.4-12 和表 2.4-13 中的信息，以样本的检测人员感觉情况来分析统计污染物状况，结果见表 2.4-12，并绘制检测人员感觉与甲醛状况关系图如图 2.4-7 所示。

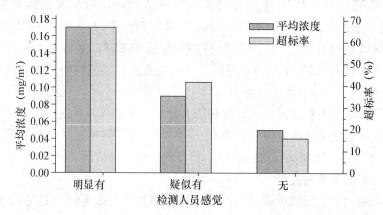

图 2.4-7　检测人员感觉与甲醛状况关系

由表 2.4-12 可知，依据人员对室内甲醛污染物做出的主观感觉，可较为准确地判断室内甲醛的污染状况，而对 TVOC 的污染状况无法作出相对准确的判断，其中人员主观感觉室内甲醛疑似有时，甲醛超标率为 41.67%，人员主观感觉明显有时，其超标率达 66.67%。

2）月份分布（季节）与污染物关系。

以住宅样本取样检测日期对应的月份与其室内有机污染物的状况进行分析，其月份分布与污染物状况分析结果见表 2.4-13。

表 2.4-13 中的数据表明住宅样本室内甲醛及 TVOC 污染物的平均浓度和超标率随检测月份分布不同而表现出了相似的规律性，将甲醛及 TVOC 污染物的超标率和检测月份分布绘制关系图，如图 2.4-8 所示。

表 2.4-12 检测人员感觉情况与污染物状况分析结果

检测人员感觉	甲醛				TVOC			
	样本数（个）	浓度范围（mg/m³）	平均浓度（mg/m³）	超标率（%）	样本数（个）	浓度范围（mg/m³）	平均浓度（mg/m³）	超标率（%）
明显有	18	0.00~0.51	0.17	66.67	16	0.0~3.3	0.8	37.50
疑似有	24	0.00~0.28	0.09	41.67	23	0.0~1.6	0.4	21.74
无	63	0.00~0.18	0.05	15.87	58	0.0~5.5	0.6	29.31

表 2.4-13 月份分布与污染物状况分析结果

月份	甲醛				TVOC			
	样本数（个）	浓度范围（mg/m³）	平均浓度（mg/m³）	超标率（%）	样本数（个）	浓度范围（mg/m³）	平均浓度（mg/m³）	超标率（%）
1	11	0.02~0.23	0.09	45.45	11	0.8~1.9	1.3	100.00
2	8	0.01~0.06	0.04	0.00	8	0.5~3.3	1.7	100.00
3	8	0.02~0.18	0.07	25.00	8	0.4~5.5	1.8	87.50
4	8	0.00~0.09	0.04	12.50	8	0.0~0.8	0.4	25.00
6	8	0.03~0.24	0.14	75.00	6	0.0~0.4	0.3	0.00
7	9	0.01~0.51	0.24	88.89	9	0.0~0.5	0.3	0.00
8	6	0.05~0.28	0.16	83.33	5	0.1~1.0	0.4	20.00
9	14	0.01~0.14	0.06	21.43	13	0.2~0.4	0.3	0.00
10	11	0.00~0.14	0.05	7.14	9	0.0~0.2	0.1	0.00
11	15	0.01~0.12	0.04	6.67	14	0.0~0.4	0.2	0.00
12	7	0.00~0.05	0.02	0.00	8	0.0~0.5	0.1	0.00

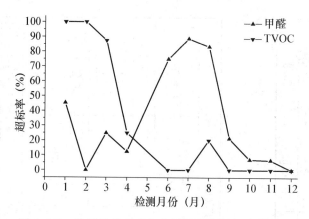

图 2.4-8　检测月份分布与有机污染物超标率的关系

由图 2.4-8 可知，住宅室内甲醛在 1 月、6 月至 8 月期间内的污染状况均最差。1 月甲醛超标率为 45.45%，此时段应是人为日常保持对外自然通风改善状况差所致（1 月室内平均温度 20.1℃）；6 月、7 月、8 月甲醛超标率分别为 75.00%、88.89%、83.33%，主要是在相应时段中室内的平均温度处于全年最高期，分别为 31.2℃、31.5℃、29.0℃，大大高于调查检测样本的室内平均温度 23.6℃，能够加快装饰装修材料中的甲醛污染物释放所致，此研究结果与我国城市住宅室内甲醛季节分布特征与城市气候有关的污染特征的有关研究相吻合。

由图 2.4-8，住宅室内 TVOC 污染物浓度虽受多种因素的影响，但随着月份变化其超标率总体上呈现了大大降低的趋势，TVOC 超标率由 100% 降至 0%，其中 1 月至 3 月期间内其污染状况极差、4 月和 8 月内污染状况较差、其余月份内污染未超标。因为 1 月至 3 月期间处于北方地区的供暖期，住宅住户人为日常未进行对外开窗的自然通风，房间内装饰装修材料所释放的挥发性有机污染物无法对外扩散稀释，同时室外大气中 VOCs 污染物的污染状况和气象条件此时期均处于最差，在共同作用下致使室内 TVOC 的污染状况极差，1 月、2 月、3 月 TVOC 超标率分别为 100.00%、100.00%、87.50%；随着季节的变化，4 月、8 月 TVOC 超标率分别是 25.00%、20.00%，因为在 4 月、8 月受室外大气中 VOCs 污染物的影响，同时 8 月北方地区大气相对湿度最高，其中 8 月样本的室内平均相对湿度为 57.7%，大大高于调查检测样品的室内平均相对湿度 46.5%，故该时段中住宅室内 TVOC 的污染状况相对较差。特别是，虽然在 6 月、7 月期间室内温度高使装饰装修材料中的挥发性有机污染物大量释放，但是住宅住户此时期保持了良好的日常对外开窗加强自然通风行为，室内温度高提高蒸气压力、加速分子扩散，均能促使室内挥发性有机污染物对外的扩散稀释，使调查测试样本门窗封闭 1 h 的短时间内室内有机污染物浓度并未能快速升高，进一步分析更倾向于是 Tenax-TA 吸附剂在较高温度下对 TVOC 中的低沸点组分有穿透，吸附率降低，致使 6 月、7 月时期室内 TVOC 的污染并不超标。

综上，室内环境温度和自然通风处理对室内环境污染影响较大，故装饰装修后应加强自然通风治理，改善室内环境污染状况，同时宜在高温气候环境下完成室内装饰装修工程，不宜在低温气候条件下完成室内装饰装修工程。此外，在较高温度环境条件下，应采取 Tenax-TA 吸附管串联的方式进行 TVOC 采样分析，以提高检测的准确性。

3）TVOC中要求识别的各目标物组分分析。

按照《民用建筑工程室内环境污染物控制规范》GB 50325—2010（2013年版）附录G中的规定进行样本TVOC项目的检测结果处理时，要求识别的苯、甲苯、乙酸丁酯、乙苯、对二甲苯及间二甲苯、苯乙烯、邻二甲苯、十一烷组分按照各自对应的响应系数来定量计算，而未识别的组分则以甲苯的响应系数来定量计算。

调查检测101个有效样本的909组各组分数据进行计算处理后，绘制TVOC中识别组分含量与各自组分总量的比值梯度及其对应检测样本的分布情况关系，如图2.4-9所示；已识别组分峰面积情况与其比值范围绘制关系图，如图2.4-10所示。

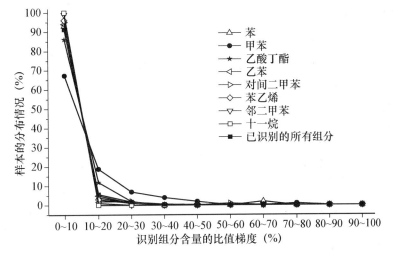

图 2.4-9　TVOC 中识别组分的样本分布情况

由图2.4-9分析可知，多数要求识别的组分含量与其总含量的比值在10％内的样本已占90％以上，而对于乙酸丁酯组分含量与其总含量的比值在20％内的样本占98％，甲苯组分含量与其总含量的比值在50％内时样本才可达到99％，从而说明除甲苯组分外，目前TVOC中要求识别组分的污染状况已得以改善，应着重考虑对TVOC中未识别的有害组分进行识别后定量控制。

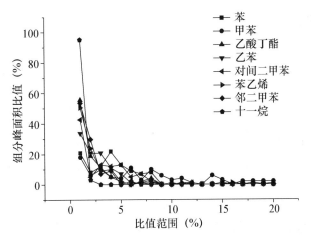

图 2.4-10　已识别组分峰面积情况与其比值范围关系

由图 2.4-10 知，已识别峰的峰面积均很小，各个已识别峰的峰面积均在各自组分峰面积总量的 8％内；又从图 2.4-10 可知，已识别的 9 种组分峰面积仅占 TVOC 总峰面积的 40％，从而可进一步表明，应对 TVOC 中的各组分分别进行识别研究，以便确定目前主要的室内环境有机污染物组分，同时在日常检测实施中应确保硬件设施达到标准要求，且应有有效的质量保证措施确保检测的准确性。

　　4）国标限制值分析。

　　按照《民用建筑工程室内环境污染物控制规范》GB 50325—2010（2013 年版）中 I 类建筑的限制值分析后，甲醛及 TVOC 污染物超标率依然较高，现逐步改变污染物限制值来分析污染物超标率情况，分析结果见表 2.4-14、表 2.4-15；将表 2.4-14 及表 2.4-15 中的室内有机污染物限制值与超标率的关系绘制图，见图 2.4-11。

表 2.4-14　限制值与甲醛超标率分析结果

限制值（mg/m³）	0.08	0.09	0.10	0.11	0.12	0.13	0.14	0.15
超标率（％）	30.19	26.42	26.42	26.42	23.58	20.75	14.15	12.26
限制值（mg/m³）	0.16	0.18	0.20	0.22	0.24	0.27	0.30	0.33
超标率（％）	12.26	10.38	9.43	7.55	5.66	3.77	2.83	1.89

表 2.4-15　限制值与 TVOC 超标率分析结果

限制值（mg/m³）	0.5	0.6	0.7	0.8	0.9	1.0	1.2	1.4	1.6	1.8	2.0
超标率（％）	28.28	28.28	27.27	25.25	22.22	21.21	18.18	17.17	12.12	6.06	3.03

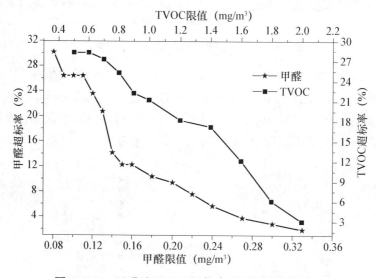

图 2.4-11　甲醛及 TVOC 限值变化与超标率的关系

从图 2.4-11 可知，随着甲醛及 TVOC 污染物限值的增大，其超标率随之降低，其中甲醛限值在 0.08mg/m³、0.11mg/m³、0.16mg/m³ 值后继续增大过程中，对应超标率 30.19％、26.42％、12.26％随之在不同程度上有较大下降趋势，而 TVOC 在限值 0.6mg/m³、0.9mg/m³、1.4mg/m³ 值后对应超标率 28.28％、22.22％、17.17％也在不同程度上呈现了下降趋势。设定评价室内环境污染物的合理限值，应集建筑节能下室内换气次数、门窗封闭时间、中医卫生学、建筑设备工程、建筑技术等多学科、多方面的综合研究后确定。若仅根据本文污染物超标率下降趋势的变化分析表明：在目前住宅室内换气次数 0.50h^{-1}，封闭时间为 1h，将甲醛和 TVOC 的标准限值分别限定为 0.08mg/m^3、0.6mg/m^3 时，能够满足实际情况，仍可有效地预防控制住宅室内甲醛及 TVOC 污染物的浓度，对于需严格控制民用建筑工程，则可以此值为基础，进一步提出严格的限值要求。

5）现场室外状况分析。

将现场测定时室外的温湿度、风速、甲醛及 TVOC 污染物浓度列于表 2.4-16；将表 2.4-16 中的现场检测月份与温度、甲醛及 TVOC 浓度制作关系图，见图 2.4-12。

表 2.4-16 现场室外状况

检测编号	检测日期	温度（℃）	湿度（%）	风速（m/s）	甲醛（mg/m^3）	TVOC（mg/m^3）
KY101	2014.1.22	9.5	30.7	1.1	0.02	1.1
KY102	2014.2.19	11.3	37.4	1.1	0.02	0.6
KY103	2014.2.25	11.2	36.7	1.3	0.02	1.4
KY104	2014.2.26	11.3	34.2	1.8	0.01	0.9
KY105A	2014.1.24	7.0	20.3	2.4	0.01	0.9
KY105B	2014.3.27	19.8	55.9	2.2	0.01	1.0
KY106	2014.10.21	14.1	34.5	0.2	0.02	0.0
KY107	2014.3.25	22.4	44.0	1.1	0.02	0.5
KY108	2014.10.31	16.3	67.7	0.6	0.02	0.1
KY109A	2014.6.6	36.0	37.3	0.8	0.01	0.0
KY109B	2014.9.3	18.2	47.6	1.3	0.04	0.1
KY109C	2014.9.4	18.2	47.6	1.3	0.04	0.1
KY110	2014.11.18	12.2	32.5	0.2	0.03	0.1
KY111	2014.4.24	21.7	38.6	1.4	0.01	0.4
KY112	2014.4.28	32.3	18.0	1.0	0.03	0.5
KY113	2014.8.1	29.6	72.4	0.8	0.02	0.0
KY114A	2014.7.24	28.4	65.5	0.6	0.01	0.1
KY114B	2014.10.16	17.3	34.3	0.4	0.03	0.1
KY114C	2014.10.16	17.3	34.3	0.4	0.03	0.1
KY114D	2014.10.17	20.4	42.7	0.4	0.03	0.1
KY114E	2014.10.17	20.4	42.7	0.4	0.03	0.1
KY115	2014.6.6	36.0	37.3	0.8	0.01	0.1
KY116	2014.7.26	33.2	40.8	0.6	0.02	0.0
KY117	2014.8.13	25.5	59.6	1.4	0.04	0.0
KY118A	2014.9.11	27.1	54.2	1.0	0.09	0.1
KY118B	2014.9.11	27.1	54.2	1.0	0.09	0.1
KY119A	2014.9.11	27.1	54.2	1.0	0.09	0.1
KY119B	2014.9.11	27.1	54.2	1.0	0.09	0.1
KY120A	2014.10.21	14.1	34.5	0.2	0.02	0.0
KY120B	2014.12.23	3.0	39.3	0.3	0.04	0.1
KY121	2014.11.21	12.5	48.7	0.2	0.03	0.3
KY122	2014.12.2	-2.2	24.8	0.2	0.01	0.0
KY202	2014.10.30	17.7	53.2	0.4	0.02	0.1

由表 2.4-16 可知，现场调查检测的室外温度平均值为 19.5℃，甲醛平均浓度（本底值的平均值）为 0.03mg/m^3，TVOC 平均浓度（本底值的平均值）为 0.3mg/m^3，污染物室外本底值较高，表明室外环境污染物的状况也比较差，进行民用建筑工程室内环境污染检测评价时，应充分考虑室外环境情况。

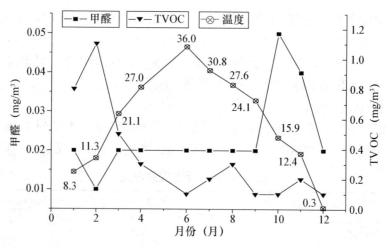

图 2.4-12　月份与室外温度及其污染物浓度关系

由图 2.4-12 可以看出，温度变化趋势比较符合该地区气候特征变化规律，在 6 月份时呈现最高值；而甲醛和 TVOC 本底值平均浓度的变化是具有一定的规律性，究其影响因素的影响关系还需进一步研究探讨，不过从变化趋势可得知，TVOC 本底值平均浓度在 2 月份呈现最高值 1.1mg/m³，甲醛本底值平均浓度在 10 月份呈现最高值 0.05mg/m³。

2.4.3　结论及建议

(1) 依据人员对室内甲醛污染物作出的主观感觉，可较为准确地判断室内甲醛的污染状况，而对 TVOC 的污染状况无法作出相对准确的判断，其中人员主观感觉室内甲醛疑似有时，甲醛超标率为 41.67%，人员主观感觉明显有时，其超标率达 66.67%。

(2) 室内环境温度增高，则其污染物浓度随之增加，故宜在高温气候环境下完成室内装饰装修工程，不宜在低温气候条件下完成室内装饰装修工程；天津市装饰装修住宅室内有机污染物具有季节性分布特征，甲醛在 6 月至 8 月期间内的污染状况极差，其超标率均在 75% 以上，而室内 TVOC 污染物则在 1 月至 3 月期间内污染状况极差，其 1 月、2 月超标率均为 100%、3 月超标率达 87%。日常加强房屋的自然通风处理，可改善室内环境污染状况。

(3) 在较高温度（高于室内平均温度 23.6℃，取 25℃。）环境条件下，采用 Tenax-TA 吸附管进行 TVOC 采样分析时，应降低其采样流量、减少采样体积，或通过采样管串联的方法以提高检测的准确性。

(4) 除甲苯组分外，目前 TVOC 中要求识别组分的污染状况已得以改善，应重新提出 TVOC 中需要控制的有害组分。此外，装饰装修民用建筑工程室内环境污染控制时，应将甲苯作为单独控制项目进行规定，并宜考虑对醛酮类化合物进行控制规定。

(5) 在目前住宅室内自然换气次数 0.50 h⁻¹，封闭时间为 1h，将甲醛和 TVOC 的标准限值分别限定为 0.08mg/m³、0.6mg/m³ 时，仍可有效地预防控制住宅室内甲醛及 TVOC 污染物，对于需严格控制的民用建筑工程，则可以此值为基础，进一步提出严格的限值要求。

(6) 现场调查检测的室外温度平均值为 19.5℃、甲醛本底值的平均值为 0.03mg/m³、

TVOC 本底值的平均值为 0.3mg/m³；进行室内环境污染物取样检测时，应考虑室外环境污染状况。

2.5 济南市装修污染调查与研究

2.5.1 济南市概况

近年来济南市的住宅、公共建筑建设规模不断增加。其中 2014 年济南住宅市场年度总供应量为 77066 套、863.11 万 m²，其中新增供应量 65975 套、720.46 万 m²。2015 年全年共成交商品房 150340 套、1299.41 万 m²；商品住宅 91121 套、1063.29 万 m²。2016 年成交商品房 223528 套，1938 万 m²；商品住宅 125766 套面积、1518.5 万 m²。

2.5.2 2010—2013 年室内环境污染状况统计

1. 数据来源与统计方法

本次统计的数据均来源于 2010—2013 年在山东省建筑工程监督检验测试中心委托室内环境污染物检测工程的实际检测数据。通过对检测报告中体现信息（检测日期、房间类型、装修完工时间、污染物浓度等）的归类比较分析，得出统计结论。

2. 2010—2013 年室内环境污染统计结果

（1）概况。

2010—2013 年共完成精装修 I 类民用建筑 35 个住户共 35 栋，134 个房间和 II 类民用建筑的 14 个公共单体共 14 栋，36 个房间的室内空气污染物浓度检测。检测依据《民用建筑工程室内环境污染控制规范》GB 50325—2010 进行，对外门窗关闭时间均为 1h，检测项目包括甲醛、TVOC、苯和氨。其中甲醛采用酚试剂分光光度法，TVOC 和苯采用直接进样的气相色谱法，氨采用靛酚蓝分光光度法。所使用仪器设备名称、型号见表 2.5-1。

表 2.5-1 调查用仪器设备一览表

仪器名称	规格型号	生产厂家
恒流采样器	HL-2B	北京安吉伦
气相色谱仪	GC122	上海精密科学仪器有限公司
气相色谱仪	GC-14B	日本岛津
分光光度计	7230G	上海分析仪器厂
电子皂膜流量计	Gilian	美国
膜盒压力表	—	江苏

（2）2010—2013 年室内环境污染统计分析。

对济南市精装修的 I 类民用建筑共 35 个住户进行了数据汇总。该 35 个住户装修完工的时间为 1 个月至 6 个月不等，且装修完毕后均未入住。其中存在污染物超标的住户有 22 户，约占统计总数的 60%，超标的污染物种类为 TVOC 和甲醛，氨浓度和苯浓度未发现有超标情况。

对属 II 类民用建筑的 14 个公共建筑单体进行了数据汇总。该 14 个公共单体装修完工的时间为 7 天至 2 个月不等，且装修完毕后均未使用。其中存在污染物超标的单体有 7 个，约占统计总数的 50%。超标的污染物种类为 TVOC 和甲醛，且甲醛超标为二次装修的公共建筑的主要污染物超标形式。因此对于公共建筑探讨人造板、饰面板与地毯等可产生甲醛污染物的装修材料使用量与室内空气质量的关联性有实际应用意义。

2.5.3. 2014—2015 年室内环境污染实测调查统计

1. 现场检测调查实施方案

结合 2014—2015 年的已装修工程验收检测及客户委托的"已装修房屋"检测进行。

（1）调查房间数量、时间段。

本次调查时间为 2014 年 4 月至 2015 年 4 月，调查总量为 167 个房间，结合一年中进行的已装修工程验收检测及客户委托的"已装修房屋"检测进行。

（2）调查房间类型。

1）调查两种类型的房屋：家庭住户和办公（公共）场所，其中住宅占三分之二以上。

2）具体房屋分为已装修未使用和已装修使用，装修未使用的房屋应占总数的三分之二以上。

3）本次调查只针对已装修的民用建筑进行。已装修的工程调查室内装修应包括：地面为地板砖、地板革、复合地板、木地板、地毯；墙壁为涂料、壁纸、壁布、人造板；天花板为涂料、石膏板吊顶、泡沫板吊顶、复杂吊顶，等各种装修材料。

4）济南市工程验收检测的民用建筑 90% 为粗装修和毛坯房，山东省建筑工程质量监督检验测试中心从 2005 年开始进行室内环境检测，已经进行了数千个单体工程的检测，积累了非常丰富的检测数据，因此不再进行该类型建筑的检测。

5）房间通风应包括自然通风与中央空调通风，其中自然通风应占五分之四以上。

（3）使用仪器设备名称、型号见表 2.5-2。

表 2.5-2 调查用仪器设备一览表

仪器名称	规格型号	生产厂家
恒流采样器	HL-2B	北京安吉伦
气相色谱仪	GC122	上海精密科学仪器有限公司
气相色谱仪	GC-14B	日本岛津
分光光度计	7230G	上海分析仪器厂
电子皂膜流量计	Gilian	美国
膜盒压力表	—	江苏

（4）现场采样方法。

本次调查检测全部以仲裁检测方法，即：甲醛检测方法为酚试剂分光光度法；TVOC 检测方法为气相色谱分析法。具体检测方法为：

1）自然通风、已装修未使用房屋甲醛、TVOC（或苯＋甲苯＋二甲苯等 VOC）取样检测，按 GB 50325 规定的标准方法进行。

2）自然通风、已装修使用房屋甲醛、TVOC（或苯＋甲苯＋二甲苯等 VOC）取样检测，甲醛、苯、TVOC 按 GB 50325 规定的标准方法进行，房屋保持正常使用状态（停止可能人为产生污染的活动，如抽烟、做饭等）。

3）检测过程中应减少人员进出，测量并记录必要的固定式和活动式家具等相关信息。

4）对于每个检测点进行平行样检测，剔除异常值，如无异常值结果报平均值。

2．现场实测调查过程

2014—2015年济南实地检测调查过程包括检测方面、房间通风方面、室内装修方面、室内活动家具情况四个部分，具体实地检测调查内容包括：

（1）检测方面：

被测房间功能、套内房间数量、被测房间面积、被测房间长×宽×高尺寸（cm）、检测日期、检测方法、对外门窗关闭时间及检测结果等。

（2）房间通风方面：

房间对外门（窗）面积、门（窗）材质、门（窗）密封性（直观，文字描述）、采暖空调方式（中央空调、空调一体机、分体机、地暖、抽排风机等）及使用情况（检测时是否使用）、当天风力、室内外环境温湿度等。

（3）室内装修方面：

地面装修材料（地板砖、地板革、复合地板、地毯、木地板等）、墙壁装修材料（涂料、壁纸、壁布、人造板＋壁布混合等）、顶板装修材料（涂料、石膏板吊顶、泡沫板吊顶、复杂吊顶等）；有无固定式壁柜、吊柜，壁柜、吊柜材质〔壁柜、吊柜使用人造板材质的，应记录壁柜、吊柜数量及每件固定式家具的长×宽×高尺寸（cm）及有无油漆饰面情况〕，装修完工日期等。

（4）室内活动家具情况：

有无室内活动家具、数量、及每件固定家具的长×宽×高尺寸（cm）及有无油漆饰面情况等。

3．现场实测调查质量控制

采取抽取平行样进行检测的方法，保证检测的准确性。

采用校准样两个月进行一次气相色谱标准曲线的校准，测试结果偏差±5％满足要求，否则重新制备标准曲线。

参加山东省TVOC和甲醛能力验证均取得满意的结果，证明检测能力满足要求。

用电子皂膜流量计校准采样设备，保证设备是在有效期内，且标识清楚。

4．现场实测调查结果及统计分析

（1）2014—2015年调查结果及统计分析。

（2）2014—2015年调查结果。

Ⅰ类民用建筑工程中家庭住户共调查38个住户的38栋，129个房间，调查的住户均为精装修状态，通风情况良好。卧室地板均采用木质材料，配有床和衣柜等家具。12个住户的客厅地面铺设木地板，26个住户客厅为瓷砖地面。仅有3家卧室、书房为瓷砖地面，其余住户卧室、书房等调查房间类型均铺设木地板。

Ⅱ类民用建筑工程中办公场所共调查13个公共建筑的13栋，38个房间类型，调查的场所均为精装修且未投入使用。所涉及房间地面有11间铺地毯；20间铺瓷砖，7间为木地板。房间内有办公桌椅、木质家具、沙发等。

检测房间甲醛和TVOC浓度结果汇总如表2.5-3、表2.5-4。

表 2.5-3　Ⅰ类建筑实测调查汇总表

家庭住户

序号	房间类型	甲醛浓度 (mg/m³)	TVOC (mg/m³)	TVOC组分中最大量 (mg/m³)	测前门窗关闭时间 (h)	装修完工时间 (月)	温度 (℃)	压力 (Pa)	测试时间
1	客厅	0.024	0.13	二甲苯 0.009	1	12	25.0	100.1	14.05.06
	主卧	0.027	0.14	二甲苯 0.007	1	12	25.0	100.1	14.05.06
	次卧	0.025	0.17	二甲苯 0.010	1	12	25.0	100.1	14.05.06
2	主卧	0.115	0.14	乙酸丁酯 0.034	1	12	29.4	99.1	14.06.04
	书房	0.086	0.23	乙酸丁酯 0.026	1	12	29.4	99.1	14.06.04
	次卧	0.094	0.17	二甲苯 0.009	1	12	29.4	99.1	14.06.04
	客厅	0.087	0.13	二甲苯 0.010	1	12	29.4	99.1	14.06.04
3	客厅	0.018	0.06	甲苯 0.008	6	12	19.0	100.4	14.03.15
	北卧	0.038	0.20	甲苯 0.029	6	12	19.0	100.4	14.03.15
	南卧	0.059	0.13	甲苯 0.014	6	12	19.0	100.4	14.03.15
4	主卧	0.039	0.10	甲苯 0.008	1	10	20.5	100.2	14.04.25
	次卧	0.041	0.16	二甲苯 0.011	1	10	20.5	100.2	14.05.25
	客厅	0.045	0.15	二甲苯 0.012	1	10	20.5	100.2	14.04.25
	东卧	0.048	0.10	甲苯 0.013	1	10	20.5	100.2	14.04.25
5	书房	0.051	0.16	甲苯 0.025	1	10	16.0	100.4	15.01.15
	西卧	0.048	0.26	甲苯 0.049	1	10	16.0	100.4	15.01.15
	餐厅	0.046	0.15	苯 0.015	1	10	16.0	100.4	15.01.15
	客厅	0.044	0.14	苯 0.017	1	10	16.0	100.4	15.01.15
6	客厅	0.072	0.17	甲苯 0.026	3	8	18.0	100.6	15.03.23
	东卧	0.102	0.23	甲苯 0.021	3	8	18.0	100.6	15.03.23
	西卧	0.118	0.15	苯 0.018	3	8	18.0	100.6	15.03.23
7	客厅	0.049	0.21	甲苯 0.015	1	7	22.0	101.2	14.03.24
	主卧	0.044	0.20	甲苯 0.020	1	7	22.0	101.2	14.03.24
	次卧	0.049	0.19	甲苯 0.018	1	7	22.0	101.2	14.03.24
	客房	0.054	0.17	甲苯 0.024	1	7	22.0	101.2	14.03.24
	书房	0.046	0.18	甲苯 0.018	1	7	22.0	101.2	14.03.24
8	客厅	0.059	0.30	乙酸丁酯 0.031	30	6	30.4	99.8	14.12.15
	西卧	0.072	0.41	—	30	6	30.4	99.8	14.12.15
	东卧	0.074	0.21	—	30	6	30.4	99.8	14.12.15
	书房	0.070	0.22	—	30	6	30.4	99.8	14.12.15

续表

序号	房间类型	甲醛浓度 (mg/m³)	TVOC (mg/m³)	TVOC组分中最大量 (mg/m³)	测前门窗关闭时间 (h)	装修完工时间 (月)	温度 (℃)	压力 (Pa)	测试时间
9	客厅	0.033	—	—	1	6	20.0	100.6	14.02.13
	南卧	0.051	0.14	苯 0.011	1	6	20.0	100.6	14.02.13
	中卧	0.036	—	—	1	6	20.0	100.6	14.02.13
	北卧	0.041	—	—	1	6	20.0	100.6	14.02.13
10	客厅	0.116	0.55	乙苯 0.011	1	6	27.0	99.5	14.05.14
	西卧	0.082	0.25	甲苯 0.005	1	6	27.0	99.5	14.05.14
	东卧	0.089	0.26	二甲苯 0.006	1	6	27.0	99.5	14.05.14
	书房	0.123	0.53	乙苯 0.012	1	6	27.0	99.5	14.05.14
11	南卧	0.058	0.11	甲苯 0.019	1	6	16.1	100.8	15.03.11
	客厅	0.052	0.12	甲苯 0.020	1	6	16.1	100.8	15.03.11
	西卧	0.024	0.11	甲苯 0.026	1	6	16.1	100.8	15.03.11
	北卧	0.031	0.08	甲苯 0.011	1	6	16.1	100.8	15.03.11
12	客厅	0.038	0.83	二甲苯 0.382	1	6	13.0	100.3	15.04.01
	西卧	0.073	2.94	乙苯 1.267	1	6	13.0	100.3	15.04.01
	书房	0.037	0.56	二甲苯 0.235	1	6	13.0	100.3	15.04.01
	东卧	0.057	1.28	二甲苯 0.555	1	6	13.0	100.3	15.04.01
13	客厅	0.042	0.21	苯乙烯 0.005	1	6	18.0	99.9	15.02.01
	主卧	0.049	0.20	苯乙烯 0.004	1	6	18.0	99.9	15.02.01
	次卧	0.045	0.20	甲苯 0.006	1	6	18.0	99.9	15.02.01
14	客厅	0.064	0.25	乙苯 0.006	24	5	23.0	100.6	14.12.15
	儿童房	0.053	0.49	乙苯 0.009	24	5	23.0	100.6	14.12.15
	主卧	0.044	0.35	甲苯 0.007	24	5	23.0	100.6	14.12.15
	客卧	0.036	0.37	甲苯 0.009	24	5	23.0	100.6	14.12.15
	厨房	0.039	0.33	乙苯 0.006	24	5	23.0	100.6	14.12.15
15	客厅	0.083	0.68	乙酸丁酯 0.122	1	5	30.0	99.0	14.05.29
	主卧	0.076	0.56	乙酸丁酯 0.072	1	5	30.0	99.0	14.05.29
	儿童房	0.063	0.41	乙苯 0.048	1	5	30.0	99.0	14.05.29
	次卧	0.041	0.66	乙苯 0.106	1	5	30.0	99.0	14.05.29
16	客厅	0.049	0.32	二甲苯 0.006	1	4	24.0	99.8	14.05.04
	主卧	0.072	0.32	甲苯 0.006	1	4	24.2	99.8	14.05.04
	次卧	0.056	0.41	甲苯 0.007	1	4	24.2	99.8	14.05.04

续表

序号	房间类型	甲醛浓度 (mg/m³)	TVOC (mg/m³)	TVOC组分中最大量 (mg/m³)	测前门窗关闭时间 (h)	装修完工时间 (月)	温度 (℃)	压力 (Pa)	测试时间
17	客厅	0.052	0.36	乙酸丁酯 0.005	1	4	23.8	100.1	14.05.04
	主卧	0.085	0.41	乙酸丁酯 0.006	1	4	23.0	100.1	14.05.04
	次卧	0.074	0.35	甲苯 0.007	1	4	24.0	100.1	14.05.04
18	客厅	0.122	0.83	甲苯 0.070	15	4	13.5	101.2	15.04.09
19	客厅	0.069	0.12	苯 0.011	2	4	23.1	99.7	15.04.30
	东卧	0.128	0.09	苯 0.012	2	4	23.1	99.7	15.04.30
	书房	0.109	0.15	乙苯 0.008	2	4	23.1	99.7	15.04.30
	北卧	0.092	0.15	乙苯 0.009	2	4	23.1	99.7	15.04.30
20	客厅	0.040	0.34	甲苯 0.033	15	3	17.5	101.6	15.01.16
	东南卧	0.050	0.36	甲苯 0.033	15	3	17.5	101.6	15.01.16
	东北卧	0.045	0.27	甲苯 0.038	15	3	17.5	101.6	15.01.16
	西北卧	0.047	0.15	甲苯 0.024	15	3	17.5	101.6	15.01.16
	西南卧	0.048	0.20	甲苯 0.031	15	3	17.5	101.6	15.01.16
21	东卧	0.064	0.34	二甲苯 0.015	12	3	23.0	100.2	15.01.22
	南卧	0.035	0.68	乙苯 0.062	12	3	23.0	100.2	15.01.22
	书房	0.032	0.75	乙苯 0.078	12	3	23.0	100.2	15.01.22
	客厅	0.068	0.29	苯 0.024	12	3	23.0	100.2	15.01.22
22	客厅	0.105	—	—	12	3	19.0	100.3	15.04.09
	主卧	0.095	—	—	12	3	19.0	100.3	15.04.09
	北卧	0.099	—	—	12	3	19.0	100.3	15.04.09
	东卧	0.083	—	—	12	3	19.0	100.3	15.04.09
23	客厅	0.155	0.30	甲苯 0.023	1	3	24.1	100.2	14.04.02
	南卧	0.164	0.42	乙酸丁酯 0.037 乙苯 0.037	1	3	24.1	100.2	14.04.02
	北卧	0.146	0.55	甲苯 0.043 乙酸丁酯 0.039	1	3	24.1	100.2	14.04.02
24	客厅	0.096	—	—	1	3	21.0	100.4	14.04.02
	卧室	0.113	—	—	1	3	21.0	100.4	14.04.02
25	客厅	0.081	0.28	—	1	3	23.0	100.2	14.04.02
	主卧	0.088	0.32	—	1	3	23.0	100.2	14.04.02
	次卧	0.092	0.31	—	1	3	23.0	100.2	14.04.02

家庭住户

续表

家庭住户

序号	房间类型	甲醛浓度（mg/m³）	TVOC（mg/m³）	TVOC组分中最大量（mg/m³）	测前门窗关闭时间（h）	装修完工时间（月）	温度（℃）	压力（Pa）	测试时间
26	客厅	0.068	0.38	—	1	3	23.6	100.3	14.04.03
	主卧	0.080	0.47	—	1	3	23.6	100.3	14.04.03
	儿童房	0.072	0.44	—	1	3	23.6	100.3	14.04.03
27	客厅	0.052	0.25	甲苯 0.009	1	3	19.7	100.4	15.02.02
	主卧	0.098	0.36	甲苯 0.008	1	3	19.8	100.4	15.02.02
	次卧	0.092	0.41	二甲苯 0.012	1	3	19.8	100.4	15.02.02
28	客厅	0.078	0.58	乙酸丁酯 0.10	1	3	25.0	100.4	14.05.10
	主卧	0.086	0.62	乙酸丁酯 0.12	1	3	25.0	100.4	14.05.10
	次卧	0.082	0.66	乙酸丁酯 0.14	1	3	25.0	100.4	14.05.10
29	客厅	0.083	0.92	乙苯 0.053	12	2	23.8	101.2	14.10.18
	主卧	0.173	1.24	二甲苯 0.055	12	2	23.8	101.2	14.10.18
	书房	0.086	1.11	乙苯 0.099	12	2	23.8	101.2	14.10.18
	儿童房	0.077	0.99	乙苯 0.077	12	2	23.8	101.2	14.10.18
30	儿童房	0.140	0.50	甲苯 0.020	12	2	24.0	101.8	14.10.18
	客厅	0.085	0.43	二甲苯 0.047	12	2	24.0	101.8	14.10.18
31	客厅	0.102	0.52	二甲苯 0.056	1	2	22.5	100.7	14.10.22
	主卧	0.171	0.42	甲苯 0.031	1	2	22.5	100.7	14.10.22
	次卧	0.142	0.41	甲苯 0.025	1	2	22.5	100.7	14.10.22
32	客厅	0.084	0.52	乙苯 0.034	1	2	20.1	100.5	15.04.01
	主卧	0.096	0.48	二甲苯 0.022	1	2	20.1	100.5	15.04.01
	次卧	0.094	0.41	二甲苯 0.017	1	2	20.1	100.5	15.04.01
33	客厅	0.133	0.71	苯 0.082	2	2	26.5	100.7	14.08.12
	主卧	0.102	0.82	苯 0.062	2	2	26.5	100.7	14.08.12
	次卧	0.095	0.67	甲苯 0.041	1	2	26.5	100.7	14.08.12
34	客厅	0.350	0.33	苯 0.023	24	1	20.0	101.2	14.01.15
	西卧	0.370	0.54	乙酸丁酯 0.058	24	1	20.0	101.2	14.01.15
35	客厅	0.134	1.81	十一烷 0.775	20	1	20.0	100.5	14.03.24
	儿童房	0.147	1.01	十一烷 0.818	20	1	20.0	100.5	14.03.24
36	客厅	0.125	0.30	二甲苯 0.009	1	1	16.0	100.1	14.02.01
	主卧	0.152	0.42	二甲苯 0.012	1	1	16.0	100.1	14.02.01
	次卧	0.155	0.55	二甲苯 0.014	1	1	16.0	100.1	14.02.01

续表

家 庭 住 户

序号	房间类型	甲醛浓度(mg/m³)	TVOC(mg/m³)	TVOC组分中最大量(mg/m³)	测前门窗关闭时间(h)	装修完工时间(月)	温度(℃)	压力(Pa)	测试时间
37	客厅	0.134	1.41	—	1	1	25.1	100.3	14.07.08
	厨房	0.164	1.11	—	1	1	25.1	100.3	14.07.08
	主卧	0.147	1.67	—	1	1	25.1	100.3	14.07.08
38	客厅	0.220	0.68	乙苯 0.035	1	1	22.3	100.7	14.05.10
	东北卧	0.203	0.42	乙苯 0.026	1	1	22.3	100.7	14.05.10
	东南卧	0.186	0.56	乙苯 0.037	1	1	22.3	100.7	14.05.10
	西南卧	0.082	0.66	甲苯 0.038	1	1	22.3	100.7	14.05.10
	餐厅	0.094	0.41	甲苯 0.021	1	1	22.3	100.7	14.05.10

表 2.5-4　Ⅱ类建筑实测调查汇总表

办公（公共）场所

序号	房间类型	甲醛浓度(mg/m³)	TVOC(mg/m³)	TVOC组分中最大量(mg/m³)	测前门窗关闭时间(h)	装修完工时间(月)	温度(℃)	压力(Pa)	测试时间
1	办公室	0.092	0.28	甲苯 0.016	1	6	18.0	100.4	14.12.15
	1层大厅	0.042	0.17	甲苯 0.009	1	6	18.0	100.4	14.12.15
2	多功能室	0.048	0.43	二甲苯 0.032	1	6	25.0	100.4	14.10.13
	会议室	0.038	0.19	甲苯 0.008	1	6	25.0	100.4	14.10.13
	教室	0.041	0.13	甲苯 0.006	1	6	25.0	100.4	14.10.13
3	商业综合体 1# 房间	0.082	0.58	—	1	5	26.4	99.8	14.05.16
	商业综合体 2# 房间	0.076	0.47	—	1	5	26.4	99.8	14.05.16
	商业综合体 3# 房间	0.096	0.29	—	1	5	26.4	99.8	14.05.16
4	*** 商场 18 层南面大厅	0.058	0.42	二甲苯 0.031	1	4	10.0	99.6	14.11.12
	*** 商场 19 层东面北面数第 2 间	0.076	0.53	甲苯 0.024	1	4	10.0	99.6	14.11.12
	*** 商场 17 层东厅	0.076	0.59	甲苯 0.031	1	4	10.0	99.6	14.11.12
5	*** 中心 1501	0.129	0.25	—	1	3	26.0	99.4	14.06.12
	*** 中心 1502	0.135	0.28	—	1	3	26.0	99.4	14.06.12

续表

办公（公共）场所

序号	房间类型	甲醛浓度(mg/m³)	TVOC(mg/m³)	TVOC组分中最大量(mg/m³)	测前门窗关闭时间(h)	装修完工时间(月)	温度(℃)	压力(Pa)	测试时间
6	大厅	0.164	0.57	乙苯 0.032	中央空调	3	29.0	100.3	14.06.18
	餐厅单间1#	0.160	0.32	甲苯 0.013	中央空调	3	29.0	100.3	14.06.18
	餐厅单间2#	0.128	0.41	甲苯 0.013	中央空调	3	29.0	100.3	14.06.18
	贵宾休息室	0.042	0.22	—	1	3	17.6	100.3	14.12.20
	西餐厅	0.041	0.19	—	1	3	17.3	100.2	14.12.20
7	多功能厅	0.047	0.19	苯 0.006	1	3	17.3	100.2	14.12.20
	包间	0.040	0.30	甲苯 0.007	1	3	17.6	100.3	14.12.20
	音控室	0.039	0.21	甲苯 0.006	1	3	17.3	100.2	14.12.20
8	宾馆3101	0.156	0.48	甲苯 0.013	1	3	28.2	100.1	14.07.30
	宾馆茶乙室	0.148	0.61	乙苯 0.034	1	3	28.2	100.1	14.07.30
	宾馆3003	0.244	0.73	甲苯 0.028	1	3	28.2	100.1	14.07.30
	宾馆3303	0.242	0.70	甲苯 0.026	1	3	28.2	100.1	14.07.30
9	银行1层大厅	0.058	0.21	二甲苯 0.009	1	3	29.0	100.1	14.08.24
	银行2层办公区	0.066	0.24	二甲苯 0.011	1	3	29.0	100.1	14.08.24
	银行办公室	0.061	0.41	甲苯 0.013	1	3	29.0	100.1	14.08.24
10	电影厅	0.103	0.38	乙酸丁酯 0.023	1	2	25.0	100.4	14.08.09
	餐厅	0.078	0.31	甲苯 0.014	1	2	25.0	100.4	14.08.09
11	办公室	0.132	0.86	甲苯 0.156	1	2	24.3	100.2	14.08.22
	套间	0.077	0.46	甲苯 0.048	1	2	24.3	100.2	14.08.22
	教室	0.083	0.57	二甲苯 0.066	1	2	24.3	100.2	14.08.22
12	地下1层餐厅	0.131	0.42	甲苯 0.062	1	1	25.8	100.3	14.08.10
	2层东面办公室	0.173	0.53	甲苯 0.074	1	1	25.8	100.3	14.08.10
13	教室1	0.062	0.857	甲苯 0.374	1	1	28.0	100.4	14.08.13
	教室2	0.071	0.463	甲苯 0.111	1	1	28.0	100.4	14.08.13
	教室3	0.078	0.572	甲苯 0.111	1	1	28.0	100.4	14.08.13

（3）2014—2015 年统计结果分析。

甲醛和 TVOC 浓度数据统计从以下 5 个方面进行分析。

①住宅和办公环境甲醛和 TVOC 检测合格率分析。38 户精装修家庭和 13 个办公环境室内空气中甲醛浓度完全合格的只有 19 户，合格率不足 40%，家庭住宅检测的 128 个房间中有 68 个房间室内空气甲醛浓度达标，合格率约为 50%；办公场所的 38 个房间中 18 个房间室内空气甲醛浓度达标，合格率约为 50%。38 户精装修家庭中 20 户 TVOC 全部合格，13 个办公环境中 9 个 TVOC 全部合格，合格率分别为 50% 和 70%。

②甲醛和 TVOC 浓度与装修完工时间关系。14 户空气中甲醛合格的家庭，其中 12 户装修完工时间均超过 4 个月，2 户修完工时间为 3 个月；甲醛最低的家庭装修完工达到 12 个月。装修完工 4 个月以上的 18 户只有 3 户 TVOC 不合格，且 3 户在装修完工后并未进行有效的通风换气，开窗时间不足 7 天。可见，80% 的装修完工 4 个月以上，且能保证良好的通风换气，都可已达到《民用建筑工程室内环境污染控制规范》GB 50325 的要求。住户装修完工时间晾置时间越长，室内空气中甲醛、TVOC 浓度越低。

公共场所甲醛、TVOC 浓度变化与装修完工时间的关系不明显，这是因为办公环境的装修程度、装修方式、建筑结构、通风情况差别很大，综合影响因素共同作用，规律复杂。

③甲醛和 TVOC 浓度与房间面积关系。38 户家庭中的 24 户客厅空气中甲醛检测值小于本户中其他房间，原因在于客厅面积通常大于卧室或其他房间，24 户的客厅均与餐厅相连合为一个大房间，面积大约在 $30\sim50m^2$ 之间，相对于其他房间，客厅内的装修密度略小，且客厅与分户门相接，便于通风换气。对于另外 14 户客厅甲醛浓度高于或与本户其他房间相当的家庭，可以发现这些客厅虽然同样与餐厅、厨房相连成一大间，但 12 户客厅均装有复合木地板、沙发、木质茶几、影视墙、影视柜等材料和家具，与之相连的餐厅和厨房还有人造板材制成的餐桌椅、刨花板材质的整体橱柜，因此人造板材制品（主要是复合木地板和家具）的密度较高。

④甲醛与人造板材使用数量的关系。从办公室及其套间的检测结果可以看出，新办公家具严重影响了办公室内空气质量，甲醛浓度超标十分严重，而相同装修状况的套间使用的旧办公家具，套间内空气中甲醛浓度检测值合格。同样装修完工 3 个月，开放式办公区甲醛浓度远低于宾馆房间和餐厅包间，这是由于宾馆和餐厅包间地毯、壁纸等装饰材料密度大，且房间通风差造成的。从甲醛超标的房间装修概况可以看出，人造板材及其制品在室内装饰装修中占据了相当大的比例，其中复合木地板、影视墙、影视柜、床、床头橱、衣柜等均为人造板材制品，其材质主要是密度板、细木工板、胶合板、刨花板。这些人造板材及其制品是造成精装修房间室内空气甲醛污染主要污染源，因此控制人造板制品的质量和使用数量有利于室内空气质量的改善。

⑤TVOC 中占比最大组分分析。对调查房间 TVOC 占比最大组分进行统计可知甲苯、二甲苯和乙苯为 TVOC 浓度最大的 3 个组分。本次共调查 139 个房间（共 139 个点）的 TVOC 其中甲苯占比最大的有 66 个点，二甲苯占比最大的有 30 个点，乙苯占比最大的有 22 个点。

2.5.4 结论与建议

1. 结论

（1）通过本次课题调查，可知济南市家庭住户室内空气中甲醛和 TVOC 浓度合格率约为 50%，办公场所的甲醛浓度合格率约为 50%，TVOC 合格率约 70%。

（2）装修完工 4 个月以上，且能保证良好的通风换气，80% 的家庭甲醛和 TVOC 的浓度都可已达到规范 GB 50325 的要求。

（3）客厅、开放式办公区等装修密度小，通风状况好的房间类型，甲醛和 TVOC 合格率高。

（4）人造板材及其制品在室内装饰装修中占比过多，容易造成甲醛超标，尤其在 25℃以上甲醛释放量随温度升高而明显增大。

（5）在 139 个 TVOC 检测点中占比最大组分排在前三位的分别是甲苯、二甲苯和乙苯，比例分别为 47%、22% 和 16%。

（6）其他关于室内各墙面装修情况、家具情况、对外门窗数、总面积及密封性等条件与甲醛和 TVOC 的关系因为受到通风次数、材料质量等因素的影响，未发现规律性。

2．建议

（1）本次调查研究结果表明，装修完工时间长短和完工后通风状况直接影响 TVOC 和甲醛的检测浓度。因此完工 4 个月以后入住且保持良好的通风换气是相对妥善的方法。

（2）室内装修应选用合格的装饰材料，且要装修适度。

（3）夏季保持室内良好通风，有利于人造板制品甲醛迅速散发。

2.6 福州市装修污染调查与研究

2.6.1 福州市概况

2010—2012 年规划总面积为 225km²，2010 年商品住房面积 238.3 万 m²，2011 年商品住房面积 265.0 万 m²，2012 年商品住房面积 270.8 万 m²。2014 年福州地区累计建设项目报建量为 3324.10 万 m²，房产项目累计 2154.06 万 m²，占总报建量的 65%。

2.6.2 2010—2013 年室内环境污染状况统计

1．数据来源及统计方法

数据来源于 2010—2013 年的已验收装修工程检测及住户入住后委托检测，以及 2010—2013 年已做的民用建筑竣工验收检测项目，并将其按照不同月份纳入统计范畴。统计内容包含检测时间、门窗关闭时间、检测结果和装修情况，其中检测结果包含甲醛、苯和 TVOC 数值。

2．2010—2013 年室内环境污染统计结果

本次调查建筑物类型按 I 类和 II 类分，所有房间均为自然通风建筑，I 类包含住宅、幼儿园，共有 186 间；II 类为办公楼、宾馆饭店等，共有 26 间。调查的房间总数为 212 间。调查时间段包含 1～12 月，其中 4～11 月房间数量为 171 间（4～11 月为福州市的"热季"，平均室内气温在 20℃以上）；12 月至下一年 3 月房间数量为 41 间（12 月至下一年 3 月为福州市的"冷季"，平均室内气温在 15℃以下）。

2010—2013 年室内环境污染统计分析。

相同房间、不同季节检测结果对比见表 2.6-1，同一房间、不同门窗关闭时间检测结果对比见表 2.6-2。

表 2.6-1 相同房间、不同季节检测结果对比

房间序号	检测日期	门窗关闭时间（h）	甲醛（mg/m³）	苯（mg/m³）	备　注
1	2010.07	12	0.091	0.033	瓷砖、内墙涂料；沙发、茶几、电视柜、储物柜、鞋柜等；已入住
2	2010.07	12	0.105	0.031	复合地板、内墙涂料；床、床头柜、书桌等；已入住
3	2010.07	12	0.123	0.038	复合地板、内墙涂料；床、电视柜、储物柜、床头柜、鞋柜、墙柜等；已入住
4	2010.07	12	0.117	0.034	复合地板、内墙涂料；床、墙柜等；已入住
5	2010.07	12	0.083	0.028	复合地板、内墙涂料；储物柜、床头柜、墙柜；已入住
6	2010.11	12	0.043	0.018	瓷砖、内墙涂料；沙发、茶几、电视柜、储物柜、鞋柜等；已入住
7	2010.11	12	0.054	0.015	复合地板、内墙涂料；床、床头柜、书桌等；已入住
8	2010.11	12	0.066	0.022	复合地板、内墙涂料；床、电视柜、储物柜、床头柜、鞋柜、墙柜等；已入住
9	2010.11	12	0.051	0.014	复合地板、内墙涂料；床、墙柜等；已入住
10	2010.11	12	0.038	0.013	复合地板、内墙涂料；储物柜、床头柜、墙柜；已入住

表 2.6-2 同一房间、不同门窗关闭时间检测结果对比

房间序号	检测日期	门窗关闭时间（h）	甲醛（mg/m³）	苯（mg/m³）	备　注
1	2013.04	1	0.055	0.026	复合地板、内墙涂料；电视柜、储物柜、鞋柜、墙柜等；已入住
2	2013.04	1	0.143	0.038	复合地板、内墙涂料；床、储物柜、床头柜、墙柜；已入住
3	2013.04	1	0.041	0.024	复合地板、内墙涂料；书桌、书柜等；已入住
4	2013.04	12	0.077	0.036	复合地板、内墙涂料；电视柜、储物柜、鞋柜、墙柜等；已入住
5	2013.04	12	0.172	0.047	复合地板、内墙涂料；床、储物柜、床头柜、墙柜；已入住
6	2013.04	12	0.065	0.032	复合地板、内墙涂料；书桌、书柜；已入住

以上房间中，住宅共 162 间，幼儿园 10 间，酒店 7 间，办公室（会议室）12 间，医院 9 间。调查结果显示：住宅检测结果甲醛超标的房间为 40 间，占住宅房间总数的 24.7%，占已装修使用房间总数的 70.0%，幼儿园、办公室、医院、酒店甲醛超标率为 13.2%。详细统计结果见表 2.6-3。

表 2.6-3 超标率统计分析

统计＼房间类别	装修（已入住）	精装房（未入住）	热季	冷季	Ⅰ类建筑	Ⅱ类建筑
房间总数	60	152	157	55	186	26
超标房间数	42	8	47	3	44	6
甲醛超标率	70.0%	5.3%	29.9%	5.5%	23.7%	23.1%

表 2.6-1 为不同温度条件下采样对室内环境污染检测结果影响：热季检测结果平均比冷季高 $0.053mg/m^3$（约 51.6%）。

表 2.6-2 为不同门窗关闭时间对室内环境污染检测结果影响：门窗关闭 12h 检测结果平均比关闭 1h 大 $0.025mg/m^3$（约 39.6%）。

通过 2010—2013 年所统计房间的室内环境污染情况，可以看出导致房间甲醛、苯和 TVOC 浓度检测结果较大甚至超标的主要因素为气温较高和木器家具过多。

2.6.3 2014—2015 年室内环境污染实测调查统计

1．现场实测调查实施方案

（1）数据来源。

本次调查时间为 2014 年 1 月至 2015 年 12 月。课题组联合腾讯·大闽网为福州 100 户家庭免费上门检测。因部分业主取消检测，最终只检测了 95 套，房间总数 221 间。

调查房间类型均为民用住宅，多数家庭已入住，少数家庭因装修时间较短暂未入住。房间类型包含了卧室、客厅、书房、儿童房、厨房及单身公寓，房间总数为 221 间。调查时间段包含 1～12 月，其中 4～11 月房间数量为 126 间；12 月至下一年 3 月房间数量为 95 间。

（2）检测方法。

本次调研污染物主要为甲醛，采用酚试剂分光光度法和简便检测方法做对比：

1）酚试剂分光光度法（国产 UV-5800）；

2）简便方法电化学法（英产 PPM400）。

2．现场实测调查过程

为做好现场观察和原始记录，注意记录如下信息：

（1）检测方面：被测房间功能、套内房间数量、被测房间面积、被测房间长×宽×高尺寸（cm）、检测日期、检测方法、对外门窗关闭时间及检测结果等；

（2）房间通风方面：房间对外门（窗）面积、门（窗）材质、门（窗）密封性（直观，文字描述）、采暖空调方式（中央空调、空调一体机、分体机、地暖、抽排风机等）及使用情况（检测时是否使用）、当天风力、室内外环境温湿度等；

（3）室内装修方面：地面装修材料（地板砖、地板革、复合地板、地毯、木地板等）、墙壁装修材料（涂料、壁纸、壁布、人造板＋壁布混合等）、顶板装修材料（涂料、石膏板吊顶、泡沫板吊顶、复杂吊顶等）；有无固定式壁柜、吊柜，壁柜、吊柜材质（壁柜、吊柜使用人造板材质的，应记录壁柜、吊柜数量及每件固定式家具的长×宽×高尺寸（cm）及有无油漆饰面情况），装修完工日期等；

（4）室内活动家具情况：有无室内活动家具、数量、及每件固定家具的长×宽×高尺寸

（cm）及有无油漆饰面情况等。

3. 现场实测调查质量控制

在同一条件下，分别使用《民用建筑工程室内环境污染控制规范》GB 50325 的标准方法和简便方法电化学法（英产 PPM400）进行甲醛浓度检测比较，检测数据汇总如表 2.6-4、表 2.6-5：

表 2.6-4　甲醛浓度值大于 0.10mg/m³ 时两种方法结果比对

序号	GB 50325 标准方法（mg/m³）	简便方法电化学法（mg/m³）	数值偏差（mg/m³）	误差（%）
1	0.205	0.18	0.025	12.2
2	0.217	0.19	0.027	12.4
3	0.172	0.14	0.032	18.6
4	0.186	0.19	0.004	2.2
5	0.235	0.20	0.035	14.9
6	0.181	0.20	0.019	10.5
7	0.461	0.39	0.071	15.4
8	0.166	0.14	0.026	15.7
9	0.117	0.10	0.017	14.5
10	0.224	0.21	0.014	6.3
11	0.143	0.15	0.007	4.9
12	0.201	0.20	0.001	0.4
13	0.211	0.19	0.021	9.9
14	0.157	0.13	0.027	17.2
15	0.188	0.20	0.012	6.4
平均值	0.204	0.18	0.022	10.8

表 2.6-5　甲醛浓度值小于 0.10mg/m³ 时两种方法结果比对

序号	GB 50325 标准方法（mg/m³）	简便方法电化学法（mg/m³）	数值偏差（mg/m³）	误差（%）
1	0.073	0.08	0.007	9.6
2	0.072	0.08	0.008	11.1
3	0.042	0.04	0.002	4.8
4	0.026	0.03	0.004	15.4
5	0.018	0.02	0.002	11.1
6	0.023	0.03	0.007	30.4
7	0.022	0.02	0.002	9.1
8	0.033	0.04	0.007	21.2
9	0.052	0.06	0.008	15.4
10	0.057	0.06	0.003	5.3
11	0.031	0.03	0.001	3.2
12	0.021	0.02	0.001	4.8
13	0.042	0.04	0.002	4.8
14	0.053	0.06	0.007	13.2
15	0.061	0.07	0.009	14.8
平均值	0.042	0.05	0.005	11.6

表 2.6-4 为甲醛浓度值大于 0.10mg/m³ 时两种检测方法的结果对比，表 2.6-5 为甲醛浓度值小于 0.10mg/m³ 时两种检测方法的结果对比，由表 2.6-4、表 2.6-5 可以看出，使用现场简便方法检测室内空气中甲醛浓度，检测结果与使用《民用建筑工程室内环境污染控制规范》GB 50325 中的检测方法的检测结果平均误差小于 20%。

4. 现场实测调查结果及统计分析

（1）现场实测调查结果汇总见表 2.6-6、表 2.6-7。

表2.6-6　Ⅰ类建筑实测调查汇总表（一）

序号	房间类型	人造板使用量（m²）	实木板使用量（m²）	复合木地板使用量（m²）	地毯使用量（m²）	壁纸、壁布使用量（m²）	活动家具类型、数量、计算人造板使用量（m²）	门、窗材质及使用量（m²）	房间净空间容积（m³）	门密封直观评价（良、一般、差）	窗密封直观评价（良、一般、差）
1	小孩房	80	0	12	0	0	壁柜、书桌、床	实木复合2	33	良	一般
2	主卧	120	0	15	0	0	壁柜、床垫、床	实木复合2	36	良	良
3	书房	90	5	10	0	0	壁柜、书桌、椅子	实木复合2	27	良	良
4	客厅	60	12	0	0	0	沙发、茶儿、电视柜、墙柜	实木复合2	29	良	良
5	老人房	50	0	10	0	0	壁柜、床垫、床	实木复合2	30	良	良
6	主卧	40	11	13	0	0	壁柜、床垫、床	实木复合2	30	良	良
7	单身公寓	80	15	20	0	0	沙发、茶儿、电视柜、墙柜	实木复合2	60	良	良
8	大厅	120	10	25	0	0	壁柜、床垫、床	实木复合2	30	良	一般
9	主卧	100	8	13	0	0	壁柜、床垫、床	实木复合2	30	良	一般
10	次卧	20	0	11	0	0	沙发、茶儿、电视柜、墙柜	实木复合2	60	良	一般
11	大厅	68	10	20	0	25	壁柜、床垫、床	实木复合2	51	良	良
12	主卧	42	7	15	0	18	壁柜、床垫、床	实木复合2	36	良	良
13	小孩房	29	18	11	0	0	壁柜、床头柜、床	实木复合2	36	良	良
14	主卧	120	13	14	0	0	壁柜、床头柜、床	实木复合2	30	良	良
15	儿童房	200	20	10	0	0	壁柜、床头柜、床	实木复合2	30	良	良
16	次卧	60	0	12	0	0	沙发、茶儿、电视柜、墙柜	实木复合2	24	良	良
17	大厅	45	10	22	0	0	壁柜、床垫、床	实木复合2	33	良	良
18	主卧	55	13	12	0	0	壁柜、床垫、床	实木复合2	30	良	良
19	次卧	38	0	11	0	0	壁柜、床垫、床	实木复合2	35	良	良
20	次卧	68	0	10	0	0	壁柜、床头柜、床	实木复合2	30	良	良
21	主卧	75	11	15	0	0	壁柜、床头柜、床	实木复合2	30	良	良
22	厨房	30	0	5	0	0	壁柜、床头柜、床头柜	实木复合2	36	良	良
23	主卧	0	7	13	0	0	壁柜、床头柜、床	实木复合2	24	良	良
24	次卧	0	0	11	0	24	壁柜、床头柜、床	实木复合2	30	良	良
25	儿童房	0	12	9	0	32	壁柜、床垫、床、床头柜	实木复合2	30	良	良
26	主卧	60	10	13	0	0	沙发、茶儿、电视柜、墙柜	实木复合2	30	良	良
27	多功能房	32	0	15	0	0	壁柜、床垫、床头柜	实木复合2	36	良	良
28	主卧	20	14	11	0	0	壁柜、床垫、床	实木复合2	30	良	良
29	次卧	48	10	10	0	0	壁柜、床头柜、床	实木复合2	30	良	良
30	书房	59	5	9	0	0	壁柜、墙柜、书桌	实木复合2	30	良	良
31	主卧	69	8	15	0	0	壁柜、床垫、床、床头柜	实木复合2	42	良	良

续表

序号	房间类型	人造板使用量（m²）	实木板使用量（m²）	复合木地板使用量（m²）	地毯使用量（m²）	壁纸、壁布使用量（m²）	活动家具类型、数量、计算板使用量（m²）	门、窗材质及使用量（m²）	房间净空间容积（m³）	门密封直观评价（良、一般、差）	窗密封直观评价（良、一般、差）
32	次卧	39	0	12	0	0	壁柜、床、床头柜	实木复合2	39	良	良
33	儿童房	58	25	10	0	0	壁柜、床、床头柜、书桌	实木复合2	27	良	良
34	次卧	42	11	13	0	0	壁柜、床、床头柜	实木复合2	30	良	良
35	书房	39	5	10	0	0	墙柜	实木复合2	27	良	良
36	主卧	19	0	14	0	0	壁柜、床、床头柜	实木复合2	39	良	良
37	主卧	120	12	13	0	0	壁柜、床、床头柜	实木复合2	36	良	良
38	主卧	120	10	12	0	0	壁柜、床、床头柜	实木复合2	45	良	良
39	次卧	72	8	10	0	0	壁柜、床、床头柜、床	实木复合2	36	良	良
40	书房	68	0	9	0	0	墙柜、书桌	实木复合2	18	良	良
41	主卧	55	0	17	0	0	壁柜、床头柜、床	实木复合2	33	良	良
42	次卧	65	0	14	0	0	壁柜、床垫、床	实木复合2	30	良	良
43	书房	42	4	10	0	0	墙柜、书桌	实木复合2	27	良	良
44	大厅	32	10	25	0	52	沙发、茶几、电视柜、墙柜、鞋柜	实木复合2	31	良	良
45	主卧	16	0	16	0	32	壁柜、床头柜、床	实木复合2	42	良	良
46	次卧	45	11	14	0	28	壁柜、床垫、床	实木复合2	36	良	良
47	主卧	40	18	14	0	0	壁柜、床头柜、床	实木复合2	45	良	良
48	次卧	29	20	10	0	0	壁柜、床头柜、床	实木复合2	36	良	良
49	大厅	66	21	21	0	0	沙发、茶几、电视柜、墙柜	实木复合2	75	良	良
50	主卧	44	21	13	0	0	壁柜、床、床头柜	实木复合2	24	良	良
51	次卧	52	12	11	0	0	壁柜、床垫、床头柜	实木复合2	22	良	良
52	书房	50	5	8	0	0	墙柜、书桌	实木复合2	27	良	良
53	主卧	60	0	13	0	0	壁柜、床、床头柜	实木复合2	30	良	良
54	次卧	54	0	11	0	0	壁柜、床、床头柜	实木复合2	27	良	良
55	大厅	49	10	18	0	0	沙发、茶几、电视柜、墙柜	实木复合2	24	良	良
56	大厅	35	0	21	0	0	沙发、茶几、电视柜、墙柜	实木复合2	39	良	良
57	主卧	38	15	12	0	0	壁柜、床、床头柜	实木复合2	24	良	良
58	客厅	31	11	18	0	0	沙发、电视柜、墙柜	实木复合2	35	良	良
59	书房	49	5	9	0	0	墙柜、书桌	实木复合2	24	良	良
60	主卧	55	0	12	0	0	壁柜、床垫、床头柜	实木复合2	42	良	良
61	次卧	66	6	11	0	0	壁柜、床、床头柜	实木复合2	36	良	良

续表

序号	房间类型	人造板使用量（m²）	实木板使用量（m²）	复合木地板使用量（m²）	地毯使用量（m²）	壁纸、壁布使用量（m²）	活动家具类型、数量、计算人造板使用量（m²）	门、窗材质及使用量（m²）	房间净空间容积（m³）	门密封直观评价（良，一般，差）	窗密封直观评价（良，一般，差）
62	单身公寓	32	16	20	0	0	壁柜，床，电视柜，墙柜	实木复合 2	51	良	良
63	主卧	25	11	13	0	0	壁柜，床，床垫	实木复合 2	42	良	良
64	次卧	50	7	12	0	0	壁柜，床，床头柜	实木复合 2	36	良	良
65	书房	51	4	10	0	0	壁柜，墙柜，书桌	实木复合 2	30	良	良
66	主卧	32	0	15	0	0	壁柜，床，床垫	实木复合 2	36	良	良
67	小孩房	36	0	12	0	0	壁柜，床，床头柜，书桌	实木复合 2	30	良	良
68	次卧	26	10	14	0	0	壁柜，床，床头柜	实木复合 2	30	良	良
69	主卧	41	12	15	0	0	壁柜，床，床垫	实木复合 2	42	良	良
70	次卧	40	17	13	0	0	壁柜，床，床头柜	实木复合 2	30	良	良
71	客厅	42	0	0	0	0	沙发，茶几，电视柜，墙柜	实木复合 2	54	良	良
72	主卧	50	0	15	0	0	壁柜，床，床垫	实木复合 2	36	良	良
73	次卧	60	5	13	0	0	壁柜，床，床头柜	实木复合 2	24	良	良
74	书房	46	12	11	0	0	壁柜，书桌	实木复合 2	24	良	良
75	主卧	33	10	14	0	0	壁柜，床，床垫	实木复合 2	36	良	良
76	次卧	70	0	12	0	0	壁柜，床，床头柜	实木复合 2	30	良	良
77	书房	60	13	10	0	0	墙柜，书桌	实木复合 2	24	良	良
78	客厅	68	10	0	0	0	沙发，茶几，电视柜，墙柜	实木复合 2	45	良	—
79	主卧	72	8	13	0	0	壁柜，床，床垫	实木复合 2	75	良	—
80	儿童房	76	13	10	0	0	壁柜，床，床头柜	实木复合 2	84	良	良
81	客厅	61	0	0	0	0	沙发，茶几，电视柜，墙柜	实木复合 2	60	良	良
82	主卧	15	13	15	0	0	壁柜，床，床垫	实木复合 2	45	良	良
83	次卧	41	11	14	0	0	壁柜，床，床头柜	实木复合 2	41	良	良
84	主卧	25	16	11	0	0	壁柜，床，床头柜，墙柜	实木复合 2	42	良	良
85	大厅	18	12	14	0	0	沙发，茶几，电视柜，墙柜	实木复合 2	75	良	良
86	主卧	36	0	0	0	0	壁柜，床，床垫	实木复合 2	60	良	良
87	儿童房	28	0	14	0	0	壁柜，床，床头柜	实木复合 2	75	良	良
88	厨房	28	0	11	0	0	墙柜	实木复合 2	84	良	良
89	书房	26	0	0	0	0	壁柜，书桌	实木复合 2	69	良	良
90	主卧	11	0	10	0	0	壁柜，床，床垫	实木复合 2	63	良	良
91	主卧	27	12	16	0	0	壁柜，床，床头柜	实木复合 2	48	良	良
92	儿童房	26	9	11	0	0	壁柜，床，床头柜	实木复合 2	36	良	良

续表

序号	房间类型	人造板使用量 (m²)	实木板使用量 (m²)	复合木地板使用量 (m²)	地毯使用量 (m²)	壁纸、壁布使用量 (m²)	活动家具类型、数量、计算人造板使用量 (m²)	门、窗材质及使用量 (m²)	房间净空间容积 (m³)	门密封直观评价 (良、一般、差)	窗密封直观评价 (良、一般、差)
93	主卧	29	10	15	0	0	壁柜、床、床垫、床头柜	实木复合 2	48	一般	良
94	次卧1	22	8	12	0	0	壁柜、床、床垫、床头柜	实木复合 2	36	一般	良
95	次卧2	12	7	13	0	0	壁柜、床、床垫、床头柜	实木复合 2	30	一般	良
96	主卧	23	0	17	0	0	壁柜、床、床垫、床头柜	实木复合 2	42	良	良
97	小孩房	34	0	10	0	0	壁柜、床、床头柜、书桌	实木复合 2	27	良	良
98	次卧	27	0	12	0	0	壁柜、床、床垫、床头柜	实木复合 2	33	良	良
99	客厅	12	14	0	0	0	沙发、茶几、电视柜、墙柜	实木复合 2	36	良	良
100	主卧	55	0	13	0	0	壁柜、床、床垫、床头柜	实木复合 2	63	良	良
101	小孩房	60	11	0	0	0	壁柜、床、床垫、床头柜	实木复合 2	75	良	良
102	主卧	80	15	0	0	0	壁柜、床、床垫、床头柜	实木复合 2	42	良	一般
103	次卧	70	13	11	0	0	壁柜、床、床垫、床头柜	实木复合 2	33	良	良
104	书房	20	5	11	0	0	壁柜、书桌	实木复合 2	24	良	良
105	客厅	20	15	0	0	0	沙发、茶几、电视柜、墙柜	实木复合 2	26	良	良
106	主卧	35	12	13	0	0	壁柜、床、床垫、床头柜	实木复合 2	33	良	良
107	次卧	20	11	11	0	0	壁柜、床、床垫、床头柜	实木复合 2	25	良	良
108	主卧	35	12	17	0	0	壁柜、床、床垫、床头柜	实木复合 2	36	良	良
109	次卧	35	10	15	0	0	壁柜、床、床垫、床头柜	实木复合 2	27	良	良
110	客厅	70	14	0	0	0	沙发、茶几、电视柜、墙柜	实木复合 2	26	良	良
111	客厅	80	0	0	0	0	沙发、茶几、电视柜、墙柜	实木复合 2	28	良	良
112	客房	45	0	12	0	0	壁柜、床、床垫、床头柜	实木复合 2	26	良	良
113	客厅	10	13	0	0	0	沙发、茶几、电视柜、墙柜	实木复合 2	32	良	一般
114	主卧	16	14	14	0	0	壁柜、床、床垫、床头柜	实木复合 2	42	良	良
115	主卧	0	0	15	0	0	壁柜、床、床垫、床头柜	实木复合 2	36	良	良
116	次卧	0	0	13	0	0	壁柜、床、床垫、床头柜	实木复合 2	30	良	良
117	书房	0	0	8	0	0	墙柜、书桌	实木复合 2	24	良	良
118	客厅	30	15	0	0	0	沙发、茶几、电视柜、墙柜	实木复合 2	36	良	良
119	主卧	50	0	14	0	0	壁柜、床、床垫、床头柜	实木复合 2	30	良	良
120	次卧	100	0	16	0	0	壁柜、床、床垫、床头柜	实木复合 2	36	良	良
121	主卧	100	0	14	0	0	壁柜、床、床垫、床头柜	实木复合 2	30	良	良
122	主卧	50	15	15	0	0	壁柜、床、床垫、床头柜	实木复合 2	33	良	良
123	次卧	50	12	13	0	0	壁柜、床、床垫、床头柜	实木复合 2	27	良	良

续表

序号	房间类型	人造板使用量（m²）	实木板使用量（m²）	复合木地板使用量（m²）	地毯使用量（m²）	壁纸、壁布使用量（m²）	活动家具类型、数量、计算人造板使用量（m²）	门、窗材质及使用量（m²）	房间净空间容积（m³）	门密封直观评价（良，一般，差）	窗密封直观评价（良，一般，差）
124	客厅	7	14	0	0	0	沙发、茶几、电视柜、墙柜	实木复合2	36	良	良
125	卧室	15	10	12	0	0	壁柜、床、床头柜	实木复合2	30	良	良
126	主卧	20	0	14	0	0	壁柜、床、床垫	实木复合2	57	良	良
127	小房间	30	0	9	0	0	墙柜、书桌	实木复合2	15	良	一般
128	客厅	32	11	0	0	0	沙发、茶几、电视柜、墙柜	实木复合2	45	良	良
129	主卧	18	0	13	0	0	壁柜、床、床垫	实木复合2	30	良	良
130	主卧	15	0	15	0	0	壁柜、床、床垫	实木复合2	30	良	良
131	客卧	22	14	14	0	0	壁柜、床、床垫	实木复合2	30	良	良
132	次卧	16	0	14	0	0	壁柜、床、床垫	实木复合2	24	良	良
133	客厅	21	14	0	0	0	沙发、茶几、电视柜、墙柜	实木复合2	36	良	良
134	主卧	60	13	0	0	0	壁柜、床、床垫	实木复合2	48	良	良
135	次卧	50	12	0	0	0	壁柜、床、床垫	实木复合2	36	良	良
136	主卧	80	0	14	0	0	壁柜、床、床垫	实木复合2	45	良	良
137	次卧	60	0	13	0	0	壁柜、床、床垫	实木复合2	42	良	良
138	主卧	200	0	15	0	0	壁柜、床、床垫	实木复合2	33	良	良
139	次卧	80	0	13	0	0	壁柜、床、床垫	实木复合2	30	良	良
140	老人房	80	0	13	0	0	壁柜、床、床垫	实木复合2	24	良	良
141	主卧	150	0	14	0	0	壁柜、床、床垫	实木复合2	36	良	良
142	次卧	100	0	12	0	0	壁柜、床、床垫	实木复合2	31	良	良
143	厨房	80	0	0	0	0	壁柜	实木复合2	10	良	良
144	主卧	200	0	17	0	0	壁柜、床、床垫	实木复合2	30	良	良
145	次卧	180	0	14	0	0	壁柜、床、床垫	实木复合2	27	良	良
146	小孩房	150	0	12	0	0	壁柜、床、床垫	实木复合2	21	良	良
147	主卧	100	0	14	0	0	壁柜、床、床垫	实木复合2	39	良	良
148	次卧	90	0	12	0	0	壁柜、床、床垫	实木复合2	33	良	良
149	书房	40	4	10	0	0	墙柜	实木复合2	27	良	良
150	主卧	60	17	15	0	0	壁柜、床、床垫	实木复合2	30	良	良
151	次卧	60	0	14	0	0	壁柜、床、床垫	实木复合2	45	良	良
152	客厅	80	0	0	0	0	沙发、茶几、电视柜、墙柜	实木复合2	32	良	良
153	次卧	60	0	13	0	0	壁柜、床、床垫	实木复合2	36	良	良
154	书房	60	5	9	0	0	墙柜、书桌	实木复合2	18	良	良

续表

序号	房间类型	人造板使用量 (m²)	实木板使用量 (m²)	复合木地板使用量 (m²)	地毯使用量 (m²)	壁纸、壁布使用量 (m²)	活动家具类型、数量、计算人造板使用量 (m²)	门、窗材质及使用量 (m²)	房间净空间容积 (m³)	门密封直观评价 (良、一般、差)	窗密封直观评价 (良、一般、差)
155	书房	40	0	11	0	0	壁柜	实木复合 2	36	良	良
156	主卧	60	15	15	0	0	壁柜、床、床头柜	实木复合 2	45	良	良
157	副卧	50	11	13	0	0	壁柜、床、床头柜	实木复合 2	36	良	良
158	主卧	50	11	16	0	0	壁柜、床、床头柜	实木复合 2	42	良	良
159	次卧	50	10	14	0	0	壁柜、床、床头柜	实木复合 2	42	良	良
160	书房	30	7	9	0	0	壁柜	实木复合 2	33	良	良
161	主卧	50	20	18	0	0	壁柜、床、床头柜	实木复合 2	33	良	良
162	次卧	50	15	14	0	0	壁柜、床、床头柜	实木复合 2	24	良	良
163	老人房	30	11	13	0	0	壁柜、床、床头柜	实木复合 2	27	良	良
164	主卧	35	0	15	0	0	壁柜、床、床头柜	实木复合 2	36	良	良
165	次卧	42	0	11	0	0	壁柜、床、床头柜	实木复合 2	33	良	良
166	书房	100	0	9	0	0	壁柜、书桌	实木复合 2	30	良	良
167	主卧	80	0	15	0	0	壁柜、床、床头柜	实木复合 2	45	良	良
168	次卧	60	0	14	0	0	壁柜、床、床头柜	实木复合 2	36	良	良
169	小孩房	65	12	11	0	0	壁柜、床、床头柜	实木复合 2	30	良	良
170	主卧	60	19	0	0	0	壁柜、床、床头柜	实木复合 2	30	良	良
171	次卧	70	13	0	0	0	壁柜、床、床头柜	实木复合 2	30	良	良
172	书房	60	5	0	0	0	壁柜、书桌	实木复合 2	36	良	良
173	主卧	80	0	16	0	0	壁柜、床、床头柜	实木复合 2	45	良	良
174	次卧	100	0	14	0	0	壁柜、床、床头柜	实木复合 2	42	良	良
175	小孩房	20	30	11	0	0	壁柜、床、床头柜	实木复合 2	48	良	良
176	主卧	15	42	18	0	0	壁柜、床、床垫、床头柜	实木复合 2	36	良	良
177	次卧	60	0	12	0	0	壁柜、床、床头柜	实木复合 2	30	良	良
178	书房	40	6	9	0	0	壁柜、书桌	实木复合 2	27	良	良
179	主卧	20	32	16	0	0	壁柜、床、床头柜	实木复合 2	45	良	良
180	次卧	60	16	14	0	0	壁柜、床、床头柜	实木复合 2	42	良	良
181	儿童房	20	18	11	0	0	壁柜、床、榻榻米	实木复合 2	36	良	良
182	主卧	20	33	17	0	0	壁柜、床、床垫、床头柜	实木复合 2	48	良	良
183	次卧	45	21	15	0	0	壁柜、床、床垫、床头柜	实木复合 2	45	良	良
184	大厅	60	15	0	0	0	沙发、茶几、电视柜、墙柜	实木复合 2	60	良	良
185	主卧	65	12	16	0	0	壁柜、床、床头柜	实木复合 2	48	良	良

续表

序号	房间类型	人造板使用量（m²）	实木板使用量（m²）	复合木地板使用量（m²）	地毯使用量（m²）	壁纸、壁布使用量（m²）	活动家具类型、数量，计算人造板使用量（m²）	门、窗材质及使用量（m²）	房间净空间容积（m³）	门密封直观评价（良、一般、差）	窗密封直观评价（良、一般、差）
186	次卧	24	10	12	0	0	壁柜、床、床垫、床头柜	实木复合2	36	良	良
187	书房	82	5	8	0	0	壁柜、床、书桌	实木复合2	24	良	良
188	主卧	22	16	15	0	0	壁柜、床、床头柜	实木复合2	30	良	良
189	次卧	36	14	12	0	0	壁柜、床、床头柜	实木复合2	24	良	良
190	书房	41	0	9	0	0	床、书桌	实木复合2	36	良	良
191	主卧	25	16	0	0	0	壁柜、床、床垫、床头柜	实木复合2	30	良	良
192	次卧	31	14	0	0	0	壁柜、床、床垫、床头柜	实木复合2	24	良	良
193	大厅	55	22	0	0	0	沙发、茶几、电视柜、墙柜、鞋柜	实木复合2	24	良	良
194	主卧	32	30	16	0	0	壁柜、床、床垫、床头柜	实木复合2	230	良	良
195	次卧	61	0	14	0	0	壁柜、床、床垫、床头柜	实木复合2	24	良	良
196	书房	31	5	9	0	0	壁柜、床、书桌	实木复合2	18	良	良
197	主卧	25	52	15	0	0	壁柜、床、床垫、床头柜	实木复合2	45	良	良
198	次卧	26	40	12	0	0	壁柜、床、床垫、床头柜	实木复合2	42	良	良
199	书房	24	15	8	0	0	壁柜、床、书桌	实木复合2	18	良	良
200	主卧	29	15	14	0	0	壁柜、床、床垫、床头柜	实木复合2	36	良	良
201	次卧	28	11	11	0	0	壁柜、床、床垫、床头柜	实木复合2	36	良	良
202	客卧	34	10	15	0	0	壁柜、床、床头柜	实木复合2	30	良	良
203	主卧	29	32	18	0	0	壁柜、床、床垫、床头柜	实木复合2	30	良	良
204	次卧	31	28	14	0	0	壁柜、床、床垫、床头柜	实木复合2	30	良	良
205	大厅	32	12	24	0	0	沙发、茶几、电视柜、墙柜	实木复合2	30	良	良
206	主卧	28	0	0	0	0	壁柜、床、床垫、床头柜	实木复合2	36	良	良
207	次卧	34	0	15	0	0	壁柜、床、床垫、床头柜	实木复合2	33	良	良
208	主卧	28	30	12	0	0	壁柜、床、床垫、床头柜	实木复合2	48	良	良
209	次卧	34	25	11	0	0	壁柜、床、床垫	实木复合2	36	良	良
210	儿童房	32	16	16	0	0	壁柜、床、床垫	实木复合2	24	良	良
211	主卧	29	46	14	0	0	壁柜、床、床头柜	实木复合2	30	良	良
212	主卧	34	32	14	0	0	壁柜、床、床头柜	实木复合2	24	良	良
213	老人房	31	12	0	0	0	壁柜、床、床头柜	实木复合2	24	良	良
214	单身公寓	35	18	32	0	0	壁柜、床、沙发	实木复合2	140	良	良
215	主卧	32	0	18	0	0	壁柜、床、床头柜	实木复合2	36	良	良
216	次卧	36	0	14	0	0	壁柜、床、床头柜	实木复合2	30	良	良

续表

序号	房间类型	人造板使用量（m²）	实木板使用量（m²）	复合木地板使用量（m²）	地毯使用量（m²）	壁纸、壁布使用量（m²）	活动家具类型、数量：计算人造板使用量（m²）	门、窗材质及使用量（m²）	房间净空间容积（m³）	门密封直观评价（良、一般、差）	窗密封直观评价（良、一般、差）
217	大厅	37	12	0	0	0	壁柜、电视柜、茶几	实木复合2	24	良	良
218	主卧	31	20	15	0	0	壁柜、床垫、床、床头柜	实木复合2	42	良	良
219	次卧	39	15	13	0	0	壁柜、床垫、床、床头柜	实木复合2	36	良	良
220	书房	31	6	9	0	0	壁柜、墙柜	实木复合4	21	一般	良
221	单身公寓	60	12	40	0	0	壁柜、电视柜	实木复合2	135	良	良

表 2.6-7　Ⅰ类建筑实测调查汇总表（二）

序号	房间类型	检测时间	装修完工到检测历时（月）	室内主要污染源初步判断	房间内净空间容积（m³）	温度（℃）	通风方式、通风换气率（次/h）	测前门窗关闭时间（h）	甲醛（酚试剂分光光度法）
1	小孩房	9.3	2	有味	33	33.3	自然通风	14	0.205
2	主卧	9.3	2	有味	36	32.6	自然通风	14	0.217
3	书房	9.3	2	有味	27	32.8	自然通风	14	0.172
4	客厅	9.3	2	有味	29	32.4	自然通风	24	0.186
5	老人房	9.3	3	有味	30	32.4	自然通风	24	0.235
6	主卧	9.3	3	有味	30	32.4	自然通风	24	0.181
7	单身公寓	9.1	12	有味	30	33.1	自然通风	6	0.461
8	大厅	9.12	6	有味	60	36.9	自然通风	7	0.072
9	主卧	9.12	6	有味	30	36.9	自然通风	7	0.073
10	次卧	9.12	6	有味	30	36.9	自然通风	7	0.074
11	大厅	9.12	3	有味	60	36.9	自然通风	19	0.211
12	主卧	9.12	3	有味	51	36.9	自然通风	19	0.224
13	小孩房	9.12	3	有味	36	36.9	自然通风	19	0.188
14	大厅	9.16	30	有味	36	30.2	自然通风	24	0.373
15	主卧	9.16	30	有味	30	30.2	自然通风	24	0.393
16	儿童房	9.16	30	有味	30	30.2	自然通风	24	0.352
17	大厅	9.16	6	有味	24	31.4	自然通风	2.5	0.113
18	主卧	9.16	6	有味	33	31.4	自然通风	2.5	0.148
19	次卧	9.16	6	有味	30	31.4	自然通风	2.5	0.192
20	次卧	9.16	6	疑似有	35	30.1	自然通风	12	0.181
21	主卧	9.16	6	疑似有	30	30.1	自然通风	12	0.091

续表

序号	房间类型	检测时间	装修完工到检测历时（月）	室内主要污染源初步判断	房间内净空间容积（m³）	温度（℃）	通风方式、通风换气率（次/h）	测前门窗关闭时间（h）	甲醛（酚试剂分光光度法）
22	厨房	9.16	6	疑似有	30	30.1	自然通风	12	0.072
23	主卧	9.16	1	疑似有	36	29.8	自然通风	12	0.041
24	次卧	9.16	1	疑似有	24	29.8	自然通风	12	0.076
25	儿童房	9.16	2	疑似有	30	30.5	自然通风	16	0.073
26	主卧	9.16	2	疑似有	30	30.5	自然通风	16	0.130
27	多功能房	9.16	2	疑似有	30	30.5	自然通风	1	0.097
28	主卧	9.23	9	疑似有	36	30.2	自然通风	2	0.099
29	次卧	9.23	9	不明显	30	30.2	自然通风	17	0.090
30	书房	9.23	9	不明显	30	30.2	自然通风	17	0.097
31	主卧	9.23	36	不明显	42	30	自然通风	4	0.107
32	次卧	9.23	36	不明显	39	30	自然通风	4	0.112
33	儿童房	9.23	36	疑似有	27	30	自然通风	4	0.115
34	次卧	9.23	8	疑似有	30	30.1	自然通风	13	0.083
35	书房	9.23	8	疑似有	27	30.1	自然通风	13	0.079
36	主卧	9.23	8	疑似有	39	30.1	自然通风	6	0.052
37	主卧	9.23	2	疑似有	36	30.4	自然通风	7	0.152
38	主卧	10.9	2	疑似有	45	27.2	自然通风	12	0.041
39	次卧	10.9	2	疑似有	36	27.2	自然通风	12	0.047
40	书房	10.9	2	疑似有	18	27.2	自然通风	12	0.055
41	主卧	10.9	3	疑似有	33	27.3	自然通风	18	0.174
42	次卧	10.9	3	疑似有	30	27.3	自然通风	18	0.228
43	书房	10.9	3	疑似有	27	27.3	自然通风	18	0.173
44	大厅	10.9	3	疑似有	31	27.6	自然通风	13	0.082
45	主卧	10.9	3	疑似有	42	27.6	自然通风	13	0.178
46	次卧	10.9	3	疑似有	36	27.6	自然通风	13	0.137
47	主卧	10.9	12	有味	45	26.7	自然通风	5	0.223
48	次卧	10.9	12	有味	36	26.7	自然通风	5	0.305
49	大厅	10.9	12	有味	75	26.7	自然通风	5	0.136
50	主卧	10.9	3	有味	24	26.7	自然通风	6	0.203
51	次卧	10.9	3	有味	22	26.7	自然通风	6	0.128
52	书房	10.9	3	疑似有	27	26.7	自然通风	6	0.084
53	主卧	10.19	4	疑似有	30	23.1	自然通风	12	0.075
54	次卧	10.19	4	疑似有	27	23.1	自然通风	12	0.100

续表

序号	房间类型	检测时间	装修完工到检测历时（月）	室内主要污染源初步判断	房间内净空间容积（m³）	温度（℃）	通风方式、通风换气率（次/h）	测前门窗关闭时间（h）	甲醛（酚试剂分光光度法）
55	大厅	10.19	4	疑似有	24	23.1	自然通风	12	0.071
56	大厅	10.19	4	疑似有	39	23.3	自然通风	13	0.159
57	主卧	10.19	4	疑似有	24	23.3	自然通风	13	0.107
58	客厅	10.19	4	疑似有	35	23.3	自然通风	13	0.104
59	书房	10.19	5	疑似有	24	23.2	自然通风	17	0.119
60	主卧	10.19	5	有味	42	23.2	自然通风	5	0.088
61	次卧	10.19	5	有味	36	23.2	自然通风	5	0.146
62	单身公寓	10.19	2	有味	51	23.2	自然通风	5	0.126
63	主卧	10.19	4	有味	42	23.1	自然通风	17	0.107
64	次卧	10.19	4	有味	36	23.2	自然通风	8	0.122
65	书房	10.19	4	有味	30	23.2	自然通风	8	0.204
66	主卧	10.19	12	疑似有	36	23.2	自然通风	8	0.063
67	小孩房	11.7	12	疑似有	30	19.8	自然通风	17	0.073
68	次卧	11.7	12	疑似有	30	19.8	自然通风	17	0.036
69	主卧	11.7	1	疑似有	42	19.8	自然通风	17	0.083
70	次卧	11.7	1	疑似有	30	19.8	自然通风	15	0.070
71	客厅	11.7	1	疑似有	54	19.8	自然通风	15	0.071
72	主卧	11.7	6	疑似有	36	19.8	自然通风	15	0.059
73	次卧	11.7	6	不明显	24	20	自然通风	2	0.063
74	书房	11.7	6	不明显	24	20	自然通风	2	0.016
75	主卧	11.7	12	不明显	36	20	自然通风	2	0.010
76	次卧	11.7	12	不明显	30	19.9	自然通风	1	0.019
77	书房	11.7	12	不明显	24	19.9	自然通风	1	0.039
78	客厅	11.7	9	不明显	45	19.9	自然通风	1	0.043
79	主卧	11.7	9	疑似有	75	20	自然通风	2	0.036
80	儿童房	11.7	8	疑似有	84	20	自然通风	2	0.050
81	客厅	11.7	8	疑似有	60	20	自然通风	13	0.020
82	主卧	11.7	8	疑似有	45	20.1	自然通风	13	0.030
83	主卧	11.7	7	疑似有	41	20.1	自然通风	13	0.054
84	次卧	11.7	7	疑似有	42	22	自然通风	15	0.038
85	主卧	11.25	6	疑似有	75	22	自然通风	15	0.053
86	大厅	11.25	6	疑似有	60	22.1	自然通风	7	0.061
87	主卧	11.25	14	疑似有	75	22.6	自然通风	7	0.018

续表

序号	房间类型	检测时间	装修完工到检测历时（月）	室内主要污染源初步判断	房间内净空间容积（m³）	温度（℃）	通风方式、通风换气率（次/h）	测前门窗关闭时间（h）	甲醛（酚试剂分光光度法）
88	儿童房	11.25	14	疑似有	84	22.6	自然通风	5	0.019
89	厨房	11.25	14	疑似有	69	22.6	自然通风	5	0.042
90	书房	11.25	60	疑似有	63	22.3	自然通风	5	0.061
91	主卧	11.26	24	疑似有	48	21.7	自然通风	10	0.058
92	儿童房	11.26	24	疑似有	36	21.7	自然通风	4	0.038
93	主卧	11.26	14	疑似有	48	21.7	自然通风	4	0.043
94	次卧1	11.26	14	疑似有	36	21.7	自然通风	6	0.042
95	次卧2	11.26	14	疑似有	30	21.7	自然通风	6	0.049
96	主卧	11.26	4	疑似有	42	20	自然通风	6	0.053
97	小孩房	11.26	4	疑似有	27	20	自然通风	20	0.042
98	次卧	11.26	20	疑似有	33	20	自然通风	20	0.048
99	客厅	12.2	12	疑似有	36	17.9	自然通风	20	0.033
100	主卧	12.2	12	疑似有	63	17.9	自然通风	12	0.090
101	小孩房	12.2	12	疑似有	75	17.9	自然通风	12	0.025
102	主卧	12.2	15	疑似有	42	17.4	自然通风	12	0.075
103	次卧	12.2	15	疑似有	33	17.4	自然通风	15	0.134
104	书房	12.2	15	疑似有	24	17.4	自然通风	15	0.029
105	客厅	12.2	15	不明显	26	15	自然通风	15	0.053
106	主卧	12.2	15	不明显	33	15	自然通风	15	0.021
107	次卧	12.2	15	不明显	25	15	自然通风	15	0.030
108	主卧	12.2	1	不明显	36	18.7	自然通风	15	0.026
109	次卧	12.2	1	不明显	27	18.7	自然通风	1	0.019
110	客厅	12.4	19	不明显	26	18.5	自然通风	1	0.023
111	客厅	12.4	20	不明显	28	18.3	自然通风	20	0.022
112	客房	12.4	20	不明显	26	18.3	自然通风	20	0.031
113	客厅	12.4	12	不明显	32	16.6	自然通风	20	0.052
114	主卧	12.4	12	不明显	42	16.6	自然通风	12	0.135
115	主卧	12.4	14	不明显	36	18.5	自然通风	12	0.059
116	次卧	12.4	14	不明显	30	18.5	自然通风	14	0.057
117	书房	12.4	14	不明显	24	18.5	自然通风	14	0.052
118	客厅	12.4	4	不明显	36	18.7	自然通风	14	0.076
119	主卧	12.4	4	不明显	30	18.7	自然通风	4	0.083
120	主卧	12.4	16	不明显	36	19.5	自然通风	4	0.130

续表

序号	房间类型	检测时间	装修完工到检测历时（月）	室内主要污染源初步判断	房间内净空间容积（m³）	温度（℃）	通风方式、通风换气率（次/h）	测前门窗关闭时间（h）	甲醛（酚试剂分光光度法）
121	次卧	12.4	16	不明显	30	19.5	自然通风	16	0.174
122	主卧	12.4	21	不明显	33	18.7	自然通风	16	0.020
123	次卧	12.4	21	不明显	27	18.7	自然通风	21	0.025
124	客厅	12.4	8	不明显	36	18	自然通风	21	0.014
125	卧室	12.4	8	不明显	30	18	自然通风	8	0.026
126	主卧	12.4	1	不明显	57	16.8	自然通风	8	0.032
127	小房间	12.4	1	不明显	15	16.8	自然通风	1	0.022
128	客厅	12.4	36	不明显	45	17	自然通风	1	0.021
129	主卧	12.4	36	不明显	30	17	自然通风	36	0.026
130	主卧	12.4	16	不明显	30	18	自然通风	36	0.033
131	客卧	12.4	16	不明显	30	18	自然通风	16	0.042
132	次卧	12.5	15	不明显	24	18.1	自然通风	16	0.041
133	客厅	12.5	15	不明显	36	18.1	自然通风	16	0.022
134	主卧	12.5	16	不明显	48	17.7	自然通风	16	0.024
135	次卧	12.5	16	不明显	36	17.7	自然通风	16	0.023
136	主卧	12.5	4	不明显	45	16.9	自然通风	16	0.031
137	次卧	12.5	4	不明显	42	16.9	自然通风	4	0.021
138	主卧	12.11	3	不明显	33	20	自然通风	4	0.126
139	次卧	12.11	16	不明显	30	20	自然通风	3	0.108
140	老人房	12.11	16	不明显	24	20	自然通风	16	0.118
141	主卧	12.11	18	不明显	36	17.3	自然通风	16	0.058
142	次卧	12.11	18	不明显	31	17.3	自然通风	18	0.042
143	厨房	12.11	18	不明显	10	17.3	自然通风	72	0.063
144	主卧	12.11	15	不明显	30	16.7	自然通风	18	0.117
145	次卧	12.11	15	不明显	27	16.7	自然通风	15	0.109
146	小孩房	12.11	14	不明显	21	17	自然通风	15	0.143
147	主卧	12.11	13	不明显	39	20	自然通风	15	0.057
148	次卧	12.11	13	不明显	33	20	自然通风	13	0.066
149	书房	12.11	20	不明显	27	17.6	自然通风	13	0.072
150	主卧	12.11	20	不明显	30	17.6	自然通风	20	0.072
151	主卧	12.11	8	不明显	45	16	自然通风	20	0.073
152	客厅	12.11	8	不明显	32	15.2	自然通风	8	0.068
153	次卧	12.11	18	不明显	36	15.2	自然通风	8	0.063

续表

序号	房间类型	检测时间	装修完工到检测历时（月）	室内主要污染源初步判断	房间内净空间容积（m³）	温度（℃）	通风方式、通风换气率（次/h）	测前门窗关闭时间（h）	甲醛（酚试剂分光光度法）
154	书房	12.11	1	不明显	18	15.2	自然通风	18	0.061
155	书房	12.24	3	不明显	36	14.2	自然通风	1	0.038
156	主卧	12.24	3	不明显	45	14.6	自然通风	3	0.042
157	次卧	12.24	3	不明显	36	14.1	自然通风	3	0.061
158	主卧	12.24	12	不明显	42	13.8	自然通风	3	0.058
159	次卧	12.24	12	不明显	42	13.8	自然通风	12	0.054
160	书房	12.24	14	不明显	33	13.8	自然通风	12	0.056
161	主卧	12.24	14	不明显	33	13.6	自然通风	14	0.051
162	次卧	12.24	15	不明显	24	13.6	自然通风	14	0.031
163	老人房	12.24	15	不明显	27	13.6	自然通风	15	0.039
164	主卧	12.24	15	不明显	36	13.2	自然通风	15	0.048
165	次卧	12.24	15	不明显	33	13.2	自然通风	15	0.049
166	书房	12.24	9	不明显	30	13.4	自然通风	15	0.021
167	主卧	12.24	9	不明显	45	13.4	自然通风	15	0.064
168	次卧	12.26	9	不明显	36	13.1	自然通风	9	0.068
169	小孩房	12.26	9	不明显	30	13.1	自然通风	9	0.063
170	主卧	12.26	7	不明显	30	13.1	自然通风	9	0.061
171	次卧	12.26	7	不明显	30	13.1	自然通风	7	0.068
172	书房	12.26	4	不明显	36	13.5	自然通风	7	0.068
173	主卧	12.26	4	不明显	45	13.5	自然通风	7	0.054
174	次卧	12.26	5	不明显	42	12.1	自然通风	4	0.053
175	小孩房	12.26	5	不明显	48	12.1	自然通风	4	0.041
176	主卧	1.18	16	不明显	36	11.8	自然通风	4	0.036
177	次卧	1.18	16	不明显	30	11.8	自然通风	16	0.032
178	书房	1.18	16	不明显	27	11.8	自然通风	16	0.031
179	主卧	1.18	12	不明显	45	11.8	自然通风	16	0.038
180	次卧	1.18	12	不明显	42	11.8	自然通风	12	0.041
181	儿童房	1.18	12	不明显	36	11.8	自然通风	12	0.043
182	主卧	1.18	10	不明显	48	10.9	自然通风	12	0.051
183	次卧	1.18	10	不明显	45	10.9	自然通风	12	0.064
184	大厅	2.2	10	不明显	60	10.5	自然通风	10	0.053
185	主卧	2.2	10	不明显	48	10.5	自然通风	10	0.061
186	次卧	2.2	9	不明显	36	10.8	自然通风	9	0.049

续表

序号	房间类型	检测时间	装修完工到检测历时（月）	室内主要污染源初步判断	房间内净空间容积（m³）	温度（℃）	通风方式、通风换气率（次/h）	测前门窗关闭时间（h）	甲醛（酚试剂分光光度法）
187	书房	2.2	9	不明显	24	10.8	自然通风	9	0.051
188	主卧	2.2	7	不明显	30	10.5	自然通风	9	0.062
189	次卧	2.2	7	不明显	24	10.5	自然通风	7	0.059
190	书房	2.2	7	不明显	36	10.5	自然通风	7	0.057
191	主卧	2.2	5	不明显	30	10.5	自然通风	7	0.064
192	次卧	2.2	5	不明显	24	10.5	自然通风	5	0.038
193	大厅	2.2	5	不明显	24	10.5	自然通风	5	0.039
194	主卧	4.9	8	不明显	230	20.2	自然通风	5	0.048
195	次卧	4.9	8	不明显	24	20.2	自然通风	8	0.047
196	书房	4.9	8	不明显	18	20.2	自然通风	8	0.049
197	主卧	4.9	15	不明显	45	20.5	自然通风	8	0.041
198	次卧	4.9	15	不明显	42	20.5	自然通风	15	0.049
199	书房	4.9	15	不明显	18	20.5	自然通风	15	0.051
200	主卧	4.9	15	不明显	36	20.2	自然通风	15	0.059
201	次卧	4.9	15	不明显	36	20.9	自然通风	15	0.049
202	客卧	4.9	15	不明显	30	20.9	自然通风	15	0.047
203	主卧	4.16	13	不明显	30	25.8	自然通风	15	0.132
204	次卧	4.16	13	不明显	30	25.8	自然通风	13	0.158
205	大厅	4.16	13	不明显	30	25.8	自然通风	13	0.141
206	主卧	4.16	15	不明显	36	25.9	自然通风	13	0.072
207	次卧	4.16	15	不明显	33	25.9	自然通风	15	0.143
208	主卧	4.16	15	不明显	48	26.3	自然通风	15	0.065
209	次卧	4.16	15	不明显	36	26.3	自然通风	15	0.082
210	儿童房	4.16	12	不明显	24	25.7	自然通风	15	0.096
211	主卧	4.16	12	不明显	30	25.7	自然通风	15	0.103
212	次卧	4.16	12	不明显	24	25.7	自然通风	12	0.121
213	老人房	4.16	12	不明显	24	25.7	自然通风	12	0.042
214	单身公寓	4.16	24	不明显	140	25.7	自然通风	24	0.134
215	主卧	5.6	12	不明显	36	28.2	自然通风	10	0.168
216	次卧	5.6	12	不明显	30	28.2	自然通风	10	0.145
217	大厅	5.6	12	不明显	24	28.2	自然通风	10	0.121
218	主卧	6.3	15	不明显	42	29.3	自然通风	9	0.063
219	次卧	6.3	15	不明显	36	29.3	自然通风	9	0.078
220	书房	6.3	15	不明显	21	29.3	自然通风	9	0.052
221	单身公寓	6.19	10	不明显	135	27.4	自然通风		0.051

（2）现场实测调查结果统计分析。

根据检测结果，得出 2014—2015 年甲醛浓度的超标率为 34.4％。由于样本容量不够大，所统计的甲醛超标率仅作参考。以下是对检测结果做的统计分析。

1）按照装修完工距检测时间统计超标率如表 2.6-8 所示。

表 2.6-8　超标率统计表

检测距装修完工时间（月）	房间总数（间）	甲醛浓度超标率（％）
1～3	40	57.5
4～12	101	30.7
≥13	80	20.0

2）按照检测时室内温度统计超标率如表 2.6-9 所示。

表 2.6-9　超标率统计表

检测时室内温度	房间总数（间）	甲醛浓度超标率（％）
>20℃	108	58.3
≤20℃	113	11.5

3）按照房间功能统计超标率如表 2.6-10 所示。

表 2.6-10　超标率统计表

房间功能	房间总数（间）	甲醛浓度超标率（％）
客厅	31	33.3
卧室	136	42.6
书房	25	24.0

4）按照人造板使用面积统计超标率如表 2.6-11 所示。

表 2.6-11　超标率统计表

人造板使用面积（m²）	房间总数（间）	甲醛浓度超标率（％）
0～40	98	23.5
41～79	80	28.8
≥80	43	32.6

2.6.4　结论与建议

（1）通过对以上数据的统计可知：福州市 2014—2015 年室内装修污染物甲醛浓度的超标率为 34.4％，尤其是室温在 20℃以上，甲醛浓度的超标率高达 58.3％。检测距装修完工时间平均为 10 个月，且大部分房间均已入住并通风良好，通过这些表明福州市室内装修污染物超标情况较为严重。

（2）本次调查研究结果表明，人造板使用量以及室内温度直接影响室内装修污染物的浓度。

（3）室内装饰装修应选用合格的装修材料，且应根据房间面积及通风条件合理装修。

（4）不论是否入住，用户应注重开窗通风，最好能形成空气对流。尤其是装修污染物散发较快的夏季，以提高空气质量。若室内无人时，可以将柜门、抽屉打开通风，这样更有利于污染物尽快挥发。

（5）此次课题由于工作量大、周期长、技术人员水平有限等，研究深度存在一定的局限性，在寻求有效的防污降污措施方面，今后还需要开展深入系统的研究。

2.7　广州市装修污染调查与研究

2.7.1　广州市概况

2013—2016 年间，广州市房地产主要指标统计数据见表 2.7-1（数据来源于广州市统计局公布的广州市年度国民经济和社会发展统计公报）。

表 2.7-1　2013—2016 年广州市房地产开发主要指标完成情况

指　　标	2013 年	2014 年	2015 年	2016 年
施工面积（万 m^2）	8939.06	9369.93	9345.57	10061.92
其中：住宅（万 m^2）	5473.50	5769.59	5759.97	6105.68
新开工面积（万 m^2）	2202.36	2407.67	1741.28	2132.38
其中：住宅（万 m^2）	1376.09	1466.33	1048.05	1258.57
竣工面积（万 m^2）	1141.30	1919.46	1511.49	1202.24
其中：住宅（万 m^2）	709.60	1220.51	981.30	818.43

由表 2.7-1 可以看出，2013—2016 年间，广州市房地产施工面积呈逐年上升趋势，2016 年施工在建面积 10061.92 万 m^2，同比增加 7.7%；新开工面积呈现较大波动，2014 年新开工面积最大为 2407.67 万 m^2，其中住宅新开工面积 1466.33 万 m^2；竣工面积方面，同样 2014 年最多，达 1919.46 万 m^2，其中住宅 1220.51 万 m^2。

2.7.2　2010—2013 年室内环境污染状况统计

1．数据来源与统计方法

本次统计分析数据来源均为 2010—2013 年间有原始记录可查的私人家庭委托检测数据，大多没有记录装修情况，虽不能反映室内污染水平和装饰装修情况的关系，但也能准确反映出目前我市的总体室内污染水平和污染物种类，仍具有十分重要的参考价值。通过对 2010—2013 年有效数据的汇总，初步判断目前我国室内环境污染的主要污染物种类，可初步分析相关主要污染物和环境温度的相关性。

2．2010—2013 年室内环境污染统计结果

本次统计分析包含 77 栋建筑单体，合计 346 个房间数据。其中 I 类建筑 70 栋共 316 间，包含幼儿园 2 栋共 8 间，老人院 1 栋共 5 间，其余 67 栋为民用住宅；II 类建筑 7 栋共 30 间，全部为办公楼。调查项目为甲醛、苯和 TVOC 三项，全部采用《民用建筑工程室内环境污染控制规范》GB 50325—2010（2013 年版）指定标准方法完成。

2010—2013 年数据中 I 类建筑数据 316 组，2010—2013 年数据中 II 类建筑数据 30 组。苯数据分析：

《民用建筑工程室内环境污染控制规范》GB 50325—2010（2013 年版）中 I 类建筑和 II 类建筑苯限量均为 0.09mg/m^3，从保守出发，本次研究认为房间苯浓度大于或等于 0.10mg/m^3 为超标。在表 2.7-2 和表 2.7-3 中，有苯数据 336 个（包含二次复检数据，部分二次复检只测甲醛），苯浓度超过 0.10mg/m^3 的有 6 间，超标率为 1.8%。显然，经过 10 年

的努力，苯污染已得到根本性改善，并非室内的主要污染物。

（1）甲醛数据分析：

1）甲醛污染整体情况。

表 2.7-2 和表 2.7-3 中共有数据 346 组，包含 329 个第一次甲醛浓度检测数据（Ⅰ类建筑 304 个，Ⅱ类建筑 25 个），17 个相同房间重复检测甲醛浓度数据（Ⅰ类建筑 12 个，Ⅱ类建筑 5 个）。从保守出发，认为Ⅰ类建筑房间甲醛浓度值大于 0.10mg/m³ 为超标，Ⅱ类建筑房间甲醛浓度值大于 0.12mg/m³ 为超标。

表 2.7-2　2010—2013 年数据甲醛整体情况

建筑类型	最大值（mg/m³）	最小值（mg/m³）	调查房间数	超标房间数	超标率（%）
Ⅰ类建筑	0.570	0.005	304	80	26.32
Ⅱ类建筑	0.307	0.018	25	3	12.0

如表 2.7-2 所示，在 304 个Ⅰ类建筑房间中，甲醛浓度大于 0.10mg/m³ 有 80 个房间，甲醛超标率为 26.32%，最高浓度高达 0.570mg/m³ 超过国家Ⅰ类建筑标准 7 倍之多；在 25 个Ⅱ类建筑房间中，甲醛浓度大于 0.12mg/m³ 有 3 个房间，甲醛超标率为 12.0%，最高浓度为 0.307mg/m³ 超过国家Ⅱ类建筑标准 3 倍。

2）甲醛污染随温度的关系。

甲醛为挥发性污染物，其挥发速率易受温度等环境条件影响，将调查时房间温度划分为高、中、低三个温度区间，以初探甲醛污染和环境温度之间关系。结合广州气候条件，温度区间划分如下：低温：小于或等于 18℃；中温区：大于 18℃且小于或等于 27℃；高温区：大于 27℃，详情如表 2.7-3、图 2.7-1 所示。

表 2.7-3　甲醛污染情况和环境温度的关系

项目	低温区		中温区		高温区	
	Ⅰ类建筑	Ⅱ类建筑	Ⅰ类建筑	Ⅱ类建筑	Ⅰ类建筑	Ⅱ类建筑
总房间数	83	5	108	18	113	2
超标数	1	0	23	3	56	0
超标百分比（%）	1.2	0	21.3	16.7	49.6	0

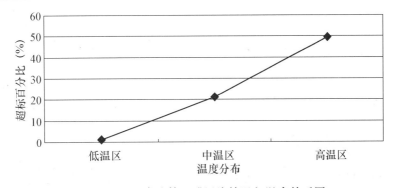

图 2.7-1　Ⅰ类建筑甲醛污染情况与温度关系图

从表 2.7-3 和图 2.7-1 可知，Ⅰ类建筑室内甲醛污染超标率与温度成正相关。在低温区，83 个样本中仅有 1 个超标，超标率 1.2%；中温区，108 个样本中有 23 个超标，超标率

21.3%，与甲醛的整体超标率水平基本相当；而在高温区，113 个样本中有 56 个超标，超标率高达 49.6%。超标率与温度区间基本呈直线上升关系，也进一步说明甲醛的挥发情况受环境温度影响巨大。对于 II 建筑，甲醛污染超标率与温度也基本呈现正相关性，但由于高温区样板数量较少，不便于得出结论。

（2）TVOC 数据分析：

1）TVOC 污染整体情况。

表 2.7-4 和表 2.7-5 中共有 TVOC 数据 336 组，包含 328 个第一次 TVOC 浓度检测数据（I 类建筑 303 个，II 类建筑 25 个），8 个相同房间重复检测 TVOC 浓度数据（I 类建筑 3 个，II 类建筑 5 个）。从保守出发，认为 I 类建筑房间 TVOC 浓度值大于 0.60mg/m³ 为超标，II 类建筑房间 TVOC 浓度值大于 0.80mg/m³ 为超标，TVOC 超标整体结果详见表 2.7-4。

表 2.7-4 2010—2013 年数据 TVOC 整体情况

建筑类型	最大值（mg/m³）	最小值（mg/m³）	调查房间数	超标房间数	超标率（%）
I 类建筑	8.22	0.05	303	84	27.72
II 类建筑	0.10	0.86	25	1	4.0

如表 2.7-4 所示，在 303 个 I 类建筑房间中，TVOC 浓度大于 0.60mg/m³ 有 84 个房间，超标率为 27.72%，最高浓度高达 8.22 mg/m³ 超过国家 I 类建筑标准 16 倍之多；在 25 个 II 类建筑房间中，TVOC 浓度大于 0.80mg/m³ 有 1 个房间，超标率为 4.0%，最高浓度为 0.86mg/m³，属轻微超标。

2）TVOC 污染随温度的关系。

总挥发性有机化合物简称 TVOC，其污染特性也和环境温度有很大关系，借鉴甲醛污染分析时的温度划分区间，将 TVOC 于温度的关系列于表 2.7-5、图 2.7-2 所示。

表 2.7-5 TVOC 污染情况和环境温度的关系

项目	低温区		中温区		高温区	
	I 类建筑	II 类建筑	I 类建筑	II 类建筑	I 类建筑	II 类建筑
总房间数	83	5	108	18	112	2
超标数	14	0	40	1	30	0
超标百分比（%）	16.87	0	37.04	5.56	26.79	0

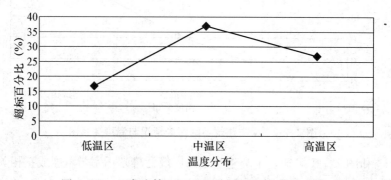

图 2.7-2 I 类建筑 TVOC 污染情况与温度关系图

从表 2.7-5 和图 2.7-2 可知，TVOC 污染与温度的关系与甲醛类似，污染超标率中、高温区 TVOC 超标率分别为 37.04% 和 26.79%，明显大于低温区的 16.87%；与甲醛污染不同的是 TVOC 在高温区的污染超标率似乎与中温区差不多甚至还略低，这样的现象可能是个例，也可能是由于 TVOC 和甲醛不同的污染来源途径差异造成的。甲醛主要来源于人造板材和胶水，其挥发都相对较慢时间较长，而 TVOC 主要来源于室内涂料等，其暴露的面积较大，挥发较快。

2.7.3 2014—2015 年室内环境污染现场实测调查统计

1. 现场实测调查实施方案

（1）房间筛选原则。

为了更好地反映出不同功能建筑的室内污染水平，本次调查房屋类型分以下三方面：

①调查三种类型房屋：住宅、幼儿园、办公楼（宾馆）；以住宅为主（占四分之三以上）。

②调查"已装修未使用"房屋及"已装修使用"房屋，毛坯房不调查，已装修未使用房屋大体占三分之二以上（"已装修"指简装修、精装修两种情况。"精装修"概指室内各房间已装修到位，具备入住条件，只缺少家具、家电等的室内装修状况）。

③自然通风房屋与机械通风房屋均在调查之列；以自然通风类型房屋为主（占五分之四以上）。

（2）实测布点情况：按《民用建筑工程室内环境污染控制规范》GB 50325 的要求，划分为两大类：Ⅰ类民用建筑工程包含：住宅、医院、老年建筑、幼儿园、学校教室等；Ⅱ类民用建筑工程包含：办公楼、商店、旅馆、文化娱乐场所、书店、图书馆、展览馆、体育馆、公共交通等候室、餐厅、理发店等。

依据调查方案，本次实地调查选择了住宅、医院、办公楼和公司宿舍四种功能的建筑物，调查房间均为已装修未使用的新房，并在调查过程中详细记录了调查房间的装饰装修情况，以期能找出房内污染和装饰装修的关系。

房间通风类型分为"自然通风房屋"与"机械通风房屋"，按方案，以自然通风类型房屋为主，本次实测调查的房间中全部为自然通风房间。其具体分布数量见表 2.7-6。

表 2.7-6 按建筑类型分布的调查数量表

建筑类型	Ⅰ类建筑		Ⅱ类建筑	
房间功能	住宅	医院	办公楼	公司宿舍
抽检数量（栋）	17	1	2	1
抽检数量（间）	66	3	5	4

表 2.7-6 中，住宅、和医院属Ⅰ类民用建筑，共调查数量 69 间，占调查总数的 88.5%；办公楼和公司宿舍（暂按Ⅱ类划分）属Ⅱ类民用建筑，共调查数量 9 间，占调查总数的 11.5%；按建筑单体计算，本次现场调查共计调查 21 栋建筑单体，其中Ⅰ类民用建筑 18 栋

（17 栋住宅和 1 栋医院），占总数的 85.7%。总体均符合调查原则要求。

2．现场实测调查过程

（1）调查项目及检测方法。

调查项目：甲醛、苯和总挥发性有机化合物（TVOC）。

检测方法：

甲醛：《公共场所卫生检验方法　第 2 部分：化学污染物》GB/T 18204.2—2014 酚试剂分光光度法；

苯：《民用建筑工程室内环境污染控制规范》GB 50325—2010（2013 年版）附录 F，活性炭吸附热解析法；

TVOC：《民用建筑工程室内环境污染控制规范》GB 50325—2010（2013 年版）附录 G，Tenax-TA 吸附管法。

（2）调查仪器：主要仪器设备如表 2.7-7 所示。

表 2.7-7　仪器设备一览表

序号	仪器设备名称	型号	生产厂家
1	分光光度计	T6 新悦	北京普析通用仪器有限责任公司
2	气相色谱仪	1790F	安捷伦科技上海有限公司
3	热解析仪	HJ-Ⅳ	北京环科易成科技有限公司
4	恒流空气采样泵	IAQ-Pro	美国 SENSIDYNE 公司
5	气体采样器	EM-1500	深圳国技仪器有限公司

（3）质量保证措施。

检测方法的质量保证：本次调查中，各污染物浓度测量均采用国标中规定的标准方法，方法的检测准确性有很高的可信度。

检测仪器的质量保证：本次调查中，所使用的检测仪器均按规定周期进行检定，并在仪器检定周期中间时间段用盲样测量等手段对仪器状态进行期间核查。实际调查中，每两个月重新制作新的标准曲线（均采用新的标准溶液完成），根据历次标准曲线数值分布判断仪器状态和标准曲线准确度，在标准曲线更新周期中间时间段用最高浓度点对标准曲线进行单点校正。

检测人员和操作的质量保证：参加本次调查检测的人员均为持证上岗，且都具备本科及以上学历。同时在调查期间，本单位还参加了广州市建设工程质量安全监督站组织的室内环境检测能力比对并取得全部参数满意的良好成绩，试验操作上得到了保证。

样品的质量保证：调查中，凡涉及 3～5 个点采样数量的均会随机挑选其中 1 个点进行平行采样；5 个点及以上的，随机挑选 2～3 个点进行平行采样。

3．现场实测调查结果及统计分析

（1）Ⅰ类建筑实测调查数据如表 2.7-8、表 2.7-9 所示。

（2）Ⅱ类建筑实测调查数据如表 2.7-10、表 2.7-11 所示。

表2.7-8 I类建筑实测调查汇总表（一）

序号	房间类型	人造板使用量（m²）	实木板使用量（m²）	复合木地板使用量（m²）	地毯使用量（m²）	壁纸、壁布使用量（m²）	活动家具类型、数量	门、窗材质	房间净空间容积（m³）	门密封直观评价（良、一般、差）	窗密封直观评价（良、一般、差）
1	客厅	0	8	0	0	0	—	实木、铝合金	60	一般	良
2	主卧	0	2	14	0	0	—	实木、铝合金	38	一般	良
3	卧室	0	2	10	0	0	—	实木、铝合金	28	一般	良
4	客厅	17	9	0	0	0	餐桌椅、茶几、电视柜、沙发椅	实木、铝合金	50	一般	良
5	主卧	40	4	12	0	0	衣柜、梳妆台、床	实木、铝合金	35	一般	良
6	客房	30	2	8	0	0	衣柜、床、床头柜	实木、铝合金	21	一般	良
7	书房	45	2	10	0	0	书柜、电脑桌、储物柜、椅子	实木、铝合金	27	一般	良
8	客厅	30	8	0	0	0	边柜、壁柜、壁柜、储物柜	实木、铝合金	99	一般	良
9	主卧	65	2	0	0	0	书柜、衣柜、床、床头柜	实木、铝合金	30	一般	良
10	客房	21	2	0	0	0	衣柜、床、床头柜	实木、铝合金	30	一般	良
11	客厅	33	8	34	0	0	茶几、电视柜、储物柜、沙发	实木、铝合金	95	一般	良
12	主卧	32	2	20	0	0	衣柜、床、床头柜	实木、铝合金	56	一般	良
13	书房	36	2	12	0	0	床、书柜、书桌、衣柜	实木、铝合金	34	一般	良
14	儿童房	32	2	10	0	0	床、书桌、衣柜	实木、铝合金	28	一般	良
15	客厅	28	6	10	0	0	餐桌椅、茶几、床、电视柜、摆设柜	实木、铝合金	45	一般	良
16	主人房	49	2	15	0	0	衣柜、电视柜、梳妆台、电脑桌	实木、铝合金	42	一般	良
17	儿童房	41	2	10	0	0	衣柜、书桌、书架、床	实木、铝合金	28	一般	良
18	卫生间	0	0	0	0	0	—	实木、铝合金	17	一般	良
19	客厅	8	20	32	0	0	餐桌椅、茶几、沙发、电视柜、博古架	实木、铝合金	90	一般	良
20	主人房	41	5	11	0	0	衣柜、床、储物柜、床头柜	实木、铝合金	30	一般	良
21	客房	51	5	9	0	0	衣柜、床、衣柜	实木、铝合金	25	一般	良
22	客厅	36	11	0	0	0	餐桌椅、茶几、沙发鞋柜、电视柜、储物柜	实木、铝合金	95	一般	良
23	主卧	44	2	20	0	0	衣柜、床、电脑桌	实木、铝合金	54	一般	良
24	小孩房	48	2	5	0	0	衣柜、床、书桌	实木、铝合金	46	一般	良
25	卧室	26	2	0	0	0	衣柜、床、床头柜、床	实木、铝合金	25	一般	良
26	客厅	34	14	0	0	0	餐桌椅、茶几、沙发、鞋柜、电视柜、储物柜	实木、铝合金	58	一般	良
27	主卧	33	3	0	0	0	衣柜、床、书桌	实木、铝合金	21	一般	良

续表

序号	房间类型	人造板使用量（m²）	实木板使用量（m²）	复合木地板使用量（m²）	地毯使用量（m²）	壁纸、壁布使用量（m²）	活动家具类型、数量	门、窗材质	房间净空间容积（m³）	门密封直观评价（良、一般、差）	窗密封直观评价（良、一般、差）
28	小孩房	32	2	0	0	0	衣柜、双层床、吊柜、书桌	实木、铝合金	17	一般	良
29	客厅	34	14	0	0	0	餐桌椅、茶几、沙发、电视柜、储物柜、鞋柜	实木、铝合金	58	一般	良
30	主卧	33	3	0	0	0	衣柜、床、书桌	实木、铝合金	21	一般	良
31	小孩房	32	2	0	0	0	衣柜、双层床、吊柜、书桌	实木、铝合金	17	一般	良
32	客厅	0	6	0	0	0	—	实木、铝合金	64	一般	良
33	主卧	28	3	10	0	0	衣柜	实木、铝合金	26	一般	良
34	卧室	25	3	8	0	0	衣柜	实木、铝合金	22	一般	良
35	书房	22	3	0	0	0	衣柜	实木、铝合金	19	一般	良
36	客厅	24	9	0	0	0	电视柜、皮沙发、隔断柜、餐桌	实木、铝合金	68	一般	良
37	女孩房	28	6	0	0	0	衣柜、床、餐桌	实木、铝合金	25	一般	良
38	主人房	42	4	0	0	0	床、储物柜、电脑桌	实木、铝合金	41	一般	良
39	男孩房	36	6	0	0	0	储物柜、衣柜	实木、铝合金	22	一般	良
40	客厅	37	8	0	0	17	电视柜、沙发、餐桌椅、边柜	实木、铝合金	62	一般	良
41	主卧	46	2	12	0	16	衣柜、床、床头柜、梳妆台	实木、铝合金	35	一般	良
42	卧室	29	2	10	0	14	衣柜、床、书桌	实木、铝合金	27	一般	良
43	客厅	48	12	0	0	0	电视柜、沙发、餐桌椅、茶几、储物柜	实木、铝合金	74	一般	良
44	厨房	12	8	0	0	0	组合橱柜	实木、铝合金	13	一般	良
45	儿童房	38	12	9	0	0	双层床、储物柜	实木、铝合金	24	一般	良
46	主卧	54	2	14	0	0	床、衣柜、梳妆柜	实木、铝合金	38	一般	良
47	卧室	44	2	9	0	0	床、衣柜	实木、铝合金	24	一般	良
48	客厅	42	11.5	0	0	0	电视柜、储物柜、茶几、餐桌椅	实木、铝合金	109	一般	良
49	儿童房	49	8	16.5	0	0	床、书桌、衣柜	实木、铝合金	46	一般	良
50	长辈房	34	4	11	0	0	床、衣柜	实木、铝合金	30	一般	良
51	书房	45	2	7.5	0	0	书柜、电脑桌	实木、铝合金	21	一般	良
52	主人房	40	10	12.5	0	0	床、衣柜、床头柜	实木、铝合金	35	一般	良
53	客厅	18	15	0	0	0	餐桌椅、电视柜、茶几	实木、铝合金	78	一般	良
54	书房	0	2	0	0	0	—	实木、铝合金	18	一般	良
55	客房1	22	2	0	0	0	衣柜、床	实木、铝合金	14	一般	良

续表

序号	房间类型	人造板使用量（m²）	实木板使用量（m²）	复合木地板使用量（m²）	地毯使用量（m²）	壁纸、壁布使用量（m²）	活动家具类型、数量	门、窗材质	房间净空间容积（m³）	门密封直观评价（良、一般、差）	窗密封直观评价（良、一般、差）
56	主人房	42	2	0	0	0	衣柜、床	实木、铝合金	43	一般	良
57	客房2	16	2	0	0	0	衣柜床	实木、铝合金	22	一般	良
58	客厅	12	9	0	0	0	电视柜、餐桌椅	实木、铝合金	58	一般	良
59	儿童房	26	2	7	0	0	衣柜、床	实木、铝合金	19	一般	良
60	主人房	12	2	11	0	0	床、书柜	实木、铝合金	30	一般	良
61	长辈房	14	21	8.5	0	0	木柜、储物柜	实木、铝合金	24	一般	良
62	客厅	22	9	0	0	0	餐桌椅、电视柜、茶几、边柜	实木、铝合金	87	一般	良
63	次卧	6	2	12	0	0	床、床头柜	实木、铝合金	34	一般	良
64	主卧	34	2	11	0	0	衣柜、床、床头柜	实木、铝合金	30	一般	良
65	书房	46	2	7	0	0	书柜、电脑桌	实木、铝合金	19	一般	良
66	厨房	0	0	0	0	0	—	实木、铝合金	14	一般	良
67	工疗站	0	8	0	0	0		实木、铝合金	242	一般	良
68	康复室	45	4	0	0	0	储物柜	实木、铝合金	221	一般	良
69	诊室	5	2	0	0	0	桌椅	实木、铝合金	40	一般	良

表2.7-9 I类建筑实测调查汇总表（二）

序号	房间类型	检测时间	装修完工到检测历时（月）	室内主要污染源初步判断	房间内净空间容积（m³）	温湿度（℃/RH%）	通风方式	测前门窗关闭时间（h）	甲醛（酚试剂分光光度法）（mg/m³）	TVOC（气相色谱法）（mg/m³）	9种成分占TVOC百分比（%）	备注
1	客厅	2014.4	1	无	60	24/63	自然通风	2	0.016	0.34	18.8	—
2	主卧	2014.4	1	无	38	24/63	自然通风	2	0.009	0.28	27.5	—
3	卧室	2014.4	1	无	28	24/63	自然通风	2	0.006	0.26	27.7	—
4	客厅	2014.2	4	疑似有	50	14/68	自然通风	2	0.041	0.20	24.0	—
5	主卧	2014.2	4	疑似有	35	14/68	自然通风	2	0.060	0.29	48.6	—
6	客房	2014.2	4	疑似有	21	14/68	自然通风	2	0.082	0.30	63.3	—
7	书房	2014.2	4	疑似有	27	14/68	自然通风	2	0.055	0.11	23.6	—
8	客厅	2014.4	5	有	99	14/78	自然通风	24	0.105	1.10	29.3	—
9	主卧	2014.4	5	有	30	14/78	自然通风	24	0.078	0.60	31.8	—

续表

序号	房间类型	检测时间	装修完工到检测历时（月）	室内主要污染源初步判断	房间内净空间容积（m³）	温湿度（℃/RH%）	通风方式	测前门窗关闭时间（h）	甲醛（酚试剂分光光度法）（mg/m³）	TVOC（气相色谱法）（mg/m³）	9种成分占TVOC百分比（%）	备注
10	客房	2014.4	5	有	30	14/78	自然通风	24	0.086	0.62	39.8	—
11	客厅	2014.6	1	有	95	28/52	自然通风	20	0.122	0.37	41.6	—
12	主卧	2014.6	1	有	56	28/52	自然通风	20	0.144	0.34	33.8	—
13	书房	2014.6	1	有	34	28/52	自然通风	20	0.139	0.49	47.3	—
14	儿童房	2014.6	1	有	28	28/52	自然通风	20	0.181	0.58	44.1	—
15	客厅	2014.7	2	有	45	30/68	自然通风	4	0.137	2.05	67.7	—
16	主人房	2014.7	2	有	42	30/68	自然通风	4	0.148	2.50	74.2	—
17	儿童房	2014.7	2	有	28	30/68	自然通风	4	0.128	3.88	75.2	—
18	卫生间	2014.7	2	有	17	30/68	自然通风	4	0.109	1.94	69.8	—
19	客厅	2014.6	4	疑似有	90	30/67	自然通风	12	0.059	0.28	16.4	—
20	主人房	2014.6	4	疑似有	30	30/67	自然通风	12	0.077	0.56	13.8	—
21	客房	2014.6	4	疑似有	25	30/67	自然通风	12	0.075	0.52	16.5	—
22	客厅	2014.5	1	疑似有	95	24/72	自然通风	12	0.062	0.37	30.3	—
23	主卧	2014.5	1	疑似有	54	24/72	自然通风	12	0.050	0.27	40.0	—
24	小孩房	2014.5	1	疑似有	46	24/72	自然通风	12	0.053	0.26	40.8	—
25	卧室	2014.5	1	疑似有	25	24/72	自然通风	12	0.064	0.30	34.0	—
26	客厅	2014.5	1	有	58	24/72	自然通风	12	0.358	0.83	39.0	26#复检
27	主卧	2014.5	1	有	21	24/72	自然通风	12	0.370	0.59	31.5	27#复检
28	小孩房	2014.5	1	有	17	24/72	自然通风	12	0.918	1.24	45.8	28#复检
29	客厅	2014.8	4	有	58	28/74	自然通风	12	0.198	0.28	34.6	—
30	主卧	2014.8	4	有	21	28/74	自然通风	12	0.186	0.26	30.4	—
31	小孩房	2014.8	4	有	17	28/74	自然通风	12	0.764	0.24	50.8	—
32	客厅	2014.6	1	疑似有	64	24/72	自然通风	12	0.087	0.52	16.9	—
33	主卧	2014.6	1	疑似有	26	24/72	自然通风	12	0.104	0.59	16.1	—
34	卧室	2014.6	1	疑似有	22	24/72	自然通风	12	0.091	0.53	22.8	—
35	书房	2014.6	1	疑似有	19	24/72	自然通风	12	0.088	0.88	14.9	—
36	客厅	2014.6	2	疑似有	68	28/75	自然通风	12	0.067	0.40	23.3	—
37	女孩房	2014.6	2	疑似有	25	28/75	自然通风	12	0.133	0.61	29.2	—

续表

序号	房间类型	检测时间	装修完工到检测历时（月）	室内主要污染源初步判断	房间内净空间容积（m³）	温湿度（℃/RH%）	通风方式	测前门窗关闭时间（h）	甲醛（酚试剂分光光度法）（mg/m³）	TVOC（气相色谱法）（mg/m³）	9种成分占TVOC百分比（%）	备注
38	主人房	2014.6	2	疑似有	41	28/75	自然通风	12	0.219	0.40	20.0	—
39	男孩房	2014.6	2	疑似有	22	28/75	自然通风	12	0.136	1.15	9.0	—
40	客厅	2014.8	8	疑似有	62	28/63	自然通风	12	0.079	0.30	29.0	—
41	主卧	2014.8	8	疑似有	35	28/63	自然通风	12	0.095	0.18	18.9	—
42	卧室	2014.8	8	疑似有	27	28/63	自然通风	12	0.186	0.31	11.6	—
43	客厅	2014.9	1	疑似有	74	30/72	自然通风	12	0.115	0.32	19.1	—
44	厨房	2014.9	1	疑似有	13	30/72	自然通风	12	0.141	0.33	23.6	—
45	儿童房	2014.9	1	疑似有	24	30/72	自然通风	12	0.170	0.79	15.9	—
46	主卧	2014.9	1	疑似有	38	30/72	自然通风	12	0.141	0.37	21.4	—
47	卧室	2014.9	1	疑似有	24	30/72	自然通风	12	0.113	0.34	10.6	—
48	客厅	2014.12	3	无	109	17/50	自然通风	24	0.020	0.27	11.2	—
49	儿童房	2014.12	3	无	46	17/50	自然通风	24	0.025	0.27	15.6	—
50	长辈房	2014.12	3	无	30	17/50	自然通风	24	0.023	0.28	16.0	—
51	书房	2014.12	3	无	21	17/50	自然通风	24	0.023	0.3	14.3	—
52	主人房	2014.12	3	无	35	17/50	自然通风	24	0.023	0.27	11.8	—
53	客厅	2014.12	2	无	78	18/54	自然通风	24	0.036	0.27	18.9	—
54	书房	2014.12	2	无	18	18/54	自然通风	24	0.034	0.30	20.0	—
55	客厅1	2014.12	2	无	14	18/54	自然通风	24	0.017	0.38	22.1	—
56	主人房	2014.12	2	无	43	18/54	自然通风	24	0.008	0.27	16.5	—
57	客房2	2014.12	2	无	22	18/54	自然通风	24	0.019	0.23	20.2	—
58	客厅	2014.12	3	无	58	17/56	自然通风	48	0.031	0.25	20.7	—
59	儿童房	2014.12	3	无	19	17/56	自然通风	48	0.034	0.24	16.2	—
60	主人房	2014.12	3	无	30	17/56	自然通风	48	0.037	0.23	14.5	—
61	长辈房	2014.12	3	无	24	17/56	自然通风	48	0.027	0.47	26.8	—
62	客厅	2014.11	11	无	87	17/54	自然通风	25	0.027	0.23	18.8	—
63	次卧	2014.11	11	无	34	17/54	自然通风	25	0.021	0.27	28.0	—
64	主卧	2014.11	11	无	30	17/54	自然通风	25	0.038	0.25	25.0	—
65	书房	2014.11	11	无	19	17/54	自然通风	25	0.032	0.32	24.6	—
66	厨房	2014.11	11	无	14	17/54	自然通风	25	0.022	0.24	19.1	—
67	工疗站	2014.2	1	无	242	14/52	自然通风	2	0.006	0.1	11.2	—
68	康复室	2014.2	1	无	221	14/52	自然通风	2	0.008	0.14	14.5	—
69	诊室	2014.2	1	无	40	14/52	自然通风	2	0.007	0.11	12.3	—

表 2.7-10 Ⅱ类建筑实测调查汇总表（一）

序号	房间类型	人造板使用量（m²）	实木板使用量（m²）	复合木地板使用量（m²）	地毯使用量（m²）	壁纸、壁布使用量（m²）	活动家具类型、数量	门、窗材质	房间净空间容积（m³）	门密封直观评价（良、一般、差）	窗密封直观评价（良、一般、差）
1	总经理室	0	2	0	0	0	—	实木、铝合金	78	一般	良
2	员工办公区	250	6.5	0	0	0	员工办公座椅、储物柜	实木、铝合金	980	一般	良
3	值班室	0	2.5	0	0	0	—	实木、铝合金	36	一般	良
4	休息室	0	18	0	74	69	—	实木、铝合金	208	一般	良
5	会议室	0	6	268	0	0	—	实木、铝合金	750	一般	良
6	桌球室	0	4	0	0	0	—	实木、铝合金	142	一般	良
7	阅览室	0	4	0	0	0	—	实木、铝合金	142	一般	良
8	宿舍	0	2	0	0	0	—	实木、铝合金	49	一般	良
9	宿舍	0	2	0	0	0	—	实木、铝合金	49	一般	良

表 2.7-11 Ⅱ类建筑实测调查汇总表（二）

序号	房间类型	检测时间	装修完工到检测历时（月）	室内主要污染源初步判断	房间内净空间容积（m³）	温湿度（℃/RH%）	通风方式、通风换气率（次/h）	测前门窗关闭时间（h）	甲醛（酚试剂分光光度法）	TVOC（气相色谱法）	9种成分占TVOC百分比（%）	备注
1	总经理室	2014.2	2	无	78	12/68	集中通风	2	0.036	0.07	18.6	
2	员工办公区	2014.2	2	无	980	12/68	集中通风	2	0.029	0.12	10.8	
3	值班室	2014.4	0.5	疑似有	36	26/59	自然通风	1	0.077	0.13	26.9	
4	休息室	2014.4	0.5	疑似有	208	26/59	自然通风	1	0.010	0.20	25.0	
5	会议室	2014.4	0.5	疑似有	750	26/59	自然通风	1	0.066	0.22	29.1	
6	桌球室	2014.1	1	无	142	21/61	自然通风	12	0.014	0.20	46.5	
7	阅览室	2014.1	1	无	142	21/61	自然通风	12	0.021	0.18	54.4	
8	宿舍	2014.1	1	无	49	21/61	自然通风	12	0.011	0.16	68.1	
9	宿舍	2014.1	1	无	49	21/61	自然通风	12	0.023	0.17	47.1	

（3）调查数据统计分析。

在 2010—2013 年数据分析得出的各污染物情况的基础上，2014 年调查数据均为现场实地调查，调查房间均为已装修未使用的新房，并在调查过程中详细记录了调查房间的装饰装修情况，以期能找出房内污染和装饰装修的关系。2014 年调查数据详见表 2.7-8、表 2.7-9、表 2.7-10 和表 2.7-11。

1）现场调查数据总体情况：按 2010—2013 年数据超标标准，统计分析情况如表 2.7-12 所示。

表 2.7-12 2014 年调查数据分析总体情况汇总表

建筑类型	Ⅰ类建筑			Ⅱ类建筑		
调查项目	苯	甲醛	TVOC	苯	甲醛	TVOC
抽检数量（间）	69			9		
最大值（mg/m³）	0.130	0.918	3.88	0.004	0.077	0.01
最小值（mg/m³）	0.001	0.006	0.07	0.002	0.010	0.22
超标数量（间）	1	25	13	0	0	0
超标率（％）	1.44	36.23	18.84	0	0	0

从表 2.7-12 中可以看出，2014 年现场调查房间的甲醛污染超标率为 36.23％，最高浓度达 0.918mg/m³，超过Ⅰ类建筑限量值 11 倍；TVOC 超标率为 18.84％，最高浓度达 3.88mg/m³，超过Ⅰ类建筑限量值 7 倍；其次还有及其少量的苯污染超标。

其污染特征基本符合 2010—2013 年数据得出的结论：经过 10 年的努力，大众居住环境苯污染情况基本得到了改善，目前室内环境污染主要为甲醛和 TVOC 污染，且污染水平普遍较高，应该引起重视。

2）温度对室内污染的影响：2014 年度调查数据中Ⅱ类建筑未出现污染物超标情况，且Ⅰ类建筑中只有一个苯超标房间，数量太少，在此仅讨论Ⅰ类建筑的甲醛和 TVOC 污染跟温度的关系。按照上述温度划分规则，详情如表 2.7-13、图 2.7-3 所示。

表 2.7-13 Ⅰ类建筑室内污染情况和环境温度的关系

项目	低温区		中温区		高温区	
	甲醛	TVOC	甲醛	TVOC	甲醛	TVOC
总房间数（间）	31		21		26	
超标数	1	3	4	3	20	7
超标百分比（％）	3.2	9.7	19.0	14.3	76.9	26.9

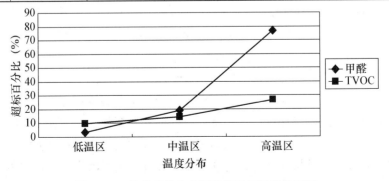

图 2.7-3 Ⅰ类建筑室内污染情况与温度关系图

从图 2.7-3 可以看出，甲醛和 TVOC 的超标率随着环境温度的升高而升高，与 2010—2013 年数据呈现出相同的趋势。尤其在高温区，甲醛超标率高达 76.9%，明显高于中温区的 19.0%；而 TVOC 超标率增加相对较弱，甚至 2010—2013 年数据中出现了高温区超标率低于中温区的现象，下面结合装饰装修完成时间的不同来进一步探讨。

3）装修完成时间对室内污染的影响：2014 年调查的数据中，装修完工历时日期从 0.5 个月到 11 个月不等，但有一组历时 4 月的检测数据，为第一次检测房间甲醛均严重超标房间的复检数据，复检的甲醛数据仍然全部超标，考虑其不具有随机性故暂不做统计。具体分布如表 2.7-14、图 2.7-4 所示。

表 2.7-14　室内污染情况与装修完工历时时间统计表

历时（月）	0.5		1		2		3		4		5		8		11	
总房间数（间）	3		30		15		9		7		3		3		5	
超标数	甲醛	TVOC	甲醛	TVOC	甲醛	TVOC	甲醛	TVOC	甲醛	TVOC	甲醛	TVOC	甲醛	TVOC	甲醛	TVOC
	0	0	13	4	7	6	0	0	0	0	1	3	1	0	0	0
超标率（%）	0	0	43.3	13.3	46.6	40.0	0	0.0	0	0	33.3	100	33.3	0	0	0

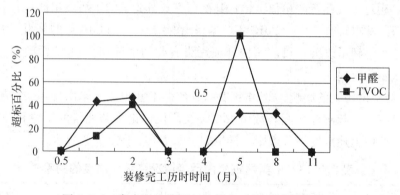

图 2.7-4　室内污染情况与装修完工历时时间的关系

从表 2.7-14 和图 2.7-4 可以看出，甲醛超标率在装修完成的前 2 个月内最高为 46.6%，随着装修完工时间的延长逐渐呈下降趋势，尤其 3 个月以后甲醛的超标率也明显低于前 2 个月。TVOC 呈现的总体趋势与甲醛基本雷同，但是有一户历时 5 个月的 3 个检测数据中，甲醛超标率 33.3%，TVOC 超标率 100%，这可能是因为历时 5 月的检测数据太少造成的偏离现象，有待进一步研究。

结合第一次检测甲醛严重超标的家庭复检数据，其两次检测数据详见表 2.7-9 第 26～31 行，在经历了 3 个月的自由挥发期后，TVOC 数据全部满足标准限量要求，甲醛含量也有一定降低但仍然超标，这进一步印证了上文所述甲醛挥发期相比 TVOC 长的猜想。

4）装饰装修材料用量对室内空气质量的影响：装饰装修材料是室内污染物（甲醛和 TVOC）的唯一来源，其材料的种类和用量的多少直接决定了室内环境质量的好坏。然而近年来室内环境质量的研究中，鲜有关于装饰装修材料种类及用量对室内环境影响的研究。

按课题组要求，本次调查将室内具有目标污染物来源的装饰装修材料主要分为以下几大类：人造板材、地板、实木、壁纸、地毯等。鉴于本次调查住宅基本为新建住宅，且开发商的装修大体类似，装修简况如表2.7-15。可见本次调查房间只有少数办公楼有地毯和壁纸装饰，大多数住宅楼的主要污染物来源则是：人造板材、内墙乳胶漆、复合木地板、实木制品等，本次调查数据也仅分析以上几类材料。

表 2.7-15　广州市售房屋装修简况表

房间功能 ＼ 装修部位	地面	墙面	天花	其他
客厅/餐厅	抛光砖	乳胶漆	乳胶漆	储物柜，鞋柜
卧室	复合木地板	乳胶漆	乳胶漆	衣柜，储物柜
厨房	防滑砖	瓷砖	石膏板	壁柜
洗手间	防滑砖	瓷砖	石膏板	洗漱用具

由于调查房间容积有大小区别，不能简单用装修材料的面积来进行评判，故用材料"承载比"概念比较利于数据分析，所谓承载比就是房间内某种装饰材料表面积与房间容积的比值。各调查房间实木和人造板的用量差异较大，承载比分布也较宽泛，为便于分析，实木和人造板材承载比划分为若干等级进行统计，详见表2.7-16、表2.7-17和图2.7-5、图2.7-6。

表 2.7-16　实木板材承载比分类统计表

承载比分类	0～0.0500	0.050～0.100	0.100～0.150	0.150～0.200	0.200～0.250	＞0.250
总数	17	25	19	8	4	5
甲醛超标数	3	9	6	1	3	3
TVOC 超标数	2	4	2	1	2	2
甲醛超标率（%）	17.6	36.0	31.6	12.5	75.0	60.0
TVOC 超标率（%）	11.8	16.0	10.5	12.5	50.0	40.0

表 2.7-17　人造板承载比分类统计表

承载比分类	0～0.50	0.50～1.00	1.00～1.50	1.50～2.00	2.00～2.50
总数	32	11	22	9	4
甲醛超标数	3	6	9	7	0
TVOC 超标数	2	3	4	3	1
甲醛超标率（%）	9.4	54.5	40.9	77.8	0
TVOC 超标率（%）	6.3	27.3	18.2	33.3	25.0

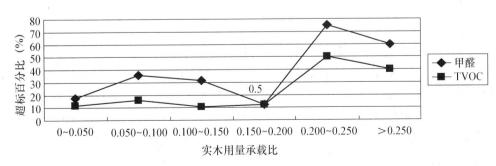

图 2.7-5　装饰装修实木用量与室内污染的关系图

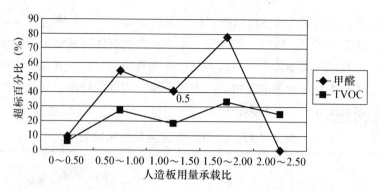

图 2.7-6　装饰装修人造板材用量与室内污染的关系图

　　由以上图表可知，尽管受调查数量限制，除个别偏离以外，实木和人造板用量与室内环境污染超标率仍然呈正相关趋势。实木的承载比在 0.2 以下时呈现出的甲醛和 TVOC 超标率与调查数据整体污染水平基本持平；人造板承载比大于 0.5 时，呈现出的甲醛超标率明显大于整体水平值。在有 4 个人造板材承载比大于 2.0 的调查房间中，甲醛均合格，这也许个别偏离情况，但也可说明在装修过程中，室内污染水平一方面取决于装饰装修材料的用量，另一方面也取决于装饰装修材料的质量和施工工艺，这是一个很复杂的情况，有待本课题后续研究进一步讨论。

　　木地板承载比通常较为固定，主要受室内高度影响，差异不大。因此，本文主要将木地板使用情况分为"有"和"没有"两类，统计详见表 2.7-18、图 2.7-7。

表 2.7-18　木地板使用情况

分类	总数	甲醛超标数	TVOC 超标数	甲醛超标率（％）	TVOC 超标率（％）
有木地板	34	11	10	32.4	29.4
没有木地板	44	14	3	31.8	6.8

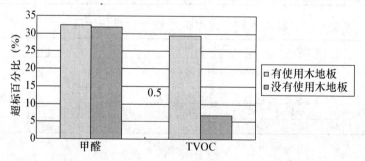

图 2.7-7　装饰装修木地板使用情况与室内污染的关系图

　　由上可见，调查的房间中使用木地板和未使用木地板的房间数各占近一半，且数据显示两种装修情况下甲醛的超标率基本相当，分别为 32.4％ 和 31.8％，有使用木地板的房间甲醛超标率略高一点，原因可能为大部分材质为实木地板，甲醛释放量本身相对较小；而 TVOC 超标情况却相差较大，有使用木地板的房间 TVOC 超标率为 29.4％ 明显高于未使用木地板装修房间的超标率 6.8％，可能与木地板表面处理的油漆及垫层有关。

2.7.4　结论

　　（1）综合近 4 年的检测数据，目前我国民用住宅室内环境主要污染物为甲醛和挥发性有机化合物（TVOC），均有近 30％ 左右的超标率，甚至有少数房间超标 10 倍以上，十分严重。而苯污染得到了根本性的改善。

（2）甲醛和 TVOC 超标率与调查房间内温度呈正相关，尤其甲醛表现得十分明显，这可能跟两种污染物的产生途径相关。

（3）根据不同装修完工时间统计可以看出：甲醛和 TVOC 超标率在装修完成的前 2 个月内最高，随着装修完工时间的延长逐渐呈下降趋势，尤其 3 个月以后甲醛和 TVOC 超标率均明显低于前 2 个月。

（4）实木的承载比在 0.2 以下时呈现出的甲醛和 TVOC 超标率与调查数据整体污染水平基本持平；人造板承载比大于 0.5 时，呈现出的甲醛超标率明显大于整体水平值。

（5）木地板装修的有无情况似乎对甲醛超标影响不大，但有木地板房间的 TVOC 超标率却明显高于没有木地板的房间，有待课题组进一步证实。

2.8　银川市装修污染调查与研究

"全国室内装饰装修污染检测调查与防治研究"是住房和城乡建设部建科函［2013］103号文《2013 年科学技术项目计划》中的课题之一，该课题起止日期为 2013 年 5 月—2015 年12 月，由国家建筑工程室内环境检测中心出面组织，宁夏建筑工程质量监督检验站和诸多省市兄弟一起参加进行全国室内装修污染调查。

2.8.1　宁夏回族自治区概况

宁夏是中国五个少数民族自治区之一，位于中国西北地区东部，毗邻陕西省、甘肃省和内蒙古自治区，总面积 64 万 m^2，管辖 5 个地级市，人口 630 万人，其中回族人口 219 万人，占总人口的 77％。自治区首府银川市，是中国历史文化名城之一。

近 5 年来，全区经济呈现较快发展态势，经济规模、质量和效益显著提升，农业发展的基础进一步加强，特色优势更加明显，投资建设的一批工业项目的投产、达产，使经济持续平稳健康发展的基础更加稳固。全区沿黄经济战略和扶贫攻坚战略的深入实施以及内陆开放型经济试验区和银川综合保税区建设的启动等，支撑经济持续健康发展的因素不断增加，这些积极变化将为全区经济加快发展提供动能，有利于经济的持续平稳增长。

2.8.2　室内装修污染调查组织实施

按照国家课题组的要求，我单位选派多位专业技术人员，成立课题项目组，负责宁夏回族自治区各地区的室内装修污染调查研究工作。

1. 检测调查污染物及取样检测要求

（1）主检污染物：甲醛、TVOC。

（2）检测方法。经过比较分析，本次调查，选择以下检测方法：

1）甲醛检测方法：简便取样仪器检测方法（4160 型甲醛分析仪）；

2）TVOC 检测方法：气相色谱法。

（3）取样检测操作要求。

1）检测时，对于采用集中空调的民用建筑工程，应在空调正常运转的条件下进行；对采用自然通风的民用建筑工程，检测应在对外门窗关闭 1h 后进行。

2）"已装修使用"房屋调查时，取样检测在房屋正常使用状态下进行（对外门窗关闭 1h 后人员进入，测量过程中人员减少进出，停止做饭等产生污染活动）。

3）在装饰装修工程中完成的固定式家具，在取样检测的过程中应保持正常的使用状态。

2.8.3　实地检测调查内容

本次调查时间为 2014 年 4 月至 11 月，调查总量为 24 个单体建筑（每栋建筑抽取一个房间作为详细调查对象），为 2014 年日常进行的已装修工程验收检测及客户委托的"已装修使用房屋"检测进行。

为做好现场观察和原始记录，注意记录如下信息：

（1）检测方面：被测房间功能、套内房间数量、被测房间面积、被测房间内部整体形状、被测房间长×宽×高尺寸（cm）、层高、房间门窗数量、地面面积（m²，装修后）、净空间容积（m³）、检测日期、检测方法、对外门窗关闭时间及检测结果等。

（2）房间通风方面：房间对外门（窗）面积、门（窗）材质、门（窗）密封性（直观，文字描述）、采暖空调方式（中央空调、空调一体机、分体机、地暖、抽排风机等）、门窗关闭情况下通风率（次/h，测试方法，当天当地天气、风力）、及使用情况（检测时是否使用）、当天风力、室内外环境温湿度等。

（3）室内装修方面：统计并描述室内装修材料的类型：地面装修材料（地板砖、地板革、复合地板、地毯、木地板等）、墙壁装修材料（涂料、壁纸、壁布、人造板＋壁布混合等）、顶板装修材料（涂料、石膏板吊顶、泡沫板吊顶、复杂吊顶等）；有无固定式壁柜、吊柜，壁柜、吊柜材质等。

统计人造板、实木板、地板革、复合地板、地毯（动物毛、化纤等材质）、壁纸、壁布等使用面积（包括壁饰、吊顶、橱柜、地板、家具等）、壁饰、吊顶、橱柜家具等对室内空气暴露面积，装修完工日期等。

（4）室内活动家具情况：活动家具类型（床、橱柜、桌、椅、台、沙发等）、数量，分类计算出材料对室内空气暴露面积及有无油漆饰面情况等。

2.8.4　2014 年室内装修污染调查结果

1. 室内甲醛和 TVOC 含量调查结果

本次调查的 24 个采样房间均为精装修状态，通风情况良好。检测结果汇总如表 2.8-1 所示。

2. 室内装修材料使用量与室内环境污染物（甲醛、 TVOC）关系调查结果

本次调查的 24 个采样房间均为精装修状态，门窗开启后通风情况良好。检测结果如表表 2.8-2 所示。

3. 室内新风量与室内环境污染物（甲醛）关系调查结果

本次调查抽取其中一个采样房间作为调查对象，房间门窗关闭未采取其他措施。检测结果汇总如表 2.8-3、表 2.8-4 所示。

表 2.8-1　2014 年室内装修污染物的调查表

序号	住宅类型	采样房间	装修情况	通风情况	甲醛含量（mg/m³）	TVOC含量（mg/m³）	温度/湿度（℃/RH%）	大气压（Pa）	测前门窗关闭时间（h）	装修完工到检测历时	检测日期
1	住宅	客厅	精装修	自然通风	0.05	0.26	21/31	89.2	4	6个月	2014.4.18
2	住宅	卧室	精装修	自然通风	0.09	0.32	24/33	89.4	2	3个月	2014.5.9
3	住宅	卧室	精装修	自然通风	0.11	0.39	24/28	89.1	1	1个月	2014.5.21
4	幼儿园	办公室	精装修	自然通风	0.06	0.29	21/29	89.1	15	10天	2014.6.12
5	宾馆	客房	精装修	中央空调	0.05	0.13	26/34	89.3	1	1个月	2014.7.5
6	住宅	客厅	精装修	自然通风	0.07	0.27	20/28	89.2	21	6个月	2014.7.28
7	住宅	卧室	精装修	自然通风	0.10	0.39	21/28	89.2	12	1个月	2014.7.28
8	住宅	客厅	精装修	自然通风	0.06	0.18	20/29	89.4	45	1个月	2014.8.9
9	办公楼	办公室	精装修	自然通风	0.09	0.21	26/31	89.3	4	15天	2014.9.12
10	幼儿园	教室	精装修	自然通风	0.08	0.25	21/36	89.0	1	10天	2014.9.29
11	住宅	客厅	精装修	自然通风	0.06	0.38	19/35	89.2	6	3个月	2014.9.17
12	住宅	卧室	精装修	自然通风	0.05	0.26	22/32	89.4	4	5个月	2014.9.30
13	宾馆	大厅	精装修	中央空调	0.10	0.62	15/35	89.3	48	1个月	2014.4.18
14	住宅	卧室	精装修	自然通风	0.10	0.31	24/33	89.2	12	1个月	2014.5.19
15	住宅	卧室	精装修	自然通风	0.04	0.29	20/31	89.1	5	1个月	2014.5.21
16	幼儿园	教室	精装修	自然通风	0.03	0.11	27/29	89.0	28	15天	2014.6.22
17	宾馆	客房	精装修	中央空调	0.05	0.16	26/34	89.4	1	1个月	2014.9.5
18	住宅	客厅	精装修	自然通风	0.09	0.21	20/28	89.2	21	6个月	2014.7.28
19	住宅	卧室	精装修	自然通风	0.09	0.28	24/29	89.3	12	1个月	2014.7.28
20	住宅	客厅	精装修	自然通风	0.05	0.17	21/29	89.4	24	2个月	2014.10.9
21	办公楼	办公室	精装修	中央空调	0.07	0.39	24/31	89.3	1	10天	2014.9.12
22	幼儿园	教室	精装修	自然通风	0.11	0.25	28/37	89.2	1	10天	2014.9.29
23	住宅	客厅	精装修	自然通风	0.06	0.42	26/34	89.1	12	2个月	2014.11.17
24	住宅	卧室	精装修	自然通风	0.04	0.20	21/31	89.5	16	2个月	2014.11.30

表 2.8-2　2014 年室内新风量与室内环境污染物（甲醛）关系调查

房间编号	人造板使用量（m²）	实木板材使用量（m²）	地板革、复合地板使用量（m²）	壁纸、壁布使用量（m²）	活动家具（计算人造板使用量）（m²）	门、窗材质及使用量（m²）	室内主要污染源初步判断	装修材料使用总面积（m²）	房间内净空间容积（m³）	温/湿度（℃/RH%）	甲醛含量（mg/m³）	TVOC含量（mg/m³）
1	15	10	0	62	8	实木门 3；金属窗 11	人造板材	109	75.6	21/31	0.05	0.26
2	27	0	16	43.2	7	实木门 2；塑钢窗 4	人造板材	99.2	43.2	24/33	0.09	0.32
3	23	4	20	49.4	7	饰面板门 2；塑钢窗 4	人造板材	109.4	54	24/28	0.11	0.39
4	0	0	0	0	0	饰面板门 2.5；金属窗 6	墙面涂料胶粘剂	0	105	21/29	0.06	0.29
5	6	0	0	54	4	饰面板门 2；金属窗 2	壁纸胶料胶粘剂	68	67.2	26/34	0.05	0.13
6	31	8	0	0	15	实木门 2.5；金属窗 8	人造板材	54.5	86.4	20/28	0.07	0.27
7	24	3	20	45	6	饰面板门 2；金属窗 2	实木表面油漆	102	54	21/28	0.10	0.39
8	0	43	0	0	15	实木门 10；金属窗 8	复合地板	76	75.6	20/29	0.06	0.18
9	10	0	48	0	9	饰面板门 5；塑钢窗 6	人造板材	78	144	26/31	0.09	0.21
10	17	0	45	0	22	饰面板门 5；塑钢窗 10	实木表面油漆	99	139.5	21/36	0.08	0.25
11	25	62	0	5	21	实木门 3；金属窗 8	人造板材	124	67.5	19/35	0.06	0.38
12	4	5	0	48	6	实木门 2.5；金属窗 4	壁纸胶粘剂	69.5	41.6	22/32	0.05	0.26

表 2.8-3　2014 年室内新风量与室内环境污染物（甲醛）关系调查

室内状况	中央空调通风系统	CO_2示踪气体环境本底浓度（mg/m³）	CO_2示踪气体测量开始时浓度（扣除环境本底浓度）（mg/m³）	甲醛气体测量开始时浓度（mg/m³）	测定时间（h）	CO_2示踪气体浓度（mg/m³）	甲醛浓度（mg/m³）
温度：21℃ 湿度 27% 大气压：90.2kPa 室内容积 V1：126m³	未开启 30min	917	3504	0.07	5	3499	0.07
					10	3487	0.08
					15	3497	0.07
					20	3490	0.07
					25	3492	0.08
					30	3490	0.08
室内物品总体积 V2：34m³ 室内空气容积 V＝V1－V2＝92m³	未开启 12h	917	3504	0.07	2	3267	0.08
					4	2749	0.09
					6	2125	0.10
					8	1580	0.08
					10	899	0.08
					12	415	0.09

续表

室内状况	中央空调通风系统	CO_2示踪气体环境本底浓度（mg/m^3）	CO_2示踪气体测量开始时浓度（扣除环境本底浓度）（mg/m^3）	甲醛气体测量开始时浓度（mg/m^3）	测定时间（h）	CO_2示踪气体浓度（mg/m^3）	甲醛浓度（mg/m^3）
温度：21℃ 湿度：27% 大气压：90.2kPa 室内容积 V1：126m³ 室内物品总体积 V2：34m³ 室内空气容积 V=V1-V2=92m³	开启30min	863	3895	0.09	5	2987	0.06
					10	2497	0.05
					15	1931	0.03
					20	1383	0.03
					25	721	0.02
					30	209	0.02
	开启2h	863	3895	0.09	0.5	209	0.02
					1.0	188	0.02
					1.5	186	0.01
					2	174	0.02

注：CO_2示踪气体浓度、甲醛浓度均已扣除环境本底浓度。

表2.8-4 2014年室内装修材料使用情况与室内环境污染物（甲醛、TVOC）关系调查结果分析表

房间编号	人造板使用量（m²）	实木板材使用量（m²）	地板革、复合地板使用量（m²）	壁纸、壁布使用量（m²）	活动家具（计算人造板使用量）（m²）	门、窗材质及使用量（m²）	装修材料使用总面积（m²）	室内主要污染源初步判断	房间内净空间容积（m³）	温度/湿度（℃/RH%）	甲醛含量（mg/m³）	TVOC含量（mg/m³）
2	27	0	16	43.2	7	实木门2；塑钢窗4	93.2	人造板材	43.2	24/33	0.09	0.32
3	23	4	20	49.4	7	饰面板门2；塑钢窗4	109.4	人造板材	54	24/28	0.11	0.39
7	24	3	20	45	6	饰面板门2；金属窗2	102	人造板材	54	21/28	0.10	0.39
9	10	0	48	0	9	饰面板门5；塑钢窗6	78	复合地板	144	26/31	0.09	0.21
13	250	60	0	650	60	实木门30；金属窗10	1060	壁纸胶粘剂	700	15/35	0.10	0.62
14	43	0	16	36	7	饰面板门2；塑钢窗4	108	人造板材	39	24/33	0.10	0.31
18	51	6	0	0	15	饰面板门2.5；塑钢窗3	77.5	人造板材	86.4	20/28	0.09	0.21
19	24	3	20	0	6	饰面板门2；塑钢窗2	57	人造板材	48.6	24/29	0.09	0.28
22	17	0	45	84	22	饰面板门5；塑钢窗10	183	壁纸胶粘剂	139.5	28/37	0.11	0.25

2.8.5　调查结果分析

1. 室内甲醛和 TVOC 含量调查结果分析

根据检测结果可知：本次共检测 24 间房间，其中 9 间甲醛浓度超标，1 间 TVOC 浓度超标，得出 2014 年室内环境污染物统计检测中甲醛浓度的超标率为 37.5%，TVOC 浓度的超标率为 4.17%。

2. 室内装修材料使用情况与室内环境污染物（甲醛、 TVOC）关系调查结果分析

2014 年室内装修材料使用情况与室内环境污染物关系调查结果如表 2.8-4 所示。

根据检测结果可知：本次共检测 24 间房间，其中 9 间甲醛浓度超标，1 间 TVOC 浓度超标，甲醛、TVOC 浓度超标的房间均为精装修，装修材料使用面积均达到 57 m² 以上。可以得出：装修材料使用面积与甲醛、TVOC 浓度成正比关系。

3. 室内新风量与室内环境污染物（甲醛）关系调查结果分析

在通风系统未开启的情况下，30min 内 CO_2 示踪气体浓度未明显降低，室内环境污染物甲醛浓度也未有明显变化。由此现有公共建筑门窗关闭的情况下，新风量的进入是极其少的，0.5h 内的变化可忽略不计。

相同条件下延长测试时间至 12h，我们可以看到 CO_2 示踪气体浓度随时间的延长逐渐的降低，可以预见如果继续延长时间，则示踪气体浓度可降低至本底浓度水平；而甲醛浓度虽变化不大，但与 30min 内所测数值比较可发现，呈微弱的上升趋势，主要原因在于所测的建筑无 CO_2 来源，而装饰工程或移动家具内的甲醛却在缓慢的释放中。

新风系统开启后，示踪气体和室内环境污染物浓度呈明显的下降趋势，通风 30min 后室内环境已完全满足日常工作生活的需求。

对比室内环境污染物甲醛的浓度变化，可以发现如新风系统未开启，则 12h 内没有明显的降低，且还略有升高，但如果开启了新风系统，则在 30min 内就已降至浓度限量值以下。由此可见新风系统的使用对室内环境污染物的处理有着很好的效果。

依据《公共场所卫生检验方法　第 1 部分：物理因素》GB/T 18204.1—2013 中相关规定换气次数计算：

$$A = \frac{ln(c_1 - c_0) - ln(c_t - c_0)}{t} \tag{2.8-1}$$

式中：A ——换气次数，单位时间内由室外进入到室内空气总量与该室内空气总量之比；
　　　c_0 ——示踪气体的环境本底浓度（mg/m^3 或 %）；
　　　c_1 ——测量开始时示踪气体浓度（mg/m^3 或 %）；
　　　c_t ——时间为 T 时示踪气体浓度（mg/m^3 或 %）；
　　　t ——测定时间，单位为小时（h）。

本次测试中央空调系统未开启 12h 时换气次数为 0.18 次，中央空调系统开启 2h 时换气次数为 1.56 次。

2.8.6　结论与建议

（1）通过本课题调调查，可知宁夏回族自治区室内装修污染物甲醛浓度的超标率为

41%，TVOC 浓度超标率为 44%，室内装修污染物超标情况较为严重。

（2）本次调查研究结果表明，门窗关闭时间以及室内温度直接影响室内装修污染物的浓度。

（3）室内装修应选用合格的装饰材料，且不应过度装修。

（4）平时居住时，用户应注重开窗通风，尤其是装修污染物散发较快的夏季，以提高空气质量。

（5）此次课题由于工作量大、周期长、技术人员水平有限等，研究深度存在一定的局限性，在寻求有效的防污降污措施方面，今后还需要开展深入系统的研究。

2.9　杭州市装修污染调查与研究

2.9.1　杭州市概况

浙江省是建筑大省，2014 年杭州市房屋施工面积 10505 万 m^2，随着新型城镇化建设的发展，住宅、办公及配套公建等项目的开发建设将同步推进，城镇化建设的质量与速度的协调已经成为当前社会和国民经济的重要问题，在当前国家政策的着力推动下，城市建设集约化、智能化、绿色化、低碳化成为新型城镇化建设的必然路径，新型城镇化建设全面提升城市发展质量。本课题研究从装修设计施工的实际需要出发，结合杭州市的自然环境及地理气候条件，研究调查我市当前装修工程室内环境污染基本情况，找出装饰装修工程室内环境污染存在的主要问题，并进行深入研究，提出污染防治针对性措施，为改善装修工程室内环境质量，修改完善有关标准规范，做出有利的技术支持。

2.9.2　装修工程室内环境污染调查实施方案

1．实地检测调查建筑物类型

选择不同类型的装修工程进行实地检测调查，主要包括住宅、学校、幼儿园、办公楼等装修工程，调查类型如下：

（1）调查类型包括：住宅、学校、幼儿园、办公楼，以住宅为主，大体占调查总数的二分之一以上。

（2）调查房屋包括已装修未使用及已装修使用两种类型，已装修未使用工程（工程竣工验收前）占大多数，大体占调查总数的三分之二以上；已装修使用的房屋，室内家具、家电等齐备，现场检测采样时，业主关闭门窗，房间停止使用，橱柜门关闭，家具在正常使用状态。

（3）调查房屋包括自然通风与机械通风，以自然通风类型建筑为主，调查类型中包括窗户密封不能开启（新建节能建筑），采用中央空调通风的玻璃幕墙高层建筑。

2．室内环境污染检测调查方法

（1）调查污染物：甲醛、TVOC。

（2）检测方法：甲醛检测方法采用《民用建筑工程室内环境污染控制规范》GB 50325标准方法（《公共场所卫生检验方法：化学污染物》GB/T 18204.2 酚试剂分光光度法）；TVOC检测方法采用《民用建筑工程室内环境污染控制规范》GB 50325 标准方法（附录 G 热解析气相色谱法）；同时对 9 种可识别成分分别计算峰面积和总峰面积、计算其他成分峰总面积，并计算出 9 种可识别成分占全部谱线峰面积比例。

（3）室内环境污染检测调查研究方式。

1）2010—2013 年调查研究。对 2010—2013 年装饰装修工程检测资料进行汇总，选择有代表性的工程案例，结合工程检测的实际情况，研究装修工程室内环境污染的影响因素。

2）2014 年住宅装修污染现场检测调查。

2014 年度结合日常检测工作，根据课题需要，选择 10 个不同类型的住宅、学校、幼儿园、办公楼装修工程，其中 I 类民用建筑工程：住宅 5 套，学校、幼儿园 3 所；II 类民用建筑工程：办公楼 2 幢，在现场检测采样时，对所检房间装修情况、空间大小、通风条件、装修完工时间及采样条件等进行记录，按《民用建筑工程室内环境污染控制规范》GB 50325—2010 标准要求的方法进行采样、检测，实验室样品分析分析过程中用有证标准物质对检测结果进行质量监控，汇总所选工程的检测结果，作为本课题检测调查数据，检测工作尽量分布在春夏秋季室内温度比较高的时段进行，2014 年 10 月底前结束。

2.9.3　2014 年实地检测调查方法

1. 现场检测采样

工程现场采样时，按课题要求，观察并记录以下信息：

（1）检测方面：被测房间功能、套内房间数量、被测房间面积、被测房间长×宽×高尺寸（cm）、检测日期、检测方法、对外门窗关闭时间等。

（2）房间通风方面：房间对外门（窗）面积、门（窗）材质、门（窗）密封性（直观、文字描述）、采暖空调方式（中央空调、空调一体机、分体机、地暖、抽排风机等）及使用情况（检测时是否使用）、当天风力、室内外环境温湿度等。

（3）室内装修方面：地面装修材料（地板砖、地板革、复合地板、地毯、木地板等）、墙壁装修材料（涂料、壁纸、壁布、人造板＋壁布混合等）、顶板装修材料（涂料、石膏板吊顶、泡沫板吊顶、复杂吊顶等）；有无固定式壁柜、吊柜，壁柜、吊柜材质〔壁柜、吊柜使用人造板材质的，应记录壁柜、吊柜数量及每件固定式家具的长×宽×高尺寸（cm）及有无油漆饰面情况〕，装修完工日期等。

（4）室内活动家具情况：有无室内活动家具、数量、及每件固定家具的长×宽×高尺寸（cm）及有无油漆饰面情况等。

以上内容填写至"实地检测调查原始记录表"中。

2. 室内环境污染物检测

室内环境污染物的检测方法按《民用建筑工程室内环境污染控制规范》GB 50325—2010

标准要求的方法进行，甲醛、氨分析时实验室用水达到二级水要求，苯、TVOC用活性炭、Tenax-TA吸附管使用前净化，使吸附管空白降到最低。TVOC色谱分析时，对9种识别成分分别记录峰面积和9种识别成分总峰面积，记录未识别成分总面积，分别计算出9种可识别成分及未识别成分的含量，及占全部总量的百分比。实验室分析方法及使用仪器见表2.9-1。

表 2.9-1 检验方法及使用仪器一览表

检验项目	检验方法	使用仪器	型号	仪器编号
甲醛	GB/T 18204.2—2014（7）酚试剂分光光度法	分光光度计	723PC	SB-CL-111
TVOC	GB 50325—2010 附录 G 热解吸气相色谱法	气相色谱仪	HP7890A	SB-CL-400

2.9.4 检测调查质量控制

本次实地检测调查中，实验室从采样开始，对采样器进行了流量校准，甲醛采用国产恒流采样器；TVOC采用美国产恒流采样器，且对吸附管进行编号，使采样器与吸附管一一对应，保证采样量的准确。

实验室对甲醛、TVOC样品分析时，使用标准样品进行质量监控，通过对标准品实测值的结果监控，达到有效监控检测结果的准确性及稳定性的目的。

本次实地检测调查历时时间长，包括春、夏、秋季节，杭州属夏热冬冷地区，四季分明，一年当中气温变化比较大，从春季的室内温度10℃，到夏季室内温度35℃，室内温度变化跨度大。室内环境中甲醛、氨的分析方法采样比色法，为减少室内温度对显色反应的影响，本次实地检测调查中，甲醛、氨的显色温度用恒温水槽控制，温度为25℃。

2.9.5 检测调查结果及分析

1. 2013某办公楼装修室内环境污染调查及分析

某办公楼2012年11月装修完工，2013年3月进行室内环境污染检测。室内主要装修状况：办公区为水泥及地漆地面，乳胶漆墙面，石膏板顶面及办公桌椅等。其中，机房及会议室为地胶板地面，D2机房为木质微孔吸音板墙面等。采样时机房空调开启，室内温度20℃。经检测，D1机房甲醛检测值为：0.030、0.025、0.024mg/m³，房间平均值0.026mg/m³，D2机房甲醛检测值为：0.091、0.102、0.091mg/m³，房间平均值0.095mg/m³，符合《民用建筑工程室内环境污染控制规范》GB 50325—2010标准中Ⅱ类民用建筑工程的要求。

该办公楼2013年4月开始使用，使用后，员工对D2机房感觉不适，2013年5月24日对该工程进行第二次检测，采样时D2机房空调开启，室内温度23℃。D2机房甲醛检测值为：0.146、0.136、0.253mg/m³，房间平均值0.178mg/m³，不符合标准要求。D3 机房空调未开，门窗一直关闭，室内温度 25℃，D3 机房甲醛检测值为：0.613、0.416、0.604mg/m³，房间平均值 0.544mg/m³，远远超过标准限量。发现不符合时，查找原因，对该工程 D2、D3 机房使用的木质微孔吸音板进行游离甲醛释放量检测，环境测试舱法，游离甲醛释放量 0.31mg/m³，超过标准限量（≤0.12 mg/m³）的 2 倍以上。

业主与装修公司沟通后，先对未投入使用的 D3 机房重新装修，拆掉使用的木质微孔吸音板，使用金属微孔玻璃纤维吸音板，并对新装的 D3 机房进行室内空气污染检测。2013 年 6 月对 D3 机房进行第二次检测，采样时 D3 机房空调开启，室内温度 23℃。D3 机房甲醛检测值为：0.065、0.098、0.072mg/m³，房间平均值 0.078mg/m³，符合标准要求。

D2 机房墙面改用金属微孔玻璃纤维吸音板后，2013 年 7 月 5 日对 D2 机房进行第三次检测，采样时 D2 机房空调开启，室内温度 25℃。D2 机房甲醛检测值为：0.071、0.029、0.032mg/m³，房间平均值 0.044mg/m³，符合标准要求。

该机房开始使用后，为了解机房工作条件下室内环境状况，确保员工工作时的环境空气符合标准要求，委托方要求每 1～2 个月对机房进行室内环境质量进行一次检测，2013 年 8 月 22 日、2013 年 11 月 21 日对该机房室内环境质量检测，检测结果均符合要求。该工程检测结果如表 2.9-2 所示。

该工程室内环境污染检测调查结果来看，以甲醛为例，室内装修材料是造成室内环境污染的主要来源，T1 机房室内简单装修，使用含甲醛的材料少，温度变化后，2 次检测结果也有变化，但在标准限量范围内。T2 机房由于使用了甲醛含量高的吸音板（甲醛释放量 0.31mg/m³），室内温度升高 3℃（20～23℃），房间内 2 次甲醛检测结果由 0.094mg/m³ 上升到 0.178mg/m³，甲醛浓度升高约 1 倍，超出标准的限量；该房间更换甲醛含量低的吸音板后，在相同的室内装修状况下，4 次跟踪检测，历时 5 个月（2013.6～2013.11），温度变化范围在 21～25℃ 之间，甲醛含量范围 0.045～0.084mg/m³，温度变化 4℃（21～25℃ 之间），室内甲醛浓度变化约 1 倍，室内温度对甲醛的影响更为明显。

室内通风也是影响环境质量的主要因素，T3 机房在无通风条件下，与 T2 机房在相同检测条件下，室内甲醛含量是 T2 机房的 3 倍以上。

2．2014 年实地检测调查结果及分析

2014 年度结合日常检测工作，实地检测调查从 2014 年 4 月开始，到 2014 年 8 月结束，共对 9 个不同类型的装饰装修工程进行实地检测调查，检测调查项目：甲醛、苯、氨、TVOC，调查类型包括住宅、学校、幼儿园、办公楼等装饰装修工程，实地检测调查中主要关注被测房间空间、室内通风、室内装修、活动家具、装修完工时间、门窗关闭时间、室内温度等因素对室内环境污染的影响。

（1）精装修办公楼实地检测调查结果及分析。

该工程为一新建装饰装修办公楼，共 21 层，玻璃幕墙建筑，对外窗户大部分不能开启，2013 年 11 月装修完工，该工程施工阶段对室内装修材料有害物质进行进场检验，合格后方

表2.9-2　2013年某办公楼装修室内环境污染检测结果

序号	检测时间	房间功能	门窗关闭	室内装修情况	室内家具	甲醛	TVOC
1	2013.3	IT机房1	空调运行	水泥及地漆地面、涂料墙面、石膏板吊顶	IT设备	0.030	0.30
						0.025	0.21
						0.024	0.20
		IT机房2	空调运行	地胶板地面、人造板微孔吸音板墙面、涂料顶面	IT设备	0.091	0.30
						0.102	0.43
						0.090	0.35
2	2013.5	IT机房2	空调运行	地胶板地板、人造板微孔吸音板墙面、涂料顶面	IT设备	0.146	0.37
						0.136	0.54
						0.253	0.31
		IT机房3	门窗关闭	地胶板地板、微孔吸音板墙面、涂料顶面	IT设备	0.613	1.80
						0.416	0.87
						0.604	1.07
3	2013.6	IT机房3	空调运行	地胶板地面、金属微孔玻璃纤维吸音板墙面、涂料顶面	IT设备	0.065	0.25
						0.098	0.46
						0.072	0.38
4	2013.7	IT机房2	空调运行	地胶板地面、金属微孔玻璃纤维吸音板墙面、涂料顶面	IT设备	0.071	0.47
						0.029	0.37
						0.032	0.39
5	2013.8	IT机房2	空调运行	地胶板地面、金属微孔玻璃纤维吸音板墙面、涂料顶面	IT设备	0.084	0.39
						0.032	0.27
		IT机房3		水泥地漆地面涂料墙面石膏吊顶		0.083	0.31
6	2013.1	IT机房1	空调运行	地胶板地面、金属微孔玻璃纤维吸音板墙面、涂料顶面	IT设备	0.045	0.30
		IT机房2				0.059	0.33
						0.023	0.26
		IT机房3				0.039	0.32

污染物浓度（mg/m³）

才使用，其中，细木工板、胶合板类产品甲醛释放量要求在 1.0mg/L 以下才可使用。该工程室内主要装修状况：地胶板地面，墙纸墙面及人造板墙面，乳胶漆顶面等，工程装修完工放置 4 个月后进行现场检测，2014 年 4 月现场检测，检测采样时模拟工作环境，早 8 点半关闭门窗，中央空调及新风开启运行（由委托方操作），10 点开始检测采样，采样时环境温度 20℃，检测结果如表 2.9-3 所示。

该工程 2013 年 11 月装修完工，放置 4 个月后，2014 年 4 月进行室内空气检测，实地检测 4 个房间中，其中 11F 会议室无开启的窗户，室内通风不好，TVOC 超标，培训教室室内装修材料使用量大（地毯、墙纸、课桌）甲醛超标，其他房间检测结果均符合标准要求。检测结果表明，装修工程完工后空放置 4 个月，如果室内通风不好及装修材料使用量大，虽然使用的装修材料均进行了进场检验合格，但室内环境质量也可能不符合标准要求，室内通风条件及装修材料使用量也是室内环境质量的主要影响因素之一。

（2）精装修住宅楼实地检测调查结果及分析。

2014 年对精装修住宅楼盘交房前的空气检测，共 2 个工程，该工程为 LOFT 结构，室内主要装修状况：复合地板地面，墙纸墙面，乳胶漆顶面及人造板储柜等。该工程所用室内装修材料大部分做了有害物质的进场检验，合格后才能使用，其中欧松板、麦秸板等进口板材穿孔萃取法甲醛含量的检测结果小于或等于 0.1mg/100g。工程验收时，按房间总数的 5% 抽检，现场检测采样按标准要求在对外门窗关闭 1h 后进行，采样时环境温度分别为 19℃、30℃，该工程装修完工分别 5 个月、3 个月左右时间，所检精装修住宅室内环境污染物的检测结果均符合标准要求，检测结果如表 2.9-4 所示。

该工程室内装修人造板及墙纸使用的比较多，装修材料的使用面积与房间空间比大于 1，但由于对所用装修材料有害物质进行了严格控制（欧松板、麦秸板等进口板材穿孔萃取法甲醛含量的检测结果小于或等于 0.1mg/100g），装修完工后空置 4 个月后，现场检测采样时虽然室内温度达到 30℃，但检测结果也符合标准要求。

另外，2014 年对个人家庭装修进行了 2 次实地检测调查，个人家庭装修虽然在选材时都注意了环保产品，但由于工期比较短（装修完工 1 个月），完工时间又在夏季，现场采样时室内温度均在 25℃ 以上，在对外门窗关闭 2~3h 后进行，室内甲醛含量比较高，2 个装修住宅所检 6 个房间甲醛含量均不符合标准要求，其中精装修别墅装修完工 1 个月后进行检测不合格，放置 6 个月后，第二次甲醛含量显著减少，甲醛含量减少 6 倍以上，且均符合标准要求，其中采样温度：第一次 29℃，第二次 18℃，因此装修完工时间对室内环境污染的影响非常显著。检测结果如表 2.9-5 所示。

（3）精装修幼儿园、学校工程实地检测调查结果及分析。

幼儿园、学校装修工程一致受到学校及家长的普遍关注，2014 年对新幼儿园、新建小学、新建学生宿舍楼等进行实地检测调查，其中，新幼儿园、新建学生宿舍楼为工程交付使用时的室内环境质量检测，工程施工完工 2 个月，工程验收时，按房间总数的 5% 抽检，现场采样在对外门窗关闭 1h 后进行，幼儿园现场检测前门窗由委托方（学校、家长、施工方共同见证）关闭 1h，采样时环境温度 28℃，幼儿园室内环境质符合标准要求。新建学生宿舍中，部分单人宿舍（留学生宿舍），使用复合地板地面，墙面采用人造板装饰，室内人造

表 2.9-3 办公楼实地检测调查结果

序号	完工时间	检测时间	房间功能	门窗关闭（h）	室内装修情况	室内家具	甲醛	TVOC
1	2013.11	2014.4	办公室	门窗关闭，空调运行	地胶板地面、乳胶漆墙面、顶面	人造板办公桌，共5个	0.039	0.27
2			会议室	无开启门窗，空调运行	地胶板地面、乳胶漆墙面、顶面	人造板会议桌、文件柜各1个	0.047	0.66
3			办公室	门窗关闭，空调运行	地毯地面、乳胶漆墙面、顶面	人造板办公桌1个	0.043	0.46
4			培训教室	门窗关闭，空调运行	地毯地面、乳胶漆墙面、顶面	人造板课桌，共42个	0.133	0.52

污染物浓度单位：mg/m^3

表 2.9-4 精装修住宅楼盘实地检测调查结果

序号	完工时间	检测时间	房间功能	门窗关闭（h）	室内装修情况	室内家具	甲醛	TVOC
1	2013.11	2014.4	422房间	1	复合地板地面、墙纸墙面、乳胶漆顶面	人造板柜1个	0.036	0.26
2			516房间		复合地板地面、墙纸墙面、乳胶漆顶面	人造板柜1个	0.047	0.29
3			529房间		复合地板地面、墙纸墙面、乳胶漆顶面	人造板柜1个	0.038	0.24
4	2014.4	2014.7	1205房间	1	复合地板地面、墙纸墙面、乳胶漆顶面	人造板柜1个	0.065	0.40
5			1206房间		复合地板地面、墙纸墙面、乳胶漆顶面	人造板柜1个	0.072	0.39
6			1005房间		复合地板地面、墙纸墙面、乳胶漆顶面	人造板柜1个	0.060	0.32

污染物浓度单位：mg/m^3

表 2.9-5 个人装修住宅实地检测调查结果

编号	完工时间	检测时间	房间功能	门窗关闭（h）	室内装修情况	室内家具	甲醛	TVOC
装修别墅	2014.5	2014.6—2014.11	影音室	无对外窗户	木地板地面、墙纸墙面、乳胶漆顶面	—	0.529	0.26
			主卧	2	复合地板地面、墙纸墙面、乳胶漆顶面	木床、衣柜、电视柜各1个	0.080	0.29
			次卧		复合地板地面、墙纸墙面、乳胶漆顶面	木床、衣柜、电视柜各1个	0.327	0.24
装修住宅	2014.5.25	2014.7	客厅	3	木地板地面、乳胶漆墙面、顶面	人造板柜1个	0.192	0.24
			主卧		木地板地面、乳胶漆墙面、顶面	人造板柜1个	0.249	0.27
			书房		木地板地面、乳胶漆墙面、顶面	人造板柜1个	0.281	0.54

污染物浓度单位：mg/m^3

板用量比较多，采样时环境温度 30℃，甲醛浓度严重超标。

某新建实验小学装修工程，由于家长及学校十分关注，装修接近尾声时，建设方委托我单位对工程使用的主要装修材料进行有害物质检测，检测结果发现复合地板及吸音板甲醛不符合标准要求，复合地板甲醛释放量 3.7mg/L，吸音板甲醛含 46.4 mg/100g、刨花板甲醛含量 29.3 mg/100g。该工程于 2014 年 6 月装修完工，2014 年 7 月底进行空气检测，现场检测采样时门窗由委托方关闭 2h，采样时室内温度 31℃，所检房间甲醛检测结果非常高。幼儿园、学校装修工程检测结果见表 2.9-6。

表 2.9-6　幼儿园、学校装修工程实地检测调查结果

编号	完工时间	检测时间	房间功能	门窗关闭(h)	室内装修情况	室内家具	污染物浓度 (mg/m³)	
							甲醛	TVOC
幼儿园	2014.5	2014.7	教室	1	地胶板地面，涂料墙面、顶面	人造板柜 5 个	0.067	0.25
			教室			人造板柜 5 个	0.072	0.39
			教室			人造板柜 5 个	0.069	0.29
新建小学	2014.6	2014.7	多媒体室	1	复合地板地面，吸音板墙面，矿棉板顶面	—	0.413	0.31
			教室		复合地板地面，涂料墙面，矿棉板顶面	—	0.204	0.26
			广播室		复合地板地面，吸音板及合成革墙面，矿棉板顶面	—	0.447	0.63
新建学生宿舍	2014.6	2014.8	宿舍	1	地胶板地面，乳胶漆墙面、顶面	人造板柜 1 个	0.058	0.25
			宿舍			人造板柜 1 个	0.069	0.31
			宿舍			人造板柜 1 个	0.071	0.22
			宿舍		复合地板地面，乳胶漆及人造板墙柜，乳胶漆顶面	人造板柜 2 个	0.296	0.38

2.9.6　结论与建议

本次调查研究中，装修工程中对装修材料进行了进场质量控制，工程完工 3 个月以后，室内环境质量基本符合标准要求；如果工程使用装修材料多，未对其有害物质进行控制，虽然工程完工 2 个月，其室内环境质量也不符合标准要求。本次实地检测调查中，装饰装修工程施工完工 1 个月，所检精装修工程室内环境质量均未达到标准要求，其中 1 个装修住宅放置 6 个月后，所检房间均符合标准要求。研究结果表明精装修工程室内装修材料的质量及完

工时间是室内环境污染的主要因素之一。

本次调查研究中，同一新装修工程，采样时间不同（春节至夏季）、温度不同（温度范围 21～25℃），室内甲醛浓度变化约 1 倍，与时间相比，室内温度对甲醛的影响更为显著。杭州夏季时间长，室内温度高，春季验收合格交付使用的工程，如果工程中未对装修材料有害物质进行控制，随着使用时室内温度的升高，可能会发生工程在使用时室内环境质量达不到标准要求的现象。

本次调查研究中，装修工程中对装修材料进行了进场质量控制，工程完工 4 个月以后，但如果室内装修材料使用量大，室内通风不好（房间内无能开启的窗户），虽然空调运行，新风开启，室内环境也达不到标准要求。室内通风条件也是室内环境质量的重要因素之一。

综上所述，本次调查研究结果表明，室内装修材料的质量直接决定室内环境质量，但室内温度、室内通风、工程完工时间、及装修材料的使用量等是影响室内环境质量的重要因素。装修工程室内环境质量应从装修设计、施工阶段开始加强重视，从工程构造、材料的选择及用量、室内通风条件等方面着手控制室内环境污染，改善装修工程室内环境质量。

2.10　新乡市装修污染调查与研究

2.10.1　新乡市概况

新乡市房地产经过多年发展，已呈现出持续稳定健康发展的良好态势，不断改善了城市居住条件，提高了城市居住质量，促进了对外开放和经济社会发展，同时成为新的经济增长点，促进了城市经济发展。到 2010 年底新乡市住房总登记建筑面积为 2318.97 万 m^2。近几年更以较快速度发展。2011 年全年房屋施工面积 1510.67 万 m^2，比上年增长 31.5%，其中，住宅 1316.58 万 m^2，增长 33.4%。房屋竣工面积 276.88 万 m^2，增长 33.9%，其中，住宅 249.72 万 m^2，增长 34.2%。2012 年全年房屋施工面积 1894.35 万 m^2，比上年增长 21.5%。其中，住宅 1636.04 万 m^2，增长 21%。房屋竣工面积 450.14 万 m^2，增长 45.9%。其中，住宅 412.99 万 m^2，增长 57.4%。2013 年全年房屋施工面积 2325.67 万 m^2，比上年增长 22.8%。其中，住宅 1962.11 万 m^2，增长 19.9%。房屋竣工面积 313.94 万 m^2，下降 30.3%。其中，住宅 245.57 万 m^2，下降 40.5%。2014 上半年全年房屋施工面积 2911 万 m^2。

2.10.2　2010—2013 年室内环境污染状况统计

1．数据来源与统计方法

对 2010—2013 年委托检测的住宅室内环境检测结果进行统计，统计范围均为 I 类民用建筑工程，统计的检测项目为甲醛、苯、TVOC，统计方法为按照检测时间和检测房间功能列表进行直接统计，共统计了 22 栋楼，90 间检测房间的检测数据。

2．2010—2013 年室内环境污染统计结果

（1）概况。

1）采样点布置：选择室内装修完工 7 天以上，没有残留装修材料且面积小于 $50m^2$ 的房间。采样点布置距内墙大于 0.5m，距地面 0.8～1.5m 且均匀分布，并尽量避开通风道和通风口。房间在封闭前应尽量通风，而后封闭 1 小时以上，采样在门窗封闭状态下进行，每个房间布置采样点一个。

2）采样方法及仪器：甲醛、苯、TVOC 均采用 BS-H2 双气路恒流大气采样仪采样，采样流量为 0.5L/min，采样时间为 20min，采集量约为 10L，同步采集室外空气空白样，并记录采样时温度、湿度。

3）检测方法及仪器。

甲醛：化学比色法，采用 722s 型分光光度计，依据《公共场所空气中甲醛测定方法——酚试剂分光光受法》GB/T 18204.26—2010 检测。

苯：气相色谱法，采用 SP-3420 型气相色谱仪和 GARJ-AT-Ⅱ型全自动热解析仪，依据《民用建筑工程室内环境污染控制规范》GB 50325—2010 附录 F《室内空气中苯的测定》检测。

TVOC：气相色谱法，采用 SP-3420 型气相色谱仪和 GARJ-AT-Ⅱ型全自动热解析仪，依据《民用建筑工程室内环境污染控制规范》GB 50325—2010 附录 G《室内空气中总挥发性有机化会物（TVOC）的测定》检测。

4）质量控制：所用仪器均按规定经过省计量院鉴定为合格。采样仪在采样前均进行流量校正。每次检测时甲醛均进行标准系列重新配置，苯和 TVOC 亦进行标准系列重新配置或加标单点校准。

（2）2010—2013 年室内环境污染统计分析。

统计、整理、分析 90 间住宅室内环境污染物（甲醛、苯、TVOC）的检测数据，揭示 4 年来新乡市室内环境污染状况，采用综合指数法对室内空气质量进行评价，并对 TVOC 检测中的 9 种已知污染物峰面积与总峰面积进行统计分析，了解 TVOC 中的 9 种已知污染物的量在总量中的分布情况。

1）甲醛、苯、TVOC 浓度统计特征如表 2.10-1 所示。

表 2.10-1　住宅甲醛、苯、TVOC 浓度检测结果统计表

检测项目	检测房间类型	检测房间数	超标房间数	超标比例（%）	最小值（mg/m³）	最大值（mg/m³）	平均值（mg/m³）
甲醛	住宅	90	77	85.56	0.05	0.56	0.21
苯	住宅	90	3	3.33	0.002	0.13	0.02
TVOC	住宅	90	9	10.00	0.02	1.16	0.25

由表 2.10-1 可知，甲醛超标房间 77 间，超标比例为 85.56%；甲醛浓度为 0.05～0.56mg/m³，平均值为 0.21 mg/m³，其最高值是最低值的 11.2 倍。苯超标房间 3 间，超标比例为 3.33%；苯浓度为 0.002～0.13mg/m³，平均值为 0.02 mg/m³。其最高值是最低值

的 65 倍。TVOC 超标房间 9 间，超标比例为 10.00%，TVOC 浓度为 0.02～1.16mg/m³，平均值为 0.25mg/m³。其最高值是最低值的 58 倍。

2）TVOC 中 9 种成分与占 TVOC 百分比调查统计结果。

检测的 TVOC 浓度是挥发性有机化合物的总量，其中可识别的物质只有 9 种，分别是苯、甲苯、乙酸丁酯、乙苯、对（间）二甲苯、苯乙烯、邻二甲苯、十一烷，还有许多是我们未识别，为了了解它们在总量所占的比例，我们分析计算了 90 间 TVOC 中 9 种成分与占 TVOC 百分比，如表 2.10-2 所示，图 2.10-1 是表 2.10-2 数据的分布图。

表 2.10-2 TVOC 中 9 种成分与占 TVOC 百分比统计表

9 种可识别峰面积占总峰面积比例（%）	0.00～10	10.01～20	20.01～30	30.01～40	40.01～50	50.01～60	60.01～70	70.01～80
检测房间数	3	17	23	25	14	5	2	1
百分比（%）	3.33	18.89	25.56	27.78	15.56	5.56	2.22	1.11

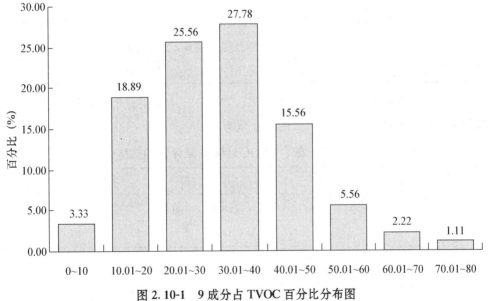

图 2.10-1 9 成分占 TVOC 百分比分布图

从表 2.10-2 和图 2.10-1 可知 9 种成分占 TVOC 百分比，最低的 0%～10% 的有 3 间，所占百分比为 3.33%；最高的 70.01%～80% 的有 1 间，所占百分比为 1.11%；20.01%～40% 的是 48 间为最多，所占百分比为 53.34%。统计显示 50% 以下的为 82 间，占总数的 91.11%。TVOC 浓度中，有近一半的污染物在检测中是无法识别的，有待下一步进行研究。

3）甲醛、苯、TVOC 的污染状况评价。

①评价方法：

单个污染物的评价方法，按《民用建筑工程室内环境污染控制规范》GB 50325 中 I 类民用建筑对污染物浓度限值的规定进行评价。限值为：甲醛≤0.08mg/m³；苯≤0.09 mg/m³；

TVOC≤0.5 mg/m³。污染物浓度符合限值的为合格，超过限值的为超标。单个污染物的污染状况，根据污染物分指数进行评价。

两个以上污染物评价方法，用综合指数进行评价，综合指数按下式计算：

污染物分指数(I_i)＝室内浓度(Ci)／标准限值(i 为甲醛、苯、TVOC)

算术平均值 $I = 1/n \sum I_i$(n 为评价因子个数)

综合指数＝$[(I_{max})^2/2 + (1/n \sum I_i)^2/2]^{1/2}$($I_{max}$ 为甲醛、苯、TVOC 三个分指数最大值)

评价等级的划分，根据污染物浓度超标倍数、超标污染物种数以及不同污染物浓度对应的环境影响程度等，将室内空气质量指数范围进行客观分段，按照指数大小分为Ⅰ～Ⅴ个等级，如表 2.10-3 所示。

表 2.10-3　室内空气品质的等级表

综合指数	级别	评价	对人体健康的影响
＞0.49	Ⅰ	清洁	适宜人类生活
0.5～0.99	Ⅱ	未污染	环境污染物均不超标，人类生活正常
1.0～1.49	Ⅲ	轻污染	至少有一个环境污染物超标，除了敏感者外，一般不会发生急慢性中毒
1.5～1.99	Ⅳ	中污染	一般有 2～3 个环境污染物超标，人群健康明显受害，敏感者受害严重
＞2.0	Ⅴ	重污染	一般有 3～4 个环境污染物超标，人群健康受害严重，敏感可能死亡

②甲醛、苯、TVOC 污染状况。甲醛、苯、TVOC 检测结果评价的数据分布见表 2.10-4 和图 2.10-2，图 2.10-2 是表 2.10-4 数据的分布图。

表 2.10-4　甲醛、苯、TVOC 检测结果评价的数据分布表

	污染物分指数	甲醛		苯		TVOC	
		房间数	百分比（%）	房间数	百分比（%）	房间数	百分比（%）
合格	0～0.50	—	—	85	94.44	53	58.89
	0.51～1.00	13	14.44	2	2.22	28	31.11
超标	1.01～1.50	14	15.56	3	3.33	7	7.78
	1.51～2.00	16	17.78	—	—	1	1.11
	2.01～2.50	13	14.44	—	—	1	1.11
	2.51～3.00	9	10.00	—	—	—	—
	3.01～4.00	9	10.00	—	—	—	—
	4.01～5.00	6	6.67	—	—	—	—
	5.01～10.00	10	11.11	—	—	—	—

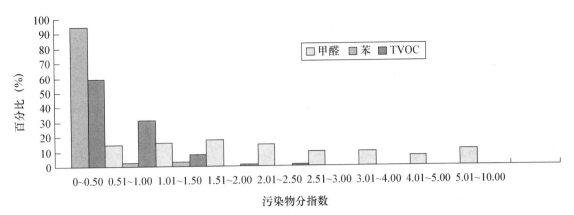

图 2.10-2　甲醛检测结果评价的数据分布图

由表 2.10-4 和图 2.10-2 可知，甲醛在 90 间检测房间中污染分指数在 1.51～2.00 为最多 16 间，总体分布较均匀，污染严重。苯在 90 间检测房间中污染分指数在 0～0.50 为最多 85 间，污染分指数＞1 的有 3 间，污染不大。TVOC 在 90 间检测房间中污染分指数在 0～0.5 为最多 53 间，污染分指数 2.01～2.5 的有 1 间，污染较为严重。

③甲醛、苯、TVOC 污染综合评价：甲醛、苯、TVOC 检测结果综合评价的数据分布见表 2.10-5 和图 2.10-3，图 2.10-3 是表 2.10-5 数据的分布图。

表 2.10-5　甲醛、苯、TVOC 检测结果综合评价的数据分布表

综合指数	0～0.49	0.5～0.99	1.00～1.49	1.5～1.99	≥2.0
房间数	1	16	21	19	33
百分比（％）	1.11	17.78	23.33	21.11	36.67
质量等级	Ⅰ	Ⅱ	Ⅲ	Ⅳ	Ⅴ
等级评价	清洁（优）	未污染（良）	轻度污染（轻）	中度污染（中）	重污染（重）

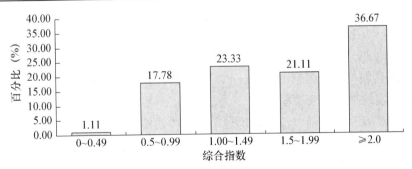

图 2.10-3　甲醛、苯、TVOC 检测结果综合评价的数据分布图

由表 2.10-5 和图 2.10-3 可知，甲醛、苯、TVOC 在 90 间检测房间中 1 间为清洁，所占比例为 1.11％；16 间为未污染，所占比例为 17.78％；21 间为轻度污染，所占比例为 23.33％；19 间为中度污染，所占比例为 21.11％；33 间为重度污染，所占比例为 36.67％。

2.10.3　2014 年室内环境污染实测调查统计

1. 现场检测调查实施方案

（1）检测调查目的。

通过对河南省新乡市室内环境污染物甲醛、TVOC 的实地检测调查研究，统计出新乡市室内环境甲醛、TVOC 浓度水平及污染状况。了解室内空间大小、门窗封闭以及装修材料、家具种类、使用量等情况。揭示新乡市室内污染的特征及状况，提出室内环境污染的控制措施，为新乡市室内环境治理提供科学依据和技术方案，保障室内环境安全与人体健康。

（2）检测范围及项目。

检测范围为居民住宅，住宅中选择刚装修好未购置家具和已入住的两种。考虑到 2010—2013 年调查统计中苯超标率很低，因此 2014 年检测调查项目定为甲醛和 TVOC。

（3）检测数量。

为使调查具有普遍性和代表性，选择了 20 个小区 25 栋楼共计 100 间住宅（刚装修好未购置家具的 22 间、已入住的 78 间）进行检测。

（4）时间安排。

1～4 月，检测准备阶段，收集资料，制作调查检测所用表格，完成室内标准配置，标准曲线的制作等工作。

5～8 月，检测阶段，进入现场进行检测、调查、测量、记录。

9～12 月，记录整理、报告编写阶段，对已检测房间的数据进行汇总、统计、计算、归纳、整理、分析。如有疑问寻找原因，进行改正，报告编写。

（5）采样点布置。

选择室内装修完工 7 天以上，面积小于 $50m^2$ 的房间。检测点置设在房间的四个角和中心，距内墙大于 0.5m，距地面 0.8～1.5m，共计 5 个采样点。

（6）检测方法及仪器。

检测方法均采用便携式仪器进行检测（简便方法），检测仪器为：

甲醛：采用便携式英国 PPM htv-m 甲醛检测仪。

TVOC：采用便携式美国 RAE ppb3000 VOC 检测仪。

2. 2014 年实地检测调查过程

（1）了解受检房间是否符合要求，清理干净各种残留的装修材料。

（2）检测前房间充分通风，待检测人员到达现场时，封闭房间并计时。同时按仪器使用要求进行预热，净化等工作。

（3）待房间封闭 1h 后，进入房间开始检测。检测点布设在房间的四个角和中心，共计 5 个检测点，采用便携式检测仪器对室内甲醛、TVOC 进行检测记录。

（4）同步对室外按规范进行检测记录。

（5）检测结束后，对检测房间房顶、地面、墙面大小及装修材料的材质；门窗的大小、材质、数量；家具的大小及材质；装修时间和检测时的温、湿度等情况进行详细调查、测量、记录。

3．质量控制

（1）检测仪器及标准控制。

所用仪器均按规定经过省计量院鉴定为合格。采样仪在采样前均进行流量校正。每次检测时甲醛均进行标准系列重新配置，TVOC 亦进行标准系列重新配置或加标单点校准。

（2）便携式检测仪器要求。

便携式检测仪器均由课题组提供，各仪器使用要求如下：

1）在使用英国 PPM htv-m 甲醛检测仪时，每次采样之间，检测仪均关闭数分钟让传感器清除任何残留甲醛。测定越高的甲醛浓度后，传感器需要的清洁时间越长。检测中每周按仪器要求用校正源对仪器进行校正。

2）在使用美国 RAE ppb3000 VOC 检测仪前，在探头上必须安装白色过滤头；检测前一天晚上，检查仪器各项设置是否正确，在污染不高的办公室开启仪器，让仪器运行一整夜，第二天查看其示值并与以前检测值比对。若示值稳定不可关机，即可直接带到现场进行检测；检测较高 VOC 浓度后，应用活性炭管对仪器进行清洗，保证下一次检测的准确度。

（3）采样检测时均同步进行室外空气检测并予以扣除。

（4）简便方法与标准方法比对。

选择 2 栋楼 10 间住宅在同一个检测点，采用《民用建筑工程室内环境污染控制规范》GB 50325 标准方法和简便方法同时对室内污染物甲醛、TVOC 取样检测。

标准方法：采用在同一个点上平行采集两个样，室内测定，检测结果取两样的平均值。

简便方法：用便携式检测仪器在标准方法同一个检测点上，采集检测 5 次，检测结果取5 次结果的平均值。

结果比对：甲醛、TVOC 标准方法和简便方法检测结果见表 2.10-6、表 2.10-7。

表 2.10-6　甲醛标准方法和简便方法检测结果表

标准方法（mg/m³）	0.05	0.05	0.05	0.05	0.07	0.10	0.09	0.07	0.13	0.13
简便方法（mg/m³）	0.04	0.04	0.04	0.04	0.06	0.09	0.08	0.06	0.12	0.12
相对误差（%）	20.00	20.00	20.00	20.00	14.29	10.00	11.11	14.29	7.69	7.69

表 2.10-7　TVOC 标准方法和简便方法检测结果表

标准方法（mg/m³）	0.16	0.22	0.26	0.21	0.29	0.48	0.30	0.13	0.19	0.59
简便方法（mg/m³）	0.15	0.2	0.24	0.22	0.27	0.45	0.32	0.11	0.18	0.63
相对误差（%）	8.00	9.09	8.00	−7.00	8.00	7.00	−7.00	8.33	6.00	−6.00

从表 2.10-6、表 2.10-7 甲醛、TVOC 检测结果的比对看出，甲醛检测浓度在 0.04～0.10 mg/m³ 时两种方法相对误差小于或等于 20%；0.12～0.13 mg/m³ 时相对误差小于或等于 10%。TVOC 检测浓度在 0.11～0.63mg/m³ 时两种方法相对误差小于或等于 10%；符合《建筑工程室内环境现场检测仪器》JG/T345—2011 的要求。

4．现场实测调查结果及统计分析

（1）概况。

依据 2014 年现场检测调查实施方案，对 20 个小区 25 栋楼 100 间住宅室内环境污染物甲醛、TVOC 进行检测统计，采用综合指数法对室内空气质量进行评价。

（2）现场实测调查结果汇总如表 2.10-8、表 2.10-9 所示。

表 2.10-8　实测调查汇总表（一）

序号	房间类型	人造板使用量（m²）	实木板材使用量（m²）	复合地板使用量（m²）	壁纸壁布使用量（m²）	门、窗材质及使用量	门密封直观评价（良、一般、差）	窗密封直观评价（良、一般、差）
1	客厅餐厅	3.70	—	—	—	金属材料门1.85　饰面材料边框玻璃门窗12.1	良	良
2	次卧	1.85	—	—	—	金属材料边框玻璃门窗1.85	良	良
3	厨房	—	—	—	—	金属材料边框玻璃门窗1.6	良	良
4	客厅餐厅	5.54	—	—	—	金属材料边框玻璃门窗3.5　金属材料门1.85　饰面材料边框玻璃门窗11.3	良	良
5	主卧	1.85	—	—	—	金属材料边框玻璃门窗3.2	良	良
6	次卧	1.85	—	—	—	金属材料边框玻璃门窗1.85	良	良
7	客厅餐厅	5.54	31.1	—	10.9	金属材料门1.85　饰面材料边框玻璃门窗1.8	良	良
8	次卧	1.85	12	—	—	金属材料门5.54　饰面材料边框玻璃门窗10.2	良	良
9	书房	13.05	12	—	—	金属材料边框玻璃门窗1.85	良	良
10	客厅餐厅	—	—	27.4	3.2	金属材料边框玻璃门窗2.0	良	良
11	主卧	—	—	10.5	41.7	饰面材料边框玻璃门窗2.0	良	良
12	客厅餐厅	22.00	35.7	—	48.8	金属材料边框玻璃门窗2.1　金属材料门5.54　饰面材料边框玻璃门窗9.7	良	一般
13	次卧	32.25	13.4	—	49.6	饰面材料人造板2.0　塑钢门窗2.0	良	一般
14	主卧	46.77	24	—	73.6	饰面材料人造板2.6　塑钢门窗1.85	良	一般
15	北卧	18.89	22.5	—	70.5	饰面材料人造板1.4　塑钢门窗1.85	良	一般

续表

序号	房间类型	人造板使用量（m²）	实木板材使用量（m²）	复合地板使用量（m²）	壁纸壁布使用量（m²）	门、窗材质及使用量（m²）	门密封直观评价（良、一般、差）	窗密封直观评价（良、一般、差）
16	储物间	20.33	6.2	—	—	饰面人造板1.85	良	一般
17	客厅餐厅	15.48	—	—	—	金属材料门1.85 饰面人造板门9.24	良	一般
18	主卧	2.21	—	—	—	饰面人造板1.85	良	良
19	次卧	1.85	—	—	—	金属材料边框玻璃门窗3.1	良	良
20	客厅餐厅	18.26	—	—	—	饰面人造板1.85 金属材料边框玻璃门窗8	良	一般
21	主卧	29.65	—	—	—	饰面人造板1.85 金属材料边框玻璃门窗1.6	良	一般
22	次卧	24.65	—	—	—	饰面人造板1.85 金属材料边框玻璃门窗1.6	良	一般
23	客厅餐厅	30.87	—	—	—	饰面人造板1.85 金属材料门11.09 金属材料边框玻璃门窗4.8	良	良
24	次卧	31.19	—	17.5	45.9	饰面人造板1.85	良	良
25	主卧	26.29	—	30	45.9	饰面人造板1.85	良	一般
26	客厅餐厅	9.24	—	—	47.7	金属材料门1.85 金属材料门5.54 金属材料边框玻璃门窗6.0	良	良
27	南卧	1.85	—	—	—	饰面人造板1.85 金属材料边框玻璃门窗2.3	良	良
28	北卧	1.85	—	—	—	饰面人造板1.85 金属材料边框玻璃门窗4.1	良	良
29	客厅餐厅	19.72	—	—	13	饰面人造板3.7 金属材料边框玻璃门窗12.1	良	良
30	主卧	29.67	—	—	—	饰面人造板1.85 金属材料边框玻璃门窗3.5	良	良

续表

序号	房间类型	人造板使用量（m²）	实木板材使用量（m²）	复合地板使用量（m²）	壁纸壁布使用量（m²）	门、窗材质及使用量（m²）	门密封直观评价（良、一般、差）	窗密封直观评价（良、一般、差）
31	次卧	36.37	—	—	—	饰面人造板1.85 金属材料边框玻璃门窗3.4	良	良
32	客厅餐厅	—	—	40	—	金属材料门1.85 塑钢门窗3.6	良	一般
33	主卧	28.96	—	20	—	塑钢门窗3.5	良	良
34	次卧	—	—	16	—	塑钢门窗1.8	良	良
35	客厅餐厅	17.34	—	—	27	金属材料门1.85 饰面人造板边框玻璃门窗19.0	良	良
36	主卧	28.97	—	—	—	饰面人造板1.85 金属材料边框玻璃门窗2.2	良	良
37	次卧	25.61	—	—	—	饰面人造板1.85 金属材料边框玻璃门窗2	良	良
38	客厅餐厅	5.54	—	60	—	金属材料门1.85 饰面人造板边框玻璃门窗7.6	良	一般
39	主卧	28.61	—	22.5	—	饰面人造板1.85 金属材料边框玻璃门窗1.85	良	一般
40	儿童卧	34.01	—	22	—	塑钢门窗3.0	良	一般
41	客厅餐厅	26.50	—	—	8	金属材料门1.85 饰面人造板边框玻璃门窗5.0	良	良
42	一楼主卧	30.97	—	—	—	饰面人造板1.85 金属材料边框玻璃门窗11.5	良	良
43	书房	47.25	24.5	—	—	饰面人造板1.85 金属材料边框玻璃门窗5.5	良	良
44	二楼主卧	48.87	19.4	—	59.7	金属材料门1.85 饰面人造板边框玻璃门窗1.6	良	良
45	客厅餐厅	11.39	—	—	11.3	金属材料门1.85 饰面人造板边框玻璃门窗3.0	良	良

续表

序号	房间类型	人造板使用量（m²）	实木板材使用量（m²）	复合地板使用量（m²）	壁纸壁布使用量（m²）	门、窗材质及使用量（m²）	门密封直观评价（良、一般、差）	窗密封直观评价（良、一般、差）
46	次卧	1.85	—	—	—	饰面人造板1.85 金属材料边框玻璃门窗1.6	良	良
47	主卧	31.73	—	—	—	饰面人造板1.85 金属材料边框玻璃门窗3.6	良	良
48	客厅餐厅	7.39	—	41	—	金属材料门1.85 饰面人造板边框玻璃门窗7.39	良	良
49	主卧	32.18	—	18	—	饰面人造板1.85 金属材料边框玻璃门窗6.9	良	良
50	次卧	16.61	—	10.3	—	饰面人造板1.85 金属材料边框玻璃门窗1.6	良	一般
51	书房	10.41	—	12.2	—	饰面人造板1.85 金属材料边框玻璃门窗1.6	良	良
52	厨房	15.04	—	—	—	—	良	良
53	客厅餐厅	13.62	—	25.9	68.3	饰面人造板1.85 金属材料门1.85	良	良
54	次卧	31.38	—	10.1	39.5	金属材料门5.54 饰面人造板边框玻璃门窗7.9	良	良
55	主卧	44.28	—	12.9	46.2	饰面人造板1.85 金属材料边框玻璃门窗1.6	良	良
56	客厅餐厅	7.36	—	51	141	饰面人造板1.85 金属材料边框玻璃门窗5.54	良	一般
57	主卧	21.41	—	14.8	51.5	饰面人造板1.85 塑钢门窗2.9	良	一般
58	次卧	22.97	—	14.4	52	饰面人造板1.85 塑钢门窗2.1	良	一般
59	客厅餐厅	25.13	—	49.8	12.2	饰面人造板1.85 金属材料边框玻璃门11.1窗15.8	良	良

续表

序号	房间类型	人造板使用量（m²）	实木板材使用量（m²）	复合地板使用量（m²）	壁纸壁布使用量（m²）	门、窗材质及使用量（m²）	门密封直观评价（良、一般、差）	窗密封直观评价（良、一般、差）
60	次卧1	18.29	—	14	—	饰面人造板1.85 金属材料边框玻璃门窗1.8	良	良
61	主卧	24.89	—	17.5	10.8	饰面人造板1.85 金属材料边框玻璃门窗2.7	良	良
62	阳台卧	20.27	—	17.1	12.2	饰面人造板1.85 金属材料边框玻璃门窗3.3	良	一般
63	次卧2	18.29	—	14	—	饰面人造板1.85 金属材料边框玻璃门窗1.8	良	良
64	客厅餐厅	12.74	—	30	3.6	金属材料门1.85 饰面人造板边框玻璃门窗5.54 金属材料边框玻璃门窗6.3	良	一般
65	主卧	33.61	—	19	—	饰面人造板1.85 塑钢门窗1.8	良	一般
66	次卧	20.79	—	12	—	饰面人造板1.85 塑钢门窗2.3	良	一般
67	卧室	1.85	—	10	—	饰面人造板1.85 塑钢门窗2.0	良	一般
68	客厅餐厅	12.80	—	40	1.8	金属材料门1.85 饰面人造板边框玻璃门窗5.54 金属材料边框玻璃门窗5.3 塑钢门窗2.6	良	一般
69	主卧	31.09	—	20	—	饰面人造板1.85 塑钢门窗4.4	良	一般
70	次卧	32.77	—	16	—	饰面人造板1.85 塑钢门窗10.0	良	一般
71	卧室	1.85	—	10	—	饰面人造板1.85 塑钢门窗1.9	良	一般
72	客厅餐厅	38.78	—	43.2	—	金属材料门1.85 饰面人造板边框玻璃门窗5.54 金属材料边框玻璃门窗6.2	良	一般
73	主卧	38.41	—	20	13.5	饰面人造板1.85 金属材料边框玻璃门窗3.5	良	良

续表

序号	房间类型	人造板使用量（m²）	实木板材使用量（m²）	复合地板使用量（m²）	壁纸壁布使用量（m²）	门、窗材质及使用量（m²）	门密封直观评价（良、一般、差）	窗密封直观评价（良、一般、差）
74	次卧	28.75	—	8.8	37.6	饰面人造板1.85 金属材料边框玻璃门窗1.8	良	良
75	客厅餐厅	8.90	—	27	6.2	金属人造板1.85 金属材料边玻璃门窗3.7	良	一般
76	主卧	16.97	—	10	—	饰面人造板边玻璃门窗1.85	良	良
77	次卧	46.33	—	9.5	—	饰面人造板边框玻璃门窗1.6	良	良
78	客厅餐厅	15.57	—	27	68.1	饰面人造板边框玻璃门窗2.8 金属材料门5.54 塑钢门窗2.7	良	一般
79	书房	35.29	—	12	44.5	饰面人造板1.85 金属材料边框玻璃门窗3.5	良	一般
80	主卧	29.35	—	15	52.1	饰面人造板边框玻璃门窗0.6 塑钢门窗1.8	良	一般
81	次卧	29.69	—	12	46.2	饰面人造板1.85 塑钢门窗1.8	良	一般
82	餐厅	17.85	—	12	46.2	饰面人造板边玻璃门窗1.85 塑钢门窗1.8	良	一般
83	边卧	27.92	—	12.5	48.9	塑钢门窗2.3	良	一般
84	客厅餐厅	28.48	—	—	—	金属材料门1.85 饰面人造板5.54 金属材料边框玻璃门窗6.9	良	良
85	男孩房	1.85	—	—	—	饰面人造板2.9	良	良
86	女孩房	1.85	—	—	—	饰面人造板边框玻璃门窗2.9	良	良
87	客厅餐厅	32.14	—	—	—	饰面人造板1.85 金属材料门5.54 金属材料边框玻璃门窗7.2	良	良

续表

序号	房间类型	人造板使用量（m²）	实木板材使用量（m²）	复合地板使用量（m²）	壁纸壁布使用量（m²）	门、窗材质及使用量（m²）	门密封直观评价（良、一般、差）	窗密封直观评价（良、一般、差）
88	主卧	10.01	—	20.8	—	饰面人造板 1.85 金属材料边框玻璃门窗 2.7	良	良
89	衣帽间	32.80	—	4.7	—	饰面人造板 1.85	良	一般
90	南次卧	54.21	—	13	—	饰面人造板 1.85 金属材料边框玻璃门窗 2.7	良	良
91	北次卧	16.73	—	13	—	饰面人造板 1.85 金属材料边框玻璃门窗 1.7	良	良
92	客厅餐厅	60.21	—	—	—	金属材料门 1.85 饰面人造板门 5.54 金属材料边框玻璃门窗 12.2	良	良
93	客厅餐厅	11.82	—	—	72	饰面材料门 1.85 饰面人造板门 8.3 金属材料边框玻璃门窗 6.9	良	良
94	主卧	32.54	—	—	71.6	饰面材料门 1.85 金属材料边框玻璃门窗 4.8	良	良
95	客厅餐厅	16.56	—	—	—	饰面人造板 1.85 饰面人造板门 5.54 金属材料边框玻璃门窗 13.0	良	一般
96	书房	29.41	—	—	—	饰面人造板 1.85 塑钢门窗 2.1	良	一般
97	主卧	40.91	—	—	—	饰面人造板 1.85 金属材料边框玻璃门窗 1.3 塑钢门窗 2.9	良	一般
98	次卧	48.27	—	—	—	饰面人造板 1.85 金属塑钢门窗 2.1	良	一般
99	厨房	4.62	—	—	—	金属材料边框玻璃门窗 3.7 塑钢门窗 1.4	良	一般

注：此次调查的住宅未发现使用地毯，因此地毯使用量未做统计。

表2.10-9 实测调查汇总表（二）

序号	房间类型	检测时间	装修完工到检测历时（月）	室内污染源初步判断	房间内净空间容积（m³）	温湿度（℃/RH%）	通风方式，通风换气率（次/n）	测前门窗关闭时间（h）	甲醛（简便方法）（mg/m³）	VOC（简便方法）（mg/m³）
1	客厅、餐厅	2014.5.18	0.24	水性涂料	50.1	20.0/50.0	自然	1	0.09	2.69
2	次卧	2014.5.18	0.24	水性涂料	28.6	20.0/50.0	自然	1	0.11	2.65
3	厨房	2014.5.18	0.24	水性涂料	13.8	20.0/50.0	自然	1	0.10	2.47
4	客厅餐厅	2014.5.19	0.24	水性涂料	93.2	20.0/50.0	自然	1	0.09	0.5
5	主卧	2014.5.19	0.24	水性涂料	28.6	20.0/50.0	自然	1	0.10	0.47
6	次卧	2014.5.19	0.24	水性涂料	24.9	20.0/50.0	自然	1	0.10	0.54
7	客厅餐厅	2014.5.26	16	家具	87.1	29.8/34.4	自然	1	0.04	0.15
8	次卧	2014.5.26	16	家具	33.6	29.8/34.4	自然	1	0.04	0.2
9	书房	2014.5.26	16	壁纸	29.4	29.8/34.4	自然	1	0.04	0.24
10	客厅餐厅	2014.5.27	0.3	壁纸	74	28.4/39.0	自然	1	0.05	1.73
11	主卧	2014.5.27	0.3	壁纸	28.4	28.4/39.0	自然	1	0.04	2.65
12	次卧	2014.5.27	0.3	家具	28.4	28.4/39.0	自然	1	0.04	1.11
13	客厅餐厅	2014.5.28	15	家具	93.1	29.0/38.0	自然	1	0.09	0.45
14	次卧	2014.5.28	15	家具	30.8	29.0/38.0	自然	1	0.08	0.32
15	主卧	2014.5.28	15	家具	56.5	29.0/38.0	自然	1	0.06	0.11
16	北卧	2014.5.28	15	家具	58.9	29.0/38.0	自然	1	0.12	0.18
17	储物间	2014.5.28	15	家具	12.5	29.0/38.0	自然	1	0.12	0.63
18	客厅餐厅	2014.5.29	1	水性涂料	94.5	31.1/38.4	自然	1	0.05	1.66
19	主卧	2014.5.29	1	水性涂料	51.8	31.1/38.4	自然	1	0.04	1.22
20	次卧	2014.5.29	1	水性涂料	42.1	31.1/38.4	自然	1	0.05	1.31
21	客厅餐厅	2014.5.29	29	家具	141	31.1/38.4	自然	1	0.02	0.15
22	主卧	2014.5.29	29	家具	60	31.1/38.4	自然	1	0.04	0.09
23	次卧	2014.5.29	29	家具	30.8	31.1/38.4	自然	1	0.06	0.12
24	客厅餐厅	2014.5.30	5	壁纸家具	141	32.2/38.0	自然	1	0.21	3.37

续表

序号	房间类型	检测时间	装修完工到检测历时（月）	室内污染源初步判断	房间内净空间容积（m³）	温湿度（℃/RH%）	通风方式，通风换气率（次/n）	测前门窗关闭时间（h）	甲醛（简便方法）（mg/m³）	VOC（简便方法）（mg/m³）
25	次卧	2014.5.30	5	壁纸家具	42	32.2/38.0	自然	1	0.24	3.62
26	主卧	2014.5.30	5	壁纸家具	77.1	32.2/38.0	自然	1	0.20	3.05
27	客厅餐厅	2014.5.30	0.5	地板涂料	80.5	33.2/37.1	自然	1	0.11	2.6
28	南卧	2014.5.30	0.5	地板涂料	47.3	33.2/37.1	自然	1	0.13	2.79
29	北卧	2014.5.30	0.5	地板涂料	37.3	33.2/37.1	自然	1	0.14	3.2
30	客厅餐厅	2014.6.2	16	家具	127	31.5/40.0	自然	1	0.09	0.11
31	主卧	2014.6.2	16	家具	42.6	31.5/40.0	自然	1	0.06	0.09
32	次卧	2014.6.2	16	家具	34	31.5/40.0	自然	1	0.12	0.08
33	客厅餐厅	2014.6.4	0.5	水性涂料	108	33.0/37.0	自然	1	0.13	0.49
34	主卧	2014.6.4	0.5	水性涂料	49.3	33.0/37.0	自然	1	0.11	0.65
35	次卧	2014.6.4	0.5	水性涂料	43.2	33.0/37.0	自然	1	0.09	0.48
36	客厅餐厅	2014.6.5	7	家具	93.1	26.2/38.1	自然	1	0.22	0.21
37	主卧	2014.6.5	7	家具	38.1	26.2/38.1	自然	1	0.07	0.4
38	次卧	2014.6.5	7	家具	32.7	26.2/38.1	自然	1	0.21	0.17
39	客厅餐厅	2014.6.5	6	家具	162	26.5/38.5	自然	1	0.18	0.2
40	主卧	2014.6.5	6	家具	56.2	26.5/38.5	自然	1	0.23	0.17
41	儿童卧	2014.6.5	6	家具	53.6	26.5/38.5	自然	1	0.18	0.1
42	客厅餐厅	2014.6.6	13	家具	135	28.2/48.1	自然	1	0.04	0.16
43	一楼主房	2014.6.6	13	家具	70.9	28.2/48.1	自然	1	0.10	0.1
44	书房	2014.6.6	13	家具	65.7	28.2/48.1	自然	1	0.12	0.08
45	二楼主卧	2014.6.6	13	家具	42.9	28.2/48.1	自然	1	0.07	0.08
46	客厅餐厅	2014.6.6	6	家具	115	30.3/47.1	自然	1	0.12	0.52
47	次卧	2014.6.6	6	水性涂料	42.4	30.3/47.1	自然	1	0.05	0.31
48	主卧	2014.6.6	6	家具	36.6	30.3/47.1	自然	1	0.10	1.54

续表

序号	房间类型	检测时间	装修完工到检测历时（月）	室内污染源初步判断	房间内净空容积（m³）	温湿度（℃/RH%）	通风方式、通风换气率（次/n）	测前门窗关闭时间（h）	甲醛（简便方法）（mg/m³）	VOC（简便方法）（mg/m³）
49	客厅餐厅	2014.6.11	6	家具	111	30.0/42.9	自然	1	0.14	0.1
50	主卧	2014.6.11	6	家具	44	30.0/42.9	自然	1	0.12	0.11
51	次卧	2014.6.11	6	家具	26	30.0/42.9	自然	1	0.11	0.05
52	书房	2014.6.11	6	家具	29.9	30.0/42.9	自然	1	0.11	0.03
53	厨房	2014.6.11	6	家具	15.9	30.0/42.9	自然	1	0.15	0.11
54	客厅餐厅	2014.6.11	11	家具	64.2	28.4/38.6	自然	1	0.09	0.11
55	次卧	2014.6.11	11	家具	22.3	28.4/38.6	自然	1	0.04	0.19
56	主卧	2014.6.11	11	家具	27.4	28.4/38.6	自然	1	0.10	0.1
57	客厅餐厅	2014.6.12	1	地板壁纸	137	30.0/42.0	自然	1	0.17	0.84
58	主卧	2014.6.12	1	地板壁纸	37	30.0/42.0	自然	1	0.14	0.94
59	次卧	2014.6.12	1	地板壁纸	36	30.0/42.0	自然	1	0.13	0.67
60	客厅餐厅	2014.6.12	0.24	地板涂料	133	29.5/37.7	自然	1	0.04	0.7
61	次卧1	2014.6.12	0.24	地板涂料	34.6	29.5/37.7	自然	1	0.15	1.5
62	主卧	2014.6.12	0.24	地板涂料	42.4	29.5/37.7	自然	1	0.10	1.32
63	阳台卧	2014.6.12	0.24	地板涂料	42.5	29.5/37.7	自然	1	0.06	1.38
64	次卧2	2014.6.12	0.24	地板涂料	34.6	29.5/37.7	自然	1	0.10	2.01
65	客厅餐厅	2014.6.13	12	家具	78.8	28.0/49.0	自然	1	0.13	0.12
66	主卧	2014.6.13	12	家具	45.5	28.0/49.0	自然	1	0.11	0.09
67	次卧	2014.6.13	12	家具	29.3	28.0/49.0	自然	1	0.16	0.11
68	小卧室	2014.6.13	12	家具	26.9	28.0/49.0	自然	1	0.08	0.09
69	客厅餐厅	2014.6.13	12	家具	107	28.6/50.4	自然	1	0.10	0.1
70	主卧	2014.6.13	12	家具	48.5	28.6/50.4	自然	1	0.12	0.11
71	次卧	2014.6.13	12	家具	37.7	28.6/50.4	自然	1	0.08	0.09
72	小卧室	2014.6.13	12	家具	27	28.6/50.4	自然	1	0.06	0.06
73	客厅餐厅	2014.6.17	24	家具	113	27.4/62.8	自然	1	0.10	0.07

续表

序号	房间类型	检测时间	装修完工到检测历时(月)	室内污染源初步判断	房间内净空间容积(m³)	温湿度(℃/RH%)	通风方式，通风换气率(次/n)	测前门窗关闭时间(h)	甲醛(简便方法)(mg/m³)	VOC(简便方法)(mg/m³)
74	主卧	2014.6.17	24	家具	47.8	27.4/62.8	自然	1	0.11	0.08
75	次卧	2014.6.17	24	家具	19.1	27.4/62.8	自然	1	0.11	0.08
76	客厅餐厅	2014.6.17	1.5	家具	72.5	28.6/57.2	自然	1	0.09	0.37
77	主卧	2014.6.17	1.5	家具	24.1	28.6/57.2	自然	1	0.13	0.17
78	次卧	2014.6.17	1.5	家具	17.8	28.6/57.2	自然	1	0.22	0.18
79	客厅餐厅	2014.6.18	8	家具	72.4	28.5/64.1	自然	1	0.14	0.09
80	书房	2014.6.18	8	家具	27.6	28.5/64.1	自然	1	0.15	0.1
81	主卧	2014.6.18	8	家具	35.9	28.5/64.1	自然	1	0.21	0.09
82	次卧	2014.6.18	8	家具	27.7	28.5/64.1	自然	1	0.17	0.08
83	餐厅	2014.6.18	8	家具	30	28.5/64.1	自然	1	0.21	0.09
84	边卧	2014.6.18	8	家具	28.9	28.5/64.1	自然	1	0.25	0.11
85	客厅餐厅	2014.6.28	1	水性涂料	96.1	28.5/65.0	自然	1	0.07	—
86	男孩房	2014.6.28	1	水性涂料	24.3	28.5/65.0	自然	1	0.07	—
87	女孩房	2014.6.28	1	水性涂料	32.4	28.5/65.0	自然	1	0.08	—
88	客厅餐厅	2014.8.12	2	涂料家具	149	29.2/63.3	自然	1	0.10	0.56
89	主卧	2014.8.12	2	涂料家具	55.7	29.2/63.3	自然	1	0.13	0.63
90	衣帽间	2014.8.12	2	涂料家具	6.6	29.2/63.3	自然	1	0.12	0.67
91	南次卧	2014.8.12	2	涂料家具	25.5	29.2/63.3	自然	1	0.10	0.61
92	北次卧	2014.8.12	2	涂料家具	32.2	29.2/63.3	自然	1	0.23	0.72
93	客厅餐厅	2014.8.12	2	涂料家具	122	29.2/63.3	自然	1	0.24	0.99
94	客厅餐厅	2014.8.10	8	壁纸家具	85.6	27.3/62.5	自然	1	0.15	0.42
95	主卧	2014.8.10	8	壁纸家具	37.4	27.3/62.5	自然	1	0.15	0.34
96	客厅餐厅	2014.8.11	34	家具	137	26.5/73.9	自然	1	0.12	0.4
97	书房	2014.8.11	34	家具	29.4	26.5/73.9	自然	1	0.11	0.31
98	主卧	2014.8.11	34	家具	34.4	26.5/73.9	自然	1	0.09	0.32
99	次卧	2014.8.11	34	家具	31.7	26.5/73.9	自然	1	0.13	0.47
100	厨房	2014.8.11	34	天然气	25.1	26.5/73.9	自然	1	0.45	0.46

（3）2014年室内环境污染统计分析。

统计、整理、分析2014年新乡市100间住宅室内环境污染物（甲醛、VOC）的检测数据，见表2.10-8、表2.10-9实测调查汇总表以及对检测房间房顶、地面、墙面面积及装修材料，门窗的面积及数量，材质，家具的材质及暴露面积；装修时间和检测时的温、湿度等调查记录，进行计算、整理，揭示2014年新乡市室内环境污染状况。

1）甲醛、TVOC浓度统计特征。

2014年新乡市住宅甲醛、TVOC浓度检测统计结果如表2.10-10所示。

表2.10-10 2014年新乡市住宅甲醛、TVOC浓度检测结果统计表

检测项目	检测房间类型	检测房间数	超标房间数	超标比例（%）	最小值（mg/m³）	最大值（mg/m³）	平均值（mg/m³）
甲醛	住宅	100	72	72	0.02	0.45	0.12
TVOC	住宅	97	34	35.05	0.03	3.62	0.68

由表2.10-10可知，2014年统计甲醛检测房间100间，超标房间72间，超标比例为72%，甲醛浓度为0.02～0.45mg/m³，平均值为0.12 mg/m³。其最高值是最低值的22.5倍。TVOC检测房间97间，超标房间34间，超标比例为35.05%，TVOC浓度0.03～3.62mg/m³，平均值为0.68 mg/m³。其最高值是最低值的120倍。

2）甲醛、TVOC的污染状况评价。

评价方法同2010—2013年室内环境污染统计分析的甲醛、苯、TVOC的污染状况评价。

甲醛、TVOC检测结果评价的数据分布见表2.10-11和图2.10-4，图2.10-4是表2.10-11数据的分布图。

由表2.10-11和图2.10-4可知，甲醛在100间污染分指数在1.01～1.5为最多38间，污染分指数在4.01～5.00的有1间，主要分布在0～3.00之间。TVOC在97间污染分指数在0～0.5为最多47间，污染分指数在5.01～10的有9间。

表2.10-11 甲醛、苯、TVOC检测结果评价的数据分布表

	污染物分指数	甲 醛		TVOC	
		房间数	百分比（%）	房间数	百分比（%）
合格	0～0.50	11	11	47	48.45
	0.51～1.00	17	17	16	16.49
超标	1.01～1.50	38	38	11	11.34
	1.51～2.00	17	17	3	3.09
	2.01～2.50	5	5	2	2.06
	2.51～3.00	10	10	4	4.12
	3.01～4.00	1	1	3	3.09
	4.01～5.00	1	1	2	2.06
	5.01～10.00	0	0	9	9.28
合计	—	100	0	97	—

3）甲醛、TVOC污染综合评价。

甲醛、TVOC检测结果综合评价的数据分布见表2.10-12和图2.10-5，图2.10-5是表2.10-12数据的分布图。

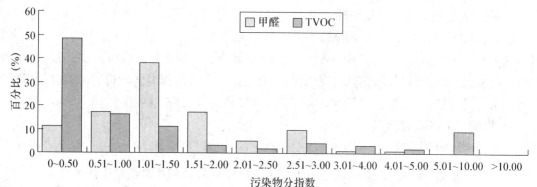

图 2.10-4　甲醛、TVOC 检测结果评价的数据分布图

表 2.10-12　甲醛、TVOC 检测结果综合评价的数据分布表

综合指数	0~0.49	0.5~0.99	1.00~1.49	1.5~1.99	≥2.0
房间数	6	12	36	12	31
百分比	6.19	12.37	37.11	12.37	31.96
质量等级	Ⅰ	Ⅱ	Ⅲ	Ⅳ	Ⅴ
等级评价	清洁 （优）	未污染 （良）	轻度污染 （轻）	中度污染 （中）	重污染 （重）

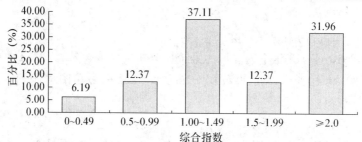

图 2.10-5　甲醛、TVOC 检测结果综合评价的数据分布图

由表 2.10-12 和图 2.10-5 可知，甲醛、TVOC 在 97 间检测房间中 6 间为清洁，所占比例为 6.19%；12 间为未污染，所占比例为 12.37%；36 间为轻度污染，所占比例为 37.11%；12 间为中度污染，所占比例为 12.37%；31 间为重度污染，所占比例为 31.96%。

2.10.4　结论与建议

1. 结论

本次检测调查工作，统计了新乡市 2010—2013 年住宅室内空气污染物甲醛、苯、TVOC 及 2014 年住宅室内空气污染物甲醛、TVOC 的检测结果，并对 2014 年检测房间的基本情况、装修材料，家具、装修时间、检测的温湿度等进行了较为详细的调查记录。采用综合指数统计分析方法，进行了系统研究，取得了以下结论：

（1）室内空气甲醛、苯、TVOC 浓度特征。

2010—2013 年甲醛、苯、TVOC 检测房间 95 间。甲醛超标房间 82 间，超标比例为 86.31%，浓度为 0.05~0.69mg/m³，平均值为 0.23 mg/m³；苯超标房间 3 间，超标比例为 3.16%；苯浓度为 0.02~0.13mg/m³，平均值为 0.02 mg/m³；TVOC 超标房间 9 间，超标比例为 9.47%，TVOC 浓度为 0.02~1.16mg/m³，平均值为 0.25mg/m³。2014 年甲醛检测

房间 100 间，TVOC 检测房间 97 间。甲醛超标房间 72 间，超标比例为 72%，甲醛浓度为 0.02～0.45mg/m³，平均值为 0.12 mg/m³；TVOC 超标房间 34 间，超标比例为 35.05%，TVOC 浓度为 0.03～3.62mg/m³，平均值为 0.68 mg/m³。

（2）TVOC 中 9 种可识别污染物在 TVOC 所占比例。

9 种可识别物面积占总峰面积百分比，最低的 0～10% 的有 4 间，最高的 70.01%～80% 的有 1 间，20.01%～40% 的是 51 间为最多。统计显示 50% 以下的为 87 间，占总数的 91.58%。说明了 TVOC 浓度中，有近一半的污染物在检测中是无法识别的，对未识别的污染物应进一步研究，以达到避免和减少污染的目的。

（3）室内空气甲醛、苯、TVOC 污染状况。

在 2010—2013 年甲醛、苯、TVOC 三项综合评价结果，95 间检测房间中 1 间为清洁，所占比例为 1.05%；16 间为未污染，所占比例为 16.84%；21 间为轻度污染，所占比例为 22.11%；19 间为中度污染，所占比例为 20%；38 间为重度污染，所占比例为 40%。2014 年甲醛、TVOC 在 97 间检测房间中 6 间为清洁，所占比例为 6.19%；12 间为未污染，所占比例为 12.37%；36 间为轻度污染，所占比例为 37.11%；12 间为中度污染，所占比例为 12.37%；31 间为重度污染，所占比例为 31.96%。

从以上数据可以看出，2014 年甲醛污染较 2010—2013 年有所好转，TVOC 污染较 2010—2013 年严重，从总体上看 2014 年还是较 2010—2013 年污染状况要好一点，但新乡市室内装饰装修带来的室内污染还是比较严重的。

2．建议

为了预防和控制室内环境污染，提高居住环境的质量，提出以下建议：

（1）在居民住宅设计时，尽量使每个房间都有窗户，南北通透的住宅最好，如果房间没有窗户，应安装通风措施，保证居住环境通风良好，去除污染。

（2）对装修材料及装修市场进行规范管理，出台相应绿色环保的装修设计以及材料的选用规范，同时尽可能控制室内装饰装修程度，以达到减少室内空气污染。

（3）购买家具和室内装饰品时应注意产品质量以及是否对室内空气造成污染，不要把污染带回家。

（4）住宅装饰装修完成后，使房间保持良好的通风环境，进行通风。并依照《民用建筑工程室内环境污染控制规范》GB 50325 对室内环境污染进行检测，对不符合室内环境污染规范要求的房间，要进行治理，合格后再入住。

2.11 烟台市装修污染调查与研究

2.11.1 烟台市概况

2013 年全市资质以上建筑企业本年签订合同额 597.07 亿元，比上年增长 11.7%；完成建筑业总产值 617.86 亿元，增长 11.0%；竣工产值 385.64 亿元，增长 8.7%。房屋施工面积 4196.67 万 m²，增长 6.2%；房屋竣工面积 1733.44 万 m²，增长 0.1%。2013 年烟台市有近 30 个大型商贸建设项目，建筑面积 350 多万 m²，完成投资额 230 亿元。

2014 年全年房地产开发投资 611.80 亿元，比上年增长 5.8%。其中，住宅投资 453.99 亿元，增长 6.0%；商业营业用房投资 90.53 亿元，增长 19.2%。2014 年，全市房地产开发预计完成投资 615 亿元，施工面积 5350 万 m²，新开工面积 1285 万 m²，竣工面积 1050 万 m²，同比分别增长 6.33%、5.57%、−8.02%、2.83%。

2014 年竣工的大项目：①烟台新机场 烟台蓬莱国际机场投入使用，机场属 4E 级，设计旅客年吞吐量 1200 万人。②北方最大的万达广场-烟台芝罘区万达广场开业。③全国地级市唯一的大悦城开门迎客等。

2015 年，烟台芝罘区总投资亿元以上重点在建项目达 91 个，年度投资 279.4 亿元，其中，新开工 38 个，重点推进项目 60 个，项目涉及旅游、商业、养老等方面。

莱山区持续加大民生投入，启动 13 个旧村改造项目，新增 2 所大型医院，启动永铭中学二期、南塂小学三期建设。该区今年共确定投资 5000 万元以上区级重点项目 69 个，总投资 721 亿元。这 69 个重点项目中，新开项目 35 个，续建项目 26 个，前期推进项目 8 个。

2015 年全市具有资质等级的总承包和专业承包建筑业企业完成建筑业总产值 649.77 亿元，比上年下降 2.2%。竣工产值 406.47 亿元，增长 2.5%。房屋施工面积 3661.55 万 m²，下降 8.0%；房屋竣工面积 1643.30 万 m²，下降 4.7%。

2.11.2 2010—2013 年室内环境污染状况统计

1. 数据来源与统计方法

(1) 一类建筑住宅。

1) 调查"已装修未入住"房间及"已装修入住"房间两种类型，其中已装修未入住的有 23 间，入住 2 间。

2) 所有一类住宅检测房间（含入住或未入住）均进行了精装修，家具（包含床、家用电器、沙发、衣柜、门等）一应俱全，达到拎包入住程度。

3) 调查房间的选取覆盖烟台六区范围，通过物业、开发商或其他方式联系业主，上门检测。

4) 选择房间分别是装修完工 1 个月，2 个月，3 个月，4 个月，6 个月，12 个月。

5) 现场检测时，房间温度均在 18 度以上，检测过程中各房间均独立封闭 12 小时。

(2) 二类建筑包括商场、办公楼、展览馆等，均是 2010—2013 年委托检测二类建筑工程。

2. 2010—2013 年室内环境污染统计结果

(1) 概况：本次调查居民精装修住宅一类建筑共 25 间，其中有 2 个房间跟踪检测。二类建筑共检测了 13 个单体工程。二类建筑当家居品牌、装修材料相同时，每个单体工程只选取 1 个有代表性的房间，共选取 13 个房间。

1) 检测仪器。

甲醛：美国产 4160 便携式甲醛测定仪；

TVOC：GC900 气相色谱仪（上海科创色谱仪器有限公司）。

2) 取样检测方法：一类建筑住宅类依据《室内空气质量标准》GB/T 18883—2002，采样前对采样系统进行气密性检查，不得漏气。保证采样系统流量恒定，在采样器正常使用状态下，用皂膜流量计校准采样器流量计的刻度。采样前门窗关闭 12h，采样时关闭门窗进行采样，并记录采样时室内的温、湿度和大气压。二类建筑依据《民用建筑工程室内环境污染控制规范》GB 50325—2010（2013版），采样前门窗关闭1h，采样时关闭门窗进行采样。并记录采样时室内的温、湿度和大气压。

3）调查检测项目：所有房间均检测甲醛、TVOC两项。

4）采样点的数量：采样点数量根据检测室内面积大小和现场情况而定，原则上小于50m²的房间应设1～3个点，50～100m²设3～5个点，100m²以上至少设5个点，在对角线上或梅花状均匀分布。选采样点避开通风口，离墙壁距离大于0.5m，采样点相对高度在0.5～1.5m之间。

5）检测调查的方法：甲醛的检测采用4160便携式甲醛测定仪，每个房间据面积大小，选取采样点的数量，在不用采样点分别检测，取平均值作为最后的调查结果；TVOC的检测，在房间不同点位各采样后，用GC900气相色谱仪进行检测，结果取平均值。

6）检测调查质量保证措施。

①检测甲醛使用的是美国产4160便携式甲醛测定仪，由山东省计量科学研究院检定，检定结果满足标准要求。

②TVOC采样使用双气路大气采样器，由山东省计量科学研究院检定，检定结果满足标准要求。

③TVOC检测使用GC900气相色谱仪，由烟台市计量所检定，检定结果满足标准要求。

（2）Ⅰ类建筑室内环境污染调查汇总：2011—2013年实测住宅类25间，选取其中的2间做跟踪监测，共27组数据。2011—2013年实测办公楼等二类建筑共计13间。2012—2013年间对两个房间实施了跟踪监测，统计结果如表2.11-1所示。

表2.11-1　两个房间跟踪检测结果

房屋	检测时间	装修完工时间（月）	TVOC浓度（mg/m³）	TVOC技术指标（mg/m³）	甲醛浓度（mg/m³）	甲醛技术指标（mg/m³）
1#	2012.9.15	6	1.50	≤0.6	0.30	≤0.10
	2013.7.15	16	0.60		0.06	
2#	2013.5.1	1	1.6		0.60	
	2013.10.1	6	0.23		0.13	

通过监测，甲醛和TVOC浓度较第一次都有了不同程度的降低。住户反馈，采取的措施就是通风，说明通风换气是一种经济有效的改善室内空气污染的方法。

2011—2013年住宅类TVOC、甲醛浓度结果与装修时间的对应关系如表2.11-2所示。

表2.11-2　2011—2013年住宅类TVOC、甲醛浓度结果与装修时间的对应关系

装修时间（月）	房间数量（间）	TVOC超标房间数量（间）	占房间数（%）	甲醛超标房间数量（间）	占总房间数（%）	备注
1	2	2	100	1	50	
2	1	1	100	0	0	
3	4	2	50	1	50	
4	7	6	85.7	5	71.4	总房间数27间
6	9	3	33.3	2	66.7	
12	2	1	50	0	0	
24	2	0	0	0	0	

注：1. 各房间封闭时间均为约12h；

2. 各房间检测时室温均在18℃以上；

3. 所检测房间均是随机抽取。

从表2.11-2得出：①装修时间在6个月之内，TVOC、甲醛污染物浓度较高，建议装修完工后自然通风6个月以后再入住；②结果显示：总挥发性有机化合物（TVOC）污染程度要比甲醛高，TVOC中含有的苯是世界卫生组织规定的致癌物质，因此，环境中存在如此高的有机化合物的污染问题更要引起我们的关注，目前 TVOC 主要来自油漆、涂料中的溶剂、稀释剂和各种添加剂等。

2.11.3 2014—2015 年室内环境污染实测调查统计

1. 现场检测调查实施方案

（1）调查房间类型及数量。

本次调查居民精装修住宅一类建筑共 55 间，其中有 6 个房间跟踪监测。二类建筑共检测了 15 个单体工程，二类建筑当家居品牌、装修材料相同时，每个单体工程只选取 1 个有代表性的房间，共选取 15 个房间。用于调查的检测房间具有以下几个特点：

1）调查"已装修未入住"房间及"已装修入住"房间两种类型，其中已装修未入住的有 49 间，入住 6 间。

2）所有检测房间（含入住或未入住）均进行了精装修，家具（包含床、家用电器、沙发、衣柜、门等）一应俱全，达到拎包入住程度。

3）调查房间的选取覆盖烟台六区范围，通过物业、开发商或其他方式联系业主，上门检测。

4）选择房间分别是装修完工 1 个月，2 个月，3 个月，4 个月，6 个月，12 个月，24 个月，36 个月。

5）现场检测时，房间温度均在 18℃以上，检测过程中各房间均独立封闭 12h。

6）二类建筑包括商场、酒店、办公楼、航站楼等，均是 2014—2015 年委托检测二类建筑工程。

（2）调查过程时间段。

本次数据采集时间段分 4 段（图 2.11-1），全年均有涉及，考虑到温湿度对甲醛、TVOC 释放量的影响，3 季度的数据采集相对较多。

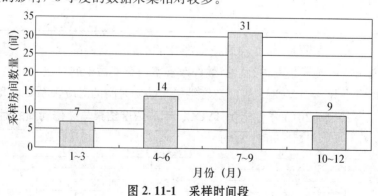

图 2.11-1 采样时间段

（3）检测仪器。

甲醛：美国产 4160 便携式甲醛测定仪；

TVOC：GC900 气相色谱仪（上海科创色谱仪器有限公司）。

（4）取样检测方法。

一类建筑住宅类依据《室内空气质量标准》GB/T 18883—2002，采样前对采样系统进行气密性检查，不得漏气。保证采样系统流量恒定，在采样器正常使用状态下，用皂膜流量计校准采样器流量计的刻度。采样前门窗关闭 12 小时，采样时关闭门窗按标准进行采样，并记录采样时室内的温、湿度、大气压。对代表性比较强的进行跟踪监测。二类建筑依据《民用建筑工程室内环境污染控制规范》GB 50325—2010（2013版），采样前门窗关闭1h，采样时关闭门窗按标准进行采样，并记录采样时室内的温、湿度、大气压。

2．现场实测调查过程

（1）实地调查污染物现场记录情况。

1）记录被测房间功能，面积，检测日期，温度，湿度，大气压，门窗关闭时间等。

2）记录地面装修材料（地板砖、复合地板、木地板等），墙壁装修材料（乳胶漆、壁纸等），吊顶材质，固定或移动式家具材质及有无油漆饰面情况等，装修完工时间等。

3）记录房间对外门（窗）面积、材质、密封性等。

（2）实地调查污染物现场检测情况。

1）调查检测项目：所有房间均检测甲醛、TVOC两项。

2）采样点的数量：采样点数量根据检测室内面积大小和现场情况而定，原则上小于$50m^2$的房间应设$1 \sim 3$个点，$50 \sim 100m^2$设$3 \sim 5$个点，$100m^2$以上至少设5个点，在对角线上或梅花状均匀分布。选采样点避开通风口，离墙壁距离大于0.5m，采样点相对高度在$0.5 \sim 1.5m$之间。

3）检测调查的方法：甲醛的检测采用4160便携式甲醛测定仪，每个房间据面积大小，选取采样点的数量，在不用采样点分别检测，取平均值作为最后的调查结果；TVOC的检测，在房间不同点位各采样后，用GC900气相色谱仪进行检测，结果取平均值。

4）门窗封闭12h。

5）对其中的6户住宅进行甲醛和TVOC的跟踪检测。

3．检测调查质量保证措施

（1）采样、检测仪器的质量控制。

1）检测甲醛使用的是美国产4160便携式甲醛测定仪，由山东省计量科学研究院检定，检定结果满足标准要求。

2）TVOC采样使用双气路大气采样器，由山东省计量科学研究院检定，检定结果满足标准要求。

3）TVOC检测使用GC900气相色谱仪，由烟台市计量所检定，检定结果满足标准要求。

（2）采样过程的质量控制。

具体测试之前，检查仪器，确保仪器工作的稳定性和数据的真实性。

1）甲醛检测之前，首先进行气密性检查，气密性合格，然后对设备加装CD-F过滤器并在现场进行调零，待仪器读数稳定后记录数据。

2）TVOC采样之前，对双气路大气采样器进行气密性检查，气密性合格后进行流量校准，误差应小于$\pm 5\%$，校准完毕后记录此时室内温、湿度及大气压。

3）采样过程中，应保证室内无其他干扰源。

4）数据的采集、录入和分析均由2人共同进行，检测人员对仪器的使用均经过严格的培训，掌握仪器的原理和使用方法，确保调查结果准确可靠。

4．现场实测调查结果及统计分析

（1）2014—2015年调查居民精装修房间实测调查汇总表如表2.11-3、表2.11-4所示。

表 2.11-3　一类建筑实测调查汇总表

序号	房间类型	人造板使用量（m²）	实木板材使用量（m²）	复合地板使用量（m²）	地毯使用量（m²）	壁纸、壁布使用量（m²）	活动家具类型、数量，计算人造板使用量（m²）	门、窗材质及使用量（m²）	房间内净空间容积（m³）	门密封直观评价（良、一般、差）	窗密封直观评价（良、一般、差）
1	卧室	30	0	0	0	31	8	13.5	68	一般	良
2	客厅	29	0	15	0	0	4	6	45	一般	良
3	客厅	42	0	15	0	23	37	6	45	一般	良
4	书房	30	0	14	0	25	30	5	42	良	良
5	卧室	10	4	0	0	0	15	6	40	一般	良
6	卧室	10	4	0	0	0	16	3	42	良	良
7	客厅	25	10	0	0	0	26	6	60	良	一般
8	卧室	10	10	0	0	0	16	6	50	一般	一般
9	卧室	14	10	0	0	0	14	6	50	一般	良
10	客厅	8	20	0	0	0	14	3	68	一般	一般
11	卧室	12	15	0	0	0	15	10.5	57	一般	良
12	卧室	4	5	0	0	0	26	3	62	良	良
13	客厅	4	5	15	0	0	14	6	80	一般	一般
14	客厅	29	0	30	0	0	14	6	85	一般	良
15	卧室	48	0	12	0	0	15	14.5	64	良	一般
16	客厅	23	0	15	0	0	29	3	66	一般	良
17	卧室	24	4	15	0	21	29	5	65	良	良
18	卧室	26	4	0	0	0	36	3	45	一般	良
19	客厅	12	4	15	0	0	20	12.5	58	一般	一般
20	客厅	34	4	15	0	0	31	3	45	差	一般
21	客厅	13	0	15	0	0	0	6	45	良	良
22	卧室	34	0	21	0	0	0	10.5	60	一般	一般
23	卧室	21	14	15	0	23	32	3	46	一般	良
24	卧室	19	14	15	0	22	32	5	47	良	良
25	卧室	0	10	0	0	35	31	15.5	66	良	一般
26	卧室	0	10	0	0	0	31	15.5	66	一般	一般
27	客厅	38	0	16	0	0	30	5	50	一般	良
28	卧室	10	0	0	0	24	25	11	58	一般	良
29	卧室	0	14	0	0	23	29	3	38	良	一般
30	卧室	0	14	0	0	31	32	6	29	差	良
31	卧室	0	10	0	0	33	30	13.5	61	一般	一般

续表

序号	房间类型	人造板使用量（m²）	实木板材使用量（m²）	复合地板使用量（m²）	地毯使用量（m²）	壁纸、壁布使用用量（m²）	活动家具类型、数量，计算人造板使用用量（m²）	门、窗材质及使用量（m²）	房间内内净空间容积（m³）	门密封直观评价（良、一般、差）	窗密封直观评价（良、一般、差）
32	客厅	0	10	0	0	0	30	14.5	61	一般	良
33	卧室	37	0	34	0	0	32	11.5	56	一般	一般
34	客厅	26	0	14	0	0	28	6	42	一般	差
35	卧室	14	14	14	0	0	29	5	42	良	一般
36	卧室	12	0	14	0	24	20	5	42	一般	一般
37	卧室	4	0	0	0	23	15	5	27	一般	良
38	客厅	0	25	15	0	0	24	6	43	一般	良
39	卧室	14	10	0	0	0	25	11	43	一般	良
40	次卧	10	0	15	0	0	25	5	42	一般	一般
41	主卧	12	14	0	0	0	36	6	45	一般	良
42	卫生间	12	0	0	0	32	0	3	29	良	一般
43	主卧	14	4	16	0	0	26	13.5	50	良	良
44	主卧	32	4	23	0	0	25	6	64	差	良
45	客厅	0	29	0	0	0	29	14.5	26	良	一般
46	主卧	4	4	0	0	0	28	3	67	良	良
47	客厅	4	4	0	0	0	28	5	38	差	良
48	客厅	0	4	0	0	0	24	5	38	良	一般
49	客厅	0	30	0	0	0	34	5	55	一般	一般
50	客厅	0	40	0	0	0	31	13.8	59	一般	一般
51	主卧	15	4	15	0	19	29	6	45	一般	一般
52	主卧	45	0	14	0	22	39	3	43	一般	一般
53	主卧	31	4	16	0	0	24	6	50	良	一般
54	主卧	0	5	0	0	0	5	3	27	一般	良
55	主卧	0	30	0	0	29	29	5	50	一般	一般
56	客厅	0	30	0	0	43	29	5	60	差	良
57	次卧	8	5	16	0	21	35	11.5	64	一般	一般
58	客厅	39	4	16	0	36	41	6	51	良	良
59	卧室	39	4	16	0	0	41	3	52	良	良
60	客厅	31	6	36	0	0	20	13	98	良	良
61	客厅	46	0	35	0	0	12	13	102	一般	一般

表 2.11-4　一类建筑实测调查汇总表

序号	房间类型	检测时间	装修完工到检测历时（月）	室内主要污染源初步判断	温/湿度（℃/RH%）	大气压（kPa）	测前门窗关闭时间（h）	甲醛现场便携式测定（mg/m³）	TVOC（气相色谱法）（mg/m³）	9种成分占TVOC百分比（%）	备注
1	卧室	2014.1.5	24	无	21/38	102.4	12	0.03	0.25	30	入住1年、装修完2年
2	客厅	2014.1.5	36	无	21/40	102.4	12	0.04	0.18	20	未入住、装修完3年
3	客厅	2014.3.6	10	疑似有	22/40	101.9	12	0.07	0.26	25	未入住、装修完10个月
4	书房	2014.3.20	4	无	23/40	101.9	12	0.02	0.95	50	未入住、装修完4个月
5	卧室	2014.3.27	12	无	22/45	101.7	48	0.03	0.15	20	未入住、装修完12个月
6	卧室	2014.3.27	12	无	20/45	101.7	48	0.05	0.22	39	未入住、装修完12个月
7	客厅	2014.3.27	6	无	21/45	101.7	8	0.03	0.24	59	未入住、装修完6个月
8	卧室	2014.4.10	6	无	22/45	101.2	72	0.03	0.69	41	未入住、装修完6个月
9	卧室	2014.5.29	1	明显有	21/47	101.1	24	0.19	3.60	45	未入住、装修完1周
10	客厅	2014.5.29	1	明显有	23/50	100.9	24	0.19	3.60	61	未入住、装修完1周
11	卧室	2014.5.29	1	明显有	22/57	100.9	24	0.15	4.80	50	未入住、装修完1周
12	卧室	2014.7.16	2	明显有	28/75	100.4	12	0.36	1.80	65	未入住、装修完2个月
13	客厅	2014.5.29	1	明显有	22/55	100.9	24	0.10	3.60	58	未入住、装修完1周
14	卧室	2014.7.16	2	明显有	28/78	100.4	12	0.27	1.80	56	未入住、装修完2个月
15	卧室	2014.5.29	3	明显有	22/45	100.9	12	0.10	6.00	45	未入住、装修完3个月
16	卧室	2014.5.29	3	明显有	20/50	100.9	24	0.10	4.80	72	未入住、装修完3个月
17	卧室	2014.5.29	1	无	20/50	100.4	24	0.05	1.20	56	未入住、装修完1周
18	卧室	2014.7.16	2	明显有	28/80	100.4	24	0.09	2.40	43	未入住、装修完2个月
19	客厅	2014.5.29	1	无	22/55	100.9	12	0.05	1.20	57	未入住、装修完1周
20	客厅	2014.7.16	2	明显有	28/80	100.4	24	0.09	2.40	32	未入住、装修完2个月
21	卧室	2014.6.2	3	无	25/65	100.5	3	0.10	0.06	49	未入住、装修完3个月
22	卧室	2014.6.2	1	明显有	25/65	100.5	12	0.33	3.60	45	未入住、装修完1周
23	卧室	2014.6.9	12	无	25/65	100.6	12	0.16	0.96	41	未入住、装修完12个月
24	卧室	2014.6.16	36	无	28/80	100.6	24	0.17	0.45	35	未入住、装修完36个月
25	卧室	2014.7.11	2	明显有	27/75	100.4	12	0.19	7.20	43	未入住、装修完2个月
26	卧室	2014.7.11	1	明显有	27/80	100.4	12	0.10	3.70	43	未入住、装修完10天
27	客厅	2014.7.11	1	明显有	27/80	100.5	12	0.16	7.20	47	未入住、装修完7天
28	卧室	2014.7.11	1	明显有	27/80	100.9	12	0.03	3.60	42	未入住、装修完7天
29	卧室	2014.7.11	1	无	27/78	100.5	12	0.26	0.35	12	未入住、装修完1个月
30	卧室	2014.7.11	1	明显有	28/80	100.5	12	0.05	2.00	51	未入住、装修完7天
31	卧室	2014.7.23	2	明显有	27/85	100.9	18	0.22	0.94	32	已入住、装修两个月
32	客厅	2014.7.23	2	明显有	27/80	100.4	18	0.35	1.80	32	已入住、装修两个月

续表

序号	房间类型	检测时间	装修完工到检测历时（月）	室内主要污染源初步判断	温/湿度（℃/RH%）	大气压（kPa）	测前门窗关闭时间（h）	甲醛现场便携式测定（mg/m）	TVOC（气相色谱法）（mg/m）	9种成分占TVOC百分比（%）	备注
33	卧室	2014.7.24	3	明显有	28/82	100.1	24	0.15	1.90	30	未入住,装修完三个月
34	客厅	2014.7.28	3	无	28/75	100.1	48	0.12	0.48	22	未入住,装修完三个月
35	卧室	2014.6.15	3	明显有	22/45	100.3	24	0.16	1.20	31	未入住,装修完三个月
36	卧室	2014.7.28	5	疑似有	28/80	100.4	24	0.12	0.90	34	未入住,装修完四个半月（光触媒处理）
37	卧室	2014.7.29	6	明显有	27/75	99.9	12	0.58	4.30	45	未入住,装修完六个月
38	客厅	2014.7.29	6	明显有	28/75	99.9	12	0.20	1.20	21	未入住,装修完六个月
39	卧室	2014.8.1	1	明显有	26/70	99.9	24	0.52	3.60	58	入住,装修完1个月
40	次卧室	2014.8.13	2	疑似有	26/75	99.8	12	0.17	0.85	16	未入住,装修完2个月
41	卧室	2014.8.13	2	疑似有	26/75	99.8	12	0.17	1.03	26	未入住,装修完2个月
42	卫生间	2014.8.13	2	疑似有	26/75	99.8	12	0.16	1.33	22	未入住,装修完2个月
43	主卧	2014.9.16	2	疑似有	23/55	99.9	72	0.10	0.70	32	未入住,装修完2个月
44	主卧	2014.9.17	2	明显有	23/50	100.4	72	0.45	1.80	28	未入住,装修完2个月
45	客厅	2014.9.18	2	明显有	23/45	100.4	12	0.16	0.92	34	未入住,装修完2个月
46	卧室	2014.9.18	2	明显有	22/36	100.4	12	0.16	3.36	32	未入住,装修完4个月
47	卧室	2014.9.23	4	无	20/45	100.5	12	0.20	0.40	11	未入住,装修完4个月
48	客厅	2014.9.23	4	无	20/48	100.1	12	0.15	0.35	13	未入住,装修完4个月
49	客厅	2014.9.29	4	无	22/40	101.1	12	0.06	0.50	39	未入住,装修完4个月
50	主卧	2014.9.29	4	无	20/38	101.1	12	0.10	0.10	5	未入住,装修完4个月
51	主卧	2014.9.29	3	无	22/47	100.6	12	0.11	0.30	12	未入住,装修完3个月
52	主卧	2014.10.10	3	无	22/38	100.6	12	0.13	0.26	23	未入住,装修完3个月
53	主卧	2014.8.15	2	明显有	22/39	100.9	12	0.02	0.00	0	入住,装修完1年
54	主卧	2014.10.17	4	疑似有	22/48	100.9	12	0.07	0.84	21	未入住,装修完6个月
55	主卧	2014.10.18	2	疑似有	22/50	100.4	12	0.05	4.20	20	入住,装修完3个月
56	客厅	2014.10.21	12	无	22/40	100.4	12	0.12	4.30	35	入住,装修完3个月
57	小卧室	2014.10.23	6	疑似有	20/51	100.9	12	0.06	0.25	15	未入住,装修完3个月
58	客厅	2014.10.23	3	明显有	20/54	100.5	12	0.06	0.36	12	未入住,装修完3个月
59	卧室	2014.10.23	3	明显有	22/41	100.5	12	0.18	0.92	22	未入住,装修完2个月
60	客厅	2014.10.24	3	无	20/39	100.6	12	0.06	0.15	10	未入住,装修完4个月
61	客厅	2014.10.26	3	无	22/64	100.4	12	0.01	1.80	35	未入住,装修完2个月

（2）2014—2015 年住宅类 TVOC、甲醛浓度检测结果与装修时间的对应关系如表 2.11-5、图 2.11-2、图 2.11-3 所示。

表 2.11-5　TVOC、甲醛浓度检测结果与装修时间的对应关系

装修时间（月）	房间数量（间）	TVOC 超标房间数量（间）	占总房间数（%）	甲醛超标房间数量（间）	占总房间数（%）	备注
1	13	12	92.3	7	53.8	
2	16	16	100	12	75	
3	12	6	50	6	50	
4	6	1	16.7	2	33.3	总房间数 61 间
6	6	5	83.3	3	50	
12	5	1	20	1	20	
24	1	0	0	0	0	
36	2	0	0	0	0	

注：1. 各房间封闭时间均为约 12h；
　　2. 各房间检测时室温均在 18℃以上；
　　3. 所检测房间均是随机抽取。

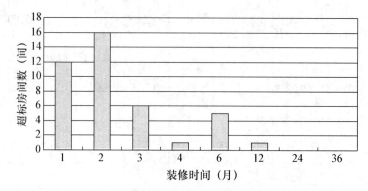

图 2.11-2　TVOC 浓度超标房间数与装修时间的对应关系

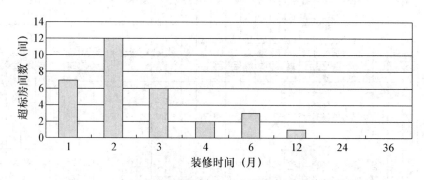

图 2.11-3　甲醛浓度超标房间数与装修时间的对应关系

1）住宅类表一统计分析：装修时间在一年之内，总房间数 58 间，甲醛超标房间数 32 间，超标率为 55.2%；TVOC 超标房间数 41 间，超标率为 70.7%。装修时间 2～3 年调查房间合计 3 间，全都合格。

2）通过对 TVOC、甲醛浓度结果与装修时间的对应分析，得出刚装修完两个月之内的房间室内空气污染超标 97%，不能入住。

3) 装修完六个月以上的房间室内空气合格率有较大提升。说明增加通风时间，甲醛和 TVOC 等污染物能充分释放，从而减少了室内污染物的浓度。

（3）2014—2015 年住宅类房间跟踪实验结果分析：

1) 根据跟踪监测的 6 个房间所得数据，统计如表 2.11-6 所示。

表 2.11-6 同一房间跟踪检测结果

房屋	检测时间	装修完工时间（月）	TVOC 浓度（mg/m³）	增加或减少（mg/m³）	TVOC 技术指标（mg/m³）	甲醛浓度（mg/m³）	增加或减少（mg/m³）	甲醛技术指标（mg/m³）
1#	2013.9.3	4	0.84	−0.58		0.10	−0.03	
	2014.3.6	10	0.26			0.07		
2#	2014.5.29	0.5	4.8	−3.0		0.15	+0.21	
	2014.7.16	2	1.8			0.36		
3#	2014.5.29	0.5	3.6	−1.8	≤0.6	0.10	+0.17	≤0.10
	2014.7.16	2	1.8			0.27		
4#	2014.5.29	0.5	1.2	−1.2		0.05	+0.04	
	2014.7.16	2	2.4			0.09		
5#	2014.6.15	3	1.2	−0.3		0.16	−0.04	
	2014.7.28	4.5	0.9			0.12		
6#	2014.8.15	2	0.92	−0.77		0.18	−0.12	
	2014.10.17	4	0.15			0.06		

2) 以上家庭都是在第一次检测不合格的情况下，仅通过开窗通风一段时间后，进行第二次检测。结果显示室内污染物甲醛、有机物的浓度较之前下降明显，说明延长入住时间和加强通风是有效降低室内污染物浓度的方法之一。

3) 其中 2#～4# 房间情况特殊，第一次检测甲醛浓度超标，经过了 1.5 个月通风，甲醛的浓度不仅没有降低，反而升高。分析认为温度和湿度对甲醛的释放影响非常大，而 2#～4# 房间第二次检测都是在 7 月中旬，此时温度和湿度都比较高，甲醛的释放较快，所以第二次检测甲醛的浓度没有降低反而升高了。由此可见，一个家庭如果是春季装修完工，尽量经过夏、秋两季通风后再入住。夏天高温高湿，甲醛、有机物释放量相对偏高，但夏天空气对流速度相对较慢，不利于污染物的扩散，容易导致室内空气污染物超标；秋天秋高气爽，空气对流速度快，非常有利于甲醛和有机物等污染物能够快速挥发扩散。因此尽量避免夏天入住新房，以免对人体健康造成危害。

（4）2014—2015 年住宅类温度和湿度对甲醛和 TVOC 释放量的影响如表 2.11-7 所示。

表 2.11-7 温度和湿度对甲醛和 TVOC 释放量的影响

检测时间	平均温度/湿度（℃/RH%）	检测房间数量（间）	甲醛不合格数量（间）	甲醛不合格所占比例（%）	TVOC 不合格数量（间）	TVOC 不合格所占比例（%）
1 月份	21/40	2	0	0	0	0
3 月份	22/40	5	0	0	1	20
4 月份	22/50	1	0	0	1	100
5 月份	22/50	8	3	37.5	8	100
6 月份	25/65	5	4	80	3	60
7 月份	28/80	17	12	70.6	15	88.2

续表

检测时间	平均温度/湿度 （℃/RH％）	检测房间数量 （间）	甲醛不合格数量 （间）	甲醛不合格 所占比例 （％）	TVOC不 合格数量 （间）	TVOC不合格 所占比例 （％）
8月份	26/75	5	4	80	4	80
9月份	23/50	9	6	66.7	4	44.4
10月份	22/45	9	3	33.3	5	55.6
11月份	/	0	0	0	0	0
12月份	/	0	0	0	0	0

6～8月份温度和湿度较高，甲醛和TVOC的释放相对较快，因此室内甲醛和TVOC的不合格率较高。温度和湿度是影响甲醛和有机物的释放量因素之一。而夏天阴雨天气较多，空气湿度大、温度高，空气对流速度慢，非常不利于室内污染物的扩散，这也是导致室内甲醛和有机物容易超标的原因之一。

（5）2014—2015年二类建筑实测汇总表如表2.11-8、表2.11-9所示。

表2.11-8　二类建筑实测汇总表

序号	房间类型	人造板使用量（m²）	实木板材使用量（m²）	复合地板使用量（m²）	地毯使用量（m²）	壁纸、壁布使用量（m²）	活动家具类型、数量，计算人造板使用量（m²）	门、窗材质及使用量（m²）	房间内净空间容积（m³）	门密封直观评价（良、一般、差）	窗密封直观评价（良、一般、差）
1	酒店	0	0	0	70	0	0	15	210	一般	良
2	商铺	0	20	65	0	0	20	15	180	一般	良
3	会所	0	50	200	0	0	50	60	600	良	良
4	办公室	0	0	0	0	0	0	20	100	良	良
5	办公室	0	0	0	0	0	0	22	120	良	良
6	办公室	0	0	0	0	0	0	20	130	良	良
7	健身房	0	0	0	0	0	0	30	260	良	良
8	航站楼	0	0	0	0	0	0	50	260	良	良
9	办公楼	0	0	0	0	0	0	20	150	良	良
10	化验室	0	0	0	0	0	0	30	500	良	良
11	实验室	0	0	0	0	0	0	50	220	良	良
12	办公室	0	0	0	0	0	0	30	150	良	良
13	餐厅	0	0	0	0	0	0	35	600	良	良
14	办公室	0	0	0	0	0	0	36	200	良	良
15	办公室	0	0	0	0	0	0	50	260	良	良

2.11.4　结论与建议

工程类由于都是简装，地面铺设瓷砖，墙壁乳胶漆，所以基本合格。只有1个会所不合格，是因为房间通风不畅，家具全部进场。

室内空气污染的产生涉及环节复杂，如建筑施工、装饰装修、家居设施等。常用的装饰装修材料不外乎各种板材、涂料、胶粘剂、壁纸等。装修时选用环保材料可以从源头上杜绝污染物的产生，同时应提倡简洁设计，减少各种装修材料的用量，降低污染物的叠加效应。另外，装修设计中应充分考虑通风换气，以稀释室内污染物浓度和保持新鲜空气，使居民能拥有一个舒适安全的居住环境。

表 2.11-9 二类建筑实测汇总表

序号	房间类型	检测时间	装修完工到检测历时（月）	室内主要污染源初步判断	温、湿度（℃/RH%）	大气压（kPa）	测前门窗关闭时间（h）	甲醛现场便携式测定（mg/m）	TVOC（气相色谱法）（mg/m）	9种成分占TVOC百分比（%）
1	酒店	2014.3.5	1	无	20/45	102.4	1	0.05	0.38	30
2	商铺	2014.3.11	0.5	有	20/50	101.9	1	0.07	0.45	53
3	会所	2014.3.27	1	有	20/75	101.9	1	0.09	0.36	56
4	办公室	2014.4.4	1	无	21/75	101.8	1	0.03	0.20	32
5	办公室	2014.5.12	1	无	23/56	100.9	1	0.02	0.15	31
6	办公室	2014.5.8	0.5	无	23/55	100.9	1	0.03	0.19	25
7	健身房	2014.5.12	0.6	无	25/52	100.9	1	0.03	0.18	30
8	航站楼	2014.5.9	1	无	25/50	100.8	1	0.02	0.17	32
9	办公楼	2014.6.12	1	无	26/65	100.8	1	0.02	0.15	31
10	化验室	2014.7.8	1	无	26/68	99.8	1	0.02	0.15	32
11	实验室	2014.8.12	0.5	无	25/72	100.5	1	0.02	0.13	30
12	办公室	2014.8.15	0.5	无	25/66	100.4	1	0.03	0.16	33
13	餐厅	2014.9.19	0.6	无	25/65	100.9	1	0.03	0.15	33
14	办公室	2014.10.23	0.7	无	24/60	100.9	1	0.03	0.18	36
15	办公室	2014.11.12	0.6	无	22/55	101.8	1	0.03	0.19	35

2.12　温州市装修污染调查与研究

2.12.1　温州市概况

2013 年房地产开发完成投资额 734.37 亿元，房屋施工面积 4242.04 万 m^2，竣工面积 367.05 万 m^2。2013 年商品房销售面积 349.73 万 m^2，其中住宅销售面积 317.41 万 m^2。

2014 年房地产开发完成投资额 808.88 亿元，房屋施工面积 4672.84 万 m^2，竣工面积 539.99 万 m^2。2014 年全市商品房销售面积 420.17 万 m^2，其中住宅销售面积 383.47 万 m^2。

2.12.2　2010—2013 年室内环境污染状况统计

1．数据来源与统计方法

对 2010—2013 年的日常委托检测数据进行筛选，2013 年的检测数据量较大，可以比较好地说明该年度不同季节不同类型建筑室内装修污染情况。选取 2013 年的普通住宅室内空气检测数据进行记录和统计分析。检测数据均来源于日常委托检测，结果均存档保存，数据真实可靠。

2．2010—2013 年室内环境污染统计结果

（1）概况。

2013 年共调查检测的 73 幢建筑 145 个房间，室内装修均为精装修状态，通风情况良好。其中Ⅰ类建筑物共 57 幢 116 个房间（房间类型为住宅卧室），Ⅱ类建筑物即办公楼 16 幢共 29 个房间。

调查检测项目包括：甲醛、苯、TVOC（包括苯＋甲苯＋二甲苯等 VOC）。

取样检测的采样方法：对于自然通风、已装修使用或已装修未使用房屋甲醛、苯、TVOC 取样检测按《室内空气质量标准》GB/T 18883 规定的标准方法进行。采样点的数量根据检测房间室内面积大小和现场情况确定，以期能正确反映室内空气污染物的水平。原则上小于 $50m^2$ 的房间设 1 个点，采样点应避开通风口，离墙壁、柜子距离应大于 0.5m 采样点的高度设置在 1.2m 左右。采样前关闭门窗 12h。

污染物检测方法：

甲醛检测采用《公共场所卫生检验方法 第 2 部分：化学污染物》GB/T 18204.2—2014 中甲醛 酚试剂分光光度法。检测仪器：分光光度计，型号规格：普析通用 T6 新悦。

苯检测采用《居住区大气中苯、甲苯和二甲苯卫生检验标准方法 气相色谱法》GB/T 11737—1989 中二硫化碳提取法。检测仪器：气相色谱仪，型号规格：安捷伦 7890A。

TVOC 检测采用《室内空气质量标准》GB/T 18883—2002 附录 C 中热解吸-毛细管气相色谱法。检测仪器设备：气相色谱仪，型号规格：科创 GC900。

（2）Ⅰ类建筑室内环境污染调查汇总。

Ⅰ类建筑室内环境检测项目按超标倍数分类如表 2.12-1 所示。

表 2.12-1　Ⅰ类建筑室内环境污染调查结果统计

序号	检测项目 结果	甲醛		苯		TVOC	
		数量	比例 （%）	数量	比例 （%）	数量	比例 （%）
1	合格	53	45.7	113	97.4	42	36.2
2	超标 1～2 倍	40	34.5	2	1.7	36	31.0
3	超标 2～3 倍	20	17.2	1	0.9	18	15.5
4	超标 3～4 倍	2	1.7	0	0.0	7	6.0
5	超标 4～5 倍	1	0.9	0	0.0	4	3.4
6	超标 5 倍以上	0	0.0	0	0.0	9	7.8
	总计	116	100	116	100	116	100

根据检测结果可得，甲醛超标率为 54.3%，苯超标率为 2.6%，TVOC 超标率 63.8%。其中超标结果大部分集中在超标 1～2 倍和 2～3 倍的范围内，即甲醛浓度为 0.10～0.20mg/m³ 的比例为 34.5%，甲醛浓度为 0.20～0.30mg/m³ 的比例为 17.2%，两者合计 51.7%，占超标结果的比率为 95.2%；TVOC 浓度为 0.60～1.20mg/m³ 的比例为 31.0%，TVOC 浓度为 1.20～1.80mg/m³ 的比例为 15.5%，两者合计 46.6%，占超标结果的比率为 73.0%。

Ⅱ类建筑室内环境检测项目按超标倍数分类如表 2.12-2 所示。

表 2.12-2　Ⅱ类建筑室内环境污染调查结果统计

序号	检测项目 结果	甲醛		苯		TVOC	
		数量	比例 （%）	数量	比例 （%）	数量	比例 （%）
1	合格	16	55.2	29	100.0	20	69.0
2	超标 1～2 倍	6	20.7	0	0.0	8	27.6
3	超标 2～3 倍	6	20.7	0	0.0	1	3.4
4	超标 3～4 倍	0	0.0	0	0.0	0	0.0
5	超标 4～5 倍	0	0.0	0	0.0	0	0.0
6	超标 5 倍以上	1	3.4	0	0.0	0	0.0
	总计	116	100	116	100	116	100

根据检测结果可得，甲醛超标率为 44.8%，苯超标率为 0%，TVOC 超标率 31.0%。其中超标结果大部分集中在超标 1～2 倍和 2～3 倍的范围内，即甲醛浓度为 0.10～0.20mg/m³ 的比例为 20.7%，甲醛浓度为 0.20～0.30mg/m³ 的比例为 20.7%，两者合计 41.4%，占超标结果的比率为 92.4%；TVOC 浓度为 0.60～1.20mg/m³ 的比例为 27.6%，TVOC 浓度为 1.20～1.80mg/m³ 的比例为 3.4%，两者合计 31.0%，占超标结果的比率为 100%。

可见，目前苯已经不是污染的主要因素了，污染的主要项目是甲醛和 TVOC，而且两者超标的话，浓度也绝大多数在限量标准的 3 倍之内。住宅卧室的装修污染要比办公室的装修污染严重，这可能与办公室装修相对简单，家具用品较少有关，由此可见造成装修污染的主要因素可能还是室内的家具等用品。

2.12.3　2014—2015年室内环境污染实测调查统计

1．现场实测调查实施方案

（1）调查住宅类型及数量。

调查对象为客户委托的已装修使用房屋或刚装修完准备入住的房屋，主要调查住宅和办公楼。2014 年共调查检测 133 幢建筑 231 个房间，其中 I 类建筑住宅 120 幢 211 个房间，II 类建筑办公室 13 幢 20 个房间。

（2）调查的污染物及检测方法。

调查检测项目：甲醛、苯、TVOC（包括苯＋甲苯＋二甲苯等 VOC）。检测调查的采样方法和检测方法依据《室内空气质量标准》GB/T 18883 标准规定。

如果第一次检测发现污染物超标较多，采取治理措施后，进行了第 2 次检测的，可将前后两次检测结果一并采用，并将治理措施作为背景材料和实地检测结果一起进行对比、分析。

2．现场实测调查过程

（1）室内装修污染调查组织实施。

按照国家课题组的要求，成立课题项目组，多位专业技术人员参与，负责温州地区的室内装修污染调查研究工作。

（2）调查污染物现场记录情况。

现场采样结合日常工作进行，对于已装修使用的房间按《室内空气质量标准》GB/T 18883 规定的标准方法，并在日常工作的原始记录中增加和完善室内污染物实地检测调查原始记录表格并现场记录。

3．现场实测调查质量控制

（1）采样器的检定和流量校准。

采样仪器应通过计量检定，在使用时确保在有效期内。采样前对采样系统气密性进行检查，不得漏气。采样前和采样后用经检定合格的流量计在采样负载条件下校准采样系统的采样流量，校准时的大气压与温度应和采样时相近。两次校准的误差不得超过 5%。若超过 5% 不到 10%，取两次校准的平均值作为采样流量的实际值。若超过 10%，则本次采样作废，重新采样。

（2）校准曲线的绘制。

甲醛、苯、甲苯、二甲苯、TVOC 每 3 个月重新绘制校准曲线。校准曲线至少要有 6 个浓度点（包括零浓度），校准曲线的相关系数 r 应大于 0.999，回归方程截距应小于 0.005。

（3）现场空白检验。

在进行现场采样时，一批应至少留有两个采样管不采样，并同其他样品管一样对待，作为采样过程中的现场空白，采样结束后和其他采样吸收管一并送交实验室。样品分析时测定现场空白值，并与校准曲线的零浓度值进行比较。若空白检验超过控制范围，则这批样品作废。

（4）平行样检验。

在抽查的每批采样中平行样数量不得低于 10%。每次平行采样，测定值之差与平均值比较的相对偏差不得超过 20%。

4．现场实测调查结果及统计分析

（1）2014 年室内装修污染调查结果。

2014 年共调查检测的 133 幢建筑 231 个房间均为精装修状态，通风情况良好。其中 I 类建筑住宅 120 幢 211 个房间，II 类建筑办公室 13 幢 20 个房间。检测结果汇总如表 2.12-3、表 2.12-4 所示。

表 2.12-3　Ⅰ类建筑实测调查汇总表

序号	房间类型	地面装修情况	墙面装修情况	室内家具情况	温度（℃）	甲醛含量（mg/m³）	苯含量（mg/m³）	TVOC含量（mg/m³）	检测日期
1	主卧	木地板	墙纸	床、柜子	14	0.07	<0.01	1.02	2014.1.6
2	儿童房	木地板	墙纸	床、柜子	14	0.06	<0.01	1.32	2014.1.6
3	主卧	木地板	墙纸	床、柜子	14	0.03	<0.01	0.67	2014.1.6
4	客房	木地板	墙纸	床、柜子	14	0.03	<0.01	0.33	2014.1.6
5	儿童房	木地板	墙纸	床、柜子	14	0.06	<0.01	0.60	2014.1.6
6	卧室	木地板	墙纸	—	13	0.04	<0.01	0.27	2014.1.8
7	主卧	木地板	墙纸	床、柜子	12	0.04	<0.01	0.82	2014.1.13
8	主卧	木地板	墙纸	床、柜子	12	0.06	<0.01	0.90	2014.1.14
9	儿童房	木地板	墙纸	床、柜子	12	0.08	<0.01	1.30	2014.1.14
10	儿童房	木地板	墙纸	床、柜子	12	0.05	<0.01	1.34	2014.1.14
11	儿童房	木地板	墙纸	床、柜子	12	0.06	<0.01	1.49	2014.1.14
12	主卧	木地板	墙纸	床、柜子	14	0.05	<0.01	0.48	2014.1.15
13	次卧	木地板	墙纸	床、柜子	14	0.05	<0.01	0.37	2014.1.15
14	主卧	大理石	涂料	床、柜子	15	0.04	<0.01	0.29	2014.1.15
15	主卧	木地板	墙纸	床、柜子	13	0.02	<0.01	0.34	2014.1.20
16	次卧	木地板	墙纸	床、柜子	13	0.03	<0.01	0.53	2014.1.20
17	主卧	木地板	墙纸	床、柜子	10	0.04	<0.01	0.82	2014.1.20
18	主卧	木地板	墙纸	床、柜子	12	0.08	<0.01	1.08	2014.1.21
19	次卧	木地板	墙纸	床、柜子	12	0.06	<0.01	0.95	2014.1.21
20	儿童房	木地板	墙纸	床、柜子	12	0.04	<0.01	1.04	2014.1.21
21	主卧	木地板	软包	床、柜子	8	0.15	0.02	3.87	2014.1.22
22	儿童房	木地板	墙纸	床、柜子	8	0.04	0.01	4.01	2014.1.22
23	主卧	木地板	墙纸	床、柜子	10	0.02	<0.01	1.19	2014.2.13
24	儿童房	木地板	墙纸	床、柜子	10	0.02	<0.01	0.38	2014.2.13
25	主卧	木地板	墙纸	床、柜子	8	0.02	<0.01	1.24	2014.2.13
26	次卧	木地板	墙纸	床、柜子	8	0.02	<0.01	0.68	2014.2.13
27	主卧	木地板	墙纸	床、柜子	10	0.04	<0.01	0.30	2014.2.17
28	次卧	木地板	墙纸	床、柜子	10	0.03	<0.01	0.24	2014.2.17
29	卧室	木地板	涂料	柜子、椅子	12	0.01	<0.01	0.44	2014.2.18

续表

序号	房间类型	地面装修情况	墙面装修情况	室内家具情况	温度（℃）	甲醛含量（mg/m³）	苯含量（mg/m³）	TVOC含量（mg/m³）	检测日期
30	卧室	木地板	墙纸	沙发	10	0.03	<0.01	0.41	2014.2.21
31	儿童房	木地板	墙纸	床、柜子	9	0.06	<0.01	1.02	2014.3.7
32	主卧	木地板	涂料	床	14	0.03	<0.01	0.37	2014.3.11
33	次卧	木地板	涂料	床、书桌	14	0.04	<0.01	0.33	2014.3.11
34	主卧	木地板	墙纸	床、柜子	17	0.05	0.01	0.48	2014.3.15
35	次卧	木地板	墙纸	床、柜子	7	0.04	0.02	0.63	2014.3.15
36	主卧	木地板	涂料	床、柜子	16	0.05	<0.01	0.36	2014.3.15
37	主卧	地板	涂料	床、椅	18	0.08	<0.01	0.82	2014.3.15
38	儿童房	地板	涂料	床、椅	18	0.05	<0.01	0.49	2014.3.15
39	主卧	地板	墙纸	床、柜	19	0.06	<0.01	0.52	2014.3.15
40	次卧	地板	墙纸	床	19	0.05	<0.01	0.39	2014.3.15
41	主卧	地板	涂料	床、椅	18	0.07	<0.01	1.42	2014.3.15
42	儿童房	地板	涂料	床、柜子	14	0.04	<0.01	0.60	2014.3.21
43	主卧	地板	涂料	床、柜子	14	0.04	<0.01	0.65	2014.3.21
44	卧室	地板	墙纸	床、柜子	14	0.09	<0.01	1.46	2014.3.21
45	主卧	木地板	墙纸	桌子、椅子	12	0.07	0.02	1.15	2014.3.24
46	次卧	木地板	墙纸	桌子、椅子	12	0.09	0.01	0.90	2014.3.24
47	主卧	木地板	墙纸	床、柜子	13	0.13	0.02	2.04	2014.3.26
48	主卧	木地板	墙纸	床、柜子	11	0.11	0.02	1.05	2014.3.27
49	主卧	木地板	墙纸	床、柜子	13	0.09	<0.01	0.43	2014.4.3
50	次卧	木地板	墙纸	床、柜子	13	0.09	<0.01	0.47	2014.4.3
51	主卧	地板	墙纸	床、柜子	16	0.13	0.04	1.44	2014.4.9
52	次卧	地板	墙纸	床、柜子	16	0.10	0.03	1.57	2014.4.9
53	次卧	地板	涂料	—	17	0.17	<0.01	3.00	2014.4.9
54	儿童房	地板	墙纸	—	17	0.07	<0.01	1.24	2014.4.10
55	卧室	地板	涂料	床、柜子	17	0.08	<0.01	0.53	2014.4.10
56	卧室	瓷砖	涂料	床、柜子	17	0.04	<0.01	0.56	2014.4.10
57	主卧	木地板	墙纸	床、柜子	15	0.06	<0.01	0.53	2014.4.10
58	主卧	木地板	墙纸	床、柜子	16	0.08	0.02	0.80	2014.4.10

续表

序号	房间类型	地面装修情况	墙面装修情况	室内家具情况	温度（℃）	甲醛含量（mg/m³）	苯含量（mg/m³）	TVOC含量（mg/m³）	检测日期
59	儿童房	木地板	墙纸	床、柜子	16	0.11	0.01	0.60	2014.4.10
60	主卧	木地板	墙纸	床、柜子	16	0.06	0.02	1.24	2014.4.10
61	儿童房	木地板	墙纸	床、柜子	16	0.19	0.04	0.84	2014.4.10
62	主卧	地板	墙纸	床、柜子	23	0.12	0.05	1.49	2014.4.15
63	次卧	地板	墙纸	床、柜子	23	0.19	0.04	1.26	2014.4.15
64	儿童房	地板	墙纸	床、柜子	23	0.11	0.03	1.38	2014.4.15
65	主卧	地板	墙纸	床、柜子	18	0.06	<0.01	0.26	2014.4.22
66	次卧	地板	墙纸	床、柜子	18	0.05	<0.01	0.45	2014.4.22
67	客房	地板	墙纸	床、柜子	18	0.06	<0.01	0.30	2014.4.22
68	卧室	地板	墙纸	床、柜子	18	0.05	<0.01	0.86	2014.4.22
69	主卧	地板	墙纸	床、柜子	22	0.03	<0.01	0.54	2014.4.23
70	次卧	地板	墙纸	床、柜子	22	0.10	<0.01	0.46	2014.4.23
71	主卧	地板	涂料	床、柜子	21	0.09	<0.01	0.33	2014.4.28
72	次卧	地板	涂料	床、柜子	21	0.12	<0.01	0.22	2014.4.28
73	主卧	地板	墙纸	床、柜子	21	0.10	0.02	0.58	2014.4.28
74	次卧	地板	墙纸	床、柜子	21	0.19	0.02	0.55	2014.4.28
75	儿童房	地板	墙纸	床、柜子	19	0.22	<0.01	1.07	2014.4.29
76	次卧	地板	墙纸	柜子	19	0.54	0.01	0.94	2014.4.29
77	主卧	地板	墙纸	床、柜子	19	0.14	<0.01	1.43	2014.4.29
78	主卧	木地板	壁纸	衣柜、床	22	0.02	<0.01	0.30	2014.5.9
79	次卧	木地板	壁纸	衣柜、床	22	0.02	<0.01	0.27	2014.5.9
80	主卧	木地板	壁纸	固定式壁柜	19	0.29	<0.01	1.65	2014.5.12
81	次卧	木地板	壁纸	床、柜子	19	0.28	<0.01	1.13	2014.5.12
82	主卧	木地板	壁纸	固定式壁柜	19	0.35	0.01	2.61	2014.5.12
83	客房	木地板	壁纸	固定式壁柜	19	0.32	0.02	2.09	2014.5.12
84	次卧	木地板	壁纸	固定式壁柜	19	0.48	0.01	2.73	2014.5.12
85	主卧	复合地板	壁纸	固定式壁柜	21	0.13	0.03	1.44	2014.5.13
86	次卧	复合地板	壁纸	固定式壁柜	21	0.15	0.03	1.15	2014.5.13
87	主卧	木地板	壁纸	床	21	0.09	0.02	1.69	2014.5.13

续表

序号	房间类型	地面装修情况	墙面装修情况	室内家具情况	温度(℃)	甲醛含量(mg/m³)	苯含量(mg/m³)	TVOC含量(mg/m³)	检测日期
88	儿童房	木地板	壁纸	固定式壁柜	21	0.17	0.02	1.76	2014.5.13
89	主卧	复合地板	涂料	固定式壁柜	20	0.09	<0.01	1.05	2014.5.15
90	主卧	复合地板	壁纸	固定式壁柜	21	0.08	0.03	1.86	2014.5.15
91	次卧	复合地板	壁纸	固定式壁柜	21	0.28	0.03	2.03	2014.5.15
92	客厅	地板砖	涂料	固定式壁柜	21	0.25	0.02	1.48	2014.5.15
93	主卧	复合地板	壁纸	固定式壁柜床	20	0.21	0.01	0.89	2014.5.19
94	次卧	复合地板	壁纸	固定式壁柜床	20	0.17	0.02	1.06	2014.5.19
95	主卧	木地板	壁纸	床	20	0.06	<0.01	0.49	2014.5.19
96	主卧	木地板	涂料	固定式壁柜	22	0.11	<0.01	0.56	2014.5.21
97	次卧	木地板	涂料	固定式壁柜床	22	0.09	<0.01	0.48	2014.5.21
98	卧室	复合地板	涂料	床	23	0.05	<0.01	0.40	2014.6.9
99	次卧	复合地板	壁纸	固定式壁柜	24	0.02	<0.01	0.58	2014.6.9
100	主卧	复合地板	壁纸	固定式壁柜	24	0.31	0.02	1.03	2014.6.9
101	次卧	复合地板	壁纸	床	24	0.33	0.03	1.23	2014.6.9
102	主卧	复合地板	壁纸	固定式壁柜	23	0.31	<0.01	1.16	2014.6.10
103	主卧	复合地板	壁纸	固定式壁柜	25	0.61	<0.01	1.48	2014.6.10
104	客房	复合地板	壁纸	固定式壁柜	25	0.48	<0.01	1.79	2014.6.10
105	客房	木地板	壁纸	床	24	0.13	<0.01	1.63	2014.6.11
106	儿童房	木地板	壁纸	固定式壁柜	24	0.13	<0.01	1.03	2014.6.11
107	主卧	木地板	壁纸	固定式壁柜	24	0.14	<0.01	0.86	2014.6.11
108	主卧	木地板	涂料	床、柜子	26	0.05	<0.01	0.77	2014.6.16
109	卧室	木地板	壁纸	固定式壁柜	26	0.07	<0.01	0.4	2014.6.16
110	主卧	木地板	壁纸	床	28	0.25	0.02	1.27	2014.6.17
111	次卧	木地板	壁纸	柜子、床	28	0.19	0.02	1.61	2014.6.17
112	主卧	木地板	壁纸	床、床	24	0.11	<0.01	0.53	2014.6.18
113	次卧	木地板	壁纸	床	24	0.18	<0.01	0.74	2014.6.18
114	儿童房	复合地板	壁纸	床	24	0.08	<0.01	1.92	2014.6.27
115	主卧	地板	墙纸	床、柜子	30	0.27	0.14	1.72	2014.7.1
116	次卧	地板	墙纸	床、柜子	30	0.25	0.22	1.99	2014.7.1
117	主卧	复合地板	壁纸	柜子	27	0.06	<0.01	0.59	2014.7.4
118	次卧	复合地板	壁纸	床	27	0.05	<0.01	0.60	2014.7.4

续表

序号	房间类型	地面装修情况	墙面装修情况	室内家具情况	温度（℃）	甲醛含量（mg/m³）	苯含量（mg/m³）	TVOC含量（mg/m³）	检测日期
119	卧室	地板	墙纸	床、柜子	29	0.12	0.01	3.17	2014.7.7
120	卧室	地板	墙纸	柜子、床	29	0.07	<0.01	0.59	2014.7.9
121	主卧	木地板	壁纸	床、柜子	28	0.18	<0.01	1.09	2014.7.14
122	儿童房	木地板	壁纸	床	28	0.28	0.02	1.34	2014.7.14
123	主卧	复合地板	壁纸	床、柜子	30	0.22	<0.01	1.41	2014.7.14
124	次卧	复合地板	壁纸	床	30	0.30	<0.01	1.51	2014.7.14
125	主卧	复合地板	壁纸	床、柜子	29	0.21	<0.01	0.65	2014.7.15
126	次卧	复合地板	壁纸	床、柜子	29	0.28	<0.01	0.75	2014.7.15
127	主卧	木地板	壁纸	床、柜子	32	0.25	0.02	1.18	2014.7.15
128	次卧	木地板	壁纸	床、柜子	32	0.16	<0.01	1.00	2014.7.15
129	主卧	木地板	壁纸	床、柜子	30	0.14	0.05	0.60	2014.7.16
130	客房	木地板	壁纸	床	30	0.13	0.02	1.06	2014.7.16
131	儿童房	木地板	壁纸	床、柜子	30	0.19	0.01	0.84	2014.7.16
132	主卧	木地板	壁纸	床、柜子	30	0.29	0.06	1.52	2014.7.17
133	次卧	木地板	壁纸	床、柜子	32	0.15	<0.01	0.44	2014.7.17
134	主卧	木地板	壁纸	床	32	0.05	<0.01	0.38	2014.7.17
135	主卧	木地板	壁纸	固定式壁柜、床	32	0.47	0.06	1.88	2014.7.21
136	次卧	木地板	壁纸	床	32	0.25	0.08	1.98	2014.7.21
137	客房	木地板	壁纸	床	32	0.17	0.08	1.78	2014.7.21
138	主卧	地板	墙纸	床、柜子	30	0.23	0.05	1.79	2014.7.28
139	儿童房	地板	墙纸	床、柜子	30	0.22	0.02	0.80	2014.7.28
140	主卧	木地板	墙纸	床、柜子	33	0.24	0.04	1.34	2014.7.30
141	主卧	木地板	墙纸	床、柜子	33	0.17	<0.01	0.60	2014.8.01
142	次卧	木地板	墙纸	床	33	0.21	<0.01	0.94	2014.8.01
143	主卧	木地板	墙纸	床	30	0.08	0.01	1.36	2014.8.14
144	次卧	木地板	墙纸	床	30	0.08	0.01	1.01	2014.8.14
145	主卧	木地板	墙纸	床、柜子	30	0.08	<0.01	0.59	2014.8.15
146	次卧	木地板	墙纸	床	30	0.06	<0.01	0.60	2014.8.15
147	主卧	木地板	墙纸	床、柜子	28	0.03	<0.01	0.39	2014.8.15
148	次卧	木地板	墙纸	床	28	0.04	<0.01	0.34	2014.8.15
149	卧室	地板	墙纸	床	30	0.38	0.02	3.93	2014.8.18

续表

序号	房间类型	地面装修情况	墙面装修情况	室内家具情况	温度(℃)	甲醛含量(mg/m³)	苯含量(mg/m³)	TVOC含量(mg/m³)	检测日期
150	主卧	木地板	涂料	床、柜子	30	0.09	<0.01	0.45	2014.8.18
151	次卧	木地板	涂料	床	30	0.09	<0.01	0.32	2014.8.18
152	儿童房	地板	涂料	床、椅子	29	0.08	<0.01	0.42	2014.8.20
153	主卧	复合地板	墙纸	床、柜子	28	0.07	<0.01	0.50	2014.8.21
154	客厅	复合地板	墙纸	沙发	28	0.1	<0.01	0.47	2014.8.21
155	客厅	木地板	涂料	沙发	31	0.07	<0.01	0.57	2014.8.22
156	主卧	地板	墙纸	床、柜子	31	0.29	<0.01	1.67	2014.8.25
157	次卧	地板	墙纸	床、柜子	31	0.34	0.01	2.26	2014.8.25
158	儿童房	地板	墙纸	床、柜子	31	0.20	0.01	0.88	2014.8.25
159	卧室	复合地板	墙纸	床、柜子	32	0.08	<0.01	0.60	2014.9.2
160	卧室	木地板	墙纸	床、柜子	31	0.29	<0.01	1.05	2014.9.5
161	主卧	木地板	墙纸	床、柜子	30	0.24	<0.01	0.58	2014.9.11
162	次卧	木地板	墙纸	床	30	0.13	<0.01	0.92	2014.9.11
163	卧室	地板	墙纸	床、柜子	28	0.18	0.02	1.29	2014.9.15
164	主卧	木地板	墙纸	床、柜子	27	0.17	<0.01	1.08	2014.9.16
165	儿童房	木地板	墙纸	床、柜子	27	0.12	<0.01	0.63	2014.9.16
166	主卧	木地板	墙纸	床	29	0.06	<0.01	0.67	2014.9.16
167	次卧	木地板	墙纸	床、柜子	29	0.12	<0.01	0.48	2014.9.16
168	卧室	木地板	墙纸	床	30	0.21	<0.01	0.68	2014.9.17
169	主卧	地板	涂料	床	29	0.18	0.03	2.36	2014.9.17
170	次卧	地板	涂料	床	29	0.16	0.02	1.34	2014.9.17
171	儿童房	木地板	墙纸	床、柜子	31	0.13	<0.01	0.94	2014.9.24
172	主卧	地板	墙纸	—	29	0.45	0.01	0.82	2014.9.28
173	次卧	地板	墙纸	—	29	0.18	<0.01	0.50	2014.9.28
174	主卧	地板	墙纸	—	24	0.05	<0.01	0.36	2014.10.8
175	次卧	地板	墙纸	床	24	0.07	<0.01	0.48	2014.10.8
176	儿童房	木地板	墙纸	床	23	0.05	<0.01	0.96	2014.10.9
177	儿童房	木地板	墙纸	床	23	0.09	<0.01	1.08	2014.10.9
178	次卧	木地板	墙纸	床、柜子	28	0.06	<0.01	0.73	2014.10.11
179	儿童房	木地板	墙纸	床、柜子	28	0.14	<0.01	0.56	2014.10.11
180	儿童房	木地板	墙纸	床、柜子	28	0.06	<0.01	0.49	2014.10.11

续表

序号	房间类型	地面装修情况	墙面装修情况	室内家具情况	温度（℃）	甲醛含量（mg/m³）	苯含量（mg/m³）	TVOC含量（mg/m³）	检测日期
181	卧室	木地板	墙纸	床、柜子	23	0.05	0.02	0.87	2014.10.14
182	主卧	地板	涂料	床、柜子	23	0.05	<0.01	0.67	2014.10.15
183	次卧	地板	涂料	床、柜子	23	0.06	<0.01	0.54	2014.10.15
184	卧室	木地板	墙纸	床、柜子	20	0.07	<0.01	0.39	2014.10.16
185	主卧	木地板	墙纸	床、柜子	21	0.04	<0.01	0.37	2014.10.17
186	次卧	木地板	墙纸	床、柜子	21	0.04	<0.01	0.53	2014.10.17
187	主卧	木地板	墙纸	床、柜子	22	0.07	<0.01	0.83	2014.10.17
188	次卧	木地板	墙纸	床	22	0.06	<0.01	0.85	2014.10.17
189	主卧	瓷砖	墙纸	床、柜子	23	0.10	<0.01	1.33	2014.10.28
190	次卧	瓷砖	墙纸	床、柜子	23	0.05	<0.01	0.94	2014.10.28
191	主卧	木地板	墙纸	床、柜子	22	0.06	0.02	1.91	2014.10.31
192	主卧	木地板	墙纸	床、柜子	22	0.07	0.01	1.13	2014.10.31
193	次卧	地板	墙纸	柜子	21	0.13	<0.01	2.02	2014.11.3
194	次卧	地板	墙纸	柜子	21	0.04	0.01	1.51	2014.11.3
195	次卧	地板	墙纸	柜子	21	0.06	<0.01	1.46	2014.11.3
196	主卧	地板	墙纸	床、柜子	21	0.03	<0.01	0.36	2014.11.3
197	次卧	地板	墙纸	床、柜子	21	0.06	<0.01	0.76	2014.11.3
198	主卧	复合地板	涂料	床、柜子	18	0.08	0.03	1.82	2014.11.4
199	次卧	复合地板	涂料	床、柜子	18	0.05	0.04	0.68	2014.11.4
200	主卧	木地板	墙纸	床、柜子	18	0.11	0.02	0.66	2014.11.7
201	次卧	木地板	墙纸	床、柜子	18	0.09	0.02	0.73	2014.11.7
202	卧室	复合地板	墙纸	床、柜子	18	0.08	<0.01	0.40	2014.11.25
203	主卧	木地板	墙纸	床、柜子	21	0.05	<0.01	0.47	2014.11.26
204	次卧	木地板	墙纸	床、柜子	19	0.17	<0.01	1.35	2014.11.28
205	次卧	木地板	墙纸	床、柜子	19	0.08	<0.01	1.38	2014.11.28
206	儿童房	木地板	墙纸	床、柜子	19	0.11	<0.01	0.74	2014.11.28
207	主卧	木地板	墙纸	床、柜子	15	0.07	<0.01	0.43	2014.12.4
208	主卧	木地板	墙纸	床、柜子	16	0.10	<0.01	0.58	2014.12.5
209	次卧	木地板	墙纸	床、柜子	16	0.08	<0.01	0.50	2014.12.5
210	主卧	地板	墙纸	床、柜子	12	0.05	<0.01	0.98	2014.12.9
211	次卧	地板	墙纸	床、柜子	12	0.06	<0.01	0.46	2014.12.9

表 2. 12-4　Ⅱ类建筑实测调查汇总表

序号	房间类型	地面装修情况	墙面装修情况	室内家具情况	温度(℃)	甲醛含量(mg/m³)	苯含量(mg/m³)	TVOC含量(mg/m³)	检测日期
1	会议室	木地板	涂料	桌子、椅子	10	0.04	<0.01	0.35	2014.1.7
2	办公室	木地板	涂料	—	10	0.03	<0.01	0.29	2014.1.7
3	办公室	大理石	涂料	—	12	0.02	<0.01	0.45	2014.1.13
4	办公室	大理石	涂料	桌子、椅子	12	0.04	<0.01	0.38	2014.1.13
5	办公室	地砖	涂料	桌子	12	0.03	<0.01	2.61	2014.1.24
6	办公区	瓷砖	涂料	桌子、柜子	16	0.07	<0.01	1.57	2014.2.8
7	办公室	地板	墙纸	桌、柜子	11	0.04	<0.01	0.14	2014.2.10
8	办公室	复合地板	人造板	桌子、柜子	19	0.10	0.02	0.80	2014.4.24
9	办公室	复合地板	人造板	桌子、椅子	19	0.14	0.02	0.54	2014.4.24
10	办公室	木地板	壁纸	桌子、柜子	18	0.12	<0.01	1.14	2014.5.4
11	会议室	地毯	人造板	桌子	18	0.38	0.04	1.19	2014.5.4
12	办公室	地毯	涂料	桌子、柜子	18	0.06	0.02	0.58	2014.5.4
13	办公室	地毯	涂料	柜子、桌子	21	0.26	<0.01	2.01	2014.5.9
14	办公室	地毯	涂料	柜子、桌子	21	0.19	<0.01	1.11	2014.5.9
15	办公室	地毯	涂料	桌子	19	0.19	0.01	1.22	2014.5.23
16	办公室	地毯	涂料	桌子、椅子	29	0.19	<0.01	0.78	2014.7.7
17	会议室	复合地板	涂料	桌子	31	0.06	<0.01	0.55	2014.8.26
18	会议室	复合地板	涂料	桌子	31	0.08	<0.01	0.59	2014.8.26
19	办公室	木地板	复合板	办公桌、椅子	26	0.17	<0.01	0.77	2014.8.28
20	会议室	地毯	涂料	桌子、椅子	20	0.18	<0.01	1.02	2014.11.5

（2）根据检测项目超标倍数分类如表 2.12-5、表 2.12-6 所示。

表 2.12-5　Ⅰ类建筑污染情况汇总表

序号	检测项目结果	甲醛 数量	甲醛 比例（%）	苯 数量	苯 比例（%）	TVOC 数量	TVOC 比例（%）
1	合格	125	59.2	209	99.1	81	38.4
2	超标 1～2 倍	48	22.7	2	0.9	67	31.8
3	超标 2～3 倍	25	11.8	0	0.0	43	20.4
4	超标 3～4 倍	7	3.3	0	0.0	13	6.2
5	超标 4～5 倍	4	1.9	0	0.0	3	1.4
6	超标 5 倍以上	2	0.9	0	0.0	4	1.9
	总计	211	100	211	100	211	100

表 2.12-6　Ⅱ类建筑污染情况汇总表

序号	检测项目结果	甲醛 数量	甲醛 比例（%）	苯 数量	苯 比例（%）	TVOC 数量	TVOC 比例（%）
1	合格	11	55.0	20	100.0	9	45.0
2	超标 1～2 倍	7	35.0	0	0.0	7	35.0
3	超标 2～3 倍	1	5.0	0	0.0	2	10.0
4	超标 3～4 倍	1	5.0	0	0.0	1	5.0
5	超标 4～5 倍	0	0.0	0	0.0	1	5.0
6	超标 5 倍以上	0	0.0	0	0.0	0	0.0
	总计	20	100	20	100	20	100

根据检测结果可得，甲醛超标率为 45.0%，TVOC 超标率 55.0%。其中超标结果大部分集中在超标 1～2 倍和 2～3 倍的范围内，即甲醛浓度为 $0.10～0.20mg/m^3$ 的比例为 35.0%，甲醛浓度为 $0.20～0.30mg/m^3$ 的比例为 5.0%，两者合计 40.0%，占超标结果的比率为 88.9%；TVOC 浓度为 $0.60～1.20mg/m^3$ 的比例为 35.0%，TVOC 浓度为 $1.20～1.80mg/m^3$ 的比例为 10.0%，两者合计 45.0%，占超标结果的比率为 81.8%。

可见，目前苯已经不是污染的主要因素了，污染的主要项目是甲醛和 TVOC，而且两者超标的话，浓度也绝大多数在限量标准的 3 倍之内。住宅卧室的装修污染要比办公室的装修污染严重，这可能与办公室装修相对简单，家具用品较少有关，由此可见造成装修污染的主要因素可能还是室内家具等用品。

（3）按温度范围对Ⅰ类建筑结果进行统计分析如表 2.12-7 所示。

表 2.12-7　Ⅰ类建筑结果统计表

序号	温度（℃）	检测项目房间数量	甲醛（合格）数量	甲醛（合格）比例（%）	苯（合格）数量	苯（合格）比例（%）	TVOC（合格）数量	TVOC（合格）比例（%）
1	≤10	12	11	91.7	12	100.0	4	33.3
2	>10，≤15	35	33	94.3	35	100.0	17	48.6
3	>15，≤20	44	27	61.4	44	100.0	16	36.4
4	>20，≤25	54	32	59.3	54	100.0	20	37.0
5	>25，≤30	49	19	38.8	47	95.9	19	38.8
6	>30	17	3	17.6	17	100.0	5	29.4
	总计	211	125	59.2	209	99.1	81	38.4

可见，甲醛和 TVOC 的合格率随温度的影响较大，当温度低于 15℃时，甲醛的合格率为 90％以上，当温度高于 15℃时，甲醛合格率基本在 60％以下。而当温度高于 30℃时，TVOC 的合格率明显下降，仅为 29％左右。

（4）污染治理前后情况对比如表 2.12-8 所示。

表 2.12-8　污染治理前后情况对比

序号	采样房间	地面装修情况	墙面装修情况	室内家具情况	温度（℃）	甲醛含量（mg/m³）	苯含量（mg/m³）	TVOC 含量（mg/m³）	检测日期
1	中六班教室	木地板	涂料	桌子、椅子	32	0.10	<0.01	1.54	2014.8.28
					29	0.08	<0.01	0.40	2014.9.13
2	中六班午睡室	木地板	涂料	床	32	0.09	0.02	1.74	2014.8.28
					29	0.08	<0.01	0.25	2014.9.13
3	大六班教室	木地板	涂料	桌子、椅子	32	0.10	0.03	1.61	2014.8.28
					29	0.08	<0.01	0.38	2014.9.13
4	大六班午睡室	木地板	涂料	床	32	0.08	0.01	1.61	2014.8.28
					29	0.06	<0.01	0.39	2014.9.13
5	大三班教室	木地板	涂料	桌子、椅子	32	0.10	0.02	1.04	2014.8.28
					29	0.08	<0.01	0.45	2014.9.13
6	大三班午睡室	木地板	涂料	床	32	0.07	0.06	1.64	2014.8.28
					29	0.08	<0.01	0.32	2014.9.13
7	中四班教室	木地板	涂料	桌子、椅子	32	0.10	<0.01	0.78	2014.8.28
					30	0.08	<0.01	0.30	2014.9.13
8	中四班午睡室	木地板	涂料	床	32	0.10	<0.01	0.98	2014.8.28
					30	0.08	<0.01	0.35	2014.9.13
9	中一班教室	木地板	涂料	桌子、椅子	32	0.09	<0.01	0.98	2014.8.28
					30	0.08	<0.01	0.44	2014.9.13
10	中一班午睡室	木地板	涂料	床	32	0.08	0.02	1.58	2014.8.28
					30	0.06	<0.01	0.37	2014.9.13
11	大二班教室	木地板	涂料	桌子、椅子	32	0.09	<0.01	0.74	2014.8.28
					30	0.08	<0.01	0.40	2014.9.13
12	大二班午睡室	木地板	涂料	床	32	0.10	<0.01	1.02	2014.8.28
					30	0.09	<0.01	0.29	2014.9.13

该调查数据表为一幼儿园在 8 月 28 日空气采样检测超标后，经治理后于 9 月 13 日重新采样检测结果，可见，甲醛经过治理后略有下降，但 TVOC 下降非常明显，从超过 1.0mg/m³ 下降至不到 0.40mg/m³。治理效果较为明显，但是否能持续保持，尚待实验验证。

2.12.4　结论与建议

通过本课题调查，可知温州市室内装修污染物甲醛浓度的超标率为 40％左右，TVOC 浓度超标率将近 50％～60％，室内装修污染物超标情况较为严重。苯的污染在室内装修污染物中基本已经消除，但苯的危害性最为严重，还需加以重视。室内温度直接影响室内装修污染物的浓度，当温度高于 25℃时，检测结果不合格率明显增加。因此，平时居住时，用户在天气炎热的夏季，污染物散发较快，更应注重开窗通风，以提高空气质量。

此次课题由于工作量大、周期长、技术人员水平有限等，研究深度存在一定的局限性，今后还需要开展深入系统的研究。

2.13 珠海市装修污染调查与研究

2.13.1 2010—2013年室内环境污染状况统计

1. 数据来源与统计方法

本部分统计了2010—2013年珠海市工程验收的室内环境检测数据，工程验收时没有活动家具，检测时对现场的门窗、地板、厨柜、衣柜、卫浴等的尺寸、材质未做详细的记录，在此仅以所做检测工地的不合格率来分析当时珠海的装修状况。

2. 2010—2013年室内环境污染统计结果

（1）概况。

2010—2013年间，珠海市建设工程质量监督检测站根据《民用建筑工程室内环境污染控制规范》GB 50325—2010的要求采用酚试剂分光光度法以及气相色谱法，对珠海市1616个Ⅰ类民用建筑以及242个Ⅱ类民用建筑进行了室内环境的检测验收工程，并针对甲醛及TVOC超标的民用建筑工程进行了统计。

（2）Ⅰ类建筑超标情况汇总。

2010年检测毛坯房192个工程，不合格为0个工程；2011年检测毛坯房182个工程，不合格为0个工程；2012年检测毛坯房180个工程，不合格为0个工程；2013年检测毛坯房216个工程，不合格为0个工程。

2010年检测非毛坯房174个工程，不合格为29个工程，不合格率17%，不合格的29个工程中，7个工程甲醛不合格，16个工程TVOC不合格，4个工程TVOC和甲醛不合格，2个工程TVOC和苯不合格。2011年检测非毛坯房203个工程，不合格为18个工程，不合格率9%，不合格的18个工程中，5个工程甲醛不合格，11个工程TVOC不合格，2个工程TVOC和甲醛不合格。2012年检测非毛坯房247个工程，不合格为17个工程，不合格率7%，不合格的17个工程中，5个工程甲醛不合格，9个工程TVOC不合格，1个工程TVOC和甲醛不合格，2个工程TVOC和苯不合格。2013年检测非毛坯房225个工程，不合格为18个工程，不合格率8%，不合格的18个工程中，1个工程甲醛不合格，13个工程TVOC不合格，3个工程TVOC和甲醛不合格，1个工程TVOC和苯不合格。

2010—2013年Ⅰ类、Ⅱ类建筑室内空气甲醛超标分布见表2.13-1、表2.13-2，Ⅰ类、Ⅱ类建筑空气TVOC超标分布见表2.13-3、表2.13-4。

表2.13-1 2010—2013年Ⅰ类建筑室内空气甲醛超标分布

甲醛浓度 （mg/m³）	超标房间数量 （间）	超标房间数在超标房间总数中占比 （%）	累计占比 （%）
0.09	5	16.7	16.7
0.10	8	26.7	43.3
0.11	4	13.3	56.7
0.12	4	13.3	70.0

续表

甲醛浓度 （mg/m³）	超标房间数量 （间）	超标房间数在超标房间总数中占比 （%）	累计占比 （%）
0.13	3	10.0	80.0
0.16	2	6.7	86.7
0.21	2	6.7	93.3
0.42	1	3.3	96.7
0.46	1	3.3	100.0

表 2.13-2　2010—2013 年 Ⅱ 类建筑室内空气甲醛超标分布

甲醛浓度 （mg/m³）	超标房间数量 （间）	超标房间数在超标房间总数中占比 （%）	累计占比 （%）
0.12	2	11.8	11.8
0.13	1	5.9	17.6
0.14	3	17.6	35.3
0.15	1	5.9	41.2
0.16	2	11.8	52.9
0.17	1	5.9	58.8
0.21	2	11.8	70.6
0.25	1	5.9	76.5
0.26	1	5.9	82.4
0.30	1	5.9	88.2
0.63	1	5.9	94.1
0.68	1	5.9	100.0

表 2.13-3　2010—2013 年 Ⅰ 类建筑室内空气 TVOC 超标分布

TVOC 浓度 （mg/m³）	超标房间数 （间）	超标房间数在超标房间总数中占比 （%）	累计占比 （%）
0.51~0.60	24	21.1	21.1
0.61~0.70	16	14.0	35.1
0.71~0.80	14	12.3	47.4
0.81~0.90	9	7.9	55.3
0.91~1.00	8	7.0	62.3
1.01~1.10	7	6.1	68.4
1.11~1.20	5	4.4	72.8
1.21~1.30	3	2.6	75.4
1.31~1.40	3	2.6	78.1
1.41~1.50	3	2.6	80.7
1.51~1.60	2	1.8	82.5
1.61~1.70	1	0.9	83.3
1.71~1.80	3	2.6	86.0
1.81~1.90	2	1.8	87.7
1.91~2.00	4	3.5	91.2
2.01~2.50	5	4.4	95.6
2.51~25.00	5	4.4	100.0

表 2.13-4　2010—2013 年 Ⅱ 类建筑室内空气 TVOC 超标分布

TVOC 浓度 （mg/m³）	超标房间数量 （间）	超标房间数在超标房间总数中占比 （%）	累计占比 （%）
0.61～0.70	18	21.2	21.2
0.71～0.80	6	7.1	28.2
0.81～0.90	7	8.2	36.5
0.91～1.00	3	3.5	40.0
1.01～1.10	6	7.1	47.1
1.11～1.20	2	2.4	49.4
1.21～1.30	2	2.4	51.8
1.31～1.40	1	1.2	52.9
1.41～1.50	2	2.4	55.3
1.51～1.70	1	1.2	56.5
1.71～1.80	2	2.4	58.8
1.81～1.90	2	2.4	61.2
1.91～2.00	3	3.5	64.7
2.01～2.50	10	11.8	76.5
2.51～4.00	10	11.8	88.2
4.01～40.00	10	11.8	100.0

2.13.2　2014—2015 年室内环境污染统计分析

1．现场实测调查实施方案

调查分为 Ⅰ 类和 Ⅱ 类建筑，其中 Ⅰ 类建筑 63 间，Ⅱ 类建筑 14 间，采样集中在上午 12 点至下午 3 点之间。

（1）甲醛检测方法：GB/T 18204.26 酚试剂分光光度法。

（2）TVOC 检测方法：《民用建筑工程室内环境污染控制规范》GB 50325—2010 附录 G。

（3）检测仪器：

1）Perkin-Elmer　TurboMatrix 350 热解析仪。

2）Perkin-Elmer　Clarus 580 气相色谱仪。

3）岛津 UVmini-1240 分光光度计。

4）恒流采样器。

2．现场实测调查结果及分析

2014—2015 年 Ⅰ 类、Ⅱ 类建筑装修状况及 Ⅰ 类、Ⅱ 类建筑甲醛、TVOC 实测结果数据如表 2.13-5～表 2.13-8 所示。

表 2.13-5   Ⅰ类建筑装修状况

序号	房间类型	门窗材质及使用量（m²）	房间净空间容积（m³）	门密封直观评价	窗密封直观评价
1	主卧	门：1.8　窗：3.6	30	良	良
2	主卧	门：1.8　窗：3.6	30	良	良
3	主卧	门：1.6　窗：3.6	30	良	良
4	主卧	门：1.6　窗：3.6	30	良	良
5	主卧	门：1.8　窗：4.2	68.8	良	良
6	客房	门：1.8　窗：3.6	29.4	良	良
7	客房	门：1.8　窗：3.6	28	良	良
8	主卧	门：1.8　窗：4.1	62	良	良
9	主卧	门：2.1　窗：5	84	良	良
10	客房	门：1.8　窗：3.8	50.4	良	良
11	主卧	门：1.8　窗：4.2	70	良	良
12	客房	门：2.1　窗：3.6	44.8	良	良
13	客房	门：2.1　窗：3.6	36.4	良	良
14	主卧	门：2.1　窗：3.8	56	良	良
15	客房	门：1.6　窗：3.6	42	良	良
16	客房	门：1.6　窗：3.6	28	良	良
17	主卧	门：2.5　窗：6	168	良	良
18	客房	门：2.5　窗：5	28	良	良
19	主卧	门：2.5　窗：6	168	良	良
20	客房	门：2.5　窗：5	28	良	良
21	主卧	门：2.5　窗：4.2	50.4	良	良
22	客房	门：2.5　窗：4.2	33.6	良	良
23	主卧	门：1.8　窗：4.2	50.4	良	良
24	客房	门：1.8　窗：4.2	33.6	良	良
25	主卧	门：1.8　窗：4.8	84	良	良
26	客房	门：1.8　窗：3.8	50.4	良	良
27	客房	门：2　窗：3.8	28	良	良
28	主卧	门：2　窗：3.8	84	良	良
29	客房	门：2　窗：3.8	50.4	良	良
30	客房	门：2　窗：3.8	28	良	良
31	主卧	门：2　窗：3.8	84	良	良

续表

序号	房间类型	门窗材质及使用量（m²）	房间净空间容积（m³）	门密封直观评价	窗密封直观评价
32	客房	门：2 窗：3.8	50.4	良	良
33	客房	门：2 窗：3.8	28	良	良
34	主卧	门：1.6 窗：4.2	84	良	良
35	客房	门：1.6 窗：3.8	50.4	良	良
36	客房	门：1.6 窗：3.6	28	良	良
37	客房	门：1.8 窗：3.8	30.8	良	良
38	客房	门：1.8 窗：3.6	28	良	良
39	主卧	门：1.8 窗：3.8	53.2	良	良
40	客房	门：1.8 窗：3.6	28	良	良
41	主卧	门：1.8 窗：3.8	33.6	良	良
42	客房	门：1.8 窗：3.8	25.2	良	良
43	客房	门：1.8 窗：3.8	28	良	良
44	主卧	门：2 窗：5	70	良	良
45	客房	门：2 窗：4.1	30.8	良	良
46	客房	门：2 窗：4.1	28	良	良
47	主卧	门：2.5 窗：4.8	86.8	良	良
48	教室	门：2.5 窗：3.2	33.8	良	良
49	教室	门：2.5 窗：3.2	33.8	良	良
50	教室	门：2.5 窗：2.4	33.8	良	良
51	教室	门：2.2 窗：2.4	162.4	良	良
51	教室	门：2.2 窗：2.4	162.4	良	良
53	教室	门：2.2 窗：9	162.4	良	良
54	教室	门：2.2 窗：9	134.4	良	良
55	教室	门：2.2 窗：12	134.4	良	良
56	教室	门：2.2 窗：3.6	134.4	良	良
57	教室	门：2.5 窗：3.6	126	良	良
58	教室	门：2.5 窗：3.6	126	良	良
59	教室	门：2.5 窗：6	218.4	良	良
60	教室	门：2.5 窗：6	218.4	良	良
61	教室	门：2.5 窗：12	218.4	良	良
62	教室	门：2.5 窗：12	182	良	良
63	教室	门：2.5 窗：12	182	良	良

表 2.13-6　Ⅰ类建筑甲醛及 TVOC 实测结果

序号	房间类型	检测时间	房间净空间容积（m³）	温度（℃）	通风方式	甲醛（酚试剂）分光光度法（mg/m³）	TVOC（气相色谱法）（mg/m³）	备　注
1	主卧	2014.3.26	30	15	自然通风	0.03	1.32	地面：木板；墙面：墙纸；天花：批灰；未入住
2	主卧	2014.3.26	30	15	自然通风	0.01	3.39	地面：木板；墙面：墙纸；天花：批灰；未入住
3	主卧	2014.6.3	30	27	自然通风	0.07	0.07	地面：木板；墙面：墙纸；天花：批灰；未入住
4	主卧	2014.6.3	30	27	自然通风	0.03	0.13	地面：木板；墙面：墙纸；天花：批灰；未入住
5	主卧	2014.7.11	68.8	27	自然通风	0.03	0.05	地面：瓷砖；墙面及天花：批灰；未入住
6	客房	2014.7.11	29.4	27	自然通风	0.02	0.07	地面：木板；墙面及天花：批灰；未入住
7	客房	2014.7.11	28	27	自然通风	0.02	0.05	地面：瓷砖；墙面及天花：批灰；未入住
8	主卧	2014.8.9	62	30	自然通风	0.02	0.01	地面：瓷砖；墙面及天花：批灰；未入住
9	主卧	2014.8.20	84	30	自然通风	0.15	—	地面：木板；墙面及天花：批灰；未入住
10	客房	2014.8.20	50.4	30	自然通风	0.13	—	地面：木板；墙面及天花：批灰；未入住
11	主卧	2014.9.6	70	32	自然通风	0.04	0.06	地面：瓷砖；墙面及天花：批灰；未入住
12	客房	2014.9.6	44.8	32	自然通风	0.02	0.14	地面：瓷砖；墙面及天花：批灰；未入住
13	客房	2014.9.6	36.4	32	自然通风	0.03	0.04	地面：瓷砖；墙面及天花：批灰；未入住
14	客房	2014.9.6	56	32	自然通风	0.03	0.06	地面：瓷砖；墙面及天花：批灰；未入住
15	客房	2014.9.6	42	32	自然通风	0.02	0.06	地面：瓷砖；墙面及天花：批灰；未入住
16	客房	2014.9.6	28	32	自然通风	0.02	0.05	地面：瓷砖；墙面及天花：批灰；未入住
17	主卧	2014.11.9	168	26	自然通风	0.01	0.08	地面：木板；墙面及天花：批灰；未入住
18	客房	2014.11.9	28	26	自然通风	0.01	0.06	地面：木板；墙面及天花：批灰；未入住
19	主卧	2014.11.9	168	26	自然通风	0.01	0.05	地面：木板；墙面及天花：批灰；未入住
20	客房	2014.11.9	28	26	自然通风	0.01	0.04	地面：木板；墙面及天花：批灰；未入住
21	主卧	2014.11.24	50.4	27	自然通风	0.01	0.12	地面：木板；墙面及天花：批灰；未入住
22	客房	2014.11.24	33.6	27	自然通风	0.01	0.02	地面：木板；墙面及天花：批灰；未入住
23	主卧	2014.11.24	50.4	27	自然通风	0.01	0.12	地面：木板；墙面及天花：批灰；未入住
24	客房	2014.11.24	33.6	27	自然通风	0.01	0.05	地面：木板；墙面及天花：批灰；未入住
25	主卧	2014.12.8	84	27	自然通风	0.04	0.20	地面：瓷砖；墙面及天花：批灰；未入住
26	客房	2014.12.8	50.4	27	自然通风	0.03	0.08	地面：瓷砖；墙面及天花：批灰；未入住
27	客房	2014.12.8	28	27	自然通风	0.03	0.01	地面：瓷砖；墙面及天花：批灰；未入住
28	主卧	2014.12.8	84	27	自然通风	0.03	0.05	地面：瓷砖；墙面及天花：批灰；未入住
29	客房	2014.12.8	50.4	27	自然通风	0.03	0.05	地面：瓷砖；墙面及天花：批灰；未入住
30	客房	2014.12.8	28	27	自然通风	0.02	0.02	地面：瓷砖；墙面及天花：批灰；未入住
31	主卧	2014.12.10	84	27	自然通风	0.02	0.03	地面：瓷砖；墙面及天花：批灰；未入住
32	客房	2014.12.10	50.4	27	自然通风	0.02	0.04	地面：瓷砖；墙面及天花：批灰；未入住

续表

序号	房间类型	检测时间	房间净空间容积（m³）	温度（℃）	通风方式	甲醛（酚试剂分光光度法）（mg/m³）	TVOC（气相色谱法）（mg/m³）	备注
33	客房	2014.12.10	28	27	自然通风	0.04	0.05	地面：瓷砖；墙面及天花：批灰；未入住
34	主卧	2014.12.10	84	27	自然通风	0.04	0.01	地面：瓷砖；墙面及天花：批灰；未入住
35	客房	2014.12.10	50.4	27	自然通风	0.03	0.13	地面：瓷砖；墙面及天花：批灰；未入住
36	客房	2014.12.10	28	27	自然通风	0.04	0.14	地面：瓷砖；墙面及天花：批灰；未入住
37	客房	2014.2.18	30.8	14	自然通风	0.11	1.10	地面：木板；墙面及天花：批灰；入住
38	客房	2014.2.18	28	14	自然通风	0.07	1.40	地面：木板；墙面及天花：批灰；入住
39	主卧	2014.2.18	53.2	14	自然通风	0.08	0.93	地面：木板；墙面及天花：批灰；入住
40	客房	2014.2.18	28	14	自然通风	0.04	1.70	地面：木板；墙面及天花：批灰；入住
41	主卧	2014.3.11	33.6	15	自然通风	0.01	0.15	地面：瓷砖；墙面及天花：批灰；入住
42	客房	2014.3.11	25.2	15	自然通风	0.01	0.19	地面：瓷砖；墙面及天花：批灰；入住
43	客房	2014.3.11	28	15	自然通风	0.01	0.09	地面：瓷砖；墙面及天花：批灰；入住
44	主卧	2014.3.11	70	15	自然通风	0.26	0.60	地面：木板；墙面及天花：批灰；入住
45	客房	2014.3.31	30.8	15	自然通风	0.14	0.57	地面：木板；墙面及天花：批灰；入住
46	客房	2014.3.31	28	15	自然通风	0.11	0.47	地面：木板；墙面及天花：批灰；入住
47	主卧	2014.8.9	86.8	30	自然通风	0.04	1.59	地面：瓷砖；墙面及天花：批灰；入住
48	教室	2014.4.28	33.8	28	自然通风	0.02	0.45	地面：PVC地胶；墙面：批灰；天花：铝扣板；未使用
49	教室	2014.4.28	33.8	28	自然通风	0.02	0.57	地面：PVC地胶；墙面：批灰；天花：铝扣板；未使用
50	教室	2014.4.28	33.8	28	自然通风	0.02	0.53	地面：PVC地胶；墙面：批灰；天花：铝扣板；未使用
51	教室	2014.5.7	162.4	25	自然通风	0.01	0.01	地面：瓷砖；墙面及天花：批灰；未使用
52	教室	2014.5.7	162.4	25	自然通风	0.01	0.01	地面：瓷砖；墙面及天花：批灰；未使用
53	教室	2014.5.7	162.4	25	自然通风	0.01	0.04	地面：瓷砖；墙面及天花：批灰；未使用
54	教室	2014.7.30	134.4	35	自然通风	0.02	3.67	地面：瓷砖；墙面及天花：批灰；未使用
55	教室	2014.7.30	134.4	35	自然通风	0.04	2.90	地面：瓷砖；墙面及天花：批灰；未使用
56	教室	2014.7.30	134.4	35	自然通风	0.01	0.72	地面：瓷砖；墙面及天花：批灰；未使用
57	教室	2014.9.22	126	32	自然通风	0.04	0.22	地面：瓷砖；墙面及天花：批灰；未使用
58	教室	2014.9.22	126	32	自然通风	0.04	0.22	地面：瓷砖；墙面及天花：批灰；未使用
59	教室	2014.9.26	218.4	32	自然通风	0.01	0.42	地面：铜质透心地板；墙面及天花：批灰；未使用
60	教室	2014.9.26	218.4	32	自然通风	0.01	0.50	地面：铜质透心地板；墙面及天花：批灰；未使用
61	教室	2014.9.26	218.4	32	自然通风	0.02	0.42	地面：铜质透心地板；墙面及天花：批灰；未使用
62	教室	2014.10.20	182	33	自然通风	0.03	0.02	地面：瓷砖；墙面及天花：批灰；未使用
63	教室	2014.10.20	182	33	自然通风	0.03	0.03	地面：瓷砖；墙面及天花：批灰；未使用

表 2.13-7　Ⅱ类建筑装修状况

序号	房间类型	门窗材质及使用量（m²）	房间净空间容积（m³）	门密封直观评价	窗密封直观评价
1	办公室	门：2　窗：2.8	26.2	良	良
2	办公室	门：1.8　窗：2.8	26.2	良	良
3	办公室	门：1.8　窗：2.8	26.2	良	良
4	办公室	门：1.8　窗：9	140	良	良
5	办公室	门：1.8　窗：9	140	良	良
6	办公室	门：2　窗：9	218.4	良	良
7	办公室	门：2　窗：3	36.8	良	良
8	办公室	门：2　窗：3	36.8	良	良
9	酒店	门：2.5　窗：12	118.4	良	良
10	酒店	门：2.5　窗：12	118.4	良	良
11	酒店	门：2.5　窗：12	118.4	良	良
12	办公室	门：1.8　窗：10	112	良	良
13	办公室	门：1.8　窗：10	103	良	良
14	办公室	门：1.8　窗：10	112	良	良

表 2.13-8　Ⅰ类建筑Ⅱ类建筑甲醛及 TVOC 实测结果

序号	房间类型	检测时间	房间净空间容积（m³）	温度（℃）	通风方式	甲醛（酚试剂分光光度法）（mg/m³）	TVOC（气相色谱法）（mg/m³）	备　注
1	办公室	2014.3.4	26.2	15	自然通风	0.00	0.00	地面：瓷砖；墙面及天花：批灰；未使用
2	办公室	2014.3.4	26.2	15	自然通风	0.01	0.01	地面：瓷砖；墙面及天花：批灰；未使用
3	办公室	2014.3.4	26.2	15	自然通风	0.02	0.00	地面：瓷砖；墙面及天花：批灰；未使用
4	办公室	2014.3.17	140	15	自然通风	0.01	0.19	地面：瓷砖；墙面及天花：批灰；未使用
5	办公室	2014.3.17	140	15	自然通风	0.01	0.09	地面：瓷砖；墙面及天花：批灰；未使用
6	办公室	2014.3.17	218.4	15	自然通风	0.02	0.08	地面：瓷砖；墙面及天花：批灰；未使用
7	酒店	2014.5.19	36.8	30	自然通风	0.13	0.50	地面：瓷砖；墙面及天花：批灰；未使用
8	酒店	2014.5.19	36.8	30	自然通风	0.10	0.33	地面：瓷砖；墙面及天花：批灰；未使用
9	酒店	2014.6.19	118.4	32	自然通风	0.01	0.83	地面：地毯；墙面、天花：墙纸；批灰；未使用
10	酒店	2014.6.19	118.4	32	自然通风	0.01	0.74	地面：地毯；墙面、天花：墙纸；批灰；未使用
11	酒店	2014.6.19	118.4	32	自然通风	0.01	0.49	地面：地毯；墙面、天花：墙纸；批灰；未使用
12	办公室	2014.7.14	112	28	自然通风	0.04	0.20	地面：瓷砖；墙面及天花：批灰；未使用
13	办公室	2014.7.14	103	28	自然通风	0.08	0.08	地面：瓷砖；墙面及天花：批灰；未使用
14	办公室	2014.7.14	112	28	自然通风	0.10	0.33	地面：瓷砖；墙面及天花：批灰；未使用

根据表 2.13-5～表 2.13-8 对铺装瓷砖及木板地面房间的超标情况统计如表 2.13-9。由表 2.13-9 可见，木板铺装地面无家具Ⅰ类工程超标率显著高于瓷砖地面的房间，木地板引起的污染情况不容忽视。

表 2.13-9　地面用瓷砖及木板装修的房间超标情况

分　　类		Ⅰ类工程		Ⅱ类工程
		无家具	有家具	
地面用瓷砖装修的房间	房间数（间）	27	4	10
	超标房间数（间）	1	3	0
	超标率（%）	4	75	0
地面用木板装修的房间	房间数（间）	16	7	0
	超标房间数（间）	3	6	0
	超标率（%）	19	86	0

珠海市（含香洲区、金湾区、高新区、横琴新区，不含斗门区）2014 年全年共对 235 栋新建建筑单体工程和 17 套已入住家居进行了室内空气检测，总不合格工程数量为 46 栋，不合格率为 18.3%，各单体工程检测数量及合格状况见表 2.13-10。

绝大多数不合格工程过数周至数月后复检均能合格，极少数除外。

表 2.13-10　各工程单体合格情况统计

工程类别	检测工程数量（栋）	甲醛不合格工程数量（栋）	TVOC 不合格工程数量（栋）	不合格工程数量（栋）	不合格率（%）
办公楼（含边检楼、阅览室、综合楼、营业厅、文化活动中心）	57	4	12	16	28.1
住宅楼（含宿舍楼、营房、别墅）	130	8	7	14	10.8
酒店（含旅游区）	15	1	8	8	53.3
幼儿园	6	0	1	1	16.7
饭堂	10	0	0	0	0.0
教学楼（含实验楼、小学舞蹈室）	24	1	3	3	12.5
场馆（会议中心）	10	0	4	4	40.0
合计	252	14	35	46	18.3

由表 2.13-10 可见，酒店、场馆工程不合格率最高，主要原因是装修材料用量最多及部分工程较难直接通风；其次为办公楼，装修材料用量也较多及少数工程较难直接通风；住宅楼、教学楼、幼儿园不合格率较低，这些工程的建设单位较注意少用装修材料、通风较顺畅及工程完工距检测的时间较长；工厂饭堂除粉刷外，基本没有精装修，在检测的 10 个工程中没有不合格的。

46 个室内空气不合格工程共检测 323 个点，每个检测点的 TVOC 中，苯、甲苯、乙酸丁酯、乙苯、对（间）二甲苯、苯乙烯、邻二甲苯、十一烷等已识别物质占总挥发性有机物的比例为 2.5%～92.4%，分布比例见表 2.13-11，可由图 2.13-1 直观显示。

表 2.13-11　已识别物质占比分布

已识别物占比（%）	0～5.0	5.1～10.0	10.1～15.0	15.1～20.0	20.1～25.0	25.1～30.0	30.1～35.0	35.1～40.0	40.1～45.0	45.1～50.0

续表

检测点数（个）	14	18	34	43	42	43	22	24	24	10
已识别物占比（％）	50.1～55.0	55.1～60.0	60.1～65.0	65.1～70.0	70.1～75.0	75.1～80.0	80.1～85.0	85.1～90.0	90.1～95.0	95.1～100
检测点数（个）	12	23	5	3	1	0	1	1	3	0

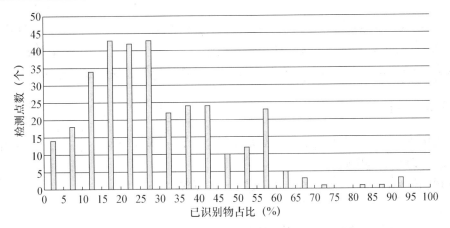

图 2.13-1　已识别物质占比分布图

　　由表 2.13-11 及图 2.13-1 可见，已识别物占比在 10％～30％的范围最为常见，其次为 30％～45％的范围，再次为 2.5％～10％的范围及 45％～60％的范围。考虑到在 TVOC 中苯系物的毒性相对较大，并考虑到烷类及酯类物质在工程中较为常见，以苯、甲苯、乙酸丁酯、乙苯、对二甲苯、间二甲苯、苯乙烯、邻二甲苯、十一烷作为 TVOC 中的需识别物质组分有其合理性，宜适当增加需识别物质组分。

表 2.13-12　装修住宅调查数据汇总

入住情况	调查房间数（间）	不合格房间数（间）	不合格率（％）	甲醛不合格房间数（间）	甲醛超标率（％）	TVOC不合格房间数（间）	TVOC超标率（％）	甲醛浓度范围（mg/m³）	TVOC浓度范围（mg/m³）
装修未入住	36	4	11	2	6	2	6	0.01～0.15	0.01～3.39
装修已入住	11	8	72	4	36	7	64	0.01～0.26	0.09～1.70

　　由表 2.13-12 可以看出，装修未入住的房间超标率为 11％，其中甲醛超标率为 6％，装修未入住的房间超标率为 11％，其中甲醛超标率为 6％，TVOC 超标率为 6％，装修已入住的房间超标率为 72％，甲醛超标率为 36％，TVOC 超标率为 64％。装修未入住的房间甲醛浓度范围为 0.01～0.15，TVOC 浓度范围为 0.01～3.39，装修已入住的房间甲醛浓度范围为 0.01～0.26，TVOC 浓度范围为 0.09～1.70。

表 2.13-13　装修未使用办公室（宾馆）调查数据汇总

调查房间数（间）	不合格房间数（间）	不合格率（％）	甲醛不合格房间数（间）	甲醛超标率（％）	TVOC不合格房间数（间）	TVOC超标率（％）	甲醛浓度范围（mg/m³）	TVOC浓度范围（mg/m³）
14	6	43	3	21	3	21	0.00～0.13	0.01～0.83

由表 2.13-13 可以看出，装修未使用办公室（宾馆）的超标率为 43%，其中甲醛及 TVOC 的超标率皆为 21%。房间中甲醛浓度范围为 0～0.13，TVOC 浓度范围为 0.01～0.83。

表 2.13-14　装修未使用的学校调查数据汇总

调查房间数	不合格房间数（间）	不合格率（%）	甲醛不合格房间数（间）	甲醛超标率（%）	TVOC不合格房间数（间）	TVOC超标率（%）	甲醛浓度范围（mg/m³）	TVOC浓度范围（mg/m³）
16	5	31	0	0	5	31	0.01～0.04	0.01～2.90

由表 2.13-14 可以看出，装修未使用的学校超标率为 31%，其中甲醛全部合格，TVOC 的超标率为 31%。房间中甲醛浓度范围为 0.01～0.04，TVOC 浓度范围为 0.01～2.90。

2.13.3　结论

地面用木板装修的房间比用瓷砖装修的房间空内污染程度严重，木板的质量对整个房间的装修质量有着很大的影响；

采用相同材料的房间，有家具的房间超标率显著高于没家具的房间。

2.14　苏州市装修污染调查与研究

2.14.1　苏州市概况

2014 年苏州市房地产开发投资 1764 亿元。全市商品房施工面积为 10909 万 m²，其中住宅施工面积为 7652 万 m²。2014 年苏州市商品房新开工的面积为 3140 万 m²，其中住宅新开工面积为 2210 万 m²。全市商品房竣工面积为 1527 万 m²，其中住宅竣工面积为 1129 万 m²。

2.14.2　2010—2013 年室内环境污染状况统计

1．数据来源与统计方法

2010—2013 年数据主要来源于当年所检测的工程验收报告。主要工程包括东吴证券大厦工程、金阊区实验小学音乐教室项目、金阊新城南区幼儿园内装饰工程、苏地 2010-B-41 地块苏州万科金色里程项目、苏州白塘项目 A3 地块三期工程（时代上城）项目、苏州市金阊区人民法院办公楼项目、通安中心小学项目等。

统计过程主要以整体指标超标率与单个指标超标率结合。

2．2010—2013 年室内环境污染状况统计结果

2010—2013 年所检房间记录内容：被测房间功能、温度压力、检测日期、对外门窗关闭时间、地面墙面屋顶装修情况、有无家具及检测结果等。

现场检测调查Ⅰ类建筑房间 100 间，Ⅱ类建筑房间 100 间。

2010—2013 年所汇总的 81 个房间中 30 个房间室内污染物浓度超标，约占总数的 37%。其中Ⅰ类房间总数 50 间，超标 19 间，占Ⅰ类总房间数的 38%；Ⅱ类房间总数 31 间，超标

11 间，占Ⅱ类总房间数的 35%；甲醛浓度超标的 26 间，占在污染物浓度超标房间数的 87%；TVOC 浓度超标的 4 间（如图 2.14-1 所示）。

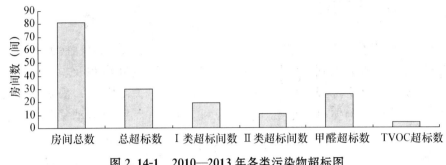

图 2.14-1　2010—2013 年各类污染物超标图

2010—2013 年所汇总的 81 间房间中 38 间放置并安装有家具。其中室内污染物超标的有 24 间，占有家具房间数的 63%，占污染物浓度超标房间数的 80%。

2010—2013 年所汇总的 81 个房间中 67 个房间铺设了壁纸。其中室内污染物超标的有 41，占铺设了壁纸房间数的 61%，占污染物浓度超标房间数的 46%。

2010—2013 年所汇总的 81 个房间中 39 个房间中墙面只刷涂料。其中室内污染物超标的有 9 间，占安只刷涂料房间数的 23%，占污染物浓度超标房间数的 30%。

2010—2013 年所汇总的 81 个房间中 14 个房间安装有吸音板。室内污染物超标的有 10 个，占安装有吸音板房间数的 71%（4 间合格的是经过了多次污染治理后同时温度较低时检测才合格的）。

2010—2013 年所汇总的 81 个房间中 48 个房间中铺设了地板。其中室内污染物超标的有 19 间，占铺设了地板房间数的 40%，占污染物浓度超标房间数的 63%。

2010—2013 年所汇总的 81 个房间中 27 个房间中有壁纸（壁板）、家具和地板（地毯）。其中室内污染物超标的有 17 个，占安装此类房间数的 53%，占污染物浓度超标房间数的 57%。

2010—2013 年各种情况下样本总数与超标房间数如图 2.14-2 所示。

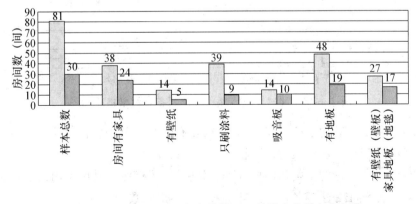

图 2.14-2　2010—2013 年各种情况下的样本总数与超标数

2.14.3   2014—2015年室内环境污染实测调查统计

1．现场实地调查实施方案

（1）实地检测调查内容。

2014—2015年所检房间记录内容：被测房间功能、温度压力、检测日期、地面墙面屋顶装修情况、装修完工到检测历时（月）、房间内净空间容积及检测结果；房间对外门（窗）材质、门（窗）密封性（直观，文字描述）、关闭时间；采暖空调方式（中央空调、空调一体机、分体机、地暖、抽排风机等）；有无室内活动家具、数量及人造板使用量 m² 等。

（2）检测方法。

本次调查，选择以下检测方法：

甲醛检测方法：酚试剂法、简便方法电化学法（英产 ppm400）；

苯检测方法：气相色谱法（安捷伦气象色谱仪 6890N、气象色谱仪 GC126）；

TVOC 检测方法：气相色谱法（安捷伦气象色谱仪 6890N、气象色谱仪 GC126）。

2．2014—2015年室内环境污染状况统计结果

（1）Ⅰ类建筑室内环境污染调查汇总。

2014—2015年Ⅰ类建筑室内环境污染调查汇总如表2.14-1所示。

（2）Ⅱ类建筑室内环境污染调查汇总。

2014—2015年Ⅱ类建筑室内环境污染调查汇总见表2.14-2所示。

3．2014—2015年Ⅰ类房间污染状况统计结果分析

2014—2015年汇总Ⅰ类房间总数103间，污染物超标48间，占Ⅰ类总房间数的47%；甲醛浓度超标的48间，占在污染物浓度超标房间数的100%；TVOC浓度超标的23间，苯浓度超标的10间（如图2.14-3所示）。

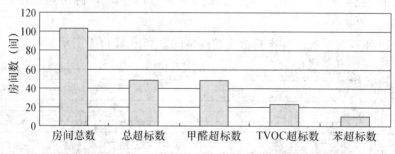

图2.14-3   2014—2015年Ⅰ类房间各类污染物超标图

2014—2015年所汇总的Ⅰ类房间中75间放置有家具。其中室内污染物超标的有40间，占有家具房间数的53%，占污染物浓度超标房间数的83%。

2014—2015年所汇总的Ⅰ类房间中52间房间铺设了壁纸。其中室内污染物超标的有34间，占铺设了壁纸房间数的65%，占污染物浓度超标房间数的71%。

2014—2015年所汇总的Ⅰ类房间中86间房间中铺设了地板。其中室内污染物超标的有46间，占铺设了地板房间数的53%，占污染物浓度超标房间数的96%。

表 2.14-1　2014—2015 年 I 类建筑室内环境污染调查

序号	年份	采样房间功能	温度（℃）	压力（kPa）	门窗关闭时间（h）	地面装修情况	墙面装修情况	屋顶装修情况	室内家具情况	室内污染物浓度（mg/m³）甲醛	苯	TVOC
1	2014	教室	6	103.5	1	塑料地毯	涂料+壁板	涂料	小床、小椅、柜子	0.03	0.03	0.22
2	2014	住宅	15	102.6	12	地板	壁纸	涂料	实木床、实木床头柜、实木电视柜	0.03	0.01	0.12
3	2014	住宅	17	102.0	约12	地板	壁纸	涂料	实木床、床头柜、衣柜	0.09	0.06	0.42
4	2014	住宅	17	102.0	约12	地板	壁纸	涂料	桌、书柜	0.12	0.07	0.46
5	2014	住宅	17	102.0	约12	地砖	壁纸	涂料	沙发、电视柜	0.05	0.04	0.28
6	2014	护理室	20	102.2	1	地板	壁纸	涂料	床、床头柜、桌	0.09	0.01	0.11
7	2014	房间	20	102.2	1	地板	壁纸	涂料	床、床头柜、桌	0.07	0.01	0.16
8	2014	住宅	22	101.5	>12	地板	壁纸	涂料	无	0.16	0.01	0.29
9	2014	住宅	22	101.5	>12	地板	壁纸	涂料	无	0.15	0.04	0.36
10	2014	住宅	17	102.0	12	地板	壁纸	涂料	床、床头柜、衣柜	0.04	0.05	0.36
11	2014	住宅	17	102.0	12	地板	壁纸	涂料	书柜、书桌	0.04	0.05	0.42
12	2014	住宅	14	103.2	3	地板	壁纸	涂料	床、柜	0.04	0.04	0.29
13	2014	住宅	14	103.2	3	地板	壁纸	涂料	床、柜	0.06	0.05	0.38
14	2014	住宅	13	102.1	>12	地板	壁纸	涂料	床、柜	0.09	0.08	0.58
15	2014	住宅	13	102.1	>12	地板	壁纸	涂料	床、柜	0.07	0.06	0.39
16	2014	住宅	14	102.9	>1	地板	涂料	涂料	床、柜、玻璃餐桌	0.06	0.03	0.15
17	2014	住宅	18	102.3	1	地板	涂料	涂料	无	0.04	0.00	0.14
18	2014	住宅	18	102.3	1	地板	壁纸	涂料	无	0.04	0.01	0.22
19	2014	住宅	20	103.2	1	地板	壁纸	涂料	床、衣柜	0.07	0.06	0.35
20	2014	住宅	20	103.2	1	地板	壁纸	涂料	床、衣柜	0.06	0.06	0.28
21	2014	住宅	10	102.8	12	地板	涂料	涂料	无	0.04	0.04	0.29
22	2014	住宅	10	102.8	12	地板	壁纸	涂料	无	0.03	0.02	0.22
23	2014	住宅	21	102.0	12	地板	壁纸	涂料	床、衣柜	0.11	0.11	0.66
24	2014	住宅	21	102.0	12	地板	壁纸	涂料	床、衣柜	0.52	0.25	0.92
25	2014	住宅	14	102.1	>12	地板	壁纸	涂料	实木床、实木衣柜	0.05	0.02	0.22
26	2014	住宅	14	102.1	>12	地板	壁纸	涂料	实木床、实木衣柜	0.04	0.01	0.22
27	2014	住宅	25	101.3	12	地板	壁纸	涂料	沙发、柜	0.12	0.03	0.21
28	2014	教室	26	100.7	1	环氧地坪	壁纸	涂料	无	0.06	0.03	0.15
29	2014	住宅	30	100.9	12	地板	壁纸	涂料	实木床、柜	0.16	0.02	0.56
30	2014	住宅	30	100.9	12	地板	壁纸	涂料	实木床、柜	0.17	0.02	0.57
31	2014	住宅	34	100.8	13	地板	壁纸	涂料	实木床、柜	0.14	0.02	0.94

续表

序号	年份	采样房间功能	温度(℃)	压力(kPa)	门窗关闭时间(h)	地面装修情况	墙面装修情况	屋顶装修情况	室内家具情况	室内污染物浓度(mg/m³)		
										甲醛	苯	TVOC
32	2014	住宅	34	100.8	13	地板	壁纸	涂料	书桌、书柜	0.14	0.05	2.21
33	2014	住宅	34	100.8	9	地板	壁纸	涂料	床、柜	0.09	0.01	0.25
34	2014	住宅	34	100.8	2	地砖	壁纸	涂料	沙发、茶几、电视柜	0.11	0.01	0.37
35	2014	教室	26	101.0	1	地砖	涂料	涂料	无	0.04	0.01	0.06
36	2014	教室	27	101.5	1	塑料地毯	涂料	涂料	无	0.04	0.03	0.15
37	2014	教室	27	101.5	1	塑料地毯	涂料	涂料	无	0.05	0.02	0.07
38	2014	教室	25	101.7	1	地砖	涂料	涂料	无	0.03	0.01	0.11
39	2014	教室	27	100.6	1	地砖	涂料	涂料	小孩床	0.06	0.04	0.09
40	2014	教室	26	101.0	8	地砖	涂料	涂料	桌椅	0.24	0.01	0.68
41	2014	教室	25	101.3	>1	地板	涂料	涂料	学生木质桌椅	0.06	0.02	0.19
42	2014	教室	25	101.3	>1	地板	涂料	涂料	学生木质床	0.23	0.01	6.52
43	2014	幼儿园卧室	25	101.3	>1	环氧地坪	涂料	涂料		0.25	0.01	8.76
44	2014	中学舞蹈室	28	100.6	1	地坪	涂料	涂料	无	0.05	0.02	0.39
45	2014	教室	28	100.6	1	地砖	涂料	涂料	学生塑料桌椅	0.05	0.02	0.11
46	2014	教室	25	101.3	1	地砖	涂料	涂料	无	0.06	0.01	0.20
47	2014	教室	23	101.7	1	地砖	涂料	涂料	无	0.06	0.030	0.180
48	2014	教室	21	102.1	24	地板	涂料	涂料	木质小孩床	0.07	0.030	0.250
49	2014	教室	18	102.0	>1	地板	涂料	涂料	塑料椅子	0.07	0.027	0.497
50	2014	教室	4	103.0	1	地板	涂料	涂料	木质桌椅	0.07	0.010	0.242
51	2014	教室	4	103.0	1	地板	涂料	涂料	木质小孩床	0.07	0.008	0.321
52	2014	卧室	28	101.8	24	地板	涂料	涂料	木质床、刨花板柜	0.19	0.016	0.284
53	2014	卧室	28	101.8	24	地板	涂料	涂料	古典木质床柜	0.11	0.020	0.730
54	2014	卧室	28	101.8	48	地板	壁纸	涂料	布艺床、衣柜等	0.23	0.010	0.250
55	2014	卧室	28	101.8	48	地板	壁纸	涂料	木质橱榻米、柜	0.24	0.010	0.530
56	2014	卧室	12	103.6	12	地板	壁纸	涂料	木质床、刨花板柜	0.06	0.050	0.210
57	2014	卧室	12	103.6	12	地板	壁纸	涂料	木质桌椅、书柜	0.06	0.030	0.230
58	2014	卧室	23	101.8	18	地板	涂料	涂料	木床	0.06	0.010	0.260
59	2014	卧室	23	101.8	18	地板	涂料	涂料	木床	0.06	0.020	0.170
60	2014	卧室	16	102.8	24	地板	涂料	涂料	无	0.03	0.060	0.190
61	2014	卧室	16	102.8	24	地板	涂料	涂料	无	0.02	0.020	0.160
62	2014	卧室	23	103.5	48	地板	涂料	涂料	无	0.06	0.010	0.210

续表

序号	年份	采样房间功能	温度(℃)	压力(kPa)	门窗关闭时间(h)	地面装修情况	墙面装修情况	屋顶装修情况	室内家具情况	室内污染物浓度(mg/m³) 甲醛	苯	TVOC
63	2014	卧室	23	103.5	48	地板	涂料	涂料	无	0.07	0.010	0.237
64	2014	卧室	30	100.6	24	地板	壁纸	涂料	实木床、衣柜、电视柜	0.44	0.160	0.680
65	2014	卧室	30	100.6	24	地板	壁纸	涂料	实木床、衣柜、书桌	0.41	0.120	0.640
66	2014	卧室	30	100.6	24	地板	壁纸	涂料	实木床、衣柜	0.45	0.170	0.650
67	2014	客厅	30	100.6	24	地板	壁纸	涂料	实木皮质沙发、实木茶几、电视柜等	0.46	0.150	0.680
68	2014	卧室	30	100.6	24	地板	壁纸	涂料	床、电视柜、衣柜	0.24	0.110	0.630
69	2014	卧室	30	100.6	24	地板	壁纸	涂料	床、衣柜、电视柜	0.31	0.120	0.620
70	2014	卧室	30	100.6	24	地板	壁纸	涂料	床、衣柜、电视柜	0.27	0.130	0.650
71	2014	卧室	27	100.8	>1	地板	壁纸	涂料	无	0.24	0.030	0.250
72	2014	卧室	27	100.8	>1	地板	涂料	涂料	无	0.19	0.020	0.330
73	2014	卧室	26	100.7	1	地板	涂料	涂料	实木床、衣柜、电视柜等	0.08	0.030	0.250
74	2014	卧室	26	100.7	1	地板	壁纸	涂料	实木床、衣柜	0.10	0.040	0.370
75	2014	卧室	26	100.7	18	地板	壁纸	涂料	无	0.12	0.030	0.250
76	2014	卧室	26	100.7	18	地板	涂料	涂料	实木家具	0.16	0.040	0.370
77	2014	卧室	29	100.8	24	地板	涂料	涂料	实木家具	0.20	0.060	0.480
78	2014	卧室	29	100.8	24	地板	涂料	涂料	实木床、衣柜、电视柜等	0.21	0.050	0.440
79	2014	客厅	29	100.8	24	地板	涂料	涂料	皮质沙发、实木家具	0.15	0.070	0.450
80	2014	卧室	27	101.0	5	地板	壁纸	涂料	实木床、衣柜、电视柜	0.38	0.012	0.580
81	2014	卧室	27	101.0	5	地板	壁纸	涂料	实木床、衣柜、电视柜等	0.45	0.017	0.690
82	2014	卧室	25	100.6	1	地板	涂料	涂料	实木床、电视柜等	0.05	0.010	0.170
83	2014	卧室	25	100.6	1	地板	涂料	涂料	实木床、衣柜	0.07	0.020	0.260
84	2014	卧室	25	102.5	48	地板	涂料	涂料	床、衣柜	0.17	0.030	0.370
85	2014	卧室	23	103.5	48	地板	涂料	涂料	实木床、衣柜、电视柜等	0.07	0.010	0.240
86	2014	卧室	23	103.5	48	地板	涂料	涂料	皮质沙发、饰面茶几、电视柜	0.06	0.010	0.210
87	2015	教室	8	103.9	1	地板	涂料	涂料	有旧家具	0.05	0.006	0.218
88	2015	客厅	18	102.6	18	地板	涂料	涂料	无	0.08	0.010	0.230
89	2015	卧室	18	102.6	18	地板	涂料	涂料	无	0.10	0.010	0.190
90	2015	客厅	28	102.1	6	地砖	涂料	涂料	无	0.08	0.010	0.090
91	2015	卧室	28	102.1	6	地板	涂料	涂料	无	0.10	0.010	0.080
92	2015	卧室	28	102.1	6	地板	涂料	涂料	无	0.10	0.010	0.140
93	2015	卧室	23	103.2	24	地板	涂料	涂料	皮质床、实木衣柜、电视柜	0.08	0.020	0.300

续表

序号	年份	采样房间功能	温度(℃)	压力(kPa)	门窗关闭时间(h)	地面装修情况	墙面装修情况	屋顶装修情况	室内家具情况	室内污染物浓度(mg/m³)		
										甲醛	苯	TVOC
94	2015	客厅	20	103.2	24	地砖	涂料	涂料	皮沙发、实木电视柜茶几	0.06	0.030	0.320
95	2015	卧室	16	102.5	1	地板	涂料	涂料	木质床、衣柜	0.05	0.010	0.060
96	2015	卧室	20	102.5	24	地板	涂料	涂料	木质床、柜、电视柜	0.10	0.100	0.540
97	2015	书房	20	102.5	24	地板	涂料	涂料	实木桌简柜	0.09	0.070	0.360
98	2015	卧室	19	102.2	5	地板	壁纸	涂料	木质床、衣柜	0.18	0.020	0.550
99	2015	书房	19	102.2	5	地板	壁纸	涂料	实木桌简、柜	0.14	0.010	0.330
100	2015	客厅	26	101.5	9	地砖	壁纸	涂料	皮质沙发、木质床、木质柜等	0.15	0.008	0.424
101	2015	卧室	26	101.5	9	地板	壁纸	涂料	实木床、木头柜、电视柜、衣柜	0.08	0.007	0.275
102	2015	客厅	26	101.5	13	地板	壁纸	涂料	皮质沙发、床头柜、木质、柜等	0.08	0.011	0.312
103	2015	卧室	26	101.5	13	地板	壁纸	涂料	实木床、木头柜、电视柜、衣柜等	0.04	0.011	0.241

表2.14-2 2014—2015年Ⅱ类建筑室内环境污染调查

序号	年份	采样房间功能	温度(℃)	压力(kPa)	门窗关闭时间(h)	地面装修情况	墙面装修情况	屋顶装修情况	室内家具情况	室内污染物浓度(mg/m³)		
										甲醛	苯	TVOC
1	2014	办公	6	103.2	12	地板	涂料	涂料	办公桌、椅子、铁皮柜	0.02	0.04	0.09
2	2014	办公	20	101.9	1	地毯	涂料	涂料	办公桌	0.05	0.01	0.06
3	2014	办公	20	101.9	1	地毯	涂料	涂料	办公桌	0.08	0.01	0.12
4	2014	豪华包厢	18	102.2	1	地毯	壁纸	涂料	无	0.09	0.06	0.38
5	2014	办公	28	101.3	约16	地板	涂料	涂料	办公桌、办公柜	0.14	0.01	0.24
6	2014	办公	28	101.3	约16	地毯	涂料	涂料	办公桌、办公柜	0.14	0.02	0.32
7	2014	办公	25	100.8	1	地毯	涂料	涂料	无	0.06	0.02	0.37
8	2014	办公	25	100.8	1	地毯	涂料	涂料	无	0.06	0.02	0.26
9	2014	办公	26	101.2	1	地砖	涂料	涂料	无	0.05	0.01	0.13
10	2014	办公	25	101.2	1	地砖	涂料	涂料	无	0.05	0.01	0.05
11	2014	办公	29	101.1	1	地砖	涂料	涂料	办公桌	0.14	0.02	0.21
12	2014	办公	29	101.1	1	地砖	涂料	涂料	无	0.06	0.01	0.16

续表

序号	年份	采样房间功能	温度(℃)	压力(kPa)	门窗关闭时间(h)	地面装修情况	墙面装修情况	屋顶装修情况	室内家具情况	室内污染物浓度 mg/m³ 甲醛	苯	TVOC
13	2014	办公	29	101.2	12	地板	壁纸	涂料	会议大桌、椅子	0.24	0.02	0.29
14	2014	大礼堂	29	101.2	12	地板	壁纸	涂料	会议椅子	0.17	0.05	0.37
15	2014	办公楼	25	101.4	1	薄地毯	涂料	涂料	无	0.07	0.03	0.34
16	2014	办公	28	100.9	1	地毯	壁纸	涂料	无	0.13	0.03	0.16
17	2014	办公	27	100.6	1	地砖	涂料	涂料	无	0.06	0.03	0.37
18	2014	办公	24	102.5	>1	地板	涂料	涂料	无	0.09	0.010	0.150
19	2014	办公	16	102.2	1	地砖	涂料	涂料	无	0.04	0.010	0.090
20	2014	办公	16	102.5	1	地板	涂料	涂料	无	0.07	0.040	0.430
21	2014	办公	25	101.4	24	环氧地坪	涂料	涂料	办公桌椅	0.15	0.050	0.230
22	2014	办公	25	101.4	24	环氧地坪	涂料	涂料	办公桌椅	0.14	0.070	0.350
23	2014	办公	28	100.8	>1	地板	涂料	涂料	办公桌、书柜	0.26	—	—
24	2014	办公	28	100.8	>1	地板	涂料	涂料	会议桌、椅	0.21	—	—
25	2014	办公	29	100.8	1	地板	涂料	涂料	密度板办公桌、皮质沙发	0.16	0.050	0.380
26	2014	办公	29	100.8	1	地板	涂料	涂料	办公桌椅等	0.12	0.040	0.350
27	2015	工作室	12	103.7	1	地板	涂料	涂料	无	0.08	0.024	0.140
28	2015	办公	10	103.2	>1（通风不好）	环氧地坪	涂料	石膏	无	0.14	0.093	0.422
29	2015	办公	10	103.2	>1（通风不好）	环氧地坪	涂料	石膏	无	0.18	0.218	7.097
30	2015	办公	8	103.2	1	地砖	涂料	涂料	无	0.03	0.012	0.151
31	2015	办公	7	103.4	1	地板	涂料	涂料	办工桌椅、办公柜	0.07	0.021	0.141
32	2015	办公	7	103.4	1	地毯	涂料	涂料	会议桌椅	0.07	0.019	0.097
33	2015	办公	7	103.8	18	地板	涂料	涂料	办公桌椅、皮木沙发、木茶几	0.05	0.020	0.290

2014—2015 年所汇总的 I 类房间中 45 间房间中有壁纸（壁板）、家具和地板（地毯）。其中室内污染物超标的有 28 个，占安装此类房间数的 62%，占污染物浓度超标房间数的 57%。

2014—2015 年 I 类房间各种情况下的样本总数与超标数如图 2.14-4 所示。

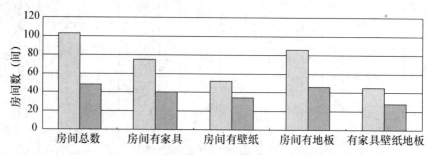

图 2.14-4　2014—2015 年 I 类房间各种情况下的样本总数与超标数

4．2014—2015 年 II 类房间污染状况统计结果分析

2014—2015 年汇总 II 类房间总数 33 间，污染物超标 14 间，占 II 类总房间数的 42%；甲醛浓度超标的 14 间，占在污染物浓度超标房间数的 100%；TVOC 浓度超标的 1 间，苯浓度超标的 2 间（如图 2.14-5 所示）。

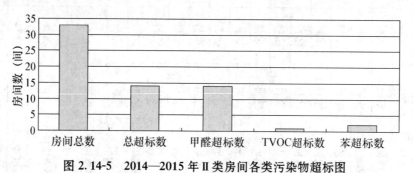

图 2.14-5　2014—2015 年 II 类房间各类污染物超标图

2014—2015 年所汇总的 II 类房间中 17 间放置有家具。其中室内污染物超标的有 12 间，占有家具房间数的 71%，占污染物浓度超标房间数的 83%。

2.14.4　结论

（1）此次调查室内污染物超标率：2010—2013 年 I 类房间超标率的 38%，II 类房间超标率的 35%；2014—2015 年 I 类房间超标率的 47%，II 类房间超标率的 42%，已经相当严重，应当重视。

（2）可以看出导致室内污染物超标的主要污染源是地板、地毯、家具、壁纸、壁板（由于对部分装饰装修材料具体为何种材料，所含有毒有害物质有多少不能做出检测，此次调查无法对某一房间是由何种材料导致超标做出定论）等。

（3）从总体来看，室内空气污染物中超标率最高的是甲醛，次之是 TVOC，苯超标相对较少。

（4）当无家具、温度越低、门窗关闭时间越短时，污染物超标率越低。有家具且温度越高（尤其高于 20℃时）门窗关闭时间越长，污染物超标越严重。

2.15　郑州市装修污染调查与研究

2.15.1　郑州市概况

近年来，郑州的发展是突飞猛进，住宅建设规模也较大。根据 2014 年郑州市国有建设用地供应计划供地结构，住宅用地约 903.03 公顷（其中，保障性住房用地 197.65 公顷，占住宅用地的 21.89%），占计划总量的 45.03%；商业用地约 223.80 公顷，占计划总量的 11.16%；工矿仓储用地约 231.58 公顷，占计划总量的 11.55%；其他用地 647.06 公顷，占计划总量的 32.26%。2014 年，郑州市建筑施工企业施工房屋面积 17751.6 万 m^2，竣工房面积 5240.2 万 m^2。

2015 年郑州市计划供应国有建设用地总规模为 2521.47 公顷。用地结构方面，住宅用地为 849.06 公顷（其中，普通商品住宅用地 695.10 公顷；保障性住房用地 153.96 公顷），商业用地 280.22 公顷，工矿仓储用地 343.86 公顷，交通运输用地 551.28 公顷。

2016 年度郑州市本级土地供应总量中，用地结构方面，住宅用地为 2230.36 公顷（不含保障房，保障房用地 218.18 公顷、商业用地 774.45 公顷，工矿仓储用地 445.69 公顷），公共类用地 747.12 公顷。

从 2014—2016 年的数据看，郑州市的住宅用地在持续增加，特别是在 2016 年，无论是住宅用地还是商业用地都有一个迅猛的增长。在国家统计局公布的 35 个主要城市中，2011 年，北京、上海和重庆房地产开发投资额占据着前三位；到了 2015 年和 2016 年，北京、重庆、上海房地产开发投资额同样位列前三，郑州位列第四。

以河南省会城市郑州为例，2011 年房地产开发投资额达 926.31 亿元，仅在 35 个城市中排第 13 位。但到 2015 年时，郑州房地产开发投资额已升至 2000.2 亿元，排第 8 位。2016 年，郑州该数据升至 2779 亿元，仅次于北京、重庆和上海，在 35 个城市中排第 4 位。

2.15.2　2010—2013 年室内环境污染状况统计

1．数据来源与统计方法

2010—2013 年室内环境污染状况的数据来源于河南省建筑科学研究院国家建筑工程室内环境检测中心（以下简称国检中心）在这三年期间所做的室内装修工程的检测数据，大部分是委托检测，也有少量的验收检测。

2010—2013 年的统计数据主要为民用住宅的装修工程。2010—2013 年，国检中心所做的验收工程主要为毛坯房，因污染小，故没有作为主要统计对象。统计对象主要选择了委托检测的装修工程，且主要是个体装修工程。2010—2012 年，主要统计了委托检测装修工程的甲醛浓度，2013 年的数据包括了该年所测委托检测装修工程的甲醛浓度和总挥发性有机化合物 TVOC 浓度。

对 2010—2013 年的检测数据主要采用列表的方法进行统计，为了考查甲醛、TVOC 的释放与环境温度的关系，列表时是按照每年从年头 1 月到年尾的时间顺序进行排列的。列表内容涉及采样时间、采样房间名称、甲醛浓度、TVOC 浓度。

通过将每年的甲醛浓度和 TVOC 浓度与采样时间的关联性做柱状图，可以很直观地看到甲醛和 TVOC 的释放随季节的温度变化呈现出的释放规律，从而为我们以后对室内装修工程甲醛和 TVOC 污染的控制提供一定的理论基础。

2. 2010—2013 年室内环境污染统计结果

2010—2013 年的统计数据主要涉及I类民用建筑，且主要为民用住宅，检测项目涉及甲醛、TVOC，其中，甲醛统计数据包括不同功能的房间 296 个，TVOC 统计数据包括不同功能的房间 83 间。这些房间的通风形式主要为自然通风。对于甲醛的检测，依据的标准是《公共场所卫生检验方法　第 2 部分：化学污染物》GB/T 18204.2—2014 中的酚试剂分光光度法，对于 TVOC 的检测，依据的是《民用建筑工程室内环境污染控制规范》GB 50325。所使用的检测设备包括：双气路恒流大气采样器（BS-H2 型）、可见光分光光度计（722S）、气相色谱仪（7890F）等。

2010 年甲醛统计结果：全年样本总数 72 个，不合格样本 28 个，超标率 38.8％，其中 1～4 月样本数 18 个，不合格样本 1 个，不合格率 5.5％；5～9 月底样本数 35 个，不合格样本数 27 个，不合格率 77.1％；10～12 月底样本总数 20 个，不合格样本数 0 个，不合格率 0.0％（如图 2.15-1 所示）。

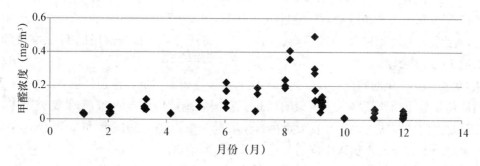

图 2.15-1　2010 年甲醛浓度测点分布图

图 2.15-1 是以采样时间"月"为横坐标，以某月某日所检测的房间甲醛浓度作为纵坐标绘制的散点图，从图中可以很直观地看出大于 0.1mg/m³ 的测点主要分布在 6～9 月份，也就是一年中最热的几个月甲醛的超标率是最高的，全年的甲醛浓度呈现出两头低中间高的正态分布。

2011 年甲醛统计结果：全年样本总数 67 个，不合格样本 30 个，超标率 44.8％，其中 1～4 月样本数 22 个，不合格样本 6 个，不合格率 27.3％；5～9 月份样本数 36 个，不合格样本数 23 个，不合格率 63.9％；10～12 月底样本总数 9 个，不合格样本数 1 个，不合格率 11.1％（如图 2.15-2 所示）。

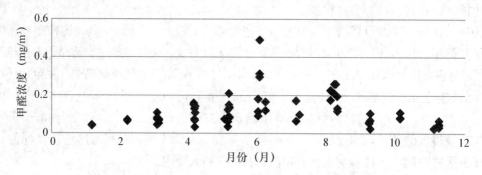

图 2.15-2　2011 年甲醛浓度测点分布图

　　图 2.15-1 与图 2.15-2 同样反映的是采样日期和采样当天房间的甲醛浓度，其中甲醛超过 0.1mg/m³ 的主要集中在 4 月中旬到 9 月初这段时间，同样呈现两头低中间高的正态分布。

　　2012 年甲醛统计结果：全年样本总 66 个，不合格样 32 个，超标率 48.5％，其中 1～4 月样本数 5 个，不合格样本 0 个，不合格率：0.0％；5～9 月底样本数 50 个，不合格样本数 30 个，不合格率 60％；10～12 月底样本总数 11 个，不合格样本数 2 个，不合格率 18.1％（如图 2.15-3 所示）。

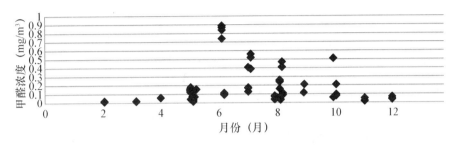

图 2.15-3　2012 年甲醛浓度测点分布图

　　图 2.15-3 反映的是 2012 年甲醛调查结果，其中采样日期和房间中甲醛浓度的对应关系同图 2.15-2、图 2.15-3 呈现的情况一样，大于 0.1mg/m³ 的测点主要分布在 6～9 月份，这说明甲醛污染物的释放和环境温度有着非常明显的正相关。

　　2013 年甲醛统计结果：全年样本总数 91 个，不合格样本 40 个，超标率 44.0％，其中 1～4 月样本数 17 个，不合格样本 1 个，不合格率 5.9％；5～9 月底样本数 57 个，不合格样本数 39 个，不合格率 68.4％；10～12 月底：样本总数 17 个，不合格样本数 0 个，不合格率 0.0％（如图 2.15-4 所示）。

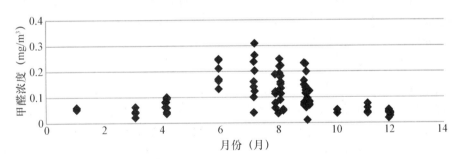

图 2.15-4　2013 年甲醛浓度测点分布图

　　图 2.15-4 是 2013 年甲醛的调查结果，同 2010 年、2011 年、2012 年甲醛的调查结果一样，都是甲醛超标集中在 6～9 月份，全年甲醛浓度分布呈现两头低中间高的正态分布。

　　2013 年 TVOC 统计结果：全年样本总数 83 个，不合格样本：48 个，超标率 57.8％，其中 1～4 月样本数 14 个，不合格样本 7 个，不合格率 50％；5～9 月底样本数 54 个，不合格样本数 38 个，不合格率 70.4％；10～12 月底：样本总数 15 个，不合格样本数 3 个，不合格率 20％（如图 2.15-5 所示）。

　　图 2.15-5 反映的是 2013 年 TVOC 调查的结果，从图中可以看出，超过 0.6mg/m³ 的测点主要分布在 4～9 月，其中 6～9 月相对集中。同甲醛一样，全年的浓度分布也呈现两头低

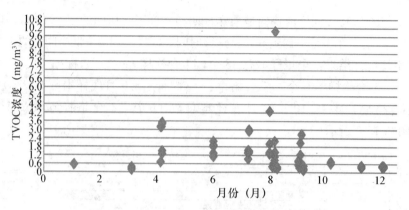

图 2.15-5　2013 年 TVOC 浓度测点分布图

中间高的形态，这说明 TVOC 的释放也与室内温度呈正相关。

2.15.3　2014 年室内环境污染实测调查统计

1．现场实测调查实施方案

（1）调查目的。

选择 100 套（间、户）装修过的住宅，进行室内污染物的采样检测，通过实地检测调查分析，希望实现以下目标要求：

最低目标：统计出我国目前室内环境污染物（甲醛、VOC、苯、氨）浓度水平、超标污染物种类、超标率；

最高目标：找出室内环境污染物与装修材料种类（板材、涂料、胶粘剂、壁纸、地板、木家具等）、装修材料环境品质（污染物释放量等）及装修材料使用量、室内外通风情况、环境温湿度变化（季节）等因素之间的关联性，与实验室模拟研究一起为装修污染防治及编制规范性文件提供技术支撑。

（2）检测调查房屋类型。

1）调查三种类型房屋：住宅、幼儿园、办公楼（宾馆）；以住宅为主。

2）调查"已装修未使用"房屋（工程竣工验收检测）及"已装修使用"房屋，毛坯房不调查，已装修未使用大体占三分之二以上（"已装修"指简装修、精装修两种情况。"精装修"概指室内各房间已装修到位，具备入住条件，只缺少家具、家电等的室内装修状况）。

3）"已装修使用"房屋调查时，取样检测在房屋正常使用状态下进行（对外门窗关闭 1 小时后人员进入，测量过程中人员减少进出，停止做饭等产生污染活动）。

4）自然通风建筑与机械通风建筑均在调查之列；以自然通风类型建筑为主。

（3）检测调查污染物种类及取样检测方法、要求。

1）调查污染物：甲醛、TVOC；

2）检测方法：

甲醛检测方法：采用《民用建筑工程室内环境污染控制规范》GB 50325 标准方法（《公共场所卫生检验方法　第 2 部分：化学污染物》GB/T 18204.2 酚试剂分光光度法）；

TVOC 检测方法：采用《民用建筑工程室内环境污染控制规范》GB 50325 标准方法

（附录 G　热解析气相色谱法）；

3）检测要求：

当使用标准方法（热解析气相色谱法）检测 TVOC 时，需按《民用建筑工程室内环境污染控制规范》GB 50325 规定计算出 TVOC 浓度，同时对 9 种可识别成分分别计算峰面积和总峰面积、计算其他成分峰总面积，并计算出 9 种可识别成分占全部谱线峰面积比例。

按《民用建筑工程室内环境污染控制规范》GB 50325 标准方法对"已装修未使用"房屋检测甲醛、TVOC 时，对外门窗关闭 1h 后取样检测。

4）调查所用仪器、设备：采样设备采样双气路恒流采样器，型号 BS-H2，甲醛分析采用可见光分光光度计，型号 722S，TVOC 分析采用气相色谱，型号 7890F。

（4）实地检测调查方式和关键点。

1）实地检测调查方式：结合已装修工程验收检测、结合客户委托的"已装修使用"检测进行，如果客户委托的装修工程验收检测数量不够，则发动全体人员，收集已装修的房屋信息，并联系进行免费检测，检测工作应尽量均匀分布在全年各个时段。

2）实地检测调查的关键点：实地检测调查的关键点是做好现场观察和原始记录，为此，要做好以下四方面的工作：

①检测方面：认真进行现场观察并记录如下信息：被测房间功能、套内房间数量、被测房间面积及房间长×宽×高尺寸（cm）、检测日期、检测方法、对外门窗关闭时间等；

②房间通风方面：认真进行现场观察并记录如下信息：房间对外门（窗）面积、门（窗）材质、门（窗）密封性（直观，文字描述）、采暖空调方式（中央空调、空调一体机、分体机、地暖、抽排风机等）及使用情况（检测时是否使用）、当天风力、室内外环境温湿度等；

③室内装修方面：认真进行现成观察并详细描述室内装修情况：地面（地板砖、地板革、复合地板、地毯、木地板等）、墙壁（涂料、壁纸、壁布、人造板＋壁布混合等）、顶板（涂料、石膏板吊顶、泡沫板吊顶、复杂吊顶等）；有无固定式壁柜、吊柜及壁柜、吊柜材质，壁柜、吊柜使用人造板材质的，应记录壁柜、吊柜数量及每件固定式家具的长×宽×高尺寸（cm）及有无油漆饰面情况，装修完工日期等；

④室内活动家具情况：注意现场观察并详细描述：有无室内活动家具、数量、每件固定家具的长×宽×高尺寸（cm）及有无油漆饰面情况等。

2．2014 年实测调查过程

（1）完成的工作。

2014 年初至年底，河南建筑科学研究院国检中心按照课题组在 2014 年初制订的课题实验方案，完成了以下的工作：

1）完成了 2010—2013 年已检测的约 300 个精装工程的甲醛和 TVOC 检测数据的统计、汇总和分析工作。

2）2014 年 1～12 月，按照课题组制定的现场调查方案，共调查、检测了 85 个精装修工程（主要为民用住宅），检测的参数为甲醛和总挥发性化合物 TVOC。

（2）2014 年室内装修污染调查组织实施。

按照国家课题组的要求，成立课题项目组，多位专业技术人员参加，负责郑州地区的室内装修污染调查研究工作。

1）检测调查污染物：甲醛、TVOC；

2）检测方法：

甲醛检测方法：酚试剂分光光度法（《公共场所卫生检验方法　第2部分　化学污染物》GB/T 18204.2—2014）；

TVOC检测方法：气相色谱法［《民用建筑工程室内环境污染控制规范》GB 50325—2010（2013年版）附录G］。

3）取样检测操作要求：检测时，对外门窗关闭1h后人员进入室内，进行现场采样，取样检测在房屋正常使用状态下进行（对外门窗关闭1h后人员进入，采样过程中人员减少进出，停止非装修材料等产生的污染活动）。

4）实地检测调查内容：

本次调查时间为2014年1月至12月，调查总量为85个房间，现场调查及检测工作，做了以下记录信息：

①检测方面：被测房间功能、被测房间面积、被测房间长×宽×高尺寸（cm）、检测日期、检测方法、对外门窗关闭时间及检测结果等；

②房间通风方面：房间对外门（窗）面积、门（窗）材质、门（窗）密封性（直观，文字描述）、当天室内环境温湿度等；

③室内装修方面：地面装修材料（地板砖、地板革、复合地板、地毯、木地板等）、墙壁装修材料（涂料、壁纸、壁布、人造板＋壁布混合等）、顶板装修材料（涂料、石膏板吊顶、泡沫板吊顶、复杂吊顶等）；有无固定式壁柜、吊柜，壁柜、吊柜材质（壁柜、吊柜使用人造板材质的，应记录壁柜、吊柜数量及每件固定式家具的长×宽×高尺寸（cm）及有无油漆饰面情况），装修完工日期等；

④室内活动家具情况：有无室内活动家具、数量、每件固定家具的长×宽×高尺寸（cm）及有无油漆饰面情况等。

⑤TVOC组成情况：TVOC中各苯系物、乙酸丁酯、十一烷所占的比例。

3．室内装修污染调查工作质量保证

本次调查实验，在采样环节，对采样器的流量做了校准，保证采样器的流量误差在±5%以内；在实验环节，对甲醛标准曲线和TVOC的标准曲线分别用甲醛标准物质和TVOC标准物质做了校准，其中甲醛标准曲线的校准误差在5%以内，TVOC（9种标准物质）标准曲线的校准误差在10%以内，能够满足实验要求。

调查过程中所用标准物质、采样器、分析设备、检测人员的情况如下：

（1）甲醛、TVOC所用标准物质为国家环保总局标准物质研究所生产。

（2）所用空气采样器为上海百斯公司生产的BS-H2型双气路大气采样器，经计量部门鉴定合格，并于使用过程中多次用皂膜流量计进行校准。所用分光光度计及气相色谱均经过河南省计量院计量且在有效期内。

（3）检测人员均为进行过相关培训的上岗人员。

4．现场实测调查数据汇总及统计分析

（1）2014年室内空气甲醛、TVOC现场实测调查数据如表2.15-1所示。

表 2.15-1　2014 年室内空气甲醛、TVOC 调查主要信息汇总

序号	房间功能	人造板材使用量(m²)	实木板材使用量(m²)	复合木地板使用量(m²)	地毯使用量(m²)	活动家具人造板用量(m²)	门、窗材质及使用量(m²)	装修完工时间(月)	采样日期	活动家具所用人造板使用量(m²)	房间内净空间容积(m³)	板材负荷(m²/m³)	甲醛浓度(mg/m³)	TVOC浓度(mg/m³)	板材负荷比(m²/m³)	9种成分占TVOC百分比	温湿度(℃/RH%)	测前门窗关闭时间(h)
1	客厅	0	0	30	0	10	实木复合门3	3	1.6	10	30	0.33	0.03	0.129	0.33	1	6/36	1
2	主卧	0	0	12	0	38	实木复合门1	3	1.6	38	34	1.12	0.03	0.122	1.12	0.80	6/39	1
3	次卧	0	0	9	0	0	实木复合门1	3	1.6	0	26	0	0.027	0.211	0	1.90	6/39	1
4	东卧	0	0	11	0	53	实木复合门1	3	2.28	53	31	1.7	0.048	0.58	1.7	0.04	20/45	1.5
5	西卧	0	0	11	0	52	实木复合门1	3	2.28	52	31	1.68	0.061	0.74	1.68	0.07	20/45	1.5
6	书房	0	0	11	0	26	实木复合门1	3	2.28	26	31	0.84	0.038	0.81	0.84	0.07	22/45	1.5
7	卧室	0	0	0	0	0	实木复合门1	11	3.5	0	45	0	0.019	0.48	0	0.03	14/47	1
8	客厅	0	0	0	0	0	实木复合门3	11	3.5	0	118	0	0.036	0.34	0	0.15	14/47	1
9	客厅	0	0	0	0	19	实木复合门1	5	3.21	19	62	0.21	0.047	0.53	0.21	0.03	20/40	1
10	卧室	0	0	0	0	10	实木复合门1	5	3.21	10	28	0.36	0.068	0.55	0.36	0.03	20/40	1
11	客厅	0	0	0	0	16	实木复合门3	3	3.22	16	64	0.25	0.042	1.07	0.25	0.04	18/36	13
12	主卧	0	0	0	0	44	实木复合门1	3	3.22	44	44	1	0.026	1.17	1	0.03	18/36	13
13	客厅	0	0	0	0	28	实木复合门3	7	4.2	28	75	0.37	0.1	1.16	0.37	0.08	22/43	12
14	主卧	0	0	0	0	15	实木复合门1	7	4.2	15	30	0.5	0.11	0.32	0.5	0.06	20/65	1
15	客厅	0	0	0	0	15	实木复合门3	8	4.21	15	70	0.21	0.063	1	0.21	0.10	20/65	1
16	卧室	0	0	0	0	33	实木复合门1	8	4.21	33	25	1.32	0.066	0.92	1.32	0.01	20/52	1
17	客厅	0	0	14	0	48	实木复合门3	1	4.26	48	72	0.67	0.068	1.14	0.67	0.06	20/52	1
18	主卧	0	0	10	0	55	实木复合门1	1	4.26	55	39	1.41	0.062	2.49	1.41	0.02	20/52	1
19	次卧	0	0	12	0	23	实木复合门1	1	4.26	23	28	0.82	0.054	0.94	0.82	0.03	20/52	1
20	书房	0	0	0	0	28	实木复合门1	1	4.26	28	35	0.8	0.05	1.85	0.8	0.08	20/52	1
21	主卧	0	0	0	0	0	实木复合门1	6	4.29	0	30	0	0.091	1.38	0	0.08	18/39	1
22	次卧	0	0	0	0	0	实木复合门1	3	4.29	0	28	0	0.072	1.92	0	0.04	18/39	1
23	客厅	0	0	0	0	0	实木复合门3	3	4.29	0	56	0	0.041	1.46	0	0.08	18/39	1
24	儿卧	0	0	15.5	0	18	实木复合门1	7	5.7	18	43	0.42	0.076	0.57	0.42	0.08	25/42	1
25	主卧	0	0	12.5	0	31	实木复合门1	7	5.7	31	35	0.88	0.073	0.49	0.88	0.07	25/57	1
26	儿卧	0	0	0	0	60	实木复合门1	6	5.13	60	30	2	0.13	0.73	2	0.07	25/57	1
27	主卧	0	0	0	0	32	实木复合门1	6	5.13	32	63	0.51	0.097	0.8	0.51	0.05	25/57	1
28	客厅	0	0	0	0	10	实木复合门3	6	5.13	10	141	0.07	0.099	0.73	0.07	0.08	21/39	3

续表

序号	房间功能	人造板材用量 (m²)	实木板材使用量 (m²)	复合木地板使用量 (m²)	地毯使用量 (m²)	活动家具人造板用量 (m²)	门、窗材质及使用量 (m²)	装修完工时间（月）	采样日期	活动家具所用人造板使用量 (m²)	房间内净空间容积 (m²)	板材负荷 (m²/m³)	甲醛浓度 (mg/m³)	TVOC浓度 (mg/m³)	板材负荷比 (m²/m³)	9种成分占TVOC百分比	温湿度 (℃/RH%)	测前门窗关闭时间 (h)
29	客厅	0	0	22	0	38	实木复合门3	2	6.4	38	62	0.61	0.09	1.18	0.61	0.04	28/41	1
30	主卧	0	0	12	0	47	实木复合门1	2	6.4	47	34	1.38	0.097	1.53	1.38	0.05	28/41	1
31	客厅	0	0	23	0	24	实木复合门3	14	6.18	24	64	0.38	0.107	0.717	0.38	0.04	29/60	1
32	主卧	0	0	12	0	16	实木复合门1	14	6.18	16	32	0.5	0.112	0.674	0.5	0.05	29/60	1
33	次卧	0	0	0	0	49	实木复合门1	14	6.18	49	35	1.4	0.115	1.01	1.4	0.04	29/60	1
34	客厅	0	0	14	0	20	实木复合门3	2	6.27	20	121	0.16	0.083	0.53	0.16	0.05	28/56	1
35	主卧	0	15	0	0	33	实木复合门1	2	6.27	33	39	0.85	0.079	0.48	0.85	0.04	28/56	1'
36	客厅	0	13	0	0	9.5	实木复合门3	2	7.1	9.5	124	0.08	0.052	0.73	0.08	0.07	30/50	1
37	儿卧	0	0	0	0	38	实木复合门1	2	7.1	38	45	0.84	0.152	0.72	0.84	0.06	30/50	1
38	客厅	0	0	26	0	11.3	实木复合门3	4	7.16	11.3	73	0.15	0.041	0.56	0.15	0.06	30/52	0.5
39	主卧	0	0	16	0	44.5	实木复合门1	4	7.16	44.5	43	1.03	0.047	0.6	1.03	0.05	30/52	0.5
40	儿卧	0	0	12	0	43	实木复合门1	4	7.16	43	33	1.3	0.055	0.6	1.3	0.05	30/52	0.5
41	主卧	0	0	0	0	46	实木复合门1	7	7.9	46	48	0.96	0.174	1.56	0.96	0.08	30/60	2
42	次卧	0	0	0	0	56	实木复合门1	7	7.9	56	30	1.87	0.228	1.9	1.87	0.06	30/60	2
43	客厅	0	0	15	0	14	实木复合门3	7	7.9	14	63	0.22	0.173	1.11	0.22	0.05	20/30	2
44	主卧	0	0	21	0	52	实木复合门1	14	7.1	52	42	1.24	0.082	0.87	1.24	0.02	25/63	1
45	客厅	0	0	43	0	10.3	实木复合门3	14	7.1	10.3	57	0.18	0.178	0.58	0.18	0.01	25/63	1
46	办公室	0	0	45	0	46	实木复合门1	12	7.14	46	43	1.07	0.137	0.59	1.07	0.06	29/56	1
47	客厅	0	0	25	0	27	实木复合门1	1	7.14	27	126	0.21	0.223	2.25	0.21	0.01	31/54	1
48	主卧	0	0	0	0	40	实木复合门3	3	7.14	40	25	1.6	0.305	2.12	1.6	0.04	27/55	1
49	客厅1	0	0	0	0	24	实木复合门3	13	8.6	24	113	0.21	0.136	1.89	0.21	0.02	27/55	1
5	主卧	0	0	16	0	44	实木复合门1	13	8.6	44	45	0.98	0.203	1.38	0.98	0.02	27/55	1
51	客厅2	0	0	26	0	54	实木复合门3	13	8.6	54	72	0.75	0.128	1.13	0.75	0.06	27/55	1
52	主卧	0	0	20	0	52	实木复合门1	8	8.16	52	56	0.93	0.084	0.98	0.93	0.04	27/55	1
53	次卧	0	0	20	0	60	实木复合门1	8	8.16	60	56	1.07	0.075	1.6	1.07	0.25	27/55	1
54	客厅	0	0	12	0	12	实木复合门3	4	8.21	12	67	0.18	0.1	0.51	0.18	0.04	27/56	1
55	儿卧	0	0	43	0	41	实木复合门1	4	8.21	41	29	1.41	0.071	0.76	1.41	0.08	27/56	1
56	主卧	0	0	25	0	35	实木复合门1	4	8.21	35	38	0.92	0.159	0.66	0.92	0.10	27/56	1
57	客厅	0	0	0	0	38	实木复合门3	2	8.14	38	54	0.7	0.107	0.67	0.7	0.04	25/61	1

续表

序号	房间功能	人造板使用量(m²)	实木板材使用量(m²)	复合木地板使用量(m²)	地毯使用量(m²)	活动家具人造板用量(m²)	门、窗材质及使用量(m²)	装修完工时间(月)	采样日期	活动家具所用人造板使用量(m²)	房间内净空间容积(m²)	板材负荷(m²/m³)	甲醛浓度(mg/m³)	TVOC浓度(mg/m³)	板材负荷比(m²/m³)	9种成分占total TVOC百分比	温湿度(℃/RH%)	测前门窗关闭时间(h)
58	儿卧	0	15	0	0	33	实木复合门1	2	8.14	33	26	1.27	0.104	0.66	1.27	0.06	25/61	1
59	主卧	0	0	0	0	43	实木复合门1	2	8.14	43	30	1.43	0.119	0.81	1.43	0.08	25/61	1
60	客厅	0	0	0	0	19	实木复合门3	18	7.23	19	138	0.14	0.088	0.62	0.14	0.03	27/60	1
61	儿卧	0	8	16	0	69	实木复合门1	18	7.23	69	45	1.53	0.146	0.62	1.53	0.01	27/60	1
62	主卧	0	0	12	0	31	实木复合门1	18	7.23	31	34	0.91	0.126	0.57	0.91	0.02	27/60	1
63	儿卧	0	15	0	0	20	实木复合门1	1	9.2	20	40	0.5	0.107	1.62	0.5	0.06	25/58	1
64	老人卧	0	0	0	0	51	实木复合门1	1	9.2	51	43	1.19	0.122	1.43	1.19	0.08	25/58	1
65	主卧	0	0	0	0	50	实木复合门1	1	9.2	50	70	0.71	0.204	1.7	0.71	0.05	25/58	1
66	卧室1	0	0	0	0	30	实木复合门1	11	9.23	30	20	1.5	0.063	0.45	1.5	0.03	25/56	1
67	卧室2	0	0	0	0	34	实木复合门3	11	9.23	34	34	1	0.073	0.48	1	0.04	25/56	1
68	客厅	0	0	0	0	12	实木复合门1	3	10.9	12	62	0.19	0.036	1.5	0.19	0.05	22/50	1
69	主卧	0	0	22	0	45	实木复合门1	3	10.9	45	45	1	0.083	1.77	1	0.04	22/50	1
70	儿卧	0	0	0	0	41	实木复合门1	3	10.9	41	34	1.2	0.07	1.66	1.2	0.16	22/50	1
71	主卧	0	0	0	0	44	实木复合门1	4	10.11	44	43	1.02	0.071	0.38	1.02	0.04	24/57	20
72	客厅	0	0	0	0	49	实木复合门1	4	10.11	49	76	0.64	0.059	0.35	0.64	0.05	24/57	20
73	主卧	0	0	33	0	83	实木复合门1	16	10.16	83	92	0.9	0.063	0.3	0.9	0.05	23/45	1
74	卧室	0	0	11	0	36	实木复合门1	5	10.16	36	31	1.16	0.016	0.3	1.16	0.06	22/41	1
75	客厅	0	0	0	0	33	实木复合门3	2	10.16	33	22	1.03	0.01	0.35	1.03	0.06	20/32	1
76	儿卧	0	0	22	0	80	实木复合门1	2	10.16	80	62	1.29	0.019	0.42	1.29	0.06	20/32	1
77	客厅	0	0	0	0	30	实木复合门3	6	11.12	30	90	0.33	0.039	0.58	0.33	0.05	19/21	1
78	卧室	0	0	10	0	68	实木复合门1	6	11.12	68	27	2.51	0.043	0.16	2.51	0.02	19/44	1
79	儿卧	0	15	0	0	18	实木复合门1	3	11.12	18	29	0.62	0.036	0.73	0.62	0.04	19/44	1
8	书房	0	0	0	0	26	实木复合门1	3	11.12	26	36	0.72	0.05	0.63	0.72	0.05	22/40	1
81	客厅	0	0	0	0	0	实木复合门3	1	11.11	0	90	0	0.02	0.24	0	0.06	22/43	1
82	主卧	0	0	15	0	0	实木复合门1	1	11.11	0	43	0	0.03	0.39	0	0.04	22/43	1
83	客厅	0	0	0	0	47	实木复合门3	4	11.11	47	129	0.36	0.054	0.57	0.36	0.07	17/53	1
84	主卧	0	10	14	0	53	实木复合门1	4	11.11	53	38	1.39	0.038	0.72	1.39	0.01	17/53	1
85	卧室	0	0	0	0	54	实木复合门1	7	12.1	54	48	1.12	0.054	0.75	1.12	0.01	20/45	1

1) 2014 年甲醛数据分析。

全年 85 个样本，超标 29 个样本，超标率 34.1%。5～9 月份 43 个样本，超标 27 个样本，超标率 62.8%；1～4 月总样本 23 个，超标 12 个样本，超标率 8.7%；10～12 月份 18 个样本，没有超标的，超标率 0.0%。

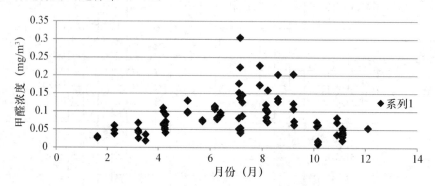

图 2.15-6　2014 年甲醛浓度测点分布图

从图 2.15-6 中可以看出，甲醛超标还是主要集中在 5～9 月份，与其他年份一样。

2) 2014 年 TVOC 数据分析。

全年 85 个样本，超标 54 个样本，超标率 63.5%。5～9 月份 43 个样本，超标 36 个样本，超标率 83.7%；1～4 月总样本 23 个，超标 12 个，超标率 52.2%；10～12 月份 18 个样本，超标 6 个，超标率 33.3%（如图 2.15-7 所示）。

TVOC 组分构成情况：检测的 85 个样本中其中 9 种组分（苯、甲苯、邻、间、对二甲苯、苯乙烯、乙酸丁酯、十一烷）占 TVOC 总浓度的 1%～7% 的样本占 94%，说明现在装修材料 TVOC 污染物的组成中苯、甲苯、邻二甲苯、间二甲苯、对二甲苯、苯乙烯、乙酸丁酯、十一烷所占的比例很小，大概不超过 1%。

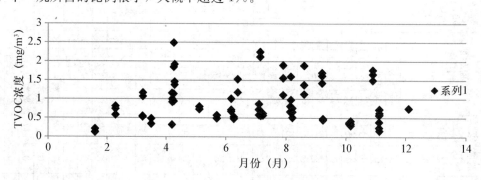

图 2.15-7　2014 年 TVOC 浓度测点分布图

从图 2.15-7 可以看出，TVOC 全年的释放也呈现两头低中间高的现象，但现象没有甲醛明显，其释放量与温度的正相关关系没有甲醛显著。但 TVOC 释放的超标比率全年来看，比甲醛高，说明精装修房间 TVOC 的污染还是很严重的。

（2）2010—2014 年甲醛、TVOC 数据汇总及分析。

1) 2010—2014 年甲醛数据汇总如表 2.15-2 所示。

表 2.15-2   2010—2014 年甲醛数据汇总

年份	总样本数	不合格样本数	全年超标率（%）	1～4 月份超标率（%）	10～12 月份超标率（%）	5～9 月份超标率（%）
2010	72	28	38.8	5.5	0.0	77.1
2011	67	30	44.8	27.3	11.1	63.9
2012	66	32	48.5	0.0	18.1	60.0
2013	91	40	44.0	5.9	0.0	68.4
2014	85	29	34.1	8.7	0.0	62.8
平均值	—	—	42.0	9.5	5.8	66.4

从表 2.15-2 的数据看，2010—2014 年，所检测的精装修房间甲醛全年超标率平均是42.0%，1～4 月份甲醛超标率平均是 9.5%，10～12 月份甲醛超标率平均是 5.8%，5～9 月份甲醛超标率平均是 66.4%。

甲醛全年的释放呈现两头低，中间高的现象，可见甲醛的释放与温度有很大的正相关关系，温度高的时候，释放量大，甲醛超标严重。

2）2013—2014 年 TVOC 数据汇总如表 2.15-3 所示：

表 2.15-3   2013—2014 年挥发性有机化合物 TVOC 数据汇总

年度	总样本数	不合格样本数	全年超标率（%）	1～4 月份超标率（%）	10～12 月份超标率（%）	5～9 月份超标率（%）
2013	83	48	57.8	50.0	20.0	70.4
2014	85	54	63.5	52.2	33.3	83.7
平均值	—	—	60.7	51.1	26.6	77.0

（3）2014 年现场实测结果统计分析。

通过 2014 年的室内环境甲醛、TVOC 的现场实测调查，总结出以下几个结论：

①通过本课题调查，可知郑州市室内装修污染物甲醛浓度全年的超标率为 42.0%，夏季（5～9 月份，温度普遍在 25℃以上）超标率 62.8%；TVOC 浓度全年超标率为 60.7%，夏季（5～9 月份，温度普遍在 25℃以上）超标率 77.0%，室内装修污染物超标情况较为严重。

②本次调查研究结果表明，室内温度与室内装修导致的污染物的浓度呈正相关，尤其对甲醛的释放影响较大，温度高，污染物浓度大。

③本次调查研究结果表明，室内空气污染物 TVOC 的组成较之 10 年前，有了一个很大的变化，在 TVOC 的组成中，苯、甲苯、邻、间、对二甲苯、苯乙烯、乙酸丁酯、十一烷所占的比例很小，其总和大概不超过 1%。

④本次现场调查研究没有很好地得到装修材料用量与污染物浓度的关系，分析其原因，应该是污染物的释放与很多因素有关，如温度、装修材料品质、装修材料用量、装修材料表面覆盖情况、房间密闭性、装修完成时间、装修材料形状复杂且有些较隐蔽导致材料用量计算有时误差较大等因素，这些因素交织影响，导致现场情况比较复杂，难以得到装修材料用量与污染物浓度的关系。

2.15.4　建议

（1）研究装修材料的用量与污染物浓度的关系，可利用模拟实验室或环境舱，固定一些影响条件，研究单一条件对污染物释放的影响。之所以在现场复杂的条件下还能观察到温度对污染物的影响规律，是因为温度对污染物释放的影响太显著的缘由。

（2）研究装修材料用量对污染物的影响可将温度设置在较高的温度下进行（25～26℃左右，夏季最热时，房间内有空调的温度），这样得到的装修材料用量才是一个一年四季相对较安全的用量。

（3）研究室内装修污染情况，还应研究房间换气率与污染物浓度的关系，通过控制房间内一定的换气率，得到一个相对安全的室内空气污染物浓度。

2.16　上海市装修污染调查与研究

本节内容分为两部分：一是上海众材工程检测有限公司完成的上海市住宅装修污染现场调查研究；二是通标技术服务（上海）有限公司上海市住宅装修污染现场调查研究。由于技术原因，两家的调查研究报告没有进行合成处理。

2.16.1　上海市概况

依据上海市统计局发布的上海 2014 年房地产数据，2014 年上海市新建房屋销售面积 2084.66 万 m^2，比 2013 年下降 12.5%，其中住宅面积为 1780.91 万 m^2，比 2013 年下降 11.7%。

2.16.2　调查方法与内容

按照国家课题组的要求，成立课题项目组，多位专业技术人员参加，负责上海地区的室内装修污染调查研究工作。

1. 调查污染物及取样检测要求

（1）污染物：甲醛、TVOC；

（2）检测方法。为了缩短现场检测时间以及确保检测数据的准确性，在项目开展前期对简便法和实验室分析法进行了对比，包括甲醛酚试剂分光光度法与便携式甲醛测定仪的对比和 TVOC 的气相色谱法与手持式 TVOC 测定仪的对比。

对比结果如下：

1) 甲醛检测方法：在同一条件下，分别使用酚试剂分光光度法和简便方法电化学法（PPMhtV-m，英国 PPM 公司）进行甲醛浓度检测（如表 2.16-1 所示）。其中简便法测定时每 2min 记录一个数据，20min 读取 10 个数据，取其平均值为测定值。

表 2.16-1　酚试剂分光光度法与简便法测定甲醛对比（mg/m³）

序号	酚试剂分光光度法	简便法	偏差（%）
1	0.028	0.026	−7.14
2	0.105	0.098	−6.67

序号	酚试剂分光光度法	简便法	偏差（%）
3	0.136	0.152	11.76
4	0.120	0.143	19.17
5	0.035	0.031	−11.43
6	0.026	0.029	11.54
7	0.038	0.034	−10.53
8	0.028	0.032	14.29
9	0.034	0.037	8.82
10	0.010	0.009	−10.00
11	0.027	0.030	11.11
12	0.008	0.009	12.50
13	0.014	0.014	0.00
14	0.017	0.020	17.65
15	0.017	0.016	−5.88

注：偏差＝（简易法－化学法）/化学法。

2）TVOC 检测方法：在同一条件下，分别使用《民用建筑工程室内环境污染控制规范》GB 50325—2010（2013 年版）附录 G 中规定的气相色谱法和简便方法光离子化总量检测法（PGM-7340 手持式 TVOC 检测仪）进行室内空气中 TVOC 浓度检测。基于 PID 原理的手持式 TVOC 检测仪的测量结果显示为 ppb，为便于分析对其进行单位转换，以异丁烯（分子量 56）计。

检测数据汇总如表 2.16-2 所示。

表 2.16-2　气相色谱法与简易法 TVOC 测定对比（mg/m³）

序号	气相色谱法	简易法	偏差（%）
1	0.16	0.084	−47.5
2	0.26	0.513	97.3
3	0.27	0.488	80.7
4	0.21	0.573	172.9
5	0.54	0.304	−43.7
6	0.26	0.460	76.9
7	0.43	0.720	67.4
8	0.54	0.585	8.3
9	1.57	0.799	−49.1
10	1.93	1.542	−20.1

注：偏差＝（简易法－色谱法）/色谱法。

由表 2.16-1 和表 2.16-2 可以看出，使用现场简便方法检测室内空气中甲醛浓度，偏差在 20% 以内；采用现场简易法测定 TVOC 的数值与色谱法相差较大。

经过上述对比分析，本次调查选择以下检测方法：

甲醛检测方法：酚试剂分光光度法；

TVOC 检测方法：《民用建筑工程室内环境污染控制规范》GB 50325—2010（2013 年版）附录 G 规定的气相色谱法。

（3）现场检测要求。

现场检测时，对外门窗关闭 1h 后人员进入室内，检测点距离墙面不小于 0.5m，距离楼地面高度 0.8～1.5m，避开通风道和通风口。

"已装修使用"住宅调查时，现场检测在房屋正常使用状态下进行（对外门窗关闭 1 h 后人员进入，测量过程中禁止非检测活动）。

2．现场调查项目

本次调查时间为 2014 年 1 月至 12 月，调查总量为 174 个房间，结合 2014 年日常进行的已装修工程验收检测及客户委托的"已装修使用房屋"检测进行。

为做好现场观察和原始记录，记录如下信息：

（1）检测方面：被测房间功能、套内房间数量、被测房间面积、被测房间长×宽×高尺寸（cm）、检测日期、检测方法、对外门窗关闭时间及检测结果等；

（2）房间通风方面：房间对外门（窗）面积、门（窗）材质、门（窗）密封性（直观，文字描述）、采暖空调方式（中央空调、空调一体机、分体机、地暖、抽排风机等）及使用情况（检测时是否使用）、当天风力、室内外环境温湿度等；

（3）室内装修方面：地面装修材料（地板砖、地板革、复合地板、地毯、木地板等）、墙壁装修材料（涂料、壁纸、壁布、人造板＋壁布混合等）、顶板装修材料（涂料、石膏板吊顶、泡沫板吊顶、复杂吊顶等）；有无固定式壁柜、吊柜，壁柜、吊柜材质（壁柜、吊柜使用人造板材质的，应记录壁柜、吊柜数量及每件固定式家具的长×宽×高尺寸（cm）及有无油漆饰面情况），装修完工日期等；

（4）室内活动家具情况：有无室内活动家具、数量、每件固定家具的长×宽×高尺寸（cm）及有无油漆饰面情况等。

3．现场调查结果

2010—2014 年度调查结果：

2010—2013 年为小业主委托工程，均非竣工验收检测结果，是委托方装修完工后想自行了解情况，所以采样时间可能存在完工后一定天数进行的，门窗关闭时间 1h 或更长时间，因现场采样委托方未提供准确时间，无法准确追溯。80% 左右的住宅位于上海浦东新区。表格中所采用的方法均为《民用建筑工程室内环境污染控制规范》GB 50325 中的标准方法。

2014 年室内装修污染调查的 174 个采样房间，包括用于工程验收的装修房（包括Ⅰ类建筑和Ⅱ类建筑）以及非工程验收的装修房（已居住或即将居住），工程验收装修房为每一个工程内挑取具有代表性的房间或者样板房。

调查结果：根据 2014 年度检测结果，可以看出甲醛浓度超标的房间有 58 间，占总体检测房间总数的 33%，其中最高浓度达到 0.693mg/m³，为标准限量的 8.7 倍。TVOC 浓度超标的房间有 91 间，占总体检测房间总数的 52%，其中最高浓度达到 5.16mg/m³，为标准限量的 8.6 倍（Ⅱ类限量 0.6 mg/m³）。

4．结果分析

简易法测定甲醛和 TVOC 结果显示，使用现场简便方法检测室内空气中甲醛浓度，偏差在 20% 以内；而采用现场简易法测定 TVOC 的数值与色谱法相差较大，因此现场检测时不使用现场仪器法测定 TVOC。

通过对 2014 年度 174 间室内空气进行甲醛和 TVOC 检测，数据显示甲醛超标率为 33%，TVOC 超标率为 52%。

2.16.3　2010—2013 年室内环境污染状况统计

1．数据来源及统计方法

我们单位从 2012—2013 年两个年度的记录及报告里面选出样本进行统计，抽取有代表性的Ⅰ类民用建筑工程和Ⅱ类民用建筑工程，采样过程严格按照标准要求，原始记录详细记录了现场的装修情况，报告信息完整，检测结果汇总了一览表，方便查找，抽取样本包括验收检测和委托检测。

2．2012—2013 年室内环境污染统计结果

（1）概况。本次调查检测对象包括Ⅰ类建筑（住宅、学校、医院）和Ⅱ类建筑（办公室、实验室、公共配套设施）。抽取检测房间数量 257 间，以《民用建筑工程室内环境污染控制规范》GB 50325—2010（2013 年版）为主要检测依据，在门窗关闭 1h 后进行取样，检测了室内空气中甲醛、氨、苯、TVOC、氡浓度，从简装及精装的单体中抽取数据进行汇总，本文主要列出了甲醛、苯和 TVOC 浓度。检测方法如下：

1）甲醛检测方法：采用 GB 50325 标准方法（《公共场所卫生检验方法　第 2 部分：化学污染物》GB/T 18204.2—2014 酚试剂分光光度法）；

2）TVOC 检测方法：采用《民用建筑工程室内环境污染控制规范》GB 50325 标准方法（附录 G 热解析气相色谱法）；

3）苯检测方法：采用《民用建筑工程室内环境污染控制规范》GB 50325 标准方法（附录 F 热解析气相色谱法）。

主要仪器设备：大气恒流采样器 PY-02 型；皂膜流量计 GL-102B 型；空盒气压表 DYM3 型；分光光度计 UV-1800 型；气相色谱仪 GC 2060 型。

2012—2013 年超标率统计如表 2.16-3 所示。

表 2.16-3　2012—2013 年超标率统计表

年份	建筑物类型	抽取样本数量	甲醛浓度超标率（%）	TVOC 浓度超标率（%）	苯浓度超标率（%）
2012	Ⅰ	63	23.81	26.98	0
	Ⅱ	42	14.29	7.14	0
2013	Ⅰ	72	8.33	6.94	0
	Ⅱ	80	6.25	22.50	5.00

3．2014—2015 年室内环境污染实测调查统计

（1）现场实测调查实施方案。

本次调查检测对象包括Ⅰ类建筑（住宅、学校、医院）和Ⅱ类建筑（办公室、实验室、酒店）。检测房间数量 92 间，以《民用建筑工程室内环境污染控制规范》GB 50325—2010（2013 年版）为主要检测依据，在门窗关闭 1h 后进行取样，检测了室内空气中甲醛、氨、苯、TVOC、氡浓度，抽取每月有代表性的数据进行分析，本文主要列出了甲醛和 TVOC 浓度。检测方法如下：

1) 甲醛检测方法：采用《民用建筑工程室内环境污染控制规范》GB 50325 标准方法（《公共场所卫生检验方法　第 2 部分：化学污染物》GB/T 18204.2—2014 酚试剂分光光度法）；

2) TVOC 检测方法：采用《民用建筑工程室内环境污染控制规范》GB 50325 标准方法（附录 G 热解析气相色谱法）；

3) 苯检测方法：采用《民用建筑工程室内环境污染控制规范》GB 50325 标准方法（附录 F 热解析气相色谱法）。

主要仪器设备：大气恒流采样器 PY-02 型；皂膜流量计 GL-102B 型；空盒气压表 DYM3 型；分光光度计 UV-1800 型；气相色谱仪 GC 2060 型。

(2) 现场实测调查过程。

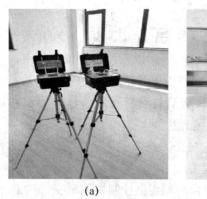

(a)　　　　　　　　　　(b)　　　　　　　　　　(c)

图 2.16-1　现场取样工作照片

取样检测操作要求：检测时，对外门窗关闭 1h 后人员进入室内，进行现场采样，取样检测在房屋正常使用状态下进行现场取样如图 2.16-1 所示（对外门窗关闭 1h 后人员进入，采样过程中人员减少进出，停止非装修材料等产生的污染活动）。

(3) 现场实测调查质量控制。

现场调查及检测工作时，记录以下信息：

1) 采样前准备。苯和 TVOC 采样管在标准规定的温度下进行活化，将活化好的采样管两端用封口膜密封。确保测试结果准确可靠，甲醛和氨吸收液当天配制，大泡吸收管两端密封。

2) 现场检测方面。记录现场被测房间功能、被测房间面积、检测日期、检测方法、对外门窗关闭时间、室内装修情况、现场所用检测设备及编号、做好每台采样仪的流量校准记录，流量误差控制在 ±5% 以内；记录采样点流量、采样位置等。

3) 气象条件。记录检测时室内环境温、湿度、气压等。

4) 室内装修方面。地面装修材料（地砖、复合地板、地毯、木地板、PVC 等）；墙壁装修材料（涂料、壁纸、壁布、隔音板、人造板＋壁布混合等）；顶面装修材料（涂料、石膏板吊顶、泡沫板吊顶、铝扣板吊顶、矿棉板吊顶等）；有无固定式家具；有无油漆饰面情况；装修完工日期等。

5) 实验环节。在实验环节，对甲醛标准曲线和 TVOC 的标准曲线分别用甲醛标准物质和 TVOC 标准物质做了校准，其中甲醛标准曲线的校准误差在 5％以内，TVOC（9 种标准物质）标准曲线的校准误差在 10％以内，能够满足实验要求。

甲醛、TVOC 所用标准物质为国家环保总局标准物质研究所生产。

所用空气采样器为大气恒流采样器 PY‑02 型，经计量部门鉴定合格，并于使用前用皂膜流量计进行校准，满足所需流量进行使用。

检测人员均为进行过相关培训的上岗人员，并接受过诚信培训。

（4）调查数据汇总。

抽取了 2014—2015 年部分室内环境检测数据进行分析，2014 年Ⅰ类建筑甲醛不合格率 17.02％，TVOC 不合格率 0％；2015 年Ⅰ类建筑甲醛不合格率 13.33％，TVOC 不合格率 15.56％；2014 年Ⅱ类建筑甲醛不合格率 6.38％，TVOC 不合格率 0％；2015 年Ⅱ类建筑甲醛不合格率 13.64％，TVOC 不合格率 9.09％。

2.16.4　结论与建议

1. 结论

总体来看，装修房间甲醛和 TVOC 的不合格率均低于 30％，室内甲醛浓度现在是民众关注的焦点，从民众健康角度考虑，应进一步提高室内环境质量。根据室内装修情况分析，甲醛来源主要是木地板、地毯、壁纸、壁布、家具等。TVOC 的主要来源于有机溶剂、木板、PVC 地板、壁纸、地毯、家具等。虽然有些装修材料在做样品测试的时候有害物质限量符合标准要求，但是当室内同时用很多装饰性材料大量装修的时候还是会出现环境污染物含量超标，部分写字楼为了达到门窗及幕墙的气密性要求，未设置可开启窗扇，实行全封闭状态，无法开窗有效通风，只有通过空调的新风系统换气，室内污染物在短时间内无法排出，污染物长期蓄积，会对人身体造成伤害。

室内环境污染物有上百种，按照污染物性质大致可以分为四类：化学污染物、放射性污染物、物理污染物和生物污染物，由于时间仓促，我们这里只做了化学污染物统计，以后还需要花大量时间研究其他污染物的危害及测试方法。

2. 建议

（1）一是要加强对材料有害物质限量的要求，装修尽量简单，选择绿色建筑装修材料、绿色家具及绿色日常用品等；二是应建议民众不要短时间内入住刚装修的房间，长时间有效通风利于有害物质含量降低。

（2）提高精装修房室内空气污染物抽检比例，我们日常生活有 80％的时间在室内度过，室内空气质量的优劣对我们每一个人的健康息息相关，尤其精装修房的检测；上海市新建住宅全装修比例：外环线以内城区和崇明区（除征收安置住房外）新建商品住宅（三层以下的底层住宅除外）实施全装修面积比例达到 100％；奉贤区、金山区实施全装修面积比例为 30％，至 2020 年达到 50％；其他区域达到 50％；公共租贷住房项目全部采用全装修。提高精装修房抽检比例，最好能做到分户检测，保证人们有个舒适洁净的室内生活和工作环境。

（3）增加公共建筑窗及幕墙的可开启部门，公共建筑室内人员密度较大，建筑室内空气流动，特别是自然、新鲜空气的流动，是保证建筑室内空气质量符合标准的关键。外窗的可开启面积过小严重影响建筑物室内自然通风效果，不利于节能，我国现行标准《民用建筑设计通则》GB 50352 中规定，采用直接自然通风的房间，生活工作的房间的通风开口面积不应小于该房间地板面积的 1/20。通过对我国南方地区建筑实测调查与计算机模拟表明：当室外干球温度不高于 28℃，相对湿度 80% 以下，室外风速在 1.5m/s 左右时，如果外窗的有效开启面积不小于所在房间地面面积的 8%，室内大部分区域基本能达到热舒适水平。做好自然通风气流组织设计，保证一定的外窗可开启面积，可以增加空气对流，节约能源，提高生活舒适度。

（4）提高装饰装修材料有害污染物限量，随着科技发展，生产工艺不断改进，各种添加剂及原料的配方都在提高，大型公司都在研发无污染的装修材料，板材新标准即将实施，第三方检测公司后续应严格按照《室内装饰装修材料人造板及其制品中甲醛释放限量》GB 18580—2017 的要求执行，该标准于 2017 年 4 月 22 日发布，2018 年 5 月 1 日实施，适用于纤维板、刨花板、胶合板、细木工板、重组装饰材、单板层积材、集成材、饰面人造板、木质地板、木质门窗等室内用各种类人造板及其制品的甲醛释放量。室内装饰装修材料人造板及其制品中甲醛释放量值为 0.124mg/m³，限量标识 E1。

2.17 长春、深圳、乌鲁木齐三市的调查资料

2.17.1 长春市调查资料

完成单位：吉林省祥瑞环境检测有限公司

完成时间：2010—2013 年，共 108 个房间。

检测方法：《民用建筑工程室内环境污染控制规范》GB 50325—2010 的标准方法（门窗关闭 1h）；

长春市调查数据汇总：

（1）共调查 31 栋建筑，108 间房间（宾馆、办公室 36 间，住宅 72 间）；

（2）超标情况：住宅 72 间超标 24 间，超标率 350%，最大值 0.32 mg/m³；

宾馆、办公室 36 间，超标 11 间，超标率 30%，最大值 0.37 mg/m³；

（3）Ⅰ、Ⅱ类 TVOC 情况：总 108 间房间平均浓度 0.58 mg/m³；超标房间数为 27 间，超标率 25%，最大值 4.5 mg/m³；

（4）Ⅰ、Ⅱ类甲醛总情况：108 间房甲醛平均浓度 0.10 mg/m³；超标房间数 52 间，超标率 50%，最大值 0.37 mg/m³；不同浓度范围甲醛所站房间数见表 2.17-1。可以看出，浓度范围在 0～0.12 mg/m³ 居多，如表 2.17-1 所示。

表 2.17-1 不同浓度范围甲醛所占房间数表

浓度范围 (mg/m³)	0～0.04	0.04～0.08	0.08～0.12	0.12～0.14	0.14～0.16	0.16～0.18	0.18～0.20	0.20～0.25	0.25～0.30	0.30～0.4	0.40～0.5	0.50～0.7	0.70～1.0
房间数 (间)	12	41	34	8	5	4	0	1	1	7	0	0	0

（5）长春：Ⅰ、Ⅱ类 TVOC 情况：总 108 间房间平均浓度 0.58 mg/m³；超标房间数为 27 间，超标率 25%，最大值 4.5 mg/m³，如表 2.17-2 所示。

表 2.17-2　不同浓度范围 TVOC 所占房间数表

浓度范围 (mg/m³)	0~ 0.1	0.1~ 0.2	0.2~ 0.3	0.3~ 0.4	0.4~ 0.5	0.5~ 0.6	0.6~ 0.7	0.7~ 0.8	0.8~ 0.9	0.9~ 1.0	1.0~ 1.2	1.2~ 1.4	1.4~ 1.6
房间数 (间)	1	5	15	24	24	9	6	4	1	1	1	4	0
浓度范围 (mg/m³)	1.6~ 1.8	1.8~ 2.0	2.0~ 2.2	2.2~ 2.4	2.4~ 2.6	2.6~ 2.8	2.8~ 3.0	3.0~ 4.0	4.0~ 5.0	>5.0	—	—	—
房间数 (间)	1	0	1	1	0	0	0	2	1	0	—	—	—

2.17.2　深圳市调查资料

完成单位：深圳市建筑科学研究院有限公司。

完成时间：2010—2013 年。

使用情况：已使用、未使用。

通风采暖方式：自然通风。

测前关闭门窗时间：1h。

检测方法：《民用建筑工程室内环境污染控制规范》GB 50325 标准方法。

调查结果如表 2.17-3～表 2.17-5 所示。

表 2.17-3　Ⅰ类建筑室内环境情况统计

项　　目		住　宅	门窗关闭时间
建筑物总数		11	—
有家具房间数		56	—
有家具甲醛浓度超标房间数/比例	完工 1 个月内	18（总 36）/50%	门窗关闭约 1 h
	2~3 月	6（总 11）/55%	12~15h
	6 个月	1（总 5）/20%	12h
	1 年以上	0（总 4）0	12h
	总计	25（总 56）/50%	1~15h
有家具苯浓度超标房间数/比例		3（总 56）/5%	其中，2 个房间完工 2 个月，门窗关闭 12h
有家具 TVOC 浓度超标房间数/比例		33（总 56）/60%	刚完工 40，超 45%；其他 16，完工 4 个月内；门窗关闭 1~152h
无家具房间数（间）		6	墙涂料、木地板，关闭 1 个月
无家具甲醛超标房数（间）		0	墙涂料、木地板，关闭 1 个月
无家具苯超标房数（间）		0	墙涂料、木地板，关闭 1 个月
无家具 TVOC 超标房数（间）		0	墙涂料、木地板，关闭 1 个月

表 2.17-4　Ⅱ类建筑室内环境情况统计

项　　目		办　公　楼	门窗关闭时间
建筑物总数		3	—
有家具房间数		9	—
有家具甲醛浓度超标房间数/比例	完工 1 个月内	2（总 6）/33%；0（总 3）	门窗关闭约 1h；门窗关闭约 15h
	2~3 月	0	—
	6 个月	0	—
	1 年以上	0（总 4）/0	—
	总计	2（总 9）/22%	门窗关闭 1~15h
有家具苯超标房间数/比例		0	—
有家具 TVOC 超标房数/比例		3（总 6）/50% 1（总 3）/33%	门窗关闭约 1h 门窗关闭约 15h

表 2.17-5　Ⅰ、Ⅱ类建筑室内环境情况统计

项　目		住宅＋办公楼	门窗关闭时间
建筑物总数		14	—
有家具房间数		65	—
有家具甲醛浓度超标房间数/比例	完工1个月内	20（总42）/ 48%	门窗关闭1～15h;
	2～3月	6（总11）/55%	—
	6个月	1（总5）/20%	—
	1年以上	0	—
	总计	27（总65）/42%（最高 0.64 mg/m³，均值 0.21 mg/m³）	多数完工1个月内；多数门窗关闭约1 h
有家具甲醛平均浓度		0.099 mg/m³	—
有家具苯超标房间数/比例		3（总56）/5%	—
有家具 TVOC 超标房数/比例		36（总62）/58%（最高 3.1 mg/m³，均值 0.93 mg/m³）	多数完工1个月内；多数门窗关闭约1 h

注：由于2010—2013年数据缺少装修刚完工室内环境数据，实际现场检测时关闭门窗时间长短差别很大（1h～1月），缺少可比性，因此，污染物释放规律性研究只观察关闭门窗时间1～15h的情况，以甲醛（板材释放为主）；其他只做简单统计。

深圳院2010—2013资料整理：Ⅰ类＋Ⅱ类建筑室内环境情况统计：建筑物总数14，房间数180（包括有无家具）。

统计结果：

（1）180间房中甲醛平均浓度 0.1mg/m³，超标房 64 间，超标率 36%；最大浓度 0.64mg/m³；

（2）170间房中苯平均浓度0.045mg/m³，超标房24间，超标率14%；最大浓度0.44mg/m³；

（3）180间房中 TVOC 平均浓度 1.1mg/m³，超标房 116 间，超标率 64%；最大浓度 9.64mg/m³；

（4）180间房中不同浓度范围甲醛所占房间数见表 2.17-6、图 2.17-1，可以看出，浓度范围在 0.04～0.12 mg/m³ 居多，占总房间数的 75%。

表 2.17-6　不同浓度甲醛所占房间数表

浓度范围(mg/m³)	0～0.04	0.04～0.08	0.08～0.12	0.12～0.14	0.14～0.16	0.16～0.18	0.18～0.20	0.20～0.25	0.25～0.30	0.30～0.40	0.40～0.50	0.50～0.70	>0.70
房间数(间)	18	88	29	9	3	7	5	9	6	2	3	1	0

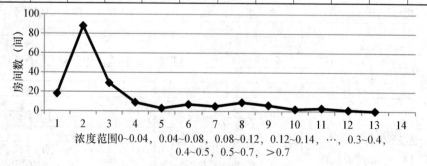

浓度范围0~0.04, 0.04~0.08, 0.08~0.12, 0.12~0.14, …, 0.3~0.4, 0.4~0.5, 0.5~0.7, >0.7

图 2.17-1　不同浓度甲醛所占房间数图

（5）180间房中不同 TVOC 浓度范围拥有的房间数见表 2.17-7、图 2.17-2。

表 2.17-7 深圳 180 个房间不同 TVOC 浓度范围拥有的房间数

浓度范围(mg/m³)	0～0.1	0.1～0.2	0.2～0.3	0.3～0.4	0.4～0.5	0.5～0.6	0.6～0.7	0.7～0.8	0.8～0.9	0.9～1.0	1.0～1.2	1.2～1.4	1.4～1.6
房间数(间)	1	11	22	13	15	17	10	16	10	6	9	6	9
浓度范围(mg/m³)	1.6～1.8	1.8～2.0	2.0～2.2	2.2～2.4	2.4～2.6	2.6～2.8	2.8～3.0	3.0～4.0	4.0～5.0	>5.0	—	—	—
房间数(间)	5	6	2	2	2	2	1	4	2	5			

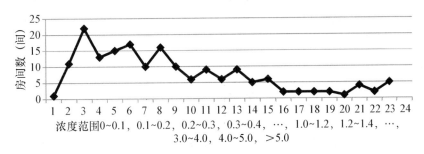

图 2.17-2 深圳 180 个房间不同 TVOC 浓度范围拥有的房间数图

深圳-1 类建筑室内环境情况统计如表 2.17-8 所示。

表 2.17-8 深圳-1 类建筑室内环境情况统计

项　　目		住　　宅	门窗关闭时间
建筑物总数		11	—
有家具房间数		56	—
有家具甲醛浓度超标房间数/比例	完工 1 个月内	18（总 36）/50%	门窗关闭约 1h
	2～3 个月	6（总 11）/55%	12～15h
	6 个月	1（总 5）/20%	12h
	1 年以上	0（总 4）/0	12h
	总计	25（总 56）/50%	1～15h
有家具苯浓度超标房间数/比例		3（总 56）/5%	其中，2 个房间完工 2 个月，门窗关闭 12h
有家具 TVOC 浓度超标房间数/比例		33（总 56）/60%	刚完工 40，超 45%；其他 16，完工 4 个月内；门窗关闭 1～152h
无家具房间数		6	墙涂料、木地板，关闭 1 个月
无家具甲醛浓度超标房间数/比例		0	墙涂料、木地板，关闭 1 个月
无家具苯浓度超标房间数/比例		0	墙涂料、木地板，关闭 1 个月
无家具 TVOC 浓度超标房间数/比例		0	墙涂料、木地板，关闭 1 个月

2.17.3 乌鲁木齐市住宅室内环境现状调查

1. 乌鲁木齐住宅建设概况

乌鲁木齐市地处亚欧大陆中心，位于天山山脉中段北麓、准噶尔盆地的南缘，是新疆维吾尔自治区的首府，是全疆政治、经济、文化中心，也是第二座亚欧大陆桥中国西部桥头堡和我国向西开放的重要门户。全市辖七区一县，即天山区、沙依巴克区、新市区、水磨沟区、头屯河区、米东区、达坂城区和乌鲁木齐县，其中在新市区设立两个国家级开发区，即经济技术开发区、高新技术产业开发区。市域总面积 13787.6km²，其中中心城区建成区面积 343km²。

中国的改革开放，使城市建设快速发展，乌鲁木齐的城市面貌发生了巨大的变化。作为西部地区发展较快的城市，每年新建扩建的房屋面积不断提高。2014 年乌鲁木齐房产交易 34913 套，交易面积 366 万 m²。2015 年乌鲁木齐新建商品房成交 57835 套，较 2014 年全年上涨 62.4%，成交总面积达 645.1 万 m²。其中，新建商品住宅成交 50353 套，较去年全年上涨 75.6%，住宅成交总面积 549 万 m²。2016 年全年乌鲁木齐楼市新建商品住宅成交 51227 套，成交面积 557.83 万 m²。乌鲁木齐市商品房的成交量在不断提高（如图 2.17-3 所示）。

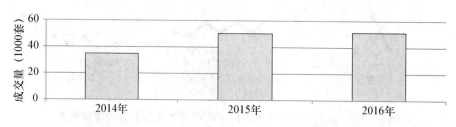

图 2.17-3　2014—2016 年乌鲁木齐新建商品住宅成交量

2. 现场测试调查所使用的方法及调查结果

乌鲁木齐住宅装修室内环境污染物采样检测所采用的检测方法是依据《民用建筑工程室内环境污染控制规范》GB 50325—2010 标准规定。本规范为强制性标准，用于民用建筑装修材料的环境污染控制。该规范明确对 5 项指标给出了规定。

本次调查包括装修后的住宅、学校教室、幼儿园和办公楼，家庭以套为单位，学校、幼儿园、办公楼为单体工程为单位，总计 252 套（工程单体）。

检测调查项目：甲醛、TVOC。

调查时间段：2015 年至 2017 年 8 月。

室内环境检测调查数据统计结果见表 2.17-9、表 2.17-10。

表 2.17-9　近三年乌鲁木齐 I 类建筑房屋室内环境污染物情况

年份	类别	数量	甲醛检测合格数量	TVOC 检测合格数量	甲醛检测合格率（%）	TVOC 检测合格率（%）
2015	住宅	54	2	0	3.7	0
	学校教室	15	5	3	33.3	20.0
	幼儿园	27	11	0	40.7	0
2016	住宅	35	4	1	11.4	2.9
	学校教室	7	2	1	28.6	14.3
	幼儿园	9	4	1	44.4	11.1
2017	住宅	22	2	1	9.1	4.5
	学校教室	4	1	0	25.0	0
	幼儿园	3	2	2	66.7	66.7

表 2.17-10　近三年乌鲁木齐Ⅱ类建筑房屋室内环境污染物情况

年份	类别	数量	甲醛检测合格数量	TVOC 检测合格数量	甲醛检测合格率（%）	TVOC 检测合格率（%）
2015	办公楼	30	13	1	43.3	3.3
2016	办公楼	16	9	5	56.2	31.2
2017	办公楼	10	5	3	50.0	30.0

从表 2.17-9、表 2.17-10 中数据可以看出：

（1）甲醛：住宅建筑甲醛合格率总体在 10% 上下，学校教室甲醛合格率总体在 30% 上下，幼儿园在 50% 上下，以住宅建筑最差；

（2）TVOC：住宅建筑合格率总体在 10% 以下，学校教室合格率总体在 10% 上下，幼儿园从 2015 年的全部超标到 2017 年的三分之一超标，变化很大；

（3）总体来言，乌鲁木齐近三年房屋装修后污染物合格率相当低，室内环境污染物（甲醛、TVOC）超标严重。

（4）甲醛与 TVOC 比较：合格率甲醛总体比 TVOC 较高，幼儿园、学校、办公楼等装修后验收交工的工程合格率比通过二次装修后的住宅高。

3．结论与建议

（1）调查结论。

本次调查结果显示乌鲁木齐住宅室内环境污染严重，甲醛、TVOC 的超标现象普遍存在。分析原因，导致这种结果的主要原因可能在于房屋开发商仍然以毛坯房为产品进行竣工验收，住宅二次装修普遍。二次装修以业主为主导，多数业主对装修后的室内环境污染物缺乏相关知识，不重视污染物检测以及治理；同时很多家装企业规模小，作坊式的生产经营分散性大，集聚力弱，表现出很强的非组织化；装修公司的设计师并没有经过专业的培训，对材料的性能不了解，因此，在装修设计中只考虑美观，不考虑材料的用量及选取，装修中存在错用、乱用、多用的现象，加之装修过程缺乏检测、监管，这就造成装修后房屋室内环境恶劣的状况。

（2）建议：

1）政府出台精装房屋交房标准，政策鼓励开发商以精装房屋形式交房，要求开发商将各种服务及配套品牌分门别类地制作成精细的《交房清单》。《交房清单》中清楚地标明房屋装修的地板、墙面、顶棚、厨卫等所用的材料、品牌、规格、型号，标明室内家电、灯具、家具的品牌以及验收检测合格报告。

2）加强对家装公司的监管，使传统小作坊式的住宅装修与社会化的大市场接轨，提高家装业的整体水平。

3）宣传提高业主的环境危机意识，重视装修环境质量，推广新风系统等治理方式。

3 我国室内环境概况——现场调查数据汇总

本书共汇总整理了 2010—2015 年（个别统计到 2016 年、2017 年）郑州、新乡、昆山、太原、济南、烟台、杭州、苏州、珠海、广州、上海、温州、福州、天津、银川、临沂完整数据，以及长春、深圳、乌鲁木齐三市的 2010—2017 年部分数据，共 19 个城市、Ⅰ、Ⅱ类建筑房间数 6000 的调查数据（其中，2014—2015 年 16 城市，Ⅰ、Ⅱ类建筑 2000 房间数据）。

从 2013 年课题工作开始进行，为了能够尽量多地收集装修室内污染情况信息，将现场调查分为两个时间段：2010—2013 年、2014 年及以后，两个时间段调查分别提出了不同要求。

2010—2013 年时间段现场调查工作要求：仅收集整理各参加城市的已有装修后房屋室内检测数据。2010—2013 年的大量调查数据可以丰富室内污染检测数据的数据量，有助于判定目前我国室内环境污染现状。

2014 年及以后时间段现场调查工作要求：对每一调查房间要测算提交以下数据信息：

（1）民用建筑分类；

（2）现场检测日期、时间；

（3）房间装修人造板使用量（承载率）（m²）；

（4）实木板材使用量（承载率）（m²）；

（5）复合木地板使用量（承载率）（m²）；

（6）地毯使用量（承载率）（m²）；

（7）壁纸、壁布使用量（承载率）（m²）；

（8）室内活动家具类型、数量及折合人造板使用量（承载率）（m²）；

（9）门及窗材质及使用量（承载率）（m²）；

（10）装修完工到现场检测调查时的历时（月）；

（11）室内主要污染源初步判断；

（12）房间内净空间容积（m³）；

（13）门密封性直观评价（良、一般、差三级）；

（14）窗密封直观评价（良、一般、差三级）；

（15）现场温、湿度（℃/RH%）；

（16）房间通风方式（自然通风、中央空调）；

（17）测前对外门窗关闭时间（h）；

（18）室内甲醛浓度（酚试剂分光光度法）；

（19）室内 TVOC（气相色谱法）浓度；

（20）TVOC 中"9 种识别成分"占 TVOC 百分比等。

个别城市专项进行室内苯浓度、氨浓度、通风率测定等研究。

课题希望通过 2010—2014 年及以后（主要延伸到 2015 年）调查数据的分析，既能可靠地判定目前我国室内环境污染现状，又能够找出室内环境污染与装修材料使用、与室内温湿度、门窗密封性能、装修完工时间等的内在联系，为完善民用建筑室内装修管理提供技术支撑。

2010—2015 年 19 个城市约 2000 栋房屋、6000 个房间的调查数据信息可以说是海量的，来之不易，要说明我国室内环境污染概况应当说已经够了，但要通过调查数据找出室内环境污染与诸多因素的内在联系（相关性）就显得不那么容易，主要原因是影响室内环境污染的因素太多，利用调查数据分析时往往显得调查数据量偏少。

在进行统计分析时，为了显现某些因素之间的"相关性"，往往有时不得不先进行一些条件相近的统计范围限定，将测量条件差别大的数据排除掉（如高温、装修完工时间过长、门窗关闭时间过长等），再行统计分析，即使如此，有些因素之间的"相关性"仍然难以显现（如此处理后会由于可用数据量大大减少而无法进行统计分析，下文中不再一一提及）。

3.1 室内空间概况

2014—2015 年调查统计了 15 个城市的 I 类、II 类建筑共 1390 个房间有用数据，其中自然通风的 I 类建筑 1360 个房间。

3.1.1 住宅房间容积、地面面积

房间：包括卧室、厅、厨房、卫生间，以卧室为主。

房间容积按房间样本量统计如图 3.1-1 所示。

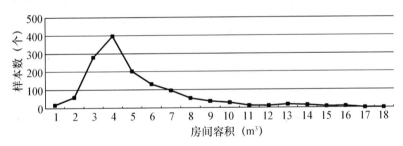

图 3.1-1 房间容积按样本量统计结果

统计显示：80% 的房间容积集中在 30～60 m^3，基本在 40 m^3 上下，按房间设计层高 2.8m 计，即多数房间地面面积在 14 m^2 上下。

3.1.2 住宅房间门窗密封性

2014—2015 年调查统计了 15 个城市的 I 类建筑自然通风的 1360 个房间，按房间门窗直观密封情况分为：良（估计换气次数为 0.1～0.2 次/h）、一般（估计换气次数为 0.3～0.5 次/h）、差（估计换气次数约 >0.5 次/h）统计。

统计显示：

(1) 门窗密封均"良"的约 70%（其中：窗绝大多数为"良"，少部分"一般"；门大部"良"、"一般"，差的约 2%）。

(2) 门窗密封一般的约为 30%。

(3) 门窗密封差的约为 2%。

统计表明：目前窗密封情况一般较好，密封"差"的均为"门"。

按照"自然通风—完工 3 个月内—关闭门窗 1～3h—20℃～30℃"4 个条件进行"房间密封性（现场直观观察分级：良、一般、差）—甲醛浓度相关性"统计，符合条件的房间样本量共 337 个。其中：

等级为"良"的 280 个，室内甲醛浓度平均值 0.17mg/m³；

等级为"一般"的 35 个，室内甲醛浓度平均值 0.15mg/m³；

等级为"差"的 22 个，室内甲醛浓度平均值 0.13mg/m³。

统计结果说明：密封严密的室内甲醛浓度高，密封程度差的室内甲醛浓度低（由于影响室内污染物积累的因素很多，显然本统计十分粗糙，只能定性说明问题）。

宁夏建科院做了房间换气次数 CO_2 示踪气体法测试，调查抽取其中一个采样房间作为调查对象，房间门窗关闭未采取其他措施。检测结果汇总如表 3.1-1 所示。

表 3.1-1　室内通风换气量测试

室内状况 （126 m³）	中央空调 通风系统	CO_2 环境 本底浓度	CO_2 测量开始 浓度（扣除本底）	测定时间 t （min/h）	CO_2 浓度 （mg/m³）
温度：21℃ 湿度：27%	未开启 30min	917mg/m³	3504mg/m³	5	3499
				10	3487
				15	3497
				20	3490
				25	3492
				30	3490
	未开启 12h	917mg/m³	3504mg/m³	2	3267
				4	2749
				6	2125
				8	1580
				10	899
				12	415

注：CO_2 示踪气体浓度、甲醛浓度均已扣除环境本底浓度。

依据《公共场所卫生检验方法　第 1 部分：物理因素》GB/T 18204.1—2013 中换气次数计算：

$$A = \frac{\ln(c_1 - c_0) - \ln(c_t - c_0)}{t}$$

式中：A——换气次数，单位时间内由室外进入室内空气总量与该室内空气总量之比；

c_0——示踪气体的环境本底浓度（mg/m³ 或%）；

c_1——测量开始时示踪气体浓度（mg/m³ 或%）；

c_t——时间为 t 时示踪气体浓度（mg/m³ 或%）；

t——测定时间（h）。

本次测试中央空调系统未开启 12h 时换气次数为 0.18 次。

3.1.3 检测调查时现场温度统计

2014 年调查统计的 15 个城市Ⅰ、Ⅱ类建筑共 1373 个房间，现场温度按房间样本量统计如图 3.1-2 所示。

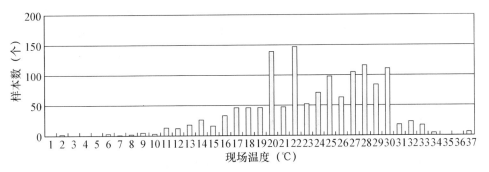

图 3.1-2 现场温度按房间样本量统计结果

统计显示：

（1）低温（2～15 ℃范围）样本量占 7％。

（2）高温 28℃以上样本量占 27％，30℃以上（含 30℃）样本量占 14％。30℃以上（不含 30℃）样本量占 5％左右；

（3）常温（16～27 ℃范围）样本量占 66％（2/3）。

3.1.4 检测调查时现场湿度统计

2014 年调查统计的 15 个城市Ⅰ、Ⅱ类建筑共 1146 个房间，调查中，现场湿度按房间样本量统计如图 3.1-3 所示。

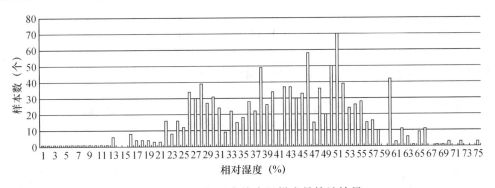

图 3.1-3 现场湿度按房间样本量统计结果

统计显示：

（1）低湿度（相对湿度 25％以下）样本量占 1％。

（2）高湿度（相对湿度 65％以上）样本量占 42％。

（3）一般湿度（相对湿度 25％～65％）样本量占 57％。

3.1.5　现场调查时，对外门窗关闭时间统计

2014 年调查统计的 15 个城市Ⅰ类建筑共 1340 个房间，现场调查时对外门窗关闭时间不统一，按房间对外门窗关闭时间不同的样本量占比如下：

（1）门窗关闭 1h 的占比 38%，即约 40%（说明近 1/2 按《民用建筑工程室内环境污染控制规范》GB 50325 的要求进行，属工程验收性检测）。

（2）门窗关闭 12h 的占比 24%，即约 1/4（说明约 1/4 按《室内空气质量标准》GB/T 18883 的要求进行，属住户委托性检测）。

（3）门窗关闭 24h 的占比 6.6%，即约 1/15。

（4）其他关闭时间长短不等的占 31.4%，即约 30%。

如表 3.1-2、图 3.1-4 所示。

表 3.1-2　对外门窗关闭时间统计结果

对外门窗关闭时间（h）	1～3	10～15	20～28	其他
样本量占比（%）	50	27	8	15

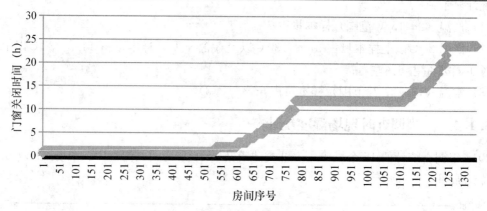

图 3.1-4　对外门窗关闭时间统计结果

3.1.6　现场调查前房间已装修完工时间统计

2014 年调查统计的 15 个城市Ⅰ类建筑共 1360 个房间，统计了数据较全的 335 个房间样本，现场检测调查前，装修完工时间从 1 月内到 36 个月不等，样本量集中点出现在完工 3～4 个月内，完工 3 个月内的占比 36%，4 个月内的占比 53%。如图 3.1-5 所示。

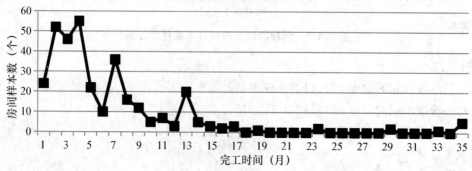

图 3.1-5　装修完工时间统计

3.2 装修材料及家具使用情况

3.2.1 房间装修人造板使用量负荷比

调查了解房间装修材料使用量状况，有助于编制装修设计规范。

人造板：包括胶合板、细木工板、纤维板、刨花板等。

人造板使用量（各类装饰装修材料亦同）：房间各类装饰装修材料使用量不能简单以材料的表面积多少表示，因为同样多的材料放在一个大的空间里，材料释放的污染物影响就小，放在一个小的空间里，材料释放的污染物影响就大，材料使用多少应与空间大小成比例。也就是说，为了显示装修材料污染释放对室内环境影响大小，人造板使用量按室内材料使用总面积（除正面封闭外，均按两面面积计算，单位 m^2）除以房间容积（m^3）之比表示（m^2/m^3）才是科学合理的，如同气候箱法测试人造板甲醛释放量要材料表面积（m^2）与气候箱容积（m^3）为 $1:1$ 一样，因此，以上所说房间内"装饰装修材料使用量"可以理解为"房间承载装饰装修材料使用量的负荷比"，单位（m^2/m^3），下文皆以"房间装饰装修材料使用量负荷比"表示。

除饰面人造板外，一般人造板使用面积均按正反两面计算。

室内装修人造板使用量负荷比：2014 年汇总整理了 15 个城市调查的I类建筑共 1300 个房间，发现其中 643 个房间使用了人造板。人造板使用量负荷比按房间样本量统计如图 3.2-1 所示。

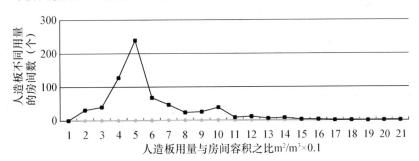

图 3.2-1 人造板使用量按房间样本量统计结果

统计显示：

（1）使用了人造板的房间约占总房间数的 1/2（49%）；人造板主要用于室内装修及制作家具。

（2）使用了人造板装修的房间中，80% 以上使用量负荷比在 0.3～0.6 之间，样本量最多处在 0.5 附近；人造板使用量负荷比平均值 0.42。

（3）有约 12% 房间使用量负荷比超过 1.0，最大值达 4.3。

3.2.2 房间装修复合地板使用量负荷比

2014 年汇总整理了 15 个城市调查的 I 类建筑共 1360 个房间中，使用复合地板的共 380 个房间，装修使用复合地板量按房间样本量统计如图 3.2-2 所示。

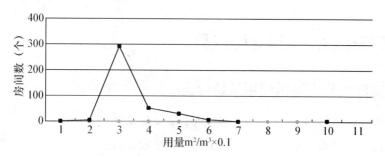

图 3.2-2　装修使用复合地板量按房间样本量统计结果

统计显示：

（1）装修中使用复合地板的房间占总房间的 28%，即近 30%；

（2）在使用复合地板的房间中，90% 使用量负荷比在 0.3~0.4 之间（一般 14m² 面积房间如果全部地面铺设复合地板，其使用量约为 0.35），样本量最多处在 0.3 附近。复合地板使用量负荷比平均值 0.39，最大值 1.0（同一房间复合地板重复使用）。

3.2.3　房间装修壁纸（壁布）使用量负荷比

2014 年调查统计的 15 个城市 I 类建筑共 1360 个房间，使用壁纸的 480 个房间，装修使用壁纸（壁布）量按房间样本量统计如图 3.2-3 所示。

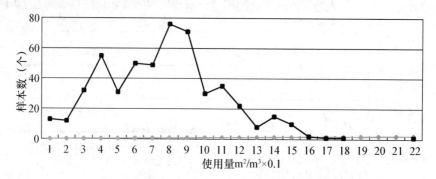

图 3.2-3　装修使用壁纸（壁布）量按房间样本量统计结果

统计显示：

（1）装修使用壁纸的房间占比 35%，即约 1/3。

（2）在使用壁纸的房间中，使用量负荷比集中在 0.3~1.2，样本量最多处在 0.6~0.8。壁纸使用量负荷比平均值 0.70，最大值 2.2。

3.2.4　房间装修实木板使用量负荷比

2014 年调查统计的 15 个城市 I 类建筑 1360 个房间中，使用实木板的共 614 间，实木板主要用在装修及制作家具（桌、床、柜等），如果不使用胶粘剂、溶剂型涂料的话，一般实木板不应有污染问题，但是现实情况比较复杂。

实木板使用量负荷比按房间样本量统计如图 3.2-4 所示。

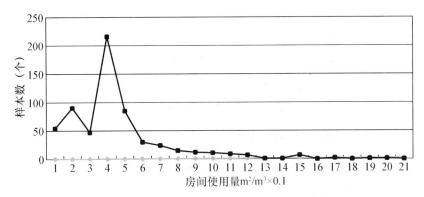

图 3.2-4　实木板使用量负荷比按房间样本量统计结果

统计显示：

（1）装修使用实木板的房间占比 45%，即将近 1/2。

（2）在使用实木板房间中，接近 90% 使用量负荷比分布在 0.05～0.65 之间，样本量最多处在 0.3 附近。实木板使用量负荷比平均值 0.40，最大值 3.5。

注：临沂市调查表明：采用实木材料的家具即使装修时间不是很长，相比复合板的来说，室内污染数值要小很多，比如某一个房间，装修完工仅 20d，且门窗关闭 3h，测出的甲醛浓度为 0.07 mg/m³，TVOC 为 0.57 mg/m³。

3.2.5　房间装修地毯使用量负荷比

调查的 Ⅰ、Ⅱ 类建筑约 1390 个房间中只有 17 个房间使用地毯，占 1.2%，具体事项不再进行统计。

3.2.6　装修房间活动家具使用量负荷比

2014 年调查的 15 个城市 Ⅰ 类建筑 1360 个房间中，使用活动家具的有 1004 个房间，占比 74%。

本次调查的"家具"包括吊柜、壁柜、床、柜、桌椅等，面材按人造板双面面积计算（饰面部分除外，金属、玻璃制品等不散发污染的家具不纳入统计），使用量按房间样本量统计如图 3.2-5 所示。

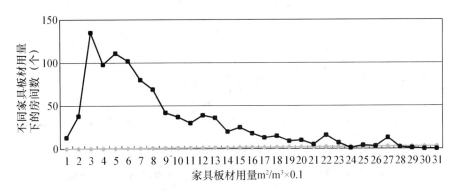

图 3.2-5　家具使用量按房间样本量统计结果

统计显示：

（1）有活动家具的房间占 74%，即约 3/4。

（2）有活动家具的房间中 80% 以上使用量负荷比分布在 0.2~0.9 之间，样本量最多处在 0.4 附近；家具使用量负荷比平均值 0.75。

（3）有近 10% 的房间家具使用量负荷比大于 1.5，最大值 8.0。

3.2.7 房间装修材料总使用量负荷比

2014 年调查统计的 15 个城市 I 类建筑 1360 个中共 1300 个房间均使用了装修材料，装修材料包括：人造板、复合地板、壁纸、实木板、地毯及家具（固定及活动等折合的板材量）。

1. 包括有家具的房间装修材料总使用量负荷比

纳入统计的共 1300 个样本，统计结果见表 3.2-1。

表 3.2-1　房间装修材料总使用量负荷比（有活动家具）统计结果

装修材料总量（m²/m³）	0.1	0.2	0.3	0.4	0.5	0.6	0.7
样本数	32	46	77	50	64	82	127
装修材料总量（m²/m³）	0.8	0.9	1.0	1.1	1.2	1.3	1.4
样本数	63	57	55	69	52	66	66
装修材料总量（m²/m³）	1.5	1.6	1.7	1.8	1.9	2.0	2.1
样本数	—	—	—	—	—	—	—
装修材料总量（m²/m³）	2.2	2.3	2.4	2.5	2.6	2.7	2.8
样本数	—	—	—	—	—	—	—
装修材料总量（m²/m³）	2.9	3.0	3.1	3.2	3.3	3.4	3.5
样本数	56	58	43	44	29	32	23
装修材料总量（m²/m³）	3.6	3.7	3.8	3.9	4.0	4.1	4.2
样本数	17	21	16	17	18	19	13
装修材料总量（m²/m³）	4.3	4.4	4.5	4.6	4.7	4.8	4.9
样本数	11	7	7	7	7	2	6
装修材料总量（m²/m³）	5.0	5.1	5.2	5.3	5.4	—	—
样本数	9	7	4	3	0	—	—

装修材料总使用量负荷比按房间样本量统计如图 3.2-6 所示。

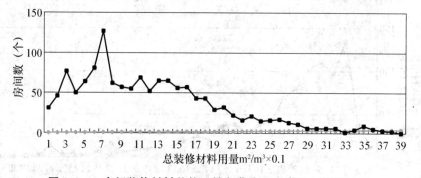

图 3.2-6　房间装修材料总使用量负荷比（有家具）统计结果

统计显示：60% 的装修材料总使用量负荷比分布在 0.3~1.4 之间，样本量最多处在

0.7附近。装修材料总使用量负荷比（包括有活动家具）平均值1.34，有效最大值5.3。超过0.75的样本数占60%。

2. 无活动家具的房间装修材料总使用量负荷比

纳入统计的共309个样本，统计结果见表3.2-2。

表 3.2-2　房间装修材料总使用量负荷比（无活动家具）统计结果

装修材料总量（m²/m³）	0.1	0.2	0.3	0.4	0.5	0.6	0.7
样本数	34	20	33	54	32	17	16
装修材料总量（m²/m³）	0.8	0.9	1.0	1.1	1.2	1.3	1.4
样本数	13	17	9	8	11	6	7
装修材料总量（m²/m³）	1.5	1.6	1.7	1.8	1.9	2.0	2.1
样本数	12	6	5	3	2	2	2

装修材料总使用量负荷比按房间样本量统计如图3.2-7所示。

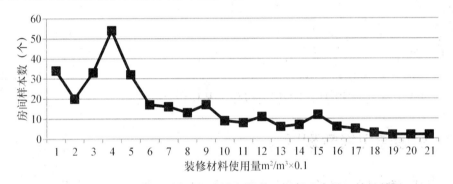

图 3.2-7　房间装修材料总使用量负荷比（无活动家具）统计结果

统计显示：60%的装修材料总使用量负荷比（无活动家具）分布在0.1~1.0之间，样本量最多处在0.4附近。装修材料总使用量负荷比（无活动家具）平均值0.75，最大值5.4。超过0.75的样本数占30%。

3.2.8　房间装修各类装修材料使用量负荷比（包括活动家具）汇总

房间装修各类装修材料使用量负荷比占比如表3.2-3所示。

表 3.2-3　使用人造板、复合地板、壁纸、实木板、地毯、
活动家具等装修材料的房间占比

材料名称	活动家具	人造板	实木板	壁纸	复合地板	地毯
调查房间总数（间）	1360	1300	1360	1360	1360	1390（包括办公楼）
使用装修材料房间数（间）	1004	686	614	480	380	17
使用某装修材料房间百分比（%）	77	53	46	36	28	1.2

可以看出：

（1）3/4房间使用家具，排第一；

（2）约1/2房间使用人造板、实木板，排第二；

（3）约 1/3 房间使用壁纸（壁布），排第三；

（4）约 30％使用复合地板，排第四；

（5）使用地毯的约为 1％。

各类装修材料使用量负荷比按房间数实测占比分布如表 3.2-4 所示。

表 3.2-4　人造板、复合地板、壁纸、实木板、地毯、
家具等装修材料使用量负荷比占比

材料名称	活动家具	人造板	实木板	壁纸	复合地板	地毯	总装修材料（不包括活动家具）	总装修材料（包括活动家具）
使用装修材料房间（间）	1004	686	614	480	380	17	1360	1360
材料使用量分布	0.2～0.9	0.3～0.6	0.05～0.65	0.3～1.2	0.3～0.4	—	0.1～1.0	0.3～1.4
装修材料使用量负荷比最多处	0.5	0.5	0.3	0.9	0.3	—	0.4	0.7
材料使用量负荷比平均值	0.75	0.42	0.40	0.70	0.39	—	0.75	1.34
材料使用量负荷比最大值	8.0	4.5	3.5	2.2	1.0	—	5.4	8.0

装修材料使用量负荷比的最多处值可以作为装修设计参考。

3.3　房屋通风换气现状

2015—2016 年，天津市建筑材料科学研究院、浙江省建筑科学设计研究院有限公司、福建省建筑科学研究院、昆山市建设工程质量检测中心、广东省建筑科学研究院、珠海工程建设质量检测站等六单位，使用 CO_2 示踪剂测量方法，分别对天津、杭州、福州、昆山、广州、珠海等地住宅（个别办公室）130 个自然通风房间（多数为卧室）进行了通风换气率现场实测。

1.　调查样本选择条件

（1）自然通风住宅建筑：根据情况，可选取部分办公楼样本（有中央空调房间不作为本次调查样本）。每单位完成总 20 个房间（或套）以上的测试调查。

（2）以近 3～5 年新建成的建筑为主。

（3）尽量选择不同小区、不同材质的对外门窗住户。

（4）样本以房间（指自然间：卧室、书房等）的自然换气次数测试调查为主，有条件可测试整套房的自然换气次数（作为对照研究用）。

2.　测试方法及步骤

调查测试过程中保持门窗关闭状态，按照《公共场所卫生检验方法　第 1 部分：物理因素》GB/T 18204.1—2013（参照《公共场所室内换气率测定方法》GB/T 18204.19—2000 和《公共场所室内新风量测定方法》GB/T 18204.18—2000）中的示踪气体测试法进行；示踪气体为 CO_2 或 SF_6，推荐采用 CO_2（实施比较简便）。操作步骤如下：

（1）测试前准备。

1）记录要素：在测试地点窗户外测定室外示踪气体本底值、室内示踪气体本底值、室外风速、风向（按大体与住户外窗垂直、斜向、平行、不明确四种状况记录）、大气压、温湿度、记录门窗材质（断桥、塑钢、铁、铝等）、开关方式（推拉、平开等）、直观密封程度（良好、一般、差）等。

2）室内空气量测定。

① 用直尺测量自然间长度、宽度、高度，算出自然间内容积。

② 用直尺测量自然间内物品（桌、沙发、柜、床、箱等）的总体积。

③ 按下式计算自然间内空气量：

$$M = M_t - M_i \tag{3.3-1}$$

式中：M —— 自然间内空气量（m^3）；

M_t —— 自然间内容积（m^3）；

M_i —— 自然间内物体总体积（m^3）。

（2）释放示踪气体测定。

1）关闭门窗，在自然间内均匀地释放示踪气体，同时用电风扇混合 3~5 min 将示踪气体（CO_2）混合均匀至 2.0~4.0 g/m^3（SF_6 为 0.5~1.0 g/m^3）后，即开始测试。

2）取样检测点设置在自然间中央，距测试自然间地面高度为 1.5 m 左右（或在自然间四周以梅花状布点，至少设置 5 个取样检测点）。

3）测试过程（持续采测时间）不得少于 30 min，最长为 60 min。

4）示踪气体 CO_2 的测试采用二氧化碳测定仪，仪器性能应稳定（可不做计量检定及计量校准）。

3. 平均值法自然通风换气次数计算

（1）CO_2 示踪气体：

$$A = [\ln (c_0 - c_a) - \ln (c_t - c_a)] / t \tag{3.3-2}$$

式中：A —— 平均自然换气次数（h^{-1}）；

c_a —— 自然间示踪气体 CO_2 本底浓度（mg/m^3）；

c_0 —— 测量开始时示踪气体 CO_2 浓度（mg/m^3）；

c_t —— 时间为 t 时示踪气体 CO_2 浓度（mg/m^3）；

t —— 测定时间（h）。

（2）SF_6 示踪气体：

$$A = [\ln c_0 - \ln c_t] / t \tag{3.3-3}$$

式中：A —— 平均自然换气次数（h^{-1}）；

c_0 —— 测量开始时示踪气体 SF_6 浓度（mg/m^3）；

c_t —— 时间为 t 时示踪气体 SF_6 浓度（mg/m^3）；

t —— 测定时间（h）。

4. 质量保证

（1）在风力<4 级天气条件下进行（和风、微风、无风）。

（2）测试过程中，房间中应尽量减少留守检测人员，少走动，人员与仪器传感器至少保持 1 m 的距离，以免影响测试结果。

（3）电扇吹动 3～5 min 即可将示踪气体混合均匀；开始测试时一定得关掉电扇。

（4）当使用示踪气体 CO_2 时，发现 CO_2 浓度稳定后，即抓紧开始，记录起始浓度。建议随后检测人员迅速撤离，等 30 min 后快速进入记录最后浓度（即 t 时的示踪气体浓度）。

（5）尽量不要选择自然间内有物品的样本进行调查测试。若选择了自然间内有物品的样本进行调查测试时，尽可能的开启物品部件，让示踪气体进入内部，以免影响检测结果。

（6）测试房屋中的自然间样本时，其余房屋的对外门窗不宜对外打开，以免自然通风下影响测试结果。

被调查房间情况汇总：铝窗稍多（62 个房间），塑钢窗次之（有 50 个房间）；窗多为平开方式（平开 97，推拉 15）；大部为木门（木门 90），少量塑钢、金属（金属、玻璃等 22）；直观门密封情况良好，少量密封一般，无密封差情况。

房屋建成年限分布如表 3.3-1 所示，可以看出，主要为近几年建成建筑，可以认为本次调查代表的是近年建成建筑的情况。

表 3.3-1　房屋建成年限分布

房屋建成年限（年）	1	2	3	4	5	6	7	8～9	10～11	12～13	14～15	16～17
房屋数量（间）	76	11	3	4	9	4	4	0	0	0	0	2

测试过程中室外风力情况如表 3.3-2 所示，可以看出，本次调查基本在轻风情况下进行（和风——8 m/s 以下占比近 90%），因此，所得数据可以代表非大风情况下的情况。

表 3.3-2　测试过程中室外风力情况

室外风级	0—无风	1—软风	2—轻风	3—微风	4—和风	5—劲风	6—强风
风速（m/s）	0～0.2	0.3～1.5	1.6～3.3	3.4～5.4	5.5～7.9	8～10.7	10.8～13.8
房屋数量（间）	10	29	27	12	12	10	4

现场实测调查表明：

（1）测试过程中室外风向与门窗平行、垂直、斜向及方向不明确的情况均大体相同，与通风换气率相关性不明显。

（2）从测试结果可以看出，门窗材质（铝、塑钢等）与通风换气率相关性不明显。

（3）从测试结果可以看出，门窗开关方式（平开、推拉等）与通风换气率相关性不明显。

（4）房间数按通风换气率大小分布汇总如表 3.3-3 所示。

表 3.3-3　房间数按通风换气率大小分布

通风换气率（次/h）	0	0.10	0.20	0.30	0.40	0.50	0.60	0.70
房间数（个）	0	6	20	26	24	13	7	7
通风换气率（次/h）	0.80	0.90	1.0	1.1	1.2	1.3	1.4	1.5
房间数（个）	2	2	1	3	0	1	0	2
通风换气率（次/h）	1.6	1.7	1.8	1.9	—	—	—	—
房间数（个）	2	0	1	1	—	—	—	—

房间数按通风换气率大小分布如图 3.3-1 所示。

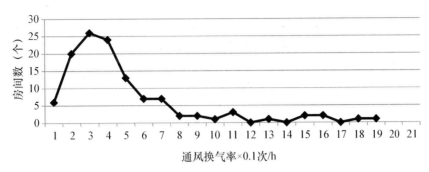

图 3.3-1　房间数按通风换气率大小分布

可以看出，约 70% 房间的通风换气率为 0.2～0.5 次/h（与现场直观评价门窗密封"良"的约 70% 一致）；通风换气率在 1.0 次/h 及以上的房间数占比约为 10%；房间的通风换气率在 0.6 次/h 及以上的房间数占比约为 26%；房间的通风换气率在 0.5 次/h 及以上的房间数占比约为 30%；房间的通风换气率在 0.4 次/h 及以上的房间数占比约为 60%，如表 3.3-4 所示。

表 3.3-4　房间数占比按房间的通风换气率大小分布

通风换气率（次/h）	≥1	≥0.6	>0.5	>0.4
房间数占比（%）	0.10	0.26	0.30	0.60

房间的通风换气率集中分布在 0.3 次/h 附近，代表值可以取 0.3～0.4 次/h。

3.4　室内空气污染状况

3.4.1　甲醛（2014—2015 年检测结果）

在以上取样检测条件下，对检测数据进行汇总统计。

1．有家具的 I 类建筑甲醛检测结果

2014 年调查统计的 15 个城市、I 类建筑（住宅、幼儿园等）共 1360 个房间（汇总时无限定条件）。

按甲醛浓度分布的房间样本量统计如表 3.4-1、图 3.4-1 所示。

表 3.4-1　甲醛浓度分布的房间样本量统计结果（有家具）

甲醛浓度范围（mg/m³）	0～0.01	0.01～0.02	0.02～0.03	0.03～0.04	0.04～0.05	0.05～0.06	0.06～0.07
样本数	15	48	77	109	123	98	92
甲醛浓度范围（mg/m³）	0.07～0.08	0.08～0.09	0.09～0.10	0.10～0.11	0.11～0.12	0.12～0.13	0.13～0.14
样本数	85	68	61	45	43	34	34
甲醛浓度范围（mg/m³）	0.14～0.15	0.15～0.16	0.16～0.17	0.17～0.18	0.18～0.19	0.19～0.20	0.20～0.21
样本数	21	23	24	35	20	13	16

续表

甲醛浓度范围 （mg/m³）	0.21~0.22	0.22~0.23	0.23~0.24	0.24~0.25	0.25~0.26	0.26~0.27	0.27~0.28
样本数	9	17	8	9	9	2	9
甲醛浓度范围 （mg/m³）	0.28~0.29	0.29~0.30	0.30~0.31	0.31~0.32	0.32~0.33	0.33~0.34	0.34~0.35
样本数	5	2	5	2	5	2	5
甲醛浓度范围 （mg/m³）	0.35~0.36	0.36~0.37	0.37~0.38	0.38~0.39	—	—	—
样本数	2	4	2	5	—	—	—

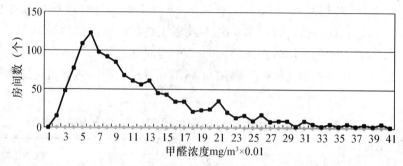

图 3.4-1　甲醛浓度分布的房间样本量统计结果（有家具）

统计显示：

（1）有活动家具室内甲醛浓度约 48％超过 0.08mg/m³。

（2）接近 50％房间浓度范围在 0.02～0.10 mg/m³ 之间，样本量最多处在 0.05～0.06mg/m³ 附近；有活动家具室内甲醛浓度平均值 0.11 mg/m³。

（3）有 10％的房间超标 2 倍以上（可能另有非装修材料污染）；最大值 0.92 mg/m³。

2. 各地有家具的 I 类建筑甲醛、VOC 现场调查数据

各地 I 类建筑甲醛、VOC 现场调查数据（包括有家具）如表 3.4-2 所示。

表 3.4-2　各地 I 类建筑室内污染调查数据（包括有活动家具）

城市名称	郑州	昆山	临沂	太原	广州	上海	珠海
甲醛超标率 （％）	34.1（2014） 42.0（2010—2014）	41（2014）	78.5（2014）	85.70（2012） 69.23（2013） 63.6（2014）	36（2014）	33	12
VOC 超标率 （％）	63.5（2014） 60.7（2013—2014）	44（2014）	68.8（2014）	—	19	52	20
城市名称	济南	温州	苏州	新乡	烟台	天津	福州
甲醛超标率 （％）	50	42	39（2014）	72	55	30	34
VOC 超标率 （％）	50	48	27（2014）	35	71	28	—

3. 无家具的 I 类建筑甲醛检测结果

调查统计的 15 个城市、I 类建筑 1360 个房间中 806 个无家具房间，按甲醛浓度分布的房间样本量统计如表 3.4-3、图 3.4-2（按"1"检测条件，汇总时无限定条件）。

表 3.4-3　甲醛浓度分布的房间样本量统计结果（无家具）

甲醛浓度（mg/m³）	0.01	0.02	0.03	0.04	0.05	0.06	0.07
房间样本量（个）	33	51	76	78	105	71	44
甲醛浓度（mg/m³）	0.08	0.09	0.10	0.11	0.12	0.13	0.14
房间样本量（个）	64	25	21	16	24	—	—

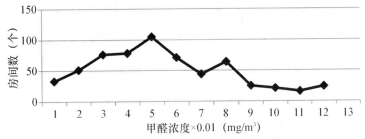

图 3.4-2　甲醛浓度分布的房间样本量统计结果（无家具）

统计显示：

(1) 无家具室内甲醛浓度约 33% 超过 0.08 mg/m³。

(2) 接近 50% 房间浓度范围在 0.03～0.08 mg/m³ 之间，样本量最多处在 0.05 mg/m³ 附近；无家具室内甲醛浓度平均值 0.087 mg/m³；最大值 0.40 mg/m³。

4. 2010—2014 年 I 类建筑甲醛浓度统计

数据来源：2010—2014 年对甲醛调查汇总的 I 类建筑共 5230 个房间（II 类建筑占比很小忽略不计；门窗关闭时间基本 1h），调查数据表明：

(1) 甲醛浓度超过 0.08mg/m³ 的超标率 48%（与 2014 年有固定＋活动家具房间的调查数据一致）。

(2) 甲醛浓度超过限量值 0.10 mg/m³ 比例为 30%。

比较有活动家具房间数据和无活动家具房间数据可以看出，I 类建筑室内有活动家具甲醛浓度超标率比无活动家具住宅高 15%。或者说，室内环境污染约 1/3 来自家具。

5．2014 年 II 类建筑室内甲醛浓度统计

15 个城市调查统计的 II 类建筑共 94 个房间，统计显示：

(1) II 类建筑室内甲醛浓度超过 0.10mg/m³ 的超标率为 33%。

(2) 甲醛浓度分布在 0.02～0.08 mg/m³ 之间，样本量集中点在 0.04～0.06 mg/m³ 附近。

附 1：门窗关闭时间不同的甲醛浓度统计

1. 门窗关闭时间 12h 情况下的甲醛浓度统计（完工 3 个月内；按《室内空气质量标准》GB/T 18883 的要求）

(1) 室内甲醛浓度超过 0.08 mg/m³ 的房间比例约为 60%；

(2) 室内装修材料使用量（负荷比）的最高值约为 1.4。

2. 关闭门窗 9～15h（非严格 12 h）情况下的甲醛浓度统计（完工 3 个月内；按《室内空气质量标准》GB/T 18883 的要求）

为了增加样本量，提高统计准确性，将门窗关闭时间放宽为 9～15h，样本量增加到 398 个，统计结果如表 3.4-4 所示。

室内甲醛按分段浓度下的房间样本量统计如图 3.4-3 所示。

表 3.4-4　室内甲醛分段浓度下房间样本量

室内甲醛浓度（mg/m³）	0.01	0.02	0.03	0.04	0.05	0.06	0.07
样本数（个）	1	15	17	35	38	32	30
室内甲醛浓度（mg/m³）	0.08	0.09	0.10	0.11	0.12	0.13	0.14
样本数（个）	18	16	22	17	9	13	10
室内甲醛浓度（mg/m³）	0.15	0.16	0.17	0.18	0.19	0.20	0.21
样本数（个）	10	12	15	6	7	6	2

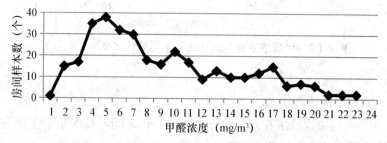

图 3.4-3　室内甲醛分段浓度下的房间样本量图

可以看出，样本量最多的房间甲醛浓度在 0.04～0.12 mg/m³ 之间，峰值在 0.06 mg/m³ 附近。室内甲醛浓度超过 0.08 mg/m³ 的房间比例约为 54%［室内装修材料使用量（负荷比）的最高值约为 1.4］。

综合以上门窗关闭大约 12h 的两种情况，统计表明：

门窗关闭大约 12h 下室内甲醛浓度超标率 54%；甲醛浓度最高值达到 0.92 mg/m³［门窗关闭 12h 条件下的检测多为住户自行装修后的委托检测，除门窗关闭时间较长外，一般装修材料使用量较大（包括活动家具），也是室内污染较重的另一原因］。

附2：天津市2014年现场测定时室外的温湿度、风速、甲醛及TVOC污染物浓度调查

近年来，北方地区雾霾严重，对室内环境造成影响，因此，了解室外的甲醛及 TVOC 污染物浓度情况很有必要。

天津市建筑材料研究院调查的 2014 年现场测定时室外的温湿度、风速、甲醛及 TVOC 污染物浓度列于表 3.4-5、图 3.4-4。

表 3.4-5　2014 年天津市现场室外状况

检测编号	检测日期	温度（℃）	湿度（%）	风速（m/s）	甲醛（mg/m³）	TVOC（mg/m³）
KY101	2014.1.22	9.5	30.7	1.1	0.02	1.1
KY102	2014.2.19	11.3	37.4	1.1	0.02	0.6
KY103	2014.2.25	11.2	36.7	1.3	0.02	1.4
KY104	2014.2.26	11.3	34.2	1.8	0.01	0.9

续表

检测编号	检测日期	温度（℃）	湿度（%）	风速（m/s）	甲醛（mg/m³）	TVOC（mg/m³）
KY105A	2014.1.24	7.0	20.3	2.4	0.01	0.9
KY105B	2014.3.27	19.8	55.9	2.2	0.01	1.0
KY107	2014.3.25	22.4	44.0	1.1	0.02	0.5
KY111	2014.4.24	21.7	38.6	1.4	0.01	0.4
KY112	2014.4.28	32.3	18.0	1.0	0.03	0.5
KY109A	2014.6.6	36.0	37.3	0.8	0.01	0.0
KY115	2014.6.6	36.0	37.3	0.8	0.01	0.1
KY114A	2014.7.24	28.4	65.5	0.6	0.01	0.1
KY116	2014.7.26	33.2	40.8	0.6	0.02	0.0
KY113	2014.8.1	29.6	72.4	0.8	0.02	0.0
KY117	2014.8.13	25.5	59.6	1.4	0.04	0.0
KY109B	2014.9.3	18.2	47.6	1.3	0.04	0.1
KY109C	2014.9.4	18.2	47.6	1.3	0.04	0.1
KY118A	2014.9.11	27.1	54.2	1.0	0.09	0.1
KY118B	2014.9.11	27.1	54.2	1.0	0.09	0.1
KY119A	2014.9.11	27.1	54.2	1.0	0.09	0.1
KY119B	2014.9.11	27.1	54.2	1.0	0.09	0.1
KY114B	2014.10.16	17.3	34.3	0.4	0.02	0.1
KY114C	2014.10.16	17.3	34.3	0.4	0.02	0.1
KY114D	2014.10.17	20.4	42.7	0.4	0.03	0.1
KY114E	2014.10.17	20.4	42.7	0.4	0.03	0.1
KY120A	2014.10.21	14.1	34.5	0.2	0.02	0.0
KY106	2014.10.21	14.1	34.5	0.2	0.02	0.0
KY202	2014.10.30	17.7	53.2	0.4	0.02	0.1
KY108	2014.10.31	16.3	67.7	0.6	0.02	0.1
KY110	2014.11.18	12.2	32.5	0.2	0.03	0.1
KY121	2014.11.21	12.5	48.7	0.2	0.03	0.3
KY120B	2014.12.23	3.0	39.3	0.3	0.04	0.1
KY122	2014.12.2	−2.2	24.8	0.2	0.01	0.0

由表可知：

(1) 全年现场调查检测的室外温度平均值为 19.5℃；

(2) 甲醛浓度为 0.01～0.09 mg/m³，平均浓度（本底值的平均值）为 0.03 mg/m³；全年看，夏秋季较高（似与天津年底、年初雾霾严重、夏秋季节较低无关）；

(3) TVOC 浓度从未检出到 1.4 mg/m³，平均浓度（本底值的平均值）为 0.3 mg/m³；总体看，TVOC 浓度与季节存在相关性：年底、年初寒冷季节浓度高（估计与年底、年初寒冷季节天津雾霾严重有关），夏秋季节较低；

(4) 总体看，室外甲醛浓度与 TVOC 浓度呈一定正相关。

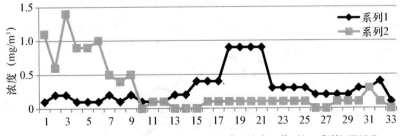

时间：2014年每10天测量值系列1-甲醛（浓度10倍后）；系列2-TVOC

图 3.4-4　天津市 2014 年按旬室外甲醛-TVOC 变化

天津市的调查情况说明，北方地区室外雾霾问题对室内环境质量取样检测的影响必须考虑。

附3："气味判断甲醛浓度"准确率调查结果（2014年）

数据来源：2014年调查统计的15个城市的Ⅰ类建筑共1360个房间。

按以下原则进行判断（注：有资料称：人对甲醛的嗅觉阈平均为0.06 mg/m³）：

（1）"无气味——甲醛浓度按<0.05mg/m³"；

（2）"疑似有气味——甲醛浓度按0.05～0.09mg/m³"；

（3）"明显有气味——甲醛浓度按>0.09mg/m³"（>0.09mg/m³以下按超标计）。

统计显示：

（1）"明显有气味"与"甲醛浓度>0.09mg/m³"判断相吻合比例达74%（约3/4），即超标时四个人会有三个到四个人感觉"明显有气味"，亦即四个人有三个到四个人感觉"明显有气味"时，甲醛超标的可能性很大；

（2）"无气味"与"甲醛浓度<0.05mg/m³"判断相吻合比例为三分之一，即"甲醛浓度<0.05mg/m³"时，三个人至少会有一个人感觉"明显无气味"；

（3）"疑似有气味"与"甲醛浓度按0.05～0.09mg/m³"判断相吻合比例仅为三分之一，即甲醛浓度0.05～0.09mg/m³时，三个人至少会有一个人感觉"明显有气味"。

表述汇总如表3.4-6所示。

表3.4-6   "气味判断甲醛浓度"准确率

嗅觉感觉	无气味	拟似有	明显有
甲醛浓度真实情况（mg/m³）	<0.05	0.05～0.09	>0.09
嗅觉判断准确性（吻合比例）	1/3	1/3	3/4

3.4.2　VOC

1. 2014年Ⅰ类建筑室内VOC污染现状

数据来源：15个城市调查统计的Ⅰ类建筑VOC共1000个房间，不同VOC浓度下的房间数量分布如图3.4-5所示（按"1"检测条件，无限定汇总）。

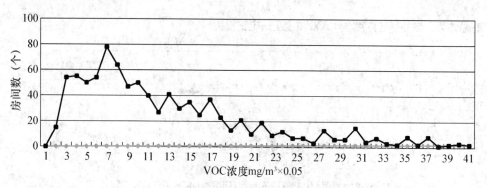

图3.4-5　不同VOC浓度下的房间数量分布

统计显示：

（1）Ⅰ类建筑室内 VOC 浓度超过 0.5mg/m³ 超标率 42％。

（2）Ⅰ类建筑室内 VOC 近 60％房间浓度范围在 0.1～0.60 mg/m³ 之间，样本量集中点在 0.3～0.35 mg/m³ 附近；Ⅰ类建筑室内 VOC 浓度平均值 0.80 mg/m³。

（3）VOC 浓度超过 1.0mg/m³ 的房间数占比 20％；最大值 14.4 mg/m³。

（4）Ⅰ类建筑室内有家具的 800 间，VOC 平均浓度 0.85 mg/m³。

（5）Ⅰ类建筑室内无家具的 200 间，VOC 平均浓度 0.52 mg/m³。

由此可知：家具对整个室内 VOC 污染的贡献为 38％，近似取值 40％。

2．2014 年Ⅱ类建筑室内 VOC 污染现状

数据来源：15 个城市 2014 年调查统计的Ⅱ类建筑共 520 个房间，VOC 平均超标（0.60 mg/m³）率为 44％。

3．2014 年 VOC 中 "9 成分" 所占百分比

（1）15 个城市调查的Ⅰ类建筑室内 VOC 中 "9 成分" 调查。

15 个城市调查统计的Ⅰ类建筑室内 VOC 中 "9 成分" 共调查了 226 个房间，统计显示：

81％的房间 "9 成分" 在 VOC 中的比例在 10％～30％之间，也就是说，约 80％房间 "9 成分" 以外物质占比 70％～90％。

（2）各地 VOC 中 "9 成分" 调查数据。

郑州市 2014 年调查结果。郑州市 2014 年调查统计结果表明：室内空气污染物 TVOC 的组成较之 10 年前，有了一个很大的变化，在 TVOC 的组成中，苯、甲苯、邻、间、对二甲苯、苯乙烯、乙酸丁酯、十一烷所占的比例很小，其总和大概不超过 1％。

新乡市 2014 年调查结果。新乡市 2014 年调查结果表明："9 成分" 占比 0％～10％的为 4.21％；占比 70.01％～80％的为 1.05％；占比 20.01％～40％的为 53.68％；统计显示 50％以下的占总数的 91.58％，说明 TVOC 浓度中，有近一半的污染物在检测中无法识别。

天津市 2014 年调查结果。天津市 2014 年调查结果表明：目前已识别 "9 成分" 组分的含量多数均在各自组分总量的 10％内，相对比值范围较高的甲苯和乙酸丁酯组分含量也在各自组分总量的 20％内；对于已识别的 9 种组分总含量仅为 TVOC 总含量的 40％～50％。由上可以表明，目前室内环境污染物 TVOC 中的主要组分不仅仅是已识别的 9 种组分，还包括一些未要求识别的组分，所以应进一步识别 TVOC 中的各组分，其中包括有害有机污染物，以便更好地控制室内环境污染物 TVOC。

珠海市调查结果。珠海市调查结果表明：已识别物 "9 成分" 占比在 10％～30％的范围最为常见，其次为 30％～45％的范围，再次为 2.5％～10％的范围及 45％～60％的范围。

3.4.3 苯

2014 年（Ⅰ＋Ⅱ）类建筑苯浓度调查数据（《民用建筑工程室内环境污染控制规范》GB 50325 标准方法）

数据来源：现场调查统计的 693 个房间（Ⅰ、Ⅱ类建筑）的苯浓度，统计显示：Ⅰ、Ⅱ类建筑室内苯浓度所占样本量排序如下：

（1）未检出（或 0.01 mg/m³ 以下）房间占 38%；

（2）苯浓度在 0.01～0.02 mg/m³ 房间占 25%；

（3）苯浓度在 0.02～0.05 mg/m³ 房间占 29%；

（4）苯浓度在 0.06～0.09 mg/m³ 房间占 4%；

（5）0.09 mg/m³ 以上房间占 4%（超标率）。

苯总检出率为 67%（即 2/3），浓度超标率为 3%。如表 3.4-7 所示。

表 3.4-7　苯浓度所占样本量排序

苯浓度（mg/m³）	未检出	0.01～0.02	0.02～0.05	0.06～0.09	＞0.09	总检出率
房间样本量占比（%）	33	22	25	4	4	67

3.4.4　氨

对氨污染进行调查的只有太原市工程检测中心。2014 年，调查统计了 154 间房屋，浓度检测结果见表 3.4-8。

表 3.4-8　不同功能房室内氨浓度情况

民用住宅功能房	样本数（间）	浓度范围（mg/m³）	平均浓度（mg/m³）	超标率（%）
卧室	90	0.03～0.52	0.21	54.4
客厅	37	0.03～0.67	0.24	48.6
书房	8	0.07～0.48	0.26	62.5
餐厅	3	0.15～0.40	0.25	33.3
卫生间	3	0.18～0.48	0.32	66.7
厨房	7	0.04～0.46	0.23	71.4
储物（衣帽）间	6	0.09～0.37	0.22	50
汇总	154	0.03～0.67	0.26（加权）	≈50

3.4.5　房间甲醛浓度－VOC 浓度变化一致性

数据来源：2014 年Ⅰ、Ⅱ类建筑调查。

统计方法：

（1）对 1009 个房间（Ⅰ、Ⅱ类建筑）同时测定的甲醛、VOC 浓度数据进行简单汇总、统计分析，由于测量条件不统一、差别太大，看不出两者明显相关性。

（2）为了显现两者的内在联系，以排除测量方法本身影响，将低浓度数据去除（测量误差大），将甲醛浓度在 0.10mg/m³ 以上和 VOC 浓度在 0.60mg/m³ 以上的同房间、同时间测定的甲醛、VOC 数据进行统计分析，共 79 个房间，如图 3.4-6 所示。

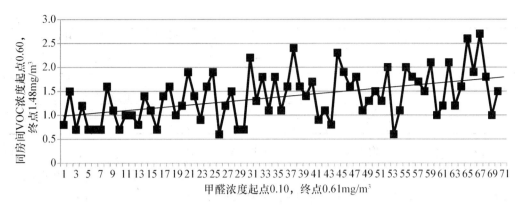

图 3.4-6　房间甲醛-VOC 同时超标下相关性

可以看出，两者存在微弱变化一致性：随着室内甲醛浓度增加，VOC 浓度也显示出增加趋势。

3.4.6　氡

有资料表明，我国 20 世纪 70 年代前后部分地区调查结果为室内氡浓度 24 Bq/m^3，2000 年前后部分地区的室内氡浓度调查结果为 34～44 Bq/m^3，比 20 世纪的调查结果明显增高。

2007—2010 年中华人民共和国住房和城乡建设部《中国室内氡研究》课题组组织进行了涵盖 10 个城市住宅建筑室内氡浓度综合调查，氡浓度测量方法以径迹片法为主，辅以 RAD7 测氡仪连续测量，测量周期最长持续 1 年，直接进入调查的住户约 700 户，涉及人口 4000 万人以上，调查各类建筑物约 300 栋。

调查主要结果有：

1. 关于目前中国的室内氡浓度水平

10 个城市汇总数据汇集在表 3.4-9 中。可以看出，在有人居住条件下（人时进时出，每日门窗时开时关）10 市室内氡浓度全年平均值（径迹片法）为 36.1 Bq/m^3，浓度范围为 10～203 Bq/m^3，其中，浓度超过 100 Bq/m^3 的 23 户（3 个月测量值与 12 个月测量值均计入），占被调查总户数的 3.3％；超过 150 Bq/m^3 的 7 户，占被调查总户数的 1.0％；超过 200 Bq/m^3 的 1 户，占总户数的 0.14％。

表 3.4-9　城市室内氡浓度调查结果统计

项　目 城　市	被调查住户室内氡平均值 （Bq/m^3）
乌鲁木齐	55.4
厦门	31.1
深圳	35
徐州	42
西宁	67.4
昆山	25.6

续表

项　目 城　市	被调查住户室内氡平均值 （Bq/m³）
诸暨	24.5
苏州	19
广州	32.7
信阳	28.5
平均	36.1

虽然本次调查的样本量偏小，不足以全面代表我国目前室内氡浓度水平，但是，可以看出，10城市室内氡浓度调查的室内氡浓度平均值36.1 Bq/m³同样大大超过了20世纪70年代室内氡浓度水平，说明我国室内氡水平似有整体增高趋势。

考虑到氡的危害，经过诸多国家专家的长期研究，WHO在2009年发布的《氡手册》中建议将室内氡浓度限量规定为100 Bq/m³。

目前，我国的《室内空气质量标准》GB/T 18883-2002将室内氡浓度年均值限量规定为400Bq/m³，《民用建筑工程室内环境污染控制规范》GB 50325将住宅室内氡浓度限量规定为200 Bq/m³。对照10城市调查的结果，我国标准中室内氡浓度限量值值得进一步研究。

2. 土壤氡渗入是室内氡的来源之一

（1）乌鲁木齐市室内氡调查显现的土壤氡影响。

乌鲁木齐市室内氡与土壤氡调查表明：室内氡的平均浓度为55.4 Bqm³，市区土壤氡浓度范围420～62000 Bqm³，平均值为5300 Bqm³。

室内氡浓度的测量结果（X）及其建筑周围土壤氡浓度结果（Y）的相关性分析，采用以下计算公式进行计算：

$$R = \frac{\sum(X-\bar{X})(Y-\bar{Y})}{\sqrt{\sum(X-\bar{X})^2(Y-\bar{Y})^2}} = \frac{\sum XY - \dfrac{\sum X \cdot \sum Y}{n}}{\sqrt{\left[\sum X^2 - \dfrac{(\sum X)^2}{n}\right]\left[\sum Y^2 - \dfrac{(\sum Y)^2}{n}\right]}}$$

乌鲁木齐市室内氡浓度测试结果和同期所作的建筑物外土壤氡浓度进行了相关性分析。从分析结果可以看出，土壤氡浓度与建筑物一层室内氡呈显著正相关（$R=0.58$），与平房室内氡呈显著正相关（$R=0.47$），与二层室内氡呈弱相关性，与三层室内氡没有相关性。

统计表明，在市区范围内，室内氡浓度、土壤氡浓度地域分布总体上均呈南高北低的分布趋势，具有一致性，这也说明：室内氡浓度与土壤氡存在着密切联系，即土壤氡是室内氡的主要来源之一。

乌鲁木齐本次布放探测器的范围为多层楼房12处，无高层建筑。其中，多层楼房布放层数为1～3层。根据测试结果，发现受测房屋室内氡浓度分布规律为：多层楼房一层＞多层楼房二层，二层与三层相当，这与以往大多数的研究调查结果大体相符。

（2）厦门市室内氡调查显现的土壤氡影响。

厦门市室内氡—土壤氡调查表明：厦门市的土壤氡平均浓度为7589 Bq/m³，测试最大值为40800 Bq/m³。厦门市室内氡浓度的平均值为31.1Bq/m³，最大值为92 Bq/m³。建筑物中室内氡浓度随楼层高度的变化规律为：一层＞二层＞三层。

厦门市进行了室内氡浓度测试的建筑物周围同时进行了土壤氡浓度测试，取室内氡浓度各测量值的平均值作为该栋建筑的室内氡浓度。经厦门市建筑室内氡浓度－周围土壤氡浓度相关性分析，得出相关系数为 0.529。可以认为，本次调查区域内的室内氡浓度和室外土壤氡浓度显著相关，即较高的土壤氡浓度可引起室内氡浓度的升高。实际上，从图也可以看出，除"海沧未来海岸"和"集美民政局"两处建筑外，其他建筑的室内氡浓度与建筑物周围的土壤氡浓度都具有较好的一致性。

厦门在调查的建筑中，选取具有 3 层或 3 层以上的建筑物进行楼层高度对室内氡浓度的影响研究，数据分析结果可以发现，楼层高度对室内氡浓度的影响趋势为：一层＞二层＞三层，这与许多学者的研究结果一致。

（3）深圳市室内氡调查显现的土壤氡影响。

测定了深圳市光明新区土壤氡浓度和深圳市土壤氡浓度，其平均值分别为 30000 Bq/m³ 和 50000 Bq/m³，根据调查结果，可以认为深圳地区为土壤氡浓度高背景地区，土壤氡浓度高于全国平均值（7300 Bq/m³）。

深圳市日常生活情况下室内氡的平均浓度为 34.6 Bq/m³，最小值 4 Bq/m³，最大值为 140 Bq/m³。室内氡浓度主要分布在 20～50 Bq/m³。

在调查的 141 户住宅中抽取 11 户按照《民用建筑工程室内环境污染控制规范》GB 50325 标准要求，用 RAD7 进行室内氡浓度的连续 24h 测量（对外门窗关闭后），并在被调查的住宅建筑周围布点测量其土壤氡浓度。

通过以上数据，可以计算出来两者之间的相关系数为 0.59，统计学意义为显著性相关。因此，本次调研区域内的室内氡浓度和室外土壤氡浓度具有显著性相关，即较高的土壤氡浓度会导致较高的室内氡浓度。

另外，11 户住宅中有 3 户室内氡浓度超过国家标准规定的 ≤200 Bq/m³，占总数的 27%。这说明按照《民用建筑工程室内环境污染控制规范》GB 50325—2001（2006 年版）的标准测量，3 户的室内氡浓度出现超标的现象，而用氡 α 径迹探测器测得日常生活情况下的室内氡浓度在正常范围内，原因是住户平时没有多开窗的生活习惯，关闭门窗后，室内氡浓度积累而超标。

（4）徐州市室内氡调查显现的土壤氡的影响。

徐州市室内氡与土壤氡调查表明：徐州市土壤氡浓度值平均 2540 Bq/m³，徐州市室内氡浓度最小值为 14 Bq/m³，最大为 170 Bq/m³，平均值是 42Bq/m³。

（5）西宁市室内氡与土壤氡的关联性。

西宁市室内氡与土壤氡调查表明：西宁市室内氡平均浓度为 67.4Bq/m³，最大值 203Bq/m³，最小值 19Bq/m³；西宁市土壤氡浓度平均值分别约为 3630Bq/m³，最小 1200Bq/m³，最大值 6400Bq/m³。

本次调查中，在西宁市区内土壤氡浓度较高的区域其室内氡浓度也明显较高。

（6）昆山市室内氡与土壤氡的关联性。

昆山市室内氡与土壤氡调查表明：昆山市室内氡浓度平均值为 25.6Bq/m³，属于室内氡浓度的低背景区域，土壤氡浓度平均值为 3800 Bq/m³。

本次调查中随机选取高低有别的 3 户住宅楼进行室内氡及其周围土壤氡浓度比较。可以看出，本次调研区域内的室内氡浓度和室外土壤氡浓度具有明显相关性，相关系数为 0.90。

（7）诸暨市室内氡与土壤氡的关联性。

诸暨市室内氡与土壤氡调查表明：土壤氡浓度最小值为 500Bq/m³，最大值为 120000Bq/m³，平均值 19000Bq/m³。诸暨市城区室内氡年平均浓度为 24.5Bq/m³（一至三层），最高值为 57 Bq/m³，最低值为 6 Bq/m³。

为了观察室内氡与土壤氡关联性，将被调查住户（第一批）按所在楼层进行了统计，可以看出：一层氡浓度较高，二、三层的室内氡浓度较低。

另外，选取 11 幢房子、36 户进行了周围的土壤氡浓度检测及相对应的室内氡检测，经计算，相关系数为 0.16，说明两者呈一定的正相关性。

（8）苏州市室内氡与土壤氡的关联性。

苏州市区的土壤氡浓度总平均值为 7200Bq/m³，室内氡浓度平均值为 14Bq/m³。

由于本次室内氡浓度检测的 α 径迹探测器数量较少（实际只有 17 个），为了增加样本数量，更好地反映实际的情况，使用 RAD7 检测了另外 13 处住宅（上表带 * 的地点）的室内氡浓度，并同时检测了建筑物周围的土壤氡浓度。可以得出以下结论：

建筑物室内氡浓度与建筑周围土壤氡浓度进行相关性分析，相关性系数为 0.50；一层建筑物室内氡浓度与建筑周围土壤氡浓度的相关性系数为 0.54。可以认为建筑物室内氡浓度和建筑物周围土壤氡浓度具有一定的关联性，土壤氡浓度是影响室内氡浓度高低的重要因素。

8 城市涉及 698 户、326 座建筑物的室内氡浓度与土壤氡浓度关联性调查结果汇总在表 3.4-10 中。从汇总数据可以看出，室内氡浓度与土壤氡浓度之间均存在关联性。

表 3.4-10　城市室内氡与土壤氡关联性调查数据汇总

项目 城市	被调查住户室内 氡平均值（Bq/m³）	室内氡与建筑物周围 土壤氡相关系数	备 注
乌鲁木齐	55.4	0.58	—
厦门	31.1	0.53	—
深圳	35	0.59	11 栋建筑物室内氡-土壤氡 相关性
徐州	42	0.22	
西宁	67.4	—	
昆山	25.6	0.90	
诸暨	24.5	0.16	
苏州	19	0.54	

由于影响室内氡浓度的因素很多，而土壤氡只是其中的一个，加之各地气候、使用的建筑材料、门窗材质、居民生活习惯等差别很大，调查的样本量及代表性也十分有限，因此，计算出的 8 城市室内氡浓度与土壤氡浓度的相关性系数尚存在一些变数，但无论如何，调查显示的土壤氡对室内氡的明显影响是肯定的，这一认识将有助于我们的防氡降氡工作。

3. 模拟测试研究主要结论

（1）近地架空层空气氡浓度极高。

露天地面被架空层覆盖前后近地空间空气氡浓度变化模拟测试表明：近地空间空气氡浓

度在短时间内会呈现线性增加趋势（几小时以上），然后将渐趋饱和，期间，浅层土壤氡浓度同步稳定增加，并趋向深部氡浓度，近地空间空气氡浓度趋向土壤氡浓度值。在土囤—模拟房实验装置实验研究中，近地空间空气氡浓度甚至达到数万 Bq/m^3 量级。

这一实验结论的启示：

1）试图以架空层方式隔离土壤氡影响的设计方案必须同时考虑架空层的通风措施，否则将无法发挥作用。

2）架空层情况除了在建筑物设计中出现外，露天地面被架空的塑料薄膜覆盖或者被大面积玻璃窗覆盖，以形成温室大棚，种植蔬菜、花卉、水果，现在比比皆是。因此，可以将实验结论向农田种植大棚的情况类推：假设两者的条件类似，大棚里空间有限，那么，种植大棚内氡浓度情况值得关注。例如，农田大棚按长 50m、宽 10m、高 2m、顶呈原弧形计，即地面面积为 $500m^2$，容积约为 $700m^3$，大棚内氡浓度可能会是这样的：在大棚封闭情况下，2 天内大棚内氡浓度可逐渐升高到约 $6000\ Bq/m^3$（远远超过国家对二类民用建筑室内氡浓度限量值 $400\ Bq/m^3$）。

（2）露天地面被混凝土覆盖后浅层土壤氡浓度会多倍增加。

露天地面被混凝土覆盖前后浅层（例如表面下 5cm）土壤氡浓度变化测试表明：土壤被混凝土覆盖后，浅层不同深度土壤的氡浓度均在迅速增加：表层增加更为迅速、明显，并且，表层土壤氡浓度与深部土壤氡浓度有逐渐接近趋势。

半年后继续测量表明：浅层土壤氡浓度逐渐增加并达到稳定，浅层与深层（例如 60cm、120cm）浓度值已接近相同：约 $120000\sim14000\ Bq/m^3$。也就是说，由于土壤被混凝土覆盖，影响到土壤氡向空气中扩散，致使土壤浅层的土壤氡浓度由覆盖前的约 $10000\ Bq/m^3$ 猛增到约 $100000\ Bq/m^3$ 以上（10 倍以上）。

此模拟实验表明：建筑物建成后，其浅层地表下的土壤氡浓度会比土壤裸露时增加 10 倍以上。因此，有些地方在构筑建筑物前，土壤氡浓度不高，人们往往容易忽视其影响，待建筑物建成后发现有土壤氡渗入，感到不可思议，其实，此时的土壤氡浓度早已不是土壤裸露时的情况。

（3）封闭状态下土地面建筑物室内氡浓度可达上万 Bq/m^3 量级。

土地面模拟建筑物封闭状态下室内氡浓度测试表明：实验开始后，土地面房内氡浓度随时间增加迅速，逐渐趋于饱和，并与土壤表层的氡浓度接近一致（此时土囤土壤表层的氡浓度约在 $100000Bq/m^3$ 上下）。也就是说，在周围地面硬化、阻断土壤氡向空气中释放的条件下，土地面房屋内氡浓度可能会无限制增加，直至逼近土壤中氡浓度值。

上述实验结论表明：从防治氡危害角度看，在无良好通风情况下，应尽量避免居住土地面房屋或窑洞。

由于土地面平房、土窑洞等容易建造，因此，在我国北方山区曾经广泛存在，特别是那些下沉式窑洞式院落（地下四合院），阴暗、封闭、通风差，现在有些地方仍在使用，这类房屋普遍存在室内氡浓度超标可能性，值得关注。

（4）砖地面对土壤氡几乎无阻挡作用。

砖地面模拟建筑物封闭状态下室内氡浓度测试研究表明：实验开始后，砖地面房内氡浓度随时间增加迅速，后稍有增加，趋于饱和，并与浅层土壤氡浓度 90000Bq/m³ 接近，也就是说，在周围地面硬化、阻断土壤氡向空气中释放的条件下，砖地面房屋土壤氡对室内氡影响与土地面房屋差不多。

我国城乡曾经广泛存在砖地面的平房建筑，现在有些地方仍有存在。从防治土壤氡危害角度看，由于砖铺地面缝隙很多，土壤氡通过缝隙大量涌入，表现出砖铺地面几乎丧失阻挡土壤氡渗出的能力。因此，在无良好通风情况下，应尽量避免砖铺地面房屋。

（5）混凝土地面的缝隙、孔洞会成为土壤氡大量涌入室内的通道。

混凝土地面（厚度 3cm、墙角有伸缩缝）模拟建筑物封闭状态下室内氡浓度测试研究表明：实验开始后，房内氡浓度随时间增加迅速，后稍有增加，似趋于饱和，并与浅层土壤氡浓度 90000Bq/m³ 接近。

此时房内的氡有三个来源：

1）房屋建筑材料自身的释放（约为总量的 1/10）。从建筑材料的氡析出实验可以做出这样的估计：一般情况下，密封建筑物室内由建筑材料产生的室内氡浓度在几百 Bq/m³ 量级，最高可达几千 Bq/m³ 量级（难以达上万 Bq/m³）。

2）土壤氡透过 3cm 或以上厚混凝土的渗透。土囤实验资料已经表明，透过约 3cm 以上厚混凝土的氡为室内氡总量的很小部分（混凝土厚度大，则透过的部分将更少）。

3）土壤氡通过模型房混凝土地面裂缝的涌入。可以认为，此部分是造成室内氡浓度达到数万 Bq/m³ 的主要原因。也就是说：混凝土地面如果有裂缝，土壤氡将会通过裂缝涌入室内，严重时，如同混凝土地面对土壤氡几乎没有阻止作用一样。反过来可以推断：按照一般建筑材料释放氡的情况分析，如果发现密封建筑物室内氡浓度达到上万 Bq/m³，即可说明土壤氡已经进入室内。

在我国，建筑物室内地面一般的施工过程是：房屋主体建成后，在一楼土地面上堆抹一定厚度的混凝土砂浆即告完事，但细心人会发现：这样形成的混凝土地坪出现裂缝是难免的，混凝土地坪与墙体夹角间出现裂缝更是普遍的，哪怕裂缝很小，这些裂缝多数是水泥凝固过程中出现的伸缩缝，然而，正是这些"伸缩缝"成为土壤氡涌入的通道。

因此，从防治土壤氡危害角度看，民用建筑设计时要采取有效措施，并在施工时绝对保证不允许水泥地面出现裂缝。

（6）土壤氡对建筑物内的影响主要在三层以下。

模拟建筑物一层顶板有裂缝（孔洞）且一层及二层封闭状态下二层室内氡浓度及一层室内氡浓度变化测试研究表明：①虽然一层的室内氡通过顶板孔洞或裂缝（很小）会向上部空间扩散，但建筑物一层的氡浓度仍呈现基本持续稳定上升，逐渐趋于饱和，饱和浓度与顶板未开孔的情况相比无明显下降，也就是说，在全封闭情况下，一层顶板的细小缝隙（小孔）对一层的氡浓度水平影响不大。②建筑物下部（一层）空间的氡会向二层扩散，使二层空间的氡浓度逐渐增加。在该实验条件下，2 天内二层室内氡浓度升高到约 6000 Bq/m³（当然，顶板的缝隙大小、楼层高度等因素会对氡的扩散速度、大小产生影响）。

本项实验中，一层顶板孔洞为圆形 φ2cm，面积为 3cm²，模型建筑内顶板尺寸为 40cm×40cm，面积约为 1600cm²，孔洞面积仅为顶板面积的 1/500，但是，2 天内二层室内氡浓度仍然可以升高到约 6000 Bq/m³，达到约为一层室内氡浓度的 8 ％（约为一层室内氡浓度的 1/12），远比两者面积之比大得多，也就是说，氡透过缝隙的作用不可因面积小而忽视。

由此可以得出这样的结论：对多层建筑或高层建筑来说，土壤氡进入建筑物内的主要通道是地面或墙体的裂缝、孔洞，影响范围在三层以下，影响最突出的是地下室和一层；可以说"氡无孔不入"。

这一实验结果还可以外推到别墅建筑的情况：一般别墅建筑（二层或三层）的内部，均有人员上下的楼梯，正是这些楼梯空间可以将楼底层的氡通畅地向楼上输送，再加上"烟囱效应"，因此，一旦室内通风不好，底层土壤氡涌入，整个建筑物内氡浓度升高将不可避免。

4. 室内氡来源之二——建筑材料的氡析出

（1）城市综合调查显示：建筑材料的氡析出是室内氡的决定因素之一。

2007—2010 年进行的城市室内氡综合调查提供的材料有以下内容。

1）乌鲁木齐市室内氡调查显现的建筑材料影响。

乌鲁木齐市提供的室内氡浓度——装饰材料相关性资料表明，室内氡浓度与地面装修材料之间的关系为：瓷砖＞水泥地。分析原因在于瓷砖的原材料一般放射性含量较高（全国抽检结果），因而造成室内空气中氡浓度的增高。

2）厦门市室内氡与建筑材料的相关性调查。

厦门市室内装修材料对室内氡浓度的影响资料表明，建筑墙体材料对室内氡的浓度影响结果为：加气混凝土＞烧结砖；地面材料对室内氡的浓度影响结果为：瓷砖＞水泥地＞木地板。

一般来说，建筑物室内氡主要来自建筑材料，来自构成墙体、地板、楼板的无机建筑材料和装修材料。

建筑材料释放到空气中的氡的量既与材料的镭含量（比活度、内照射指数）有关，也与该建筑材料的物理性状（密实程度等）有关。

（2）氡实验房模拟实验研究主要结论。

1）裸露加气混凝土砌块墙体氡析出率高，室内氡浓度也高。

裸露加气混凝土砌块（深圳本地产）墙体氡实验房氡浓度测试研究表明：实验开始后，房内氡浓度呈线性增长，室内的氡浓度持续上升至接近 2000 Bq/m³，已基本进入稳定状态。由此可以计算出氡实验房内墙面的平均氡析出率为 0.003 Bq/（s·m²）（此时的氡实验房散发氡的墙面面积为 16m²，室内容积为 8m³，面积与容积之比为 2∶1。注意：不同的加气混凝土砌块氡析出率会不同）。

由于粉煤灰加气混凝土保温性能良好，可以大大减轻墙体重量，有利于抗震，又可大量利用火力发电厂的废物粉煤灰，减轻环境污染，节能节材，因此，属于国家推广应用的建筑材料，目前框架结构民用建筑普遍采用。但加气混凝土砌块的氡析出率高，值得进一步研究。

2）内墙抹面水泥砂浆对墙体材料的氡析出率及室内氡浓度影响很小。

水泥砂浆抹面加气混凝土砌块墙体室内氡浓度研究表明：实验开始后，房内氡浓度呈线性增长，后持续增长并逐渐趋于饱和，可以计算出氡实验房内墙面平均氡析出率为 0.003

Bq/（s•m^2）；同时可以估计出达到平衡时的氡浓度约为 2000 Bq/m^3。

可以发现，约 2cm 厚的水泥砂浆抹面后室内饱和氡浓度与裸露加气混凝土砌块墙面实验房内的饱和氡浓度变化不大，基本相似，而达到平衡的时间略有差别：涂抹了水泥砂浆后室内氡浓度达到平衡的时间较长（相差大约 50h）。也就是说，约 2cm 厚水泥砂浆抹面的作用只是延缓了墙体释放氡的过程，并未从根本上阻止氡的释放（注意：施工中使用的水泥砂浆可能会因为原材料不同、厚度不同而在阻止氡的释放方面有所差别）。

水泥砂浆是一般通用的建筑内墙抹面材料，约 2cm 厚水泥砂浆对墙体内部墙体材料释放氡几乎无阻止作用，这一点值得设计人员注意。

3）烧结砖墙体的氡析出率及室内氡浓度比加气混凝土等材料低得多。

水泥砂浆抹面（水泥砂浆抹面施工按一般施工规范进行，水泥砂浆厚度约 2cm）砖墙体房室内氡积累测试研究表明：实验开始后，房内氡浓度呈线性增长，后逐渐趋于饱和，可以计算出墙面平均氡析出率为 0.0007 Bq/（s•m^2）。同时，可以估计出达到平衡时的氡浓度约为 420 Bq/m^3（由于其"面积与容积之比"为 2.4∶1，因此，按 2∶1 折算后平衡氡浓度约为 480 Bq/m^3）。考虑到水泥砂浆抹面对墙体材料的氡析出率及室内氡浓度影响很小，因此，可以认为以上测量值即为烧结砖墙体的氡析出率及室内氡浓度。

"秦砖汉瓦"，长期以来，黏土烧结砖是一般建筑物普遍使用的主要墙体材料。从 20 世纪 80 年代起，出于保护耕地、减少环境污染需要，开始提倡使用粉煤灰烧结砖、煤矸石烧结砖，以减少黄土的使用。近年来，发现有些地方使用烧结砖的住宅建筑内出现氡超标的情况，据了解主要原因是制砖用的粉煤灰、煤矸石镭含量高，有关建设监督管理部门缺少监管，这种情况本来应当是可以避免的。

总体上看，虽然已逐渐停止使用烧结砖，但是目前使用烧结砖的情况仍然不少（特别是农村和非高层建筑），多数老建筑更是普遍使用烧结砖，因此，烧结砖房屋的室内氡状况仍值得关注。

4）混凝土空心砌块墙体氡析出率高，室内氡浓度也高。

水泥砂浆抹面混凝土空心砌块（深圳本地产）墙体房室内氡积累测试研究表明：实验开始后，房内氡浓度一开始呈线性增长，由此可以计算出氡实验房内墙地面平均氡析出率为 0.0032 Bq/（s•m^2）。之后室内氡浓度持续增长并逐渐进入饱和，推算饱和室内氡浓度约为 4000 Bq/m^3，由于其"面积与容积之比"为 3∶1，因此，按 2∶1 折算后平衡氡浓度约为 2500 Bq/m^3。

本测试再一次表明，约 2cm 厚的水泥砂浆抹面对墙体材料的氡析出影响不大，这种现象与前面进行过的实验结果一致，也就是说，约 2cm 厚水泥砂浆抹面的作用只是延缓了墙体释放氡的过程，并未阻止氡的释放。此现象值得进一步研究。

各类混凝土空心砌块是目前房屋建筑通用的墙体建筑材料，其保温性能良好，可以大大减轻墙体重量，有利于抗震，减轻环境污染，节能节材，属于国家推广应用的建筑材料，但其氡析出率高，值得进一步研究。

（3）利用测试厢进行不同建筑材料氡析出率测试研究主要结论。

1）大加气混凝土砌块的氡析出率大，小加气混凝土砌块的氡析出率小；总体积不变情况下，材料表面单位时间氡析出总量基本不变。

实验表明：将大尺寸加气混凝土砌块切割成小尺寸加气混凝土砌块后（一分为二、一分为四、一分为八），在总体积不变的情况下，加气试块的氡析出率在减少，但加气试块表面在单位时间内氡析出总量基本保持不变。这一结果表明：从工程应用角度看，不同尺寸大小的加气混凝土砌块对室内氡的影响基本相同。

这一实验结果对规范加气混凝土砌块的氡析出率检测具有意义：因为测试样品的尺寸大小会对测量结果产生一定影响——尺寸大的样品的氡析出率检测结果会大一些，尺寸小的样品的结果会小一些，因此，有必要对加气混凝土砌块测试样品的大小提出规范要求。

当然，对于其他密实度高的建筑材料，尺寸大小的影响可能会有所降低，对此尚须进一步研究。

2）加气混凝土砌块的氡析出率大小与其含水率密切相关。

不同含水率加气混凝土砌块的氡析出率测试表明：干燥的加气混凝土砌块氡析出率最低，随着加气试块含水率的增加，其氡析出率逐渐增加，含水率达到30%左右时氡析出率不再增加并趋于稳定，此时的氡析出率可达材料绝干时的10倍左右，直至加气试块含水率达到饱和（46%）。由此可知，加气混凝土砌块氡析出率测试时须明确其含水率范围。

这一实验结果说明：加气混凝土砌块含水不仅不会减少其氡的析出，还会有利于氡的析出，也就是说水对氡的扩散、运移有助推作用。由此是否可以推想：土壤里的水、地下裂缝里的水（包括温泉水）、水井里的水是否同样也对氡的扩散、运移有助推作用呢？

不同含水率建筑材料对氡析出率的影响有必要进一步研究。

3）环境温度、环境湿度对加气混凝土砌块的氡析出无明显影响。

不同环境温度、不同湿度下加气混凝土砌块的氡析出率测试表明：

在18~30℃温度范围内，加气混凝土砌块的氡析出率无明显变化；

在60%~100%湿度范围内，加气混凝土砌块的氡析出率无明显变化。

从这一实验结果可以得到如下启示：可以放宽加气混凝土砌块氡析出率测试时的环境温度、环境湿度要求。建筑物建成后，加气混凝土砌块等建筑材料的氡析出不会因为一年四季的环境温湿度变化而出现明显变化（这一点与人造板材的甲醛释放规律不同）。

4）烧结性材料的氡析出率最低，非烧结性材料的氡析出率高，松散性材料氡析出率最高，可能相差数十倍。

利用简易建筑材料氡析出率测试厢进行的建筑材料氡析出测试研究表明：在相同内照射指数下，烧结性材料（烧结砖、多孔烧结砖、墙地砖等）的氡析出率最低，非烧结性材料（空心砌块、水泥砂浆、加气混凝土等）的氡析出率高；松散性最高（空隙率最高）的加气混凝土材料、空心砌块氡析出率最高，高低可以相差数十倍。

（4）建筑物通风可有效降低室内氡。

城市室内氡综合调查显示：建筑物通风可有效降低室内氡浓度。

一般来说，春夏秋冬四季，住户的门窗开关习惯会有不同（因此，造成通风量不同），因而会影响到室内氡浓度随季节会有所不同。

1）乌鲁木齐地区室内氡调查显现的建筑物通风影响。

乌鲁木齐地区不同季节室内氡浓度测量结果表明，乌鲁木齐地区室内氡浓度随季节性变化的规律为：冬季＞秋季＞春季＞夏季。究其原因，乌鲁木齐冬季气候寒冷，居民开窗通风时间明显减少，加之采用集中供热、壁挂炉等方式取暖，室内放射性物质聚集，因此，冬季的室内氡浓度在四季中为最高。

秋季的室内氡浓度次之，乌鲁木齐地区冬季采暖期为 10 月中旬开始，但在此之前，气温已有大幅度的下降，随着气温下降，居民开窗通风时间自然有所减少，室内空气不流通，因此，室内氡浓度值较高。

春季本地区开窗通风时间较秋季有所增加，室内空气流通交换比较多，室内氡浓度比秋季有所降低。

乌鲁木齐地区夏季气候干燥炎热，居民家中全天保持开窗通风状态，因此，夏季室内氡浓度在全年中最低。

另外，乌鲁木齐在调查中选择住户、使用 RAD7 测氡仪于春、夏、冬三季分别进行了室内氡浓度 24h 连续检测，从测量结果可以看出，乌鲁木齐市室内氡浓度 24h 变化趋势：冬季与夏季、春季大体相同。冬季在上午 8：00 左右达到峰值，起床后进行户外活动，门窗打开，随后室内氡浓度逐渐下降；春季从上午 10：00 左右达到峰值，随后室内氡浓度逐渐下降；夏季从凌晨 3：00 左右达到峰值，随后室内氡浓度逐渐下降，总体呈下降趋势，其中，中午 14：00～16：00 室内氡浓度达到最低点，估计与中午时段大气对流强、气压低有关。

2）深圳地区室内氡调查显现的通风影响（季节因素与生活习惯）。

本次调查研究中，深圳市对各住户的门窗开关习惯进行了统计分析，可以看出，保持门窗日常多打开的住宅数占 36.4％，其室内氡浓度为 30 Bq/m³。除此之外的住宅室内氡浓度平均值在 35～37 Bq/m³ 范围，说明日常生活中门窗常开将使室内氡的浓度降低。

3）厦门地区室内氡调查显现的通风影响（季节性因素为主）。

厦门市室内氡浓度与季节变化的关系从数据可知，厦门地区室内氡浓度随季节的变化规律为：冬季＞夏季＞秋季。另外，使用 RAD7 测氡仪对同一建筑物房间进行了四季、单日连续 24h 测试。

厦门地区室内氡浓度变化有以下几个特点：

一是，不同季节的室内氡浓度为：冬季＞春季＞夏季＞秋季。

二是，在门窗关闭的情况下，建筑物的室内氡浓度明显高于正常开关窗的情况。

三是，在门窗关闭的 24h 内，室内氡的浓度随时间呈现规律性变化：早上 5：00～8：00 时，室内氡浓度最高；冬季在 20：00～23：00 室内氡浓度最低，春季在 16：00～18：00 室内氡浓度最低，夏季在 13：00～18：00 室内氡浓度最低，秋季在 12：00～16：00 室内氡浓度最低。原因可能为：早上 5：00～8：00，大气呈逆温现象，大气层比较稳定，这使得地表释放出来的氡气在大气中的垂直混合作用减弱；太阳升起后，低温大气被加热，近地面气温升高，破坏了逆温条件，大气湍流和垂直对流加强，导致地表氡浓度降低。

四是，在正常开关窗的 24h 内，室内氡的浓度变化为：早上 4：00～8：00，室内氡浓度最高，16：00～19：00 时室内氡浓度最低。原因可能为：正常的生活状态下，早上 7：00 以后，户主会起床活动，此时门窗由关闭变为开启，除了大气逆温被破坏外，良好的空气流动会使室内氡的浓度降低。

4）广州地区室内氡调查显现的通风影响（季节性因素与生活习惯）。

广州地区室内氡一年内不同季节的变化情况可以看出，在广州地区，秋季和夏季较低，冬季和春季相对较高，其中以春季最高，但季节性差别不大，这与广州地区气温较高，人们一年四季有开窗通风的习惯有关（即使没有人在家也开窗）。

在调查中，用 RAD7 对某房间进行了连续 7 天的监测（该房间为办公室），上班时间是 9：00～18：00，星期日休息。

连续 7 天的室内氡平均值是 69.12Bq/m³，最大值是 143.7 Bq/m³，最小值是 15.52 Bq/m³。室内氡随该房间上下班时间变化显著，上班时空调通风，从 8：59 氡浓度由 120 Bq/m³ 左右开始下降，4 个小时后基本达到平衡，氡浓度为 30 Bq/m³ 左右；下午下班后室内氡浓度开始累积，至深夜 11：59 达到平衡，氡浓度为 120 Bq/m³ 左右。11 月 7 日休息，可以看出从 6 日下午 17：58 开始氡浓度开始增长，至 23：58 到达平衡，从 6 日 23：58 到 8 日上午 7：59 氡浓度均维持在 110～140 Bq/m³ 之间，8 日 7：59 后上班通风氡浓度又开始下降。室内氡浓度在晚上不通风的情况下，可迅速上升到高于通风条件 3～4 倍的水平。可见，虽然连续监测的平均值只有 69.12 Bq/m³，但该房间不通风时可达到 143.17 Bq/m³。

另外，还做了一个毛坯房检测案例：该毛坯房空调预留洞未封闭条件下，测得的室内氡浓度为 45～50 Bq/m³；其他条件不变，将室内空调预留洞封闭后，测得的室内氡浓度为 150～180 Bq/m³。

5）徐州地区室内氡调查显现的通风影响（主要表现为季节性因素）。

从徐州地区的季节性室内氡调查结果可以看出，室内氡浓度冬季明显偏高，秋季最低，春季和夏季居中，接近于全年的平均值。究其原因可能是因为徐州地处北方，冬季多关闭门窗，很少开窗通风，导致氡及其子体聚集在室内得不到有效的扩散。整个夏秋季开窗通风时间长，室内氡浓度得以有效扩散，浓度最低。

6）诸暨地区室内氡调查显现的通风影响（季节性因素与生活习惯）。

诸暨地区进行了一年跨度的 10 户室内氡浓度检测，可以看出，诸暨的室内氡浓度冬季明显高于其他三季。分析原因在于诸暨市冬季不供暖，室内寒冷，窗户一般都是紧闭的，通风情况不佳；春季气温回暖，但前期还是比较冷，窗户关紧的时间也比较多；夏季炎热，秋季气温适宜，门窗打开时间较长，室内通风较好，室内氡浓度不高。

总的情况是：门户关闭状态下室内氡浓度明显高于自然状态下的浓度；门户开启时室内氡浓度昼夜变化不大；白天开窗和门，晚上关闭时，室内氡浓度也会有一个相应地降低和升高的过程。

7）西宁地区的连续 48h 室内氡调查。

西宁地区进行了 RAD7 测氡仪 48h 室内（办公室）氡浓度连续测量，连续两天的监测室内氡的平均值是 13.0Bq/m³，最大值是 29.8 Bq/m³，最小值是 4.05 Bq/m³。从上图中不难看出，室内氡随该房间上下班时间变化显著：上班时通风，从 8：47 氡浓度由 14.9 Bq/m³ 左右开始下降，5 个小时后基本达到最低，氡浓度为 4.05Bq/m³ 左右；下午下班后室内氡浓度开始累积，至深夜 3：47 达到最高，氡浓度为 29.8 Bq/m³ 左右。

8）昆山地区的季节性室内氡连续 48h 调查。

昆山地区的季节性室内氡调查及连续 48h 室内氡调查结果可以得出以下结论：

门窗关闭时，室内氡浓度前 24h 增幅较大，后 24h 趋于平稳；冬季（11、12 月份）室内氡浓度高于夏季（6 月份）。

9）苏州地区的季节性室内氡调查及连续 48h 室内氡调查。2011 年 1 月份使用 RAD7 测氡仪对 5 户住宅测试的室内氡浓度随时间变化。这 5 户住宅装修情况差别不大，在检测时间内都未使用空调（前 24h 门窗关闭，后 24h 正常生活）。

可以得出以下结论：

首先总体来说，门窗关闭 24h 所测得的住宅室内氡浓度要高于正常生活情况下的室内氡浓度。这是因为在正常生活状态下，户主经常开窗通风（在苏州尽管 1 月份还属于冬季，但气温相对不是很低，苏州地区的户主大都有这种习惯）。空气的流通使室内氡浓度降低。

其次门窗关闭 24h 的状态下室内氡浓度变化程度不是很明显，这是因为在门窗关闭的状态下，室内的气流是比较稳定的。

最后正常生活的状态下室内氡浓度的变化程度相对比较明显，这是因为选择了周末放置仪器检测，住户大都在早上 9 点左右起床活动，门窗会被打开，所以 9 点过后室内氡有明显的下降。在 17 点过后，由于室外气温的下降，住户大都会关闭门窗，因此室内氡浓度会有一定的上升的趋势，说明室内的通风情况是影响室内氡浓度变化的主要因素。

10）上海的建筑物现场测试研究资料（居室密封程度提高则室内氡浓度上升）。

上海市浦东工程质量检测中心曾对某住户进行室内氡浓度与通风情况的研究性检测，测试现场位于上海浦东某住宅小区的五楼，建筑主体为混凝土框架结构，墙体材料为轻型加气砌块，室内已装修，放置木家具。该居室的建筑材料和装饰材料均经放射性检测，结果合格，室内除人呼吸以外，无其他 CO_2 的来源。

房间面积 12.74 m²，室内温度约 24℃。

测试一：在自然关闭门窗状态下，观察室内二氧化碳（作为示踪气体）、氡浓度的变化；居室小时换气率为 25%；测量时间是从晚上 22：00 至次日早晨 7：00，共 9h。测试结果：氡浓度从 42Bq/m³ 上升到 168 Bq/m³。

测试二：将居室窗缝用胶带密封后，室内小时换气率降为为 10%，其他条件不变，观察室内氡浓度的变化。测试结果：在相同时间段内，居室内氡浓度从 53Bq/m³ 上升到 230 Bq/m³，如图 3.4-7 所示。

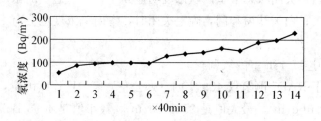

图 3.4-7　密封条件下室内氡浓度变化

（5）氡实验房模拟实验研究主要结论

1）0.1 次/h 的微小通风不足以抵消建筑材料氡的释放，但是放慢了房内氡浓度增长速度。

氡实验房新风 0.1 次/h 下测试研究表明：氡实验房内氡浓度仍呈增加趋势：1 天内从 300 Bq/m^3 水平增加到约 400 Bq/m^3 水平，似可继续有所增加。此实验结果与封闭情况下的氡实验房内氡浓度连续快速增长相比，可以看出，0.1 次/h 的微小通风不足以抵消建筑材料氡的释放，但放慢了房内氡浓度增长速度（注意：氡实验房封闭情况下的室内氡浓度是保持在高位 1400Bq/m^3 水平上下的）。

2）0.2 次/h 的通风可使室内氡浓度明显降低。

氡实验房新风 0.2 次/h 下测试研究表明：在 1.6 m^3/h 新风下（即氡实验房新风换气 0.2 次/h）氡浓度逐渐下降：1 天内从 1200 Bq/m^3 水平减小到约 300 Bq/m^3 水平，且似可继续下降，说明通风已超过建筑材料氡的释放速度。

3）0.4 次/h 的通风可使室内氡浓度迅速下降。

氡实验房新风 0.4 次/h 下测试研究表明：在 3.2 m^3/h 新风下（即氡实验房新风换气 0.4 次/h）氡浓度迅速下降：半天内从 400 Bq/m^3 水平减小到约 100 Bq/m^3 水平，且似可继续下降。

4）0.6 次/h 的通风可使室内氡浓度更加迅速下降。

氡实验房新风 0.6 次/h（4.8 m^3/h 新风）下测试研究表明：氡浓度快速下降：半天内从 100 Bq/m^3 水平减小到约 70 Bq/m^3 水平（根据 2010 年 2 月测量数据，室外新风的氡浓度本底水平约在 20Bq/m^3 水平，扣除本底后，相当于半天内从 80 Bq/m^3 水平减小到约 50 Bq/m^3 水平）。

5）1 次/h 的通风可使室内氡浓度降低到接近本底水平。

氡实验房新风 1.0 次/h 下测试研究表明：在 8 m^3/h 新风下（即氡实验房新风换气 1 次/h）氡浓度在半天内从 70 Bq/m^3 水平减小到约 40 Bq/m^3 水平（扣除本底后，相当于半天内从 50 Bq/m^3 水平减小到约 20 Bq/m^3 水平）。

综合测试数据可以看出：不同的新风换气量可使封闭情况下的室内氡浓度有不同程度的下降，最后稳定维持在某个氡浓度水平上：新风换气量越大，稳定维持的氡浓度水平越低；新风换气量越小，稳定维持的氡浓度水平越高并接近封闭情况下的氡浓度。

总之，即使有很小的新风换气量（例如 0.1 次/h），也可以使室内氡浓度有显著下降。

实际上，室内各方面的氡释放与通风是一种竞争平衡关系：氡释放大于稀释作用，则室内氡浓度继续升高；氡释放小于稀释作用，则室内氡浓度降低。具体到一个建筑物而言，多大换气次数的通风可以将建筑物内的氡浓度降低到什么程度，要考虑许多因素。

3.5 降低室内甲醛浓度的模拟通风实验

按照"中国室内环境概况调查与研究"课题要求，泰宏发展有限公司设计建造了可进行板材—家具—通风模拟测试的实验房，该实验房净容积 28m³，温度可控，进入实验房的空气经净化过滤。

从 2017 年 1 月开始，进行了以实验房内甲醛浓度为测试对象的系列板材—家具—通风模拟测试研究，测试材料为市场购买的一般胶合板、细木工板、纤维板，总面积 34m²（正反两面面积计），与实验房容积之比约 1∶1，材料表面未经处理；实验用家具（柜子）为素板材料测试所用胶合板、细木工板、纤维板，柜子内外表面面积约为 34m²（正反两面面积计）；甲醛浓度测试方法为《民用建筑工程室内环境污染控制规范》GB 50325 所要求的酚试剂法。

1. 柜子（开关门两种状态）模拟实验房测试

开门测试结果汇总如图 3.5-1 所示。

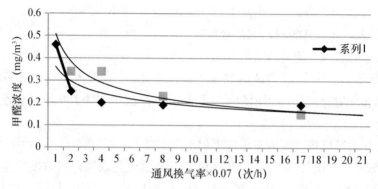

图 3.5-1　模拟实验房测试结果汇总

注：系列 1：素板材-甲醛浓度变化；系列 2：柜子（开门）-甲醛浓度变化。

从整个测试结果可以看出：

（1）实验房内关门状态下的柜子，随着实验房内通风换气率增加，在 20h 内甲醛浓度大体呈幂指数规律逐渐降低趋势，并可以降低到零通风换气率下甲醛浓度的将近一半。

（2）在同样通风换气率条件下，家具（柜子）门关闭状态比打开状态甲醛浓度降低的更多一些（降低超过一半，虽然不十分显著），说明家具（柜子）门关闭状态比打开状态甲醛释放要少一些（当然，门打开后，里面积累的甲醛又会一下子释放出来）。

2. 不同通风换气率下实验房内甲醛浓度变化

不同通风换气率下实验房内甲醛浓度变化数据如表 3.5-1 及图 3.5-2～图 3.5-5。

表 3.5-1　不同通风换气率下实验房内甲醛浓度变化

测量开始后时间（h）	通风换气次数（h） 0.1	0.2	0.35	0.43
0	0.7	0.69	0.7	0.7
1	0.64	0.67	0.67	0.65
2	0.59	0.64	0.7	0.62
3	0.6	0.64	0.65	0.6

续表

测量开始后时间（h） 通风换气次数/（h）	0.1	0.2	0.35	0.43
4	0.59	0.52	0.47	0.45
5	0.58	0.51	0.42	0.45
6	0.56	0.51	0.42	0.45
7	0.58	0.5	0.44	0.45
8	0.57	0.46	0.45	0.46
9	0.56	0.46	0.45	0.43
10	0.56	0.47	0.45	0.45
11	0.55	0.46	0.43	0.45
12	0.56	0.46	0.44	0.41
13	0.55	0.45	0.45	0.4
14	0.55	0.45	0.46	0.37
15	0.56	0.47	0.43	0.38
16	0.56	0.46	0.4	0.34
17	0.56	0.44	0.39	0.35
18	0.55	0.45	0.39	0.35
19	0.55	0.45	0.39	0.35

（1）实验房 0.1 次/h 换气率下的甲醛浓度变化如图 3.5-2 所示。

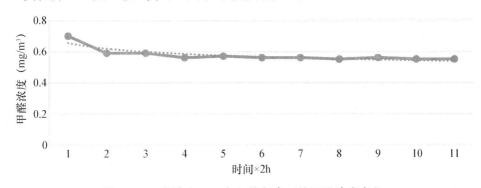

图 3.5-2 实验房 0.1 次/h 换气率下的甲醛浓度变化

（2）实验房 0.2 次/h 换气率下的甲醛浓度变化如图 3.5-3 所示。

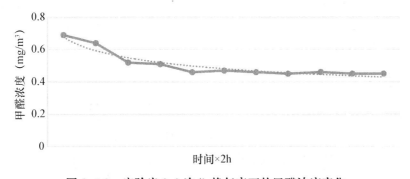

图 3.5-3 实验房 0.2 次/h 换气率下的甲醛浓度变化

（3）实验房 0.35 次/h 换气率下的甲醛浓度变化如图 3.5-4 所示。

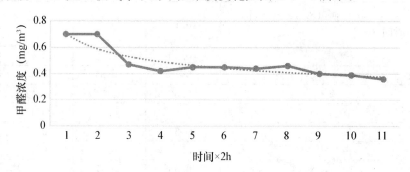

图 3.5-4　实验房 0.35 次/h 换气率下的甲醛浓度变化

（4）实验房 0.45 次/h 换气率下的甲醛浓度变化如图 3.5-5 所示。

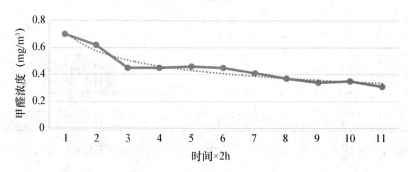

图 3.5-5　实验房 0.45 次/h 换气率下的甲醛浓度变化

（5）实验房不同换气率下甲醛浓度稳定值如表 3.5-2、图 3.5-6 所示。

表 3.5-2　实验房不同换气率下甲醛浓度稳定值表

通风换气率次（h）	0.1	0.2	0.35	0.45
甲醛浓度稳定值（mg/m³）	0.55	0.45	0.39	0.35
甲醛浓度稳定值为不通风房间甲醛浓度的百分比（%）	80	65	56	50

实验房不同换气率下甲醛浓度稳定值如图 3.5-6 所示。

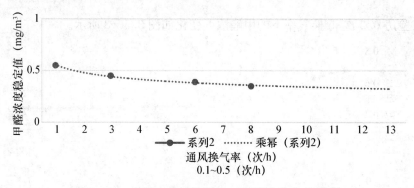

图 3.5-6　实验房不同换气率下甲醛浓度稳定值图

　　测试数据表明：随着通风换气进行，实验房内的甲醛浓度逐渐降低，并大体稳定在一个水平上；不同通风换气率下，室内甲醛浓度降低快慢不同：通风换气率大的甲醛浓度降低快；不同通风换气率下，室内甲醛浓度降低后的稳定值不同：通风换气率大的甲醛浓度降低后的稳定值低；例如，0.1 次/h 的通风不良房间，甲醛浓度仅能降低到不通风情况下的约 80%，0.2 次/h 的通风不良房间，甲醛浓度仅能降低到不通风情况下的约 65%，0.35 次/h 的通风房间，甲醛浓度能降低到不通风情况下的约 56%，0.45 次/h 的通风房间，甲醛浓度仅能降低到不通风情况下的约 50%。

4 | 室内空气污染控制

本章仅以目前我国室内环境污染的主要成分甲醛、VOC 等进行研究。

4.1 造成室内空气污染的三大因素

国内外大量研究表明：造成室内空气污染的三大因素是建筑装饰装修材料、家具及室内通风换气情况。装修材料使用量大、污染物释放强度高、家具污染突出、房间通风换气差将导致室内环境污染加重。

建筑室内化学类污染物来自各类有机类装修材料，如：油漆涂料、人造板、复合地板、壁纸壁布、胶粘剂，各类有机材料类家具也会释放出各类化学污染物，无机类放射性致癌物氡污染来自无机建筑装修材料（砖、水泥、混凝土、砌块、卫生陶瓷、石材等）等。

从我国目前普遍情况看，甲醛、VOC 等是室内环境污染的主要成分。

近年来，北方地区的严重大气污染（雾霾）也会影响到室内环境，但这是我国发展过程中出现的短期历史性现象，不必作为持续、恒久原因看待，就像当年的"伦敦烟雾事件"一样。

为找出对室内环境有影响的诸多因素的具体影响大小，本课题组织进行了全国 19 个城市Ⅰ、Ⅱ类建筑约 2000 栋、6000 个房间的现场实测调查，其中，2014—2015 年调查 2000 间。

2010—2014 年的现场调查汇总数据可以充分说明我国目前室内环境状况，2014（2015）年的现场实测调查数据可以展现出影响室内环境污染的诸因素的内在联系。现场实测数据的统计分析，有两点需要说明：

（1）多数装修材料在使用时，会程度不同的使用胶粘剂，用以在地面或者墙面固定（如人造板、复合地板、实木板、壁纸壁布、地毯等），家具制作也会使用胶粘剂，有些装修材料需要进行处理以防霉、防腐、防蛀等，这些胶粘剂、处理剂本身也会产生污染。课题现场调查实测过程中所得到的数据应当理解为既包括装饰装修材料、家具材料自身所产生的污染，也包括那些附带使用的材料的污染贡献。

（2）关于统计分析方法。为找出"装修材料使用量负荷比对室内甲醛浓度影响"，可以将 2014（2015）年现场实测调查的 1470 个房间的装修材料的使用量负荷比和房间的甲醛浓度数据一一对应简单汇总在一起，如此可以绘制成图 4.1-1 所示。

从图可以看出，随着室内装修材料使用量负荷比的增加，室内甲醛浓度呈现无规律涨落，看不出两者之间的任何相关性。之所以出现这种情况，主要是因为现场测得的这些甲醛浓度数据是在不同环境温度、湿度、不同房间门窗关闭时间、不同室内装修完工时间及装修材料污染物释放各异等情况下测得的，而环境温度、湿度、房间门窗关闭时间、室内装修完工时间、污染物释放量等均对室内污染有重要影响（在直接汇总分析时这些影响因素均未一一排除），这些影响足以掩盖装修材料的使用量负荷比不同对室内甲醛污染的影响。也就是说，现场测得的甲醛、VOC 等污染物浓度数据是诸多影响因素共同作用的结果，混在一起，简单统计难以显现单一人造板使用量对室内甲醛浓度影响。

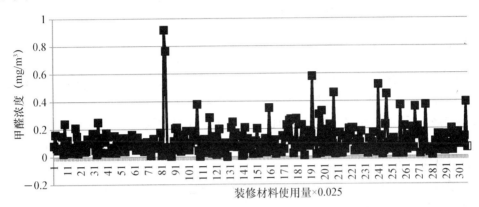

图 4.1-1   室内装修材料使用量负荷比－甲醛浓度

（15 个城市全部样本按装修材料使用量负荷比排序）

面对海量现场实测数据，为找出"装修材料使用量负荷比对室内甲醛浓度影响"情况，必须考虑统计分析方法。

为减少诸多因素影响，突出某一因素作用，根据实际情况可以适当限定纳入统计分析的数据范围。例如，国家标准《民用建筑工程室内环境污染控制规范》GB 50325 要求验收检测应在 7 天以后进行，对外门窗关闭时间 1h。因此，在对现场实测数据进行统计分析时，可以只对完工 3 个月内、对外门窗关闭时间 1h 的数据进行统计分析，完工时间很长的数据不用，对外门窗关闭时间很长的不用。又如，温度对装饰装修材料、家具的污染物释放有影响，统计分析时可以只对常温下测得的数据进行统计分析（"常温"概念大体在 20～30℃、或者在 23℃上下），大体可以排除高温、低温影响。

统计分析数据的范围限定也要根据实际情况灵活掌握，因为，限定范围后数据量可能不够大（说明：限制范围太窄，样本量过少，统计准确率将降低，因此，只能对影响因素适当限制）。为了保证有一定数量的数据量（最好几百个以上，最少几十个），统计数据的限定范围往往不得不进一步放宽。以下章节进行有关项目间相关性统计分析时，多数情况下，仅选用"完工时间 3 月内"、"门窗关闭时间 1h"、环境温度"常温"等适当范围内的调查数据进行分析。

另外，在进行统计分析时，有时会发现有个别"离群数据"，数据过大或过小。造成离群数据的原因很多，例如，劣质材料过量使用，厨房、卫生间防水材料使用（多地毛坯房检测发现甲醛、VOC 超标严重，原来是劣质的厨房、卫生间防水材料释放出来的，这些材料本不属于装修材料，但化学污染物释放量极大）、意外污染因素进入等，这些个别的"离群数据"剔除是合理的、允许的。

即使如此，进入统计分析范围的现场测试数据仍然会显现出其他影响因素的干扰作用。例如，即使选用"常温"（23℃上下）范围的数据，"常温"仍然有约10℃上下的温差，由此带来的污染物释放差别可能已达20%上下；"完工时间3月内"也有完工近3个月的差别，由此带来的污染物释放差别在30%上下；"门窗关闭时间1h"也只能是近似的，因为，许多情况下，为了保有数据量，不得不把小于3h的数据作为"1h数据"纳入统计范围。由此可见，后面的统计分析表、图中数据出现"涨落"是必然的、合理的。从统计学角度看，我们应当重视的是"走向""发展趋势"等带有规律性的东西。

4.1.1　装饰装修材料影响

装饰装修材料包括的种类很多，油漆涂料、人造板、复合地板、实木板、壁纸壁布、胶粘剂、地毯等。考虑到溶剂型涂料（油漆）已基本限制现场使用，水性墙面涂料挥发过程快（十天、到半个月已基本挥发完毕），因此，本课题对溶剂型涂料、水性墙面涂料不再进行调查，不再进行统计分析。胶粘剂总是作为装修材料的粘合材料使用的，不会单独使用，因此，不再单独进行调查和统计分析。这样，本课题调查的装修材料仅指人造板、复合地板、实木板、壁纸壁布、地毯等，实际上，这些材料正是装饰装修用得最多的材料，也是对室内环境污染影响最大的东西。

1. 人造板使用量负荷比对室内甲醛浓度影响

人造板包括很多种，用得较多的有胶合板、纤维板、细木工板等，装修中多为混合使用，释放的污染物均为作为胶粘剂使用的脲醛树脂中游离的甲醛。由于难以分清不同人造板的具体数量多少，只能统一作为"人造板"调查统计。

（1）按人造板使用量负荷比升序简单统计。

将2014—2015年现场检测调查的325个房间的人造板使用量负荷比和甲醛浓度数据，按房间一一对应，按人造板使用量负荷比（m^2/m^3 下同）升序排列（甲醛浓度跟房间走），简单汇总在一起，如图4.1-2所示。

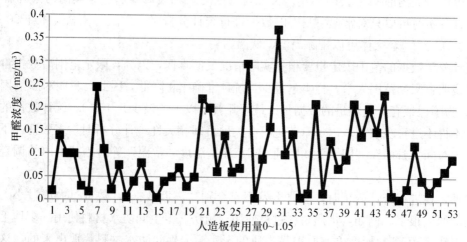

图4.1-2　按人造板使用量负荷比升序简单统计的甲醛浓度变化

可以看出，随着人造板使用量负荷比增加，室内甲醛浓度有高有低，没有规律性变化，无法看出人造板使用量负荷比对室内甲醛浓度的明显影响。

（2）限定统计分析条件后的"随人造板使用量负荷比增加的室内甲醛浓度变化"。

为减少诸多因素影响，突出某一因素作用，可以适当限定统计分析条件。

根据实际情况，将2014年15城市Ⅰ类建筑调查汇总统计数据，按如下条件限定选取，不符合条件的数据不用：

1）调查取样前，门窗关闭1h数据（《民用建筑工程室内环境污染控制规范》GB 50325的要求）；

2）装修完工3月内数据（多数情况）；

3）常温：约18～27℃（多数情况）。

去掉几个离群数据后，符合此统计分析条件的共118个房间。结果汇总制作如图4.1-3所示。

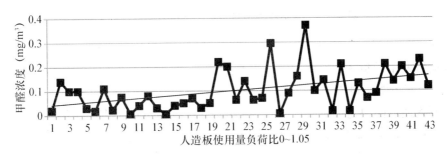

图 4.1-3　人造板使用量负荷比-甲醛浓度相关性

统计显示：

①随着人造板使用量负荷比增加，总体上室内甲醛浓度（平均浓度）似呈增加趋势（虽然说服力不强）；当人造板使用量负荷比达0.6附近时，室内甲醛趋势浓度（平均浓度）达0.08mg/m³；人造板使用量负荷比超过约0.6后，室内甲醛趋势浓度（平均浓度）将超标；

②人造板使用量负荷比增加与甲醛趋势浓度（平均浓度）似基本呈线性关系，经计算，斜率为0.11（mg/m³）/（m²/m³）。

（3）人造板使用量负荷比对室内甲醛浓度超标率影响。

考虑到甲醛浓度低时（远低于限量值0.08mg/m³）测量值准确性较低，误差大，给统计分析带来不确定因素，可以换用"人造板使用量负荷比-甲醛浓度超标率"统计分析方法。

统计分析时限定选用数据的范围如下：

1）调查取样前，门窗关闭1h数据；

2）装修完工3月内数据。

符合统计条件的共129个房间。

数据汇总整理过程中，当房间装修材料使用量负荷比较大时，往往相应的房间样本量较少，甚至房间样本量小于3。此时，为提高统计准确性，在进行统计时，将装修材料使用量负荷比适当范围内相邻数据进行合并、平均，作为该范围内的样本量代表值。例如，材料使用量负荷比3.8（m²/m³）的样本数10，超标样本数为1；材料使用量负荷比3.9m²/m³的样本数 5，超标样本数为 0；材料使用量负荷比 $4.0m^2/m^3$ 的样本数为 1，超标样本数为 2；材料使用量负荷比 $4.2m^2/m^3$ 的样本数 3，超标样本数为 1，合并统计为：材料使用量负荷比 4.0（m^2/m^3）的样本数为 18，超标样本数为 4（以下同）。汇总整理并统计制作成如图 4.1-4 所示。

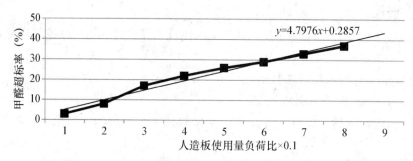

$$y=4.7976x+0.2857$$

图 4.1-4　人造板使用量负荷比与甲醛超标率相关性

统计显示：

①人造板使用量负荷比从 $0.2m^2/m^3$ 增加到 $0.4m^2/m^3$、$0.6m^2/m^3$、$0.8m^2/m^3$，甲醛超标率相应从 8％增加到 22％、29％、37％。

②随着人造板使用量负荷比（m^2/m^3）增加，甲醛浓度超标率基本呈线性关系增加，斜率 50％/（m^2/m^3），二者的线性关系可用下式表示：

$$y=5x+0.3 \tag{4.1-1}$$

式中：y——超标率（％）；

　　　　x——人造板使用量负荷比。

从数据和图示可以看出，人造板使用量负荷比与甲醛超标率相关性比"人造板使用量负荷比与甲醛浓度相关性"明显。分析原因可能在于：工程室内环境取样检测在污染物浓度低时测量值准确度会偏低；污染物浓度较高时各种干扰因素影响小，测量值可信度高，加之验收测量的主要目的是发现是否超标情况，因此，"超标率"数据比较准，与人造板使用量负荷比的相关性明显。

（4）人造板甲醛释放强度。

在装饰装修中人造板使用最普遍，样本量比较多，因此，对人造板的甲醛释放强度进行统计分析十分必要。

统计分析时限定选用数据的范围为：

1）调查取样前，门窗关闭 1h 数据；

2）装修完工 3 月内数据；

3）常温。

数据汇总整理过程中，仅统计房间装修材料使用量负荷比 $0.1\sim1.9m^2/m^3$ 的数据，共 130 个样本。小于 $0.1m^2/m^3$ 的不纳入统计范围，主要是因为使用量过小时使用量计算不准，稍有变化对计算结果影响大。

汇总整理并统计制作成如下表 4.1-1、图 4.1-5 所示。

表 4.1-1　房间样本量随甲醛释放强度变化

人造板甲醛释放强度 (mg/m³) / (m²/m³)	0.03	0.08	0.13	0.18	0.23	0.28	0.33	0.38	0.43	0.48
房间样本量（个）	23	21	19	14	9	7	4	9	2	1
人造板甲醛释放强度 (mg/m³) / (m²/m³)	0.53	0.58	0.63	0.68	0.73	0.78	0.83	0.88	0.93	0.98
房间样本量（个）	7	2	—	—	1	1	1	—	—	—
人造板甲醛释放强度 (mg/m³) / (m²/m³)	1.03	1.08	1.13	1.18	1.23	1.28	1.33	1.38	1.43	1.48
房间样本量（个）	—	—	3	—	1	1	1	—	—	—
人造板甲醛释放强度 (mg/m³) / (m²/m³)	1.53	1.58	1.63	1.68	1.73	1.78	1.83	1.88	1.93	1.98
房间样本量（个）	1	—	—	—	—	—	—	—	—	—

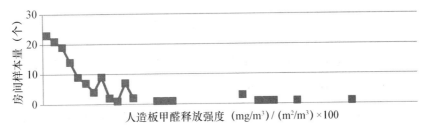

图 4.1-5　房间样本量随甲醛释放强度变化

统计显示：

1）人造板甲醛释放强度为 0.1～1.9（mg/m³）/（m²/m³），所有样本的甲醛释放强度平均值为 0.30（mg/m³）/（m²/m³）；此值虽然比气候箱法规定的人造板甲醛释放限量值（通风换气率 1 次/h）0.12（mg/m³）大，但此数据是在房间通风换气率约 0.3 次/h 情况下的人造板甲醛释放强度。

2）人造板甲醛释放强度小于 0.12（mg/m³）/（m²/m³）的样本量为 58 个，约占总样本量的 40%。如果考虑到人造板使用量调查数据样本量最多处在 0.5（m²/m³）附近情况，也就是说，只使用人造板材料，多数房间的室内甲醛浓度在 0.06（mg/m³）水平上。

（5）各地调查资料。

天津市资料：随着各功能房屋中人造板承载率的增大，甲醛和 TVOC 污染物的平均浓度也呈增大趋势。

涉及装修材料与污染物（甲醛等）浓度的相关性分析，基本采用装修材料使用量与污染物（甲醛等）浓度"超标率"的数量关系进行，而没有采用装修材料使用量与污染物（甲醛等）浓度的数量关系进行分析，主要是考虑到调查数据基本来自检测单位的工程验收检测，工程验收检测时，是否超标是关键，数据也比较可靠，低浓度时数据可靠性较差，可能会给统计分析造成混乱。基于此，人造板、家具、实木板、复合地板、壁纸等皆基本采用装修材料使用量与污染物（甲醛等）浓度"超标率"的数量关系进行分析。

2. 壁纸（壁布）使用量负荷比对室内甲醛浓度影响

（1）按壁纸（壁布）使用量负荷比升序简单统计。

2014年—2015年现场检测调查使用了壁纸（壁布）的527个房间，按房间使用量负荷比（m^2/m^3，下同）和甲醛浓度数据一一对应，壁纸（壁布）使用量负荷比升序排列（甲醛浓度跟房间走），简单汇总在一起，如图4.1-6所示。

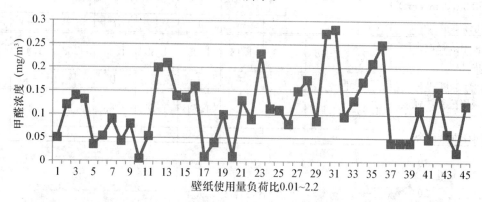

图 4.1-6　按壁纸（壁布）使用量负荷比增加简单统计的室内甲醛浓度变化

可以看出，随着壁纸（壁布）使用量负荷比增加，室内甲醛浓度有高有低，没有规律性变化，无法看出壁纸（壁布）使用量负荷比对室内甲醛浓度的明显影响。

（2）限定统计分析条件后的"随壁纸（壁布）使用量负荷比增加的室内甲醛浓度变化"。

2014年现场检测调查统计的527个房间中，删除30℃以上高温房间数据后，房间的门窗关闭时间大体在1～15 h，完工时间大体在3个月内的装修材料仅有16个房间（数据量太少），整理统计结果如图4.1-7所示。

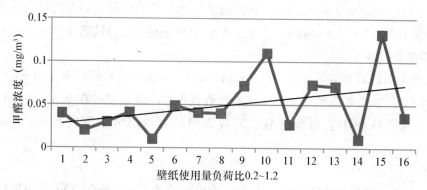

图 4.1-7　壁纸（壁布）用量负荷比与甲醛超标率相关性

统计显示：随着壁纸（连同粘胶）使用量负荷比增加，总体上室内甲醛浓度似呈增加趋势（虽然不明显）；当壁纸（壁布）使用量负荷比达1.3附近时，室内甲醛浓度达0.08mg/m^3，壁纸（壁布）使用量负荷比超过约1.3后，室内甲醛浓度将超标。

3. 复合地板使用量负荷比对室内甲醛浓度影响

（1）按复合地板使用量负荷比升序简单统计。

2014年现场检测调查的1470个房间中，使用了复合地板的有42个房间，按房间使用量负荷比（m²/m³，下同）和甲醛浓度数据一一对应，壁纸（壁布）使用量负荷比升序排列（甲醛浓度跟房间走），简单汇总在一起，如图 4.1-8 所示。

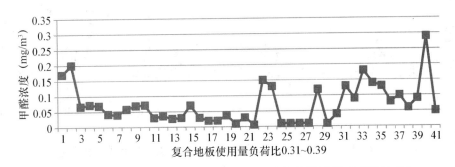

图 4.1-8　按壁纸（壁布）使用量负荷比升序简单统计的甲醛浓度变化

可以看出，随着复合地板使用量负荷比增加，室内甲醛浓度有高有低，没有规律性变化，无法看出壁纸（壁布）使用量负荷比对室内甲醛浓度的明显影响。

（2）限定统计分析条件后的"随壁复合地板使用量负荷比增加的室内甲醛浓度变化"。

统计分析时选用数据的范围条件：

1）调查取样前，门窗关闭大体 1～15 h 数据；

2）装修完工时间 12 个月内数据。

去掉个别离群不正常数据后，房间内装修材料仅有复合地板的共 32 个房间，统计分析结果如图 4.1-9 所示。

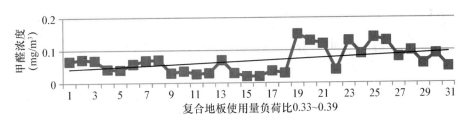

图 4.1-9　复合地板用量负荷比与甲醛超标率相关性

统计显示：随着复合地板使用量负荷比增加，总体上室内甲醛浓度（平均浓度）似呈增加趋势（虽然不很明显）；当复合地板使用量负荷比达 0.4 附近时，室内甲醛趋势浓度（平均浓度）达 0.08mg/m³，复合地板使用量负荷比超过约 0.4 后，室内甲醛趋势浓度（平均浓度）将超标。

4．实木板使用量负荷比对室内甲醛浓度影响

（1）按实木板使用量负荷比升序简单统计。

2014 年现场检测调查的 1470 个房间中，使用了实木板的有 625 个房间，按房间使用量负荷比和甲醛浓度数据一一对应，实木板使用量负荷比升序排列（甲醛浓度跟房间走），简单汇总在一起，如图 4.1-10 所示。

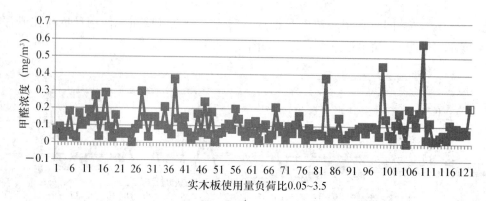

图 4.1-10　按实木板使用量负荷比升序简单统计的甲醛浓度变化

可以看出，随着实木板使用量负荷比增加，室内甲醛浓度有高有低，没有规律性变化，无法看出实木板使用量负荷比对室内甲醛浓度的明显影响。

（2）限定统计分析条件后的"随实木板使用量负荷比增加的室内甲醛浓度变化"。

统计分析时选用数据的范围条件：

1）调查取样前，门窗关闭大体 1～6 h 数据；

2）装修完工时间 3 个月内数据。

去掉个别离群不正常数据后，房间内装修材料仅有复合地板的共 26 个房间，统计分析结果如图 4.1-11 所示。

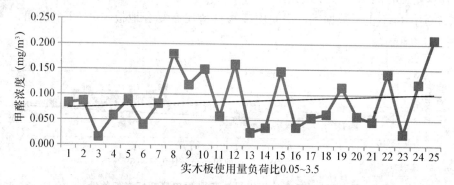

图 4.1-11　复合地板用量负荷比与甲醛超标率相关性

统计显示：随着实木板使用量负荷比增加，总体上室内甲醛浓度似呈略有增加趋势；当实木板使用量负荷比达 1.8 附近时，室内甲醛浓度达 $0.08mg/m^3$，实木板使用量负荷比超过约 1.8 后，室内甲醛浓度将超标。

5. 室内装修材料总使用量负荷比对室内甲醛浓度影响（包括家具）

为了寻求"装修材料总用量负荷比-甲醛浓度"相关性，利用 2014 年 15 城市 I 类建筑 1360 个房间的调查数据，进行了三种模式的统计分析。

考虑到影响室内甲醛浓度的因素很多，特对原始测试数据按以下条件范围进行筛选（否则，符合条件的数据量太少，难以进行有效的统计分析）：

①装修完工 3 月内；

②调查取样前，对外门窗关闭 1h（《民用建筑工程室内环境污染控制规范》GB 50325 的

要求）；

③18～27℃常温范围。

符合以上三条件的共 274 个房间。

（1）房间装修材料总用量负荷比（包括家具）对甲醛浓度影响。

将符合统计条件的 274 个房间数据中 10 个离群数据去掉后，纳入统计分析的共 264 个房间数据。房间装修材料总用量负荷比（m²/m³，下同）-房间甲醛浓度的相关性统计分析如图 4.1-12 所示。

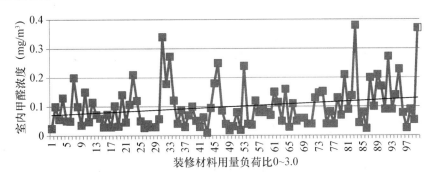

图 4.1-12 房间装修材料总用量负荷比（包括家具）——房间甲醛浓度的相关性

统计显示：随着装修材料总使用量负荷比增加，总体上室内甲醛浓度（平均浓度）似呈略有增加趋势 。

（2）房间装修材料总用量负荷比（包括家具）对甲醛浓度超标率影响。

统计分析条件：

1）完工 3 个月内；

2）对外关闭门窗 1h；

3）常温。

15 个城市调查统计的Ⅰ类建筑 1360 个房间中符合统计条件的共 264 个房间，整理统计如表 4.1-2 所示。

表 4.1-2 房间装修材料总用量负荷比-甲醛浓度超标率相关性

装修材料总用量负荷比（包括家具）（m²/m³）	0.25	0.5	1.0	1.5	2.0
室内甲醛超标率（%）	4	10	40	56	70

房间装修材料总用量负荷比-房间甲醛浓度超标率的相关性如图 4.1-13 所示。

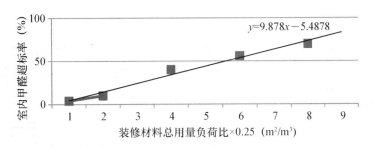

图 4.1-13 房间装修材料总用量负荷比（包括家具）-房间甲醛浓度超标率的相关性

统计显示：

①随着装修材料总用量负荷比增加，室内甲醛浓度超标率明显增加：装修材料总用量负荷比从 $0.25m^2/m^3$ 增加到 $0.5m^2/m^3$、$1m^2/m^3$、$1.5m^2/m^3$、$2m^2/m^3$，甲醛超标率相应地从 4% 增加到 10%、40%、56%、70%；

②装修材料总用量负荷比增加造成室内甲醛浓度超标率明显增加，两者基本呈线性关系，可用下式表示：

$$y = 10x - 5.5 \qquad (4.1\text{-}2)$$

式中：y——超标率%；

x——装修材料总用量负荷比。

（3）房间装修材料总使用量负荷比（包括家具）对甲醛浓度超标率影响。

统计分析条件：

1）完工 3 个月内；

2）对外关闭门窗 12h（GB/T 18883 标准要求）；

3）常温。

符合统计条件要求的共 186 个房间，统计分析结果如图 4.1-14 所示。

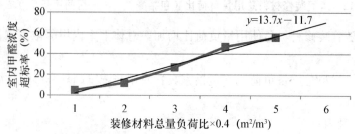

图 4.1-14 装修材料总量负荷比与室内甲醛超标率（关闭门窗 12h）

统计显示：

①装修材料总用量负荷比从 $0.4m^2/m^3$ 增加到 $0.8m^2/m^3$、$1.2m^2/m_3$、$1.6m^2m^3$、$2.0m^2/m^3$，甲醛超标率相应地从 5% 增加到 12%、27%、47%、56%；

②比较关闭对外门窗 12h 和 1h 室内甲醛超标率可以发现，门窗关闭时间长的超标率增加更多：关门 12h 的增加 11 倍，关门 1h 的增加 8 倍多。

6. 房间各类装修材料使用量负荷比对甲醛浓度影响归纳

2014 年 15 城市 I 类建筑 1360 个房间的调查统计数据显示的房间装修人造板、活动家具、壁纸、壁布、复合地板、实木板及装修材料总量使用量负荷比与室内甲醛趋势浓度（平均浓度）相关性数据，结果汇总如表 4.1-3～4.1-6 所示。

表 4.1-3 房间各类装修材料使用量负荷比与甲醛浓度相关性归纳（1）

装修材料名称	人造板	家具	壁纸壁布	复合地板	实木板	装修材料总量
房间甲醛浓度达到 $0.08mg/m^3$ 装修材料使用量负荷比（m^2/m^3）	0.6	0.8	1.3	0.4	1.8	0.8～1.2
材料单位使用量的污染强度评价等级	较强	较强	较弱	强	弱	居中

上表中"房间甲醛浓度达到 $0.08mg/m^3$ 某装修材料使用量负荷比"从甲醛浓度达标说

明材料释放甲醛能力，该数据值大说明该材料释放甲醛能力低，该数据值小说明该材料释放甲醛能力高。

表 4.1-4　房间各类装修材料使用量负荷比与甲醛浓度相关性归纳（2）

装修材料名称	人造板	家具	壁纸壁布	复合地板	实木板	装修材料总量
单位装修材料使用量负荷比下的室内甲醛浓度增加线性斜率（mg/m³）/（m²/m³）	0.11	0.04	0.04	0.25	0.003	0.02
单位装修材料使用量负荷比下的室内甲醛浓度增加线性斜率/房间甲醛浓度达到 0.08mg/m³ 装修材料使用量	0.18	0.05	0.03	0.63	0.002	0.02
材料单位使用量负荷比的污染强度评价等级	强	较强	一般	最强	弱	—

表 4.1-4 中"单位装修材料使用量负荷比下的室内甲醛浓度增加线性斜率"可以直接说明材料释放甲醛能力，该数据值大说明该材料释放甲醛能力高，该数据值小说明该材料释放甲醛能力低。

"单位装修材料使用量负荷比下的室内甲醛浓度增加线性斜率/房间甲醛浓度达到 0.08mg/m³ 装修材料使用量负荷比"是将上两表中可以说明材料释放甲醛能力的两方面数据进行综合的结果，应当可以更全面反映材料释放甲醛能力：数据值大则说明材料的甲醛释放量大，影响大；数据值小则说明材料的甲醛释放量小，影响小。

表 4.1-5　房间各类装修材料使用量负荷比与甲醛浓度相关性归纳（3）

装修材料名称	人造板	家具	壁纸壁布	复合地板	实木板	装修材料总量
房间甲醛浓度超标率对材料使用量负荷比增加的线性斜率（m²/m³）	0.5	0.2	—	—	—	0.25
材料单位使用量负荷比的污染强度评价等级	强	较强	—	—	—	较强

需要说明的是：

①统计分析时，人造板、家具、装修材料总量三项的数据量大（几百个以上），统计分析结果比较准确。

②考虑到甲醛浓度在取样测量时低浓度值不确定度较大，因此，直接凭浓度值排序不确定度较大，壁纸壁布、复合地板及实木板三项的数据量小（仅几十个），也有同样问题，难以做出房间甲醛浓度超标率对材料使用量负荷比相关性图，缺少斜率数据，统计分析结果不太准确，仅作参考。

③综合评价：虽然存在以上问题，但比较后可以看出，以上三个表的排序总体上还是一致的。各类装修材料的大体排序是表 4.1-6：人造板及复合地板污染强度强，人造板家具污染强度较强，壁纸壁布污染强度居中或较弱，实木板最弱。因此，人造板及复合地板要严格控制，实木板可放开使用。

表 4.1-6　房间各类装修材料使用量负荷比与甲醛浓度相关性归纳（4）

装修材料名称	人造板	复合地板	家具	壁纸壁布	实木板	装修材料总量
材料单位使用量负荷比的污染强度评价等级	强	强	较强	较弱	最低	较强

附： 门窗关闭时间12h情况下的甲醛浓度-装修材料使用量负荷比数据统计

1. 关闭门窗 12h（完工 3 月内；按《室内空气质量标准》GB/T 18883 的要求）

统计结果如下：

室内甲醛浓度与装修材料使用量负荷比有关，从 2014 年现场调查中可以发现房间甲醛浓度样本量最多的与房间样本量最多的装修材料使用量负荷比相对应，如统计的符合条件的 197 个房间样本（"有活动家具房间"），调查统计表如 4.1-7、图 4.1-15 所示。

表 4.1-7　甲醛浓度与装修材料使用量负荷比的房间样本量变化的一致性

装修材料总量负荷比（m²/m³）	0.1	0.2	0.3	0.4	0.5	0.6	0.7
样本数（个）	6	2	5	7	10	5	4
室内甲醛浓度（m²/m³）	0.01	0.02	0.03	0.04	0.05	0.06	0.07
样本数（个）	4	8	6	8	12	17	9
装修材料总量负荷比（m²/m³）	0.8	0.9	1.0	1.1	1.2	1.3	1.4
样本数（个）	3	10	8	11	13	14	19
室内甲醛浓度（m²/m³）	0.08	0.09	0.10	0.11	0.12	0.13	0.14
样本数（个）	11	9	12	9	7	8	6
装修材料总量负荷比（m²/m³）	1.5	1.6	1.7	1.8	1.9	2.0	2.0
样本数（个）	13	11	8	5	5	4	3

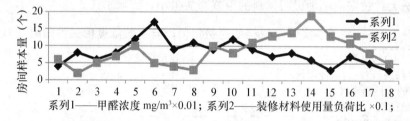

系列1——甲醛浓度 mg/m³×0.01；系列2——装修材料使用量负荷比 ×0.1；

图 4.1-15　甲醛浓度与装修材料使用量负荷比的房间样本量变化

可以看出：

(1) 室内甲醛浓度超过 0.08 mg/m³ 的房间比例约为 60%；

(2) 室内装修材料使用量负荷比的最高值超过 1.4。

2. 关闭门窗 9～15h（非严格 12 h）情况下的甲醛浓度 - 装修材料使用量负荷比数据统计（完工 3 月内；按《室内空气质量标准》GB/T 18883 的要求）

为了增加样本量，提高统计准确性，将门窗关闭时间放宽为 9～15 h，样本量增加到 398 个，室内甲醛按分段浓度下的房间样本量统计、装修材料按分段使用量负荷比下的房间样本量统计如图 4.1-16～图 4.1-18 所示。

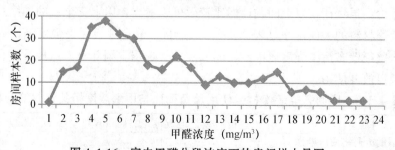

图 4.1-16　室内甲醛分段浓度下的房间样本量图

可以看出，样本量最多的房间甲醛浓度在 0.04～0.12 mg/m³ 之间，峰值在 0.06 mg/m³ 附近。

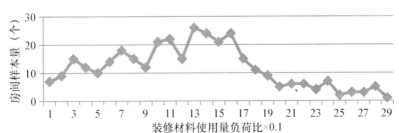

图 4.1-17　装修材料分段使用量负荷比下的房间样本量图

可以看出，样本量最多的房间装修材料使用量负荷比在 0.3～1.6m²/m³ 之间，峰值在 1.2 附近，比关闭门窗 1h 情况（0.7）明显高。

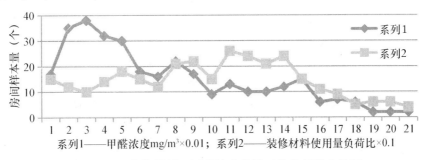

系列1——甲醛浓度mg/m³×0.01；系列2——装修材料使用量负荷比×0.1

图 4.1-18　装修材料、甲醛浓度分段下的房间样本量图

可以看出：

①室内甲醛浓度超过 0.08 mg/m³ 的房间比例约为 54%；

②室内装修材料使用量负荷比的最高值超过 1.4。

综合以上门窗关闭大约 12h 的两种情况，统计表明：

①门窗关闭大约 12h 下室内甲醛浓度超标率 54%，比关闭门窗 1h 的 33% 高约 1 倍，达到 55%～60%；甲醛浓度最高值达到 0.92 mg/m³。

②门窗关闭大约 12h 检测条件下的室内装修材料使用量负荷比峰值大体在 1.3 上下，比关闭门窗 1h 检测条件下的室内装修材料使用量负荷比峰值 0.7 高约 1 倍；装修材料使用量负荷比最高值达到 7.5。

③门窗关闭 12h 条件下的检测多为住户自行装修后的委托检测，一般装修材料使用量负荷比大（包括活动家具）。

3. 各地调查结果摘要

（1）广州市调查资料。

调查表明：尽管受调查数量限制，除个别偏离以外，实木和人造板用量负荷比与室内环境污染超标率仍然呈正相关趋势：实木的承载比在 0.2 以下时呈现出的甲醛和 TVOC 超标率与调查数据整体污染水平基本持平；人造板承载比大于 0.5 时，呈现出的甲醛超标率明显大于整体水平值；在有 4 个人造板材承载比大于 2.0 的调查房间中，甲醛均合格，这也许个别偏离情况，但也可说明在装修过程中，室内污染水平一方面取决于装饰装修材料的用量负荷比，另一方面也取决于装饰装修材料的质量和施工工艺。

（2）济南市调查资料。

从办公室及其套间的检测结果可以看出，新办公家具严重影响了办公室内空气质量，甲醛浓度超标十分严重，而相同装修状况的套间使用的旧办公家具，套间内空气中甲醛浓度检测值合格。同样装修完工 3 个月，开放式办公区甲醛浓度远低于宾馆房间和餐厅包间，这是由于宾馆和餐厅包间地毯、壁纸等装饰材料密度大，且房间通风差造成的。从甲醛超标的房间装修概况可以看出，人造板材及其制品在室内装饰装修中占据了相当大的比例，其中复合木地板、影视墙、影视柜、床、床头橱、衣柜等均为人造板材制品，其材质主要是密度板、细木工板、胶合板、刨花板。这些人造板材及其制品是造成精装修房间室内空气甲醛污染主要污染源，因此控制人造板制品的质量和使用数量有利于室内空气质量的改善。

(3) 烟台资料。

为有效控制和避免室内空气污染，需要从设计、材料、施工等各个流程进行规范。通过几年的调查，认为居民装修过程中应该从以下几方面来重点关注：

1) 板材：从目前检测的室内空气不合格家庭所使用的材料看到，用实木、集成材、颗粒板、饰面板等制作的家具都有不合格的情况出现。市场上不少不法商家都利用消费者对实木家具趋之若鹜的特点，给不少普通板材都戴上了"实木"的帽子进行推销，像"实木密度板"和"实木颗粒板"。所谓的密度板都是将锯末或者碎木头用含大量甲醛的胶黏合而成，而颗粒板就是通常所说的刨花板，由刨花材料加入胶黏剂压合而成。当这些含有大量甲醛的板材被制成家具后，就成为商场中被商家大肆吹捧的"实木家具"，存在着极大的安全隐患。

2) 床：有的住户家自己找人现场定制榻榻米，从目前检测情况看，自制带榻榻米的房间，在6个月之内甲醛和TVOC很难达标，制作时板材和胶、油漆的质量要引起重视。

3) 壁柜：有个住户，几个卧室和书房买的家具都是同一知名品牌，装修完2个月后检测，房间整体污染物超标3~4倍。将仪器放到柜子里测TVOC超标达90倍。柜子作为强大的污染源不断向外扩散污物，后来住户将情况反映给厂家，厂家承认在壁柜的后面靠墙的那部分板材是包出去加工的，更换后，柜子里TVOC浓度超标2.5倍，较之前的超标90倍提高很大，这种家具就是典型的表面材质好，背部和夹层用差材料。

4) 衣帽间：很多居民往往很重视客厅及卧室的装修质量，但衣帽间大多都是找人定做的，房间面积小，没有窗户，又无机械通风设计，板材用量大、房间隐蔽性强，所以检测到的住户衣帽间甲醛及TVOC超标100%。

5) 地板：即使是实木地板，仍须时刻监督装修工人的装修工艺，因为，装修工人为了降低安装成本，会采用劣质的夹板作为地板安装垫层材料，造成室内空气污染（尤其是甲醛，地板在安装完成后你无法看到垫层材料所用的是什么样的夹板，无法辨别装修工人所采用的夹板的优劣）。

6) 壁纸：壁纸由于图案多样、色彩丰富，因而备受居民的喜爱。有的住户墙面装饰更是大面积使用壁纸，尤其是儿童房，一味追求视觉美化，却忽视或不明白壁纸本身在生产加工过程中会残留氯乙烯、甲醛等有害物质；另一个是施工时使用的胶黏剂造成的污染。

7) 实木家具刷的油漆也是污染源，是否合格也相当关键，因此在选购实木家具时尤应注意。

(4) 福州资料。

福州市按照人造板使用面积统计超标率结果如表4.1-8所示。

表 4.1-8　人造板使用量负荷比与甲醛超标率统计

人造板使用面积（m²）	房间总数（间）	甲醛浓度超标率（%）
0~40	98	23.5
41~79	80	28.8
≥80	43	32.6

7. 室内装修材料甲醛释放强度对甲醛浓度影响

根据2014年15个城市Ⅰ类建筑调查汇总统计数据，按如下条件限定选取，不符合条件的数据不用：

①调查取样前，门窗关闭1h数据（《民用建筑工程室内环境污染控制规范》GB 50325

的要求）；

②装修完工 3 月内数据（多数情况）；

③常温：约 18～27℃（多数情况）。

符合以上条件的共 219 个数据，去掉几个明显离群数据后，符合此统计分析条件的共 214 个房间。结果汇总如图 4.1-19 所示。

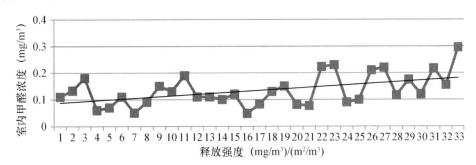

图 4.1-19　装修材料甲醛释放强度与室内甲醛浓度相关性

可以看出，随着装修材料甲醛释放强度增加，总体上室内甲醛浓度呈增加趋势，基本呈线性关系。

8. 室内装修材料使用量负荷比对 VOC 浓度影响

（1）按室内装修材料总使用量负荷比升序简单统计。

将 2014 年现场检测调查的（Ⅰ＋Ⅱ）类建筑 263 个房间的装修材料使用量负荷比和 VOC 浓度数据，按房间一一对应，装修材料使用量负荷比升序排列（VOC 浓度），简单汇总在一起，按以下统计分析条件：

①完工 3 个月内；

②对外关闭门窗 12h（《室内空气质量标准》GB/T 18883 标准要求）；

③常温。

可以绘制成如图 4.1-20 所示。

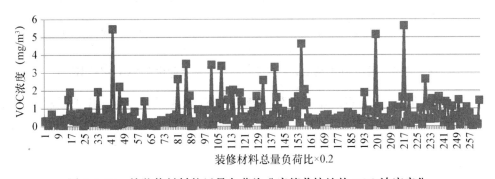

图 4.1-20　按装修材料使用量负荷比升序简单统计的 VOC 浓度变化

可以看出，随着装修材料使用量负荷比增加，室内 VOC 浓度有高有低，没有规律性变化，无法看出装修材料使用量负荷比对室内 VOC 浓度的明显影响。

（2）限定统计分析条件后的"室内装修材料总使用量负荷比对 VOC 超标率影响"。

以下按选用数据的 4 种不同范围条件进行对 VOC 超标率影响统计分析。

1）统计分析条件 1：

①调查取样前，房间对外门窗关闭大体 1h 数据；

②装修完工 3 个月内数据。

符合统计条件的共 266 个房间。由于样品数量较少，装修材料量负荷比适当范围内邻近数据合并后进行统计。结果如图 4.1-21 所示。

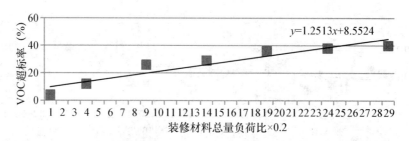

图 4.1-21　关门 1h＋完工 3 月内装修材料总量负荷比对 VOC 超标率影响

统计显示：随着装修材料总用量负荷比从 0.2 增加到 0.5、1.0、1.5、2.0，室内 VOC 浓度超标率相应地从 4％增加到 12％、26％、30％、36％。

2）统计分析条件 2：

①调查取样前，门窗关闭大体 1h 数据；

②装修完工时间大体 2 个月内数据。

符合统计条件要求的共 199 个房间，由于样品数量较少，装修材料量负荷比适当范围合并进行统计。结果如图 4.1-22 所示。

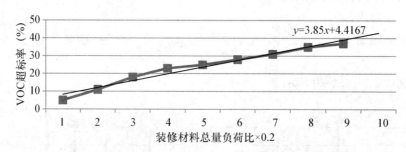

图 4.1-22　关门 1h＋完工 2 月内装修材料用量负荷比对 VOC 超标率影响

统计显示：随着装修材料总用量负荷比增加，室内 VOC 浓度超标率明显增加：装修材料总用量负荷比从 0.2 增加到 0.6、1.0、1.6、2.0，室内 VOC 浓度超标率相应地从 5％增加到 18％、25％、35％、40％。

3）统计分析条件 3：

①调查取样前，门窗关闭大体 1h 数据 ；

②装修完工时间大体 1 个月内数据。

符合统计条件要求的共 120 个房间，由于样品数量较少，装修材料量负荷比适当范围合并进行统计。结果如图 4.1-23 所示。

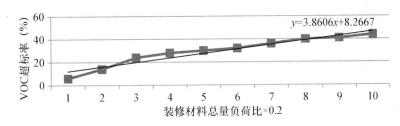

图 4.1-23　关门 1h＋完工 1 月内装修材料总量负荷比对 VOC 超标率影响

统计显示：

①随着装修材料总用量负荷比从 0.2、增加到 0.6、1.0、1.6、2.0，室内 VOC 浓度超标率相应地从 6％增加到 24％、30％、40％、44％，如表 4.1-9、图 4.1-24 所示。

表 4.1-9　装修材料总用量负荷比对室内 VOC 浓度超标率影响

装修材料总用量负荷比（m²/m³）	0.2	0.6	1.0	1.6	2.0
室内 VOC 浓度超标率（％）	6	24	30	40	44

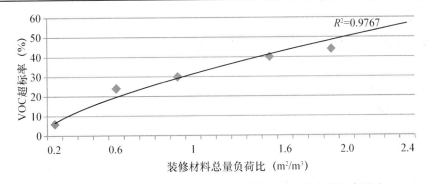

图 4.1-24　装修材料总用量负荷比对室内 VOC 浓度超标率影响

②比较以上三组数据（门窗关闭均 1h、完工时间不同：为 1 月、2 月、3 月，装修材料使用量负荷比不同：0.5、2.0），VOC 超标率如表 4.1-10、图 4.1-25 所示。

表 4.1-10　完工时间不同、装修材料使用量负荷比不同与 VOC 超标率

数据限定范围条件	材料使用量负荷比 0.5 时 VOC 浓度超标率 A（％）	材料使用量负荷比 2.0 时 VOC 浓度超标率 B（％）	A/B
关门 1h、完工 1 月内	20	44	2.2
关门 1h、完工 2 月内	16	40	2.5
关门 1h、完工 3 月内	12	36	3.0

统计显示：

①同样关门时间下，装修材料用量负荷比大的 VOC 浓度超标率高。

②随着完工时间延长，VOC 浓度超标率明显降低。例如：装修材料用量负荷比为 0.5（m²/m³）时，VOC 浓度超标率从完工 1 个月的 20％降低到完工 2 个月的 16％（降低到 80％），到完工 3 个月的 12％（降低到 60％）。

③材料使用量负荷比少的 VOC 浓度超标率降低快，材料使用量负荷比多的降低慢。例如：装修材料高用量与装修材料低用量的 VOC 浓度超标率之比，随着完工时间延长而增加：

从完工1个月的2.2增加到完工2个月的2.5、完工3个月的3.0，如图4.1-25所示。（出现这种情况估计与使用人造板、家具有关，人造板、家具使用中往往用胶粘剂，VOC释放过程缓慢）。

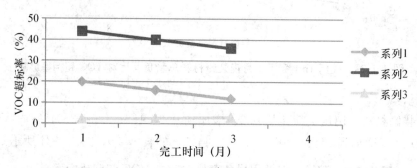

图 4.1-25　不同完工时间、不同材料用量负荷比与 VOC 超标率

注：系列1——材料使用量负荷比0.5时VOC超标率随完工时间变化；
　　系列2——材料使用量负荷比2.0时VOC超标率随完工时间变化；
　　系列3——材料使用量负荷比0.5时超标率与材料使用量负荷比2.0超标率之比随完工时间不同的变化。

4）统计分析条件4：

①调查取样前，房间对外门窗关闭大体12h数据（《室内空气质量标准》GB/T 18883的要求）；

②装修完工3个月内数据。

符合统计条件的共386个房间。由于样品数量较少，家具量适当范围内邻近数据合并后进行统计，如图4.1-26所示。

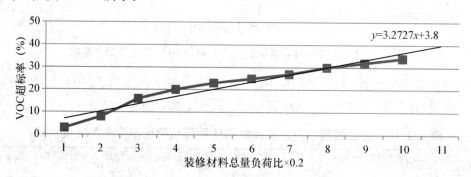

图 4.1-26　关门 12h + 完工 3 月内装修材料总量负荷比对 VOC 超标率影响

统计显示：装修材料总使用量负荷比增加与VOC浓度超标率增加基本呈线性关系。

4.1.2　家具影响

1. 有无家具的房间甲醛浓度超标率统计值

2014—2015 年调查统计的 15 个城市、Ⅰ类建筑（住宅、幼儿园等）共 1360 个房间数据表明：随着房间家具使用量负荷比增加，室内甲醛浓度大体呈增加趋势；无家具（包括活动家具）装修房室内甲醛浓度超标率为 33%，有家具装修房室内甲醛浓度超标率为 48%，由此可知家具对室内甲醛污染贡献约占总污染的三分之一。

2. 房间家具使用量负荷比对甲醛浓度影响

（1）按室内家具使用量负荷比升序简单统计。

将 2014—2015 年现场检测调查的 772 个房间的家具使用量负荷比和甲醛浓度数据，按房间一一对应，家具使用量负荷比升序排列（甲醛浓度跟房间走），简单汇总在一起，进行统计分析，并绘制成图 4.1-27 所示。

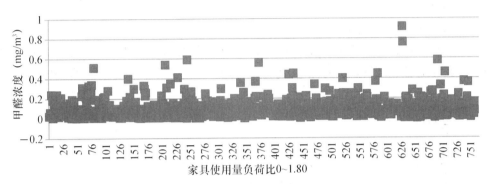

图 4.1-27　按家具材料使用量负荷比升序简单统计的甲醛浓度变化

可以看出，随着家具材料使用量负荷比增加，室内甲醛浓度有高有低，没有规律性变化，无法看出家具材料使用量负荷比对室内甲醛浓度的明显影响。

（2）限定统计分析条件后的"室内家具总使用量负荷比对甲醛浓度影响"。

按以下统计分析条件：

①完工 3 个月内；

②对外关闭门窗 12h（GB/T 18883 标准要求）；

③常温。

去掉几个离群不正常数据后，符合统计分析条件的共 264 个房间，结果如图 4.1-28 所示。

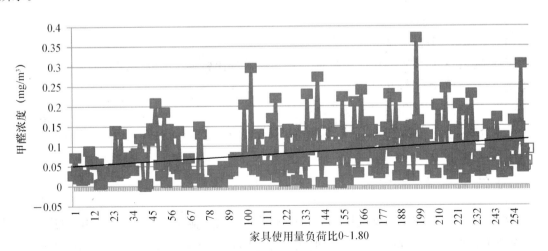

图 4.1-28　房间家具使用量负荷比对甲醛浓度影响

统计显示：随着家具使用量负荷比增加，总体上室内甲醛浓度似呈增加趋势；当家具使用量负荷比达 1.0 附近时，室内甲醛趋势浓度（平均浓度）达 0.10mg/m³；家具使用量负荷比超过约 0.8 后，室内甲醛趋势浓度（平均浓度）将超标。

（3）按"房间家具使用量负荷比对甲醛浓度超标率影响"统计分析。

统计分析时选用数据的条件：

①调查取样前，门窗关闭大体 12h 数据；

②装修完工时间 6 个月内数据。

符合统计分析条件的共 114 个房间，由于样本数量较少，数据汇总整理过程中，将家具使用量负荷比适当范围内数据适当合并后进行分析（同前）。结果如图 4.1-29 所示。

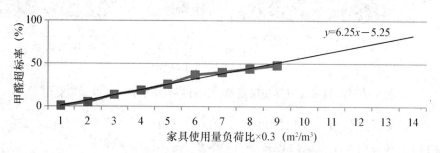

图 4.1-29　家具用量负荷比对甲醛超标率影响

统计显示：

①家具使用量负荷比（玻璃、金属制品不计，木制品面积折合成人造板）从 0.3 依次增加到 0.6、1.2、1.8、2.4，甲醛超标率相应地从 1% 增加到 5%、19%、37%、44%；

②家具使用量负荷比增加与甲醛浓度超标率基本呈线性关系，方程如下式所示：

$$y = 6.3x - 5.3 \tag{4.1-3}$$

式中：y——超标率（%）；

x——家具使用量负荷比。

（4）家具甲醛释放强度。

装饰装修过程中家具使用已很普遍，加之样本量比较多，因此对家具的甲醛、VOC 释放强度进行统计分析十分必要。

统计分析时限定选用数据的范围为：

①调查取样前，门窗关闭 12h 数据（住户委托的多，按《室内空气质量标准》GB/T 18883 关闭门窗 12h 要求）；

②装修完工 3 月内数据；

③常温。

数据汇总整理过程中，仅统计房间装修材料使用量负荷比 0.1~1.2m²/m³ 的数据，共 142 个样本。小于 0.1（m²/m³）的不纳入统计范围，主要是因为使用量负荷比过小时使用量计算不准，稍有变化对计算结果影响大，大于 1.2m²/m³ 的样本量负荷比极少且不连续，也不纳入统计范围。在统计范围内，房间装修材料使用量负荷比相近的合并计算房间样本量，例如，使用量 0.095～0.105m²/m³ 范围的使用量负荷比按 0.10（m²/m³）计算，范围内的房间样本量合并计算为 54 个等。这样做的好处是样本量增加后，统计涨落减少，更容易显现规律。

汇总整理并统计制作成如表 4.1-11、图 4.1-30 所示。

表 4.1-11　房间样本量随甲醛释放强度变化

人造板甲醛释放强度（mg/m³）/（m²/m³）	0.1	0.2	0.3	0.4	0.5	0.6	0.7	0.8	0.9	1.0	1.1	1.2
房间样本量（个）	54	20	14	18	9	9	4	2	4	3	2	3

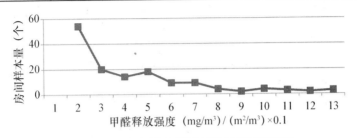

图 4.1-30　房间样本量随甲醛释放强度变化

统计显示：

①家具甲醛释放强度 0.1～1.2（mg/m³）/（m²/m³）范围内，所有样本的甲醛释放强度平均值为 0.36（mg/m³）/（m²/m³）；此值比人造板甲醛释放强度 0.30（mg/m³）/（m²/m³）略大（考虑到关闭门窗时间 12h 比人造板关闭门窗 1h 长，可以认为，甲醛释放强度与人造板大体相当）。

②家具甲醛释放强度小于 0.12（mg/m³）/（m²/m³）的样本量 60 个，约占总样本量的 40%。如果考虑到家具使用量负荷比调查数据样本量最多处在 0.5m²/m³ 附近情况，也就是说，只使用家具，多数房间的室内甲醛浓度在 0.06mg/m³ 水平上。

3．家具对室内 VOC 浓度影响

2014 年现场检测调查的 I 类建筑 1000 个房间，有家具的 800 个，无家具的 200 个，分别进行统计，得出以下结论：

（1）I 类建筑室内有家具的 VOC 平均浓度 0.85 mg/m³。

（2）I 类建筑室内无家具的 VOC 平均浓度 0.52 mg/m³。

由此可知：家具对整个室内 VOC 污染的贡献率为 38%，近似取值 40%。

4．家具使用量负荷比对 VOC 浓度影响

（1）按室内家具使用量负荷比升序简单统计。

将 2014 年现场检测调查的 772 个房间的家具使用量负荷比和 VOC 浓度数据，按房间一一对应，家具使用量负荷比升序排列（VOC 浓度跟房间走），简单汇总在一起，进行统计分析，如图 4.1-31 所示。

可以看出，随着家具材料使用量负荷比增加，室内 VOC 浓度有高有低，没有规律性变化，无法看出家具材料使用量负荷比对室内 VOC 浓度的明显影响。

（2）限定统计分析条件后的"室内家具材料总使用量负荷比对 VOC 浓度影响"。

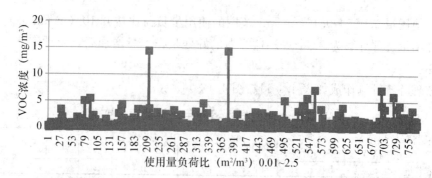

图 4.1-31　按家具材料使用量负荷比升序简单统计的 VOC 浓度变化

限定统计分析数据的范围条件：

①调查取样前，房间对外门窗关闭大体 1h 数据；

②装修完工 3 个月内数据；

③常温（20～30℃）。

去掉几个离群数据后，符合统计条件的共 83 个房间。按家具使用量负荷比——VOC 浓度做图，结果如图 4.1-32 所示。

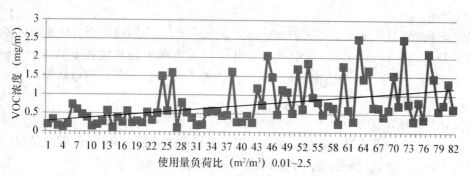

图 4.1-32　家具使用量负荷比与室内 VOC 浓度相关性

统计显示：随着家具使用量负荷比增加，室内 VOC 浓度似呈增加趋势，趋势线斜率比甲醛——VOC 相关性趋势线斜率大，由此说明，家具对室内 VOC 污染贡献更加明显。

（3）家具 VOC 释放强度。

数据来源：2014 年 I 类建筑调查。

选用数据的范围条件：

①调查取样前，房间对外门窗关闭大体 1h 数据；

②装修完工 3 个月内数据；

③常温（20～30℃）。

符合统计条件的共 85 个房间。由于样品数量较少，装修材料量负荷比适当范围内邻近数据合并后进行统计。结果如表 4.1-12、图 4.1-33 所示。

表 4.1-12　家具不同 VOC 释放强度下的房间样本量

人造板甲醛释放强度 (mg/m³)／(m²/m³)	0.1	0.2	0.3	0.4	0.5	0.6	0.7	0.8	0.9	1.0
房间样本量（个）	5	5	4	5	8	5	5	1	3	3
人造板甲醛释放强度 (mg/m³)／(m²/m³)	1.1	1.2	1.3	1.4	1.5	1.6	1.7	1.8	1.9	2.0
房间样本量（个）	3	2	2	3	2	4	3	3	3	0

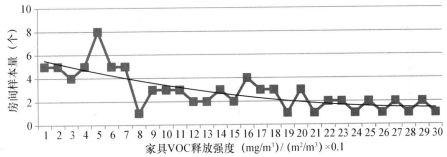

图 4.1-33　家具不同 VOC 释放强度下的房间样本量

统计显示：

①家具产生的室内 VOC 浓度平均值为 0.73mg/m³，已经超出国家标准规定的限量值 0.6mg/m³（但是应注意到房间通风换气率仅约 0.3 次/h）。

②单位使用量负荷比（1 m²/m³）家具释放 VOC 强度低时房间样本量大，释放强度高的房间数量少，与人造板"甲醛释放强度-房间样本量分布"大体一致。家具释放 VOC 强度低于 1.3（mg/m³）/（m²/m³）的房间占比 60%，

4.1.3　通风作用

1．2014—2015 年现场实测调查数据

2014 年调查统计的 15 个城市的 I 类建筑自然通风的 1360 个房间，门窗直观密封情况分为：良、一般、差统计。

按照"自然通风，完工 3 个月内，关闭门窗 1～3h，20～30℃"条件进行"房间密封性（现场直观观察分级：良、一般、差 3 级）—甲醛浓度相关性"统计，符合条件的房间样本量共 337 个。统计显示：

等级为"良"的 280 个，室内甲醛浓度平均值 0.17mg/m³；

等级为"一般"的 35 个，室内甲醛浓度平均值 0.15mg/m³；

等级为"差"的 22 个，室内甲醛浓度平均值 0.13mg/m³。

统计结果说明：密封严密的室内甲醛浓度高，密封程度差的室内甲醛浓度低（由于影响室内污染物积累的因素很多，显然本统计十分粗糙，只能定性说明问题）。

2．环境测试舱通风测试

人造板放入环境测试舱，进行 0.4 次/h、0.6 次/h、0.8 次/h、1.0 次/h 等不同通风换气率下舱中甲醛浓度测试，结果如表 4.1-13、图 4.1-34 所示。

表 4. 1-13   不同通风换气率下舱中甲醛浓度

通风换气次数（h）	0.4	0.6	0.8	1.0
舱中甲醛浓度（mg/m³）	35	30	25	23

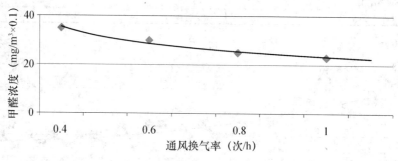

图 4. 1-34   不同通风换气率下舱中甲醛浓度

可以看出，随着舱中通风换气量增加，甲醛浓度在降低。在 0.3 次/h～1.0 次/h 之间，可以认为通风换气率的增加与甲醛浓度大体呈线性降低趋势。

4.1.4   其他影响因素

1. 对外门窗关闭时间对室内甲醛浓度影响

（1）15 个城市 I 类建筑调查结果。

调查数据汇总统计分析条件：

①房间装修材料总用量负荷比 0.3～1.5；

②装修完工 2 个月内。

室内关闭门窗时间-甲醛浓度统计结果如表 4.1-14（样本数均在 20 以上，小于 5 不统计）和超标率如图 4.1-35 所示。

表 4. 1-14   对外门窗关闭时间对甲醛浓度影响

关闭门窗时间（h）	1	2	12	24
甲醛平均浓度（mg/m³）	0.11	0.16	0.17	0.27

$y=0.0059x+0.1202$

图 4. 1-35   对外门窗关闭时间对甲醛浓度影响

统计显示：总体上看，随着对外关闭门窗时间增加，室内甲醛浓度约呈线性增加，如下式所示：

$$y=0.005x + 0.12 \tag{4.1-4}$$

按照关闭门窗时间-甲醛浓度线性关系采用内插法计算的几个典型"关闭门窗时间-甲醛浓度"对应数据，如表 4.1-15 所示。

表 4.1-15　对外门窗关闭时间对甲醛浓度影响

关闭门窗时间 (h)	1	2	3（内插）	4（内插）	12	24
甲醛平均浓度 (mg/m³)	0.11（1.2 内插）	0.16（1.3 内插）	0.135（内插）	0.14（内插）	0.17	0.27

如表 4.1-15 所示，随着对外关闭门窗时间增加，可以求出：当门窗关闭 3h 时，甲醛浓度为 0.135 mg/m³，为门窗关闭 1h 的 1.13 倍；门窗关闭 4h 时，甲醛浓度为 0.14 mg/m³，为门窗关闭 1h 的 1.17 倍（简化为 1.2 倍）。或者说，如果门窗关闭 3~4h，甲醛浓度将升高约 20%。

（2）各地调查结果摘要。

1）昆山调查结果。

检测前门窗关闭时间从 1h 到 24h，结果表明甲醛浓度超标率从 6% 到约 60%，VOC 浓度超标率从 6% 到约 80%。

2）临沂市调查资料。

对一个代表性房间的检测表明：甲醛浓度从门窗刚开始关闭时的 0.017 mg/m³，上升到门窗关闭 10h 测得值的 0.063mg/m³，室内装饰装修污染物的浓度与门窗关闭时间成正相关。

3）天津市调查资料。

调查表明：随着对外门窗封闭时间的延长，室内环境污染物甲醛和 TVOC 的浓度均呈现上升趋势，且在封闭时间达 5 h 的过程中污染物升高的速率较快，而封闭时间达 5 h 以后的过程中升高速率变慢。

典型房间调查还表明：室内装饰装修后 3 年甲醛污染物浓度依然超标严重：对外门窗封闭时间达 4 h 时，室内甲醛污染物浓度可达 0.24 mg/m³，对外门窗封闭时间达 13 h 后，室内污染物甲醛浓度上升至 0.32 mg/m³。

4）福州市调查资料。

调查表明：门窗关闭 12h 甲醛检测结果平均比关闭 1h 大 0.025 mg/m³（约 39.6%）。

2. 装修完工时间对室内甲醛浓度影响

（1）15 个城市Ⅰ类建筑调查数据。

调查数据汇总统计分析条件：

①装修材料总用量负荷比 0.5~1.5；

②对外门窗关闭时间 1h。

符合统计条件要求的共 321 个房间（注：统计计算时，房间样本数量小于或等于 3 的不列入单独统计分析范围）。

结果如图 4.1-36、图 4.1-37 所示。

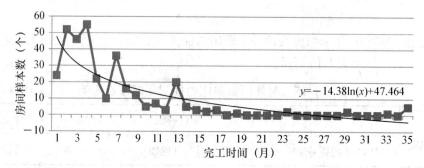

图 4.1-36　不同装修完工时间对应的房间样本量

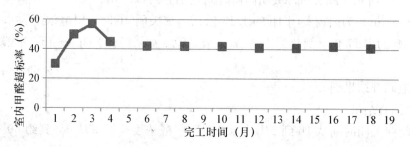

图 4.1-37　装修完工时间对甲醛浓度超标率影响

统计显示：

①装修完工不久的甲醛超标率在 50％上下（注：与"2014－Ⅰ类建筑－甲醛浓度统计"的超标率 48％基本一致）；

②随着装修完工时间延长，室内甲醛浓度有下降趋势，18 个月后（1 年半）基本稳定在超标率 40％。

（2）各地调查结果摘要。

1）广州市调查资料表明：甲醛超标率在装修完成的头 2 个月内最高为 47％，随着装修完工时间的延长逐渐呈下降趋势，尤其 3 月以后即便因为基数下降，甲醛的超标率也明显低于前 2 月。TVOC 呈现的总体趋势与甲醛基本雷同。

2）济南市调查资料表明：调查的 14 户空气中甲醛合格的家庭，其中 12 户装修完工时间均超过 4 个月，2 户修完工时间为 3 个月；甲醛最低的家庭装修完工达到 12 个月。装修完工 4 个月以上的 18 户只有 3 户 TVOC 不合格，且 3 户在装修完工后并未进行有效的通风换气，开窗时间不足 7 天。可见，80％的装修完工 4 个月以上，且能保证良好的通风换气，都可已达到规范 GB 50325 的要求。住户装修完工时间晾置时间越长，室内空气中甲醛、TVOC 浓度越低。

进行了人造木板在 20℃的条件下甲醛释放量随时间的变化研究（干燥器法），在室温（20±2）℃下分别放置 1d、3d、6d、15d、30d，表明：人造木板放置时间越长甲醛释放量越小，但减小到一定程度后甲醛释放量达到平衡稳定阶段，在室温条件下很难继续减小。

3）烟台调查资料显示：装修完 6 个月以上的房间室内空气合格率有较大提升。

3．室内环境温度对甲醛浓度影响

（1）15 个城市Ⅰ类建筑调查汇总。

调查数据汇总统计分析条件：

①装修材料总用量负荷比 0.5～1.5 之间；

②调查取样前，对外门窗关闭 1h；

③工程装修完工 3 个月内。

符合统计条件要求的房间样本数共 89 个，为提供统计科学性，温度按 16℃（15～17℃）、19℃（18～20℃）、22℃（21～23℃）、25℃（24～26℃）、28℃（27～29℃）、32℃（30～34℃）合并集中表示，主要目的是增加统计点的样本数量。结果如图 4.1-38 所示。

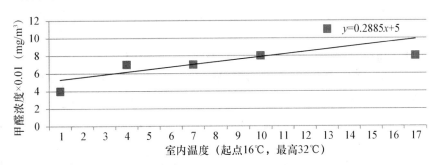

图 4.1-38　室内温度与甲醛平均浓度相关性

统计显示：

①随着温度增加，室内甲醛浓度似基本按线性增加，如下式所示：

$$y=0.29x+5 \tag{4.1-5}$$

②32℃（高温）时的甲醛浓度是 16℃时的 2 倍。

按图显示的甲醛浓度-室内温度线性关系，可以计算编制表 4.1-16 所示。

表 4.1-16　按照甲醛浓度-室内温度线性关系计算的甲醛浓度-室内温度对应数据

室内温度（℃）	17	20	23	26	29	32
甲醛浓度（mg/m³）	0.052	0.062	0.07	0.078	0.086	0.10

也就是说，室内高温 29℃时，室内甲醛浓度大约是 23℃时的 1.2 倍；室内高温 32℃时，室内甲醛浓度大约是 23℃时的 1.2～1.6 倍。

（2）各地调查结果摘要。

1）河南郑州调查资料。

从 2010—2014 年的汇总检测数据看，所检测的精装修房间甲醛全年超标率平均是 42.0%，1～4 月份甲醛超标率平均是 9.5%，10～12 月份甲醛超标率平均是 5.8%，5～9 月份甲醛超标率平均是 66.4%。甲醛全年的释放呈现两头低、中间高的现象，可见，甲醛的释放与温度有很大的正相关关系，温度高的时候，释放量大，甲醛超标严重。

从 2013—2014 年挥发性有机化合物 TVOC 数据汇总表的数据看，TVOC 全年的释放也呈现两头低中间高的现象，但现象没有甲醛明显，其释放量与温度的正相关关系没有甲醛显著。但 TVOC 释放的超标比率全年来看，比甲醛高，说明精装修房间 TVOC 的污染还是很严重的。

2）江苏昆山调查资料。

检测时室内温度 25℃以下甲醛浓度超标率 15%，25℃以上甲醛浓度超标率 54%；VOC 温度 25℃以下甲醛浓度超标率 33%，25℃以上甲醛浓度超标率 50%。

3）临沂市调查资料。

对一个代表性房间的检测表明：该房间在门窗关闭 10h 后，温度从 15.5℃升高到 23℃时，甲醛浓度从 0.061 mg/m³ 上升到 0.162 mg/m³，装修污染物的浓度与温度成正相关。

4）太原调查资料。

选取 5 户（共 18 间）装修未使用的房屋，分别在供暖前后对其室内甲醛和氨进行检测，可以发现装饰装修材料中甲醛和氨的释放量和温度有直接关系，室内温度越高，甲醛和氨的释放速度越快，并且当散发甲醛的装饰装修材料使用量相对较少时，空气中甲醛的浓度相对也会偏低。

5）广东广州调查资料。

将调查时房间温度划分为高、中、低三个温度区间，低温区：小于或等于 18℃；中温区：大于 18℃且小于或等于 27℃；高温区：大于 27℃。调查数据表明：甲醛和 TVOC 的超标率随着环境温度的升高而升高，与 2010—2013 年数据呈现出相同的趋势。尤其在高温区，甲醛超标率高达 76.9%，明显高于中温区的 19.0%；而 TVOC 超标率增加相对较弱。

6）山东济南调查资料。

以细木工板模拟室内板材使用，对其板材甲醛在不同温度下（0℃，5℃，10℃，15℃，20℃，25℃，30℃，35℃，40℃，）释放量进行研究和测定（干燥器法），结果表明：板材中游离甲醛释放量与温度呈正相关，随温度增加而增加。当温度高于 25℃时，增加幅度明显增大。

7）烟台调查资料显示：1～3 月份检测的住宅甲醛和 TVOC 不合格率较低；5～8 月份温度和湿度较高，甲醛和 TVOC 的释放相对充分，因此室内甲醛和 TVOC 的不合格率较高。

8）福州调查资料显示：2014 年室内装修污染物甲醛浓度的超标率为 34.4%，室温在 20℃以上季节，甲醛浓度的超标率高达 58.3%。

4. 房间容积大小对室内甲醛浓度影响

15 城市－Ⅰ类建筑调查汇总数据来源：

调查数据汇总统计分析条件：房间容积 20m³～230m³ 之间（过小容积房间未进入统计范围）；符合统计条件要求的房间样本数共 1270 个，个别甲醛浓度离群数据未采用，进入统计范围的共 1256 个。结果如图 4.1-39 所示。

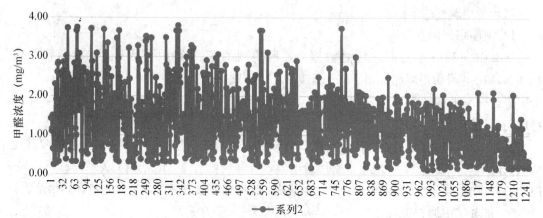

图 4.1-39　甲醛浓度随房间容积变化

由于数据量大，将同一房间容积下有几个甲醛浓度数据的取平均值后作为该房间的甲醛浓度，另外，将房间容积按段合并计算，结果如表4.1-17、图4.1-40所示。

表4.1-17　房间容积与房间甲醛浓度相关性

房间容积（m³）	20～29	30～39	40～49	50～59	60～69	70～79	80～89	90～99	100～109	110～119
房间甲醛浓度平均值（mg/m³）	1.53	1.40	1.25	1.0	1.1	0.83	0.74	0.72	0.51	0.42
房间容积（m³）	120～129	130～139	140～149	150～159	160～169	170～179	180～189	190～199	200～209	210～229
房间甲醛浓度平均值（mg/m³）	0.80	0.64	0.54	0.19	0.33	0.33	0.30	0.34	——	0.18

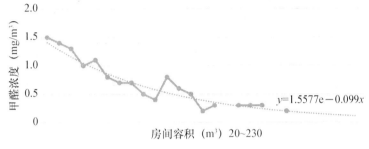

图4.1-40　房间容积与房间甲醛浓度相关性

可以看出，随着房间容积增加，甲醛浓度总体呈指数下降趋势。

另：15城市－Ⅰ类建筑调查汇总数据（调查数据汇总统计分析条件：房间容积20m³～230m³之间，过小容积房间未进入统计范围；符合统计条件要求的房间样本数共966个，统计数据表明：房间容积大小与室内VOC浓度之间没有明显的相关性。

5．房间容积大小与装修材料使用量负荷比相关性

15城市－Ⅰ类建筑调查汇总数据来源：调查数据汇总统计分析条件：房间容积20m³～230m³之间（过小容积房间未进入统计范围）；符合统计条件要求的房间样本数共1279个（个别装修材料使用量负荷比超过5.0m²/m³不可信数据未采用），结果如图4.1-41所示。

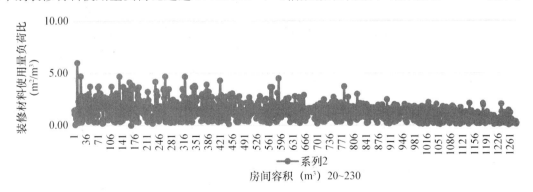

图4.1-41　甲醛浓度随房间容积变化

由于数据量大，将房间容积相近的装修材料使用量负荷比数据合并统计，即同一房间容积下有几个装修材料使用量负荷比数据的取平均值后作为该容积相近房间的装修材料使用量负荷比，另外，将房间容积按段合并计算，结果如表 4.1-18、图 4.1-42 所示。

表 4.1-18　装修材料使用量负荷比随房间容积变化

房间容积（m³）	20~29	30~39	40~49	50~59	60~69	70~79	80~89	90~99	100~109	110~119	120~129
房间装修材料使用量负荷比（m²/m³）	1.63	1.48	1.27	1.13	1.0	0.80	0.74	0.73	0.43	0.35	0.76
房间容积（m³）	130~139	140~149	150~159	160~169	170~179	180~189	190~199	200~209	210~219	220~229	
房间装修材料使用量负荷比（m²/m³）	0.52	0.67	0.19	0.34	—	0.33	0.30	0.23	—	0.18	

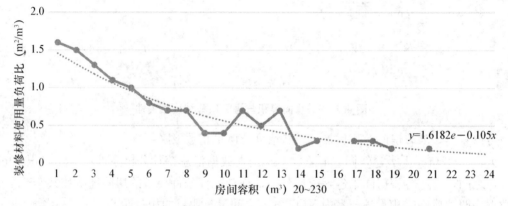

图 4.1-42　房间容积与房间甲醛浓度相关性

可以看出以下规律性变化：

（1）随着房间容积增加，室内装修材料使用量负荷比总体呈指数下降趋势，也就是说，目前我国室内装修情况表明，大室内空间的装修材料使用量负荷比相对较少，小室内空间的装修材料使用量负荷比相对较多。

（2）随着房间容积增加，室内装修材料使用量负荷比的指数下降态势与甲醛浓度的指数下降态势基本一致（前者指数为 $y=1.62\mathrm{e}-0.10x$，后者指数为 $y=1.56\mathrm{e}-0.10x$）。可以认为，正是由于装修材料使用量负荷比增加造成室内甲醛浓度升高。

4.2　装修材料污染控制

4.2.1　使用无机类无污染装修材料、实木类材料

许多无机类无污染装修材料性能非常适合应用，例如玻璃材料、金属材料、"人造石"材料、陶瓷材料等生产的吊顶材料、门套、窗套、地板、墙板等。全国室内环境污染调查资料表明，实木类材料污染轻微，尽量使用实木类材料也是正确选项。

4.2.2 实施工厂化生产、现场装配式装修

由于多方面原因，我国长期以来都是毛坯房交工。装修的队伍和建筑主体施工的队伍是两个体系，主体施工队伍是成建制和体系的，装修队伍往往是游击队，装修质量得不到保障。

毛坯房交工弊端很多：用户自主装修，砸墙砸地改水电，房屋结构任意改动，甚至拆了承重墙，对房屋质量影响很大，如果是非专业装修队伍施工问题会更严重，房屋结构安全不可控，房屋整体寿命受损。装配式装修不用水泥、沙子等，每平方米房屋能减重 150kg，不但减少了资源浪费，还会提高抗震能力。据部分资料统计，传统装修方式报修率达到户均0.39，也就是每户平均 3 个月就要保修一次。而装配式装修，户均报修率降到 0.1 以下。

对于毛坯房装修大家都有体会，几乎所有小区，在入住一到两年里，都是一个装修的骚扰期，居民每天都会被刺耳的装修噪声所困扰。况且，还会造成资源极大浪费，装修行业内的测算显示，装修过程中，每户大约会产生两吨建筑垃圾，以每年全国住宅供应量 600 万套到 700 万套计算，一共会产生 1000 多万吨的建筑垃圾。

所谓装配式装修，就是装修的各种部件，如隔断墙、地板、墙面、橱柜、卫浴等，都是工厂生产的成品，现场装配，不需要时可直接卸下。装配式装修将把实施方式逐渐向工业化内装方式转变，装修材料可以选用环保材料，检测后使用，避免现场湿式作业，大大减少胶粘剂使用，降低室内环境污染。

个性化装修需求、装修质量以及装修价格是精装修交房最关键的三大因素。正在推行的装配式装修将采用菜单式装修，由开发商提供不同档次的菜单。菜单要提供到很详细的程度，分档提供。所有户型、所有档次的样板间都要做齐，并对不同菜单分别做好样板间，采用的建筑装修材料均明确公示。在内部装修设计阶段，就要将设计方案提前和用户对接，满足个性化需求，装修分不同档次。据估计，装配式装修要比普通装修节约成本 30%。

装配式装修还可以大大减少工期随着装配式装修推行，土建在主体设计时，就要把装修考虑进去，这将更加确保房屋建筑和装修的质量，"怕装修污染"情况将从根本上改观，拎包入住时代即将到来。

4.2.3 控制装修材料污染物释放强度

1. 房间装修材料的总体（合成）甲醛释放强度

装修材料污染物释放强度指装修材料单位使用量负荷比（对房屋空间而言，即单位空间容积 $1m^3$ 下使用单位 $1m^2$ 面积的装修材料）可以表示为 m^2/m^3 下空间的污染物浓度（mg/m^3），如同气候箱法测定人造板甲醛释放强度一样，材料面积与气候箱容积数量之比 $1:1 = 1m^2:1m^3$。用装修材料污染物释放强度评价装修材料房间释放污染物（甲醛、VOC 等）才是科学合理的。

利用 2014—2015 年 15 个城市 Ⅰ类建筑 1360 个房间的调查数据，考虑到影响室内甲醛浓度的因素很多，特对原始测试数据按以下条件范围进行限定：

①装修完工 3 月内；

②调查取样前，对外门窗关闭 1h；

③18～27℃常温范围。

符合以上三个条件的共 274 个房间，再考虑到部分甲醛浓度很低数据时测量准确度低（0.04 mg/m³ 以下），不予采用，符合条件的共约 220 个数据（装修材料使用量 0.03～6.1 m²/m³ 间），按装修材料使用量分布如图 4.2-1 所示。

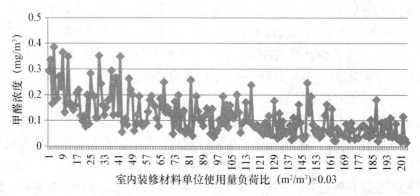

图 4.2-1　装修材料甲醛释放强度按装修材料使用量负荷比大小分布

单位装修材料使用量（1m²/1m³）下对应的房间甲醛浓度（mg/m³）的样本量如表 4.2-1、图 4.2-2。

表 4.2-1　装修材料污染物释放强度按房间样本量统计

装修材料污染物释放强度 [(mg/m³) / (m²/m³)]	0.01	0.02	0.03	0.04	0.05	0.06	0.07	0.08	0.09	0.10	0.11	0.12	0.13	0.14
房间样本数（个）	4	12	14	17	11	10	16	15	9	10	10	10	5	7
装修材料污染物释放强度 (mg/m³) / (m²/m³)	0.15	0.16	0.17	0.18	0.19	0.20	0.21	0.22	0.23	0.24	0.25	0.26	0.27	
房间样本数（个）	7	5	6	5	8	1	2	1	2	2	3	1	1	

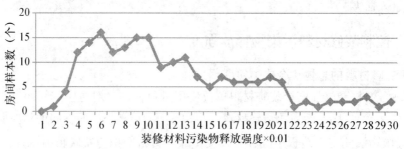

图 4.2-2　装修材料污染物释放强度按房间样本量统计

可以看出：

（1）单位装修材料使用量负荷比下的房间甲醛浓度平均值为 0.117 mg/m³，简化为

$0.12~mg/m^3$。也就是说，装修材料总体（合成）甲醛释放强度均值为 $0.12~mg/m^3$（此值不超出国家标准《室内装饰装修材料人造板及其制品中甲醛释放限量》GB 18580 限量值水平，气候箱法 E1 级为 $0.12~mg/m^3$，这是巧合）。

（2）样本量集中区域在 $0.04\sim0.13~mg/m^3$ 之间，强度高于 $0.10~(mg/m^3)/(m^2/m^3)$ 的样本量占比 40%，强度高于 $0.12~(mg/m^3)/(m^2/m^3)$ 的样本量占比 30%，强度低于 $0.08~(mg/m^3)/(m^2/m^3)$ 的样本量占比 51%。

2. 控制装修材料污染物释放强度

各种装饰装修材料的污染物释放强度必须控制，为此，国家出台了许多限量值规定，低于国家规定的污染物释放限量值是对装饰装修材料的基本要求。

4.2.4 控制装修材料使用量总量负荷比

所谓"装修材料总使用量负荷比限量值"指房间污染物不超过国家规定标准下的最大装修材料使用量负荷比，具体来说，即在房间污染物（例如甲醛）浓度不超过 $0.08mg/m^3$ 情况下允许使用的装修材料总量负荷比（m^2/m^3）。

为了探求 2014 年现场实测调查中房间装修材料使用量负荷比限量值，利用 2014 年 15 城市Ⅰ类建筑 1360 个房间的调查数据，并对原始测试数据按以下条件范围进行限定：

①装修完工 3 月内；

②调查取样前，对外门窗关闭 1h（《民用制造工程室内环境污染控制规范》GB 50325 的要求）；

③18～27℃范围常温。

符合以上三条件的共有 274 个房间数据。但要注意，通风情况、湿度、材料污染物释放量等不做要求，否则，符合条件的数据量太少，难以进行有效统计分析。

下面分别采用不同方法求解"装修材料总使用量负荷比限量值"：

1. 利用"装修材料总用量负荷比-甲醛浓度相关性"直接求解

将符合统计条件的 274 个房间数据中明显离群的 10 个反常数据去掉后，纳入统计分析的共 264 个房间数据。房间装修材料总用量负荷比-房间甲醛浓度的相关性统计分析如图 4.2-3 所示。

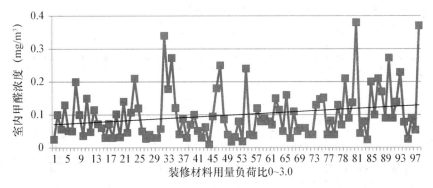

图 4.2-3 房间装修材料总用量负荷比-房间甲醛浓度的相关性

统计显示：

（1）装修材料总使用量负荷比增加与甲醛趋势浓度（平均浓度）增加基本呈线性关系（虽然波动很大），经计算，斜率为 0.02（mg/m³）/（m²/m³）。波动大可以理解，因为纳入统计分析的房间甲醛浓度除符合"完工 3 个月内、关闭门窗按 1h、18～27℃ 范围常温"条件外，影响房间甲醛浓度的其他因素如通风情况、装修材料的污染物释放量等均未考虑，但这些因素各不相同，对室内甲醛浓度影响也不同。

（2）随着装修材料总使用量负荷比增加，总体上室内甲醛趋势浓度（平均浓度）呈略有增加趋势；当装修材料总使用量负荷比达 0.8～1.2（1.0 附近）时，室内甲醛趋势浓度（平均浓度）达约 0.08mg/m³。

"装修材料总用量负荷比-甲醛浓度相关性"直接求解方法简单、直观，但结果准确性似不够高，因此，可以考虑采用下述第二种方法。

2. 利用"房间装修材料总用量负荷比样本量最大值与房间甲醛浓度样本量最大值的对应性"及"装修材料均值与室内甲醛浓度均值对应性"求解

可以利用 2014 年现场调查的房间数据，按以下步骤统计分析并求解：

（1）房间装修材料总用量负荷比分布（有家具）。

2014 年现场调查中 1360 个房间数据中，装修材料总用量负荷比（包括有家具）的调查统计数据共 1310 个，如表 4.2-2、图 4.2-4 所示。

表 4.2-2　装修材料总用量负荷比（包括有家具）的样本量分布

装修材料总量负荷比（m²/m³）	0.1	0.2	0.3	0.4	0.5	0.6	0.7
样本数（个）	32	46	77	50	64	82	127
装修材料总量负荷比（m²/m³）	0.8	0.9	1.0	1.1	1.2	1.3	1.4
样本数（个）	63	57	55	69	52	66	66
装修材料总量负荷比（m²/m³）	1.5	1.6	1.7	1.8	1.9	2.0	2.1
样本数（个）							
装修材料总量负荷比（m²/m³）	2.2	2.3	2.4	2.5	2.6	2.7	2.8
样本数（个）							
装修材料总量负荷比（m²/m³）	2.9	3.0	3.1	3.2	3.3	3.4	3.5
样本数（个）	56	58	43	44	29	32	23
装修材料总量负荷比（m²/m³）	3.6	3.7	3.8	3.9	4.0	4.1	4.2
样本数（个）	17	21	16	17	18	19	13
装修材料总量负荷比（m²/m³）	4.3	4.4	4.5	4.6	4.7	4.8	4.9
样本数（个）	11	7	7	7	7	2	6
装修材料总量负荷比（m²/m³）	5.0	5.1	5.2	5.3	5.4	—	—
样本数（个）	9	7	4	3	0	—	—

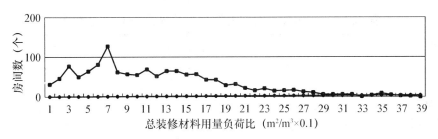

图 4.2-4　装修材料总用量负荷比（包括有家具）的样本量分布

可以看出：随着房间装修材料总使用量负荷比增加，样本量有一个分布，最大值出现在 0.7 m²/m³ 附近，也就是说，装修材料总使用量负荷比在 0.7m²/m³ 附近时的房间数最多。

（2）房间装修材料总用量负荷比分布（无家具）。

2014 年现场调查中房间数据中，装修材料总用量负荷比（无家具）（装修材料使用量减少）的调查数据共 885 个统计如表 4.2-3 所示。

表 4.2-3　房间装修材料总使用量负荷比（无家具）的样本量分布

装修材料总量负荷比（m²/m³）	0.1	0.2	0.3	0.4	0.5	0.6	0.7
样本数（个）	34	20	33	54	32	17	16
装修材料总量负荷比（m²/m³）	0.8	0.9	1.0	1.1	1.2	1.3	1.4
样本数（个）	13	17	9	8	11	6	7
装修材料总量负荷比（m²/m³）	1.5	1.6	1.7	1.8	1.9	2.0	2.1
样本数（个）	12	6	5	3	2	2	2

装修材料总使用量负荷比按房间样本量统计如图 4.2-5 所示。

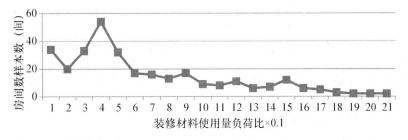

图 4.2-5　房间装修材料总使用量负荷比（无家具）的样本量分布

可以看出：随着装修材料使用量负荷比增加，房间样本量有一个分布，最大值出现在 0.4（m²/m³）附近，也就是说，装修材料总使用量负荷比在 0.4（m²/m³）附近时的房间数最多。

（3）房间甲醛浓度分布（有家具）。

2014 年现场调查中 1360 个房间数据，与装修材料总用量负荷比对应的房间甲醛浓度数据（包括有家具）的调查统计数据共 1310 个，如表 4.2-4、图 4.2-6 所示。

表 4.2-4　甲醛浓度分布的房间的样本量分布（有家具）

甲醛浓度范围 (mg/m³)	0~0.01	0.01~0.02	0.02~0.03	0.03~0.04	0.04~0.05	0.05~0.06	0.06~0.07
样本数 (个)	15	48	77	109	123	98	92
甲醛浓度范围 (mg/m³)	0.07~0.08	0.08~0.09	0.09~0.10	0.10~0.11	0.011~0.12	0.12~0.13	0.13~0.14
样本数 (个)	85	68	61	45	43	34	34
甲醛浓度范围 (mg/m³)	0.14~0.15	0.15~0.16	0.16~0.17	0.17~0.18	0.18~0.19	0.19~0.20	0.20~0.21
样本数 (个)	21	23	24	35	20	13	16
甲醛浓度范围 (mg/m³)	0.21~0.22	0.22~0.23	0.23~0.24	0.24~0.25	0.25~0.26	0.26~0.27	0.27~0.28
样本数 (个)	9	17	8	9	9	2	9
甲醛浓度范围 (mg/m³)	0.28~0.29	0.29~0.30	0.30~0.31	0.31~0.32	0.32~0.33	0.33~0.34	0.34~0.35
样本数 (个)	5	2	5	2	5	2	5
甲醛浓度范围 (mg/m³)	0.35~0.36	0.36~0.37	0.37~0.38	0.38~0.39	—	—	—
样本数 (个)	2	4	2				

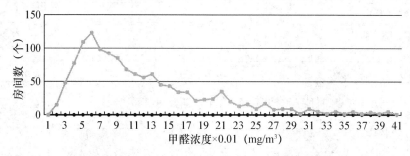

图 4.2-6　房间甲醛浓度的样本量分布（有家具）

　　可以看出：甲醛浓度房间样本量有一个分布，最大值出现在 0.05~0.08 mg/m³ 处，也就是说，甲醛浓度在 0.06 mg/m³ 附近时的房间数最多。

　　（4）房间甲醛浓度分布（无家具）。

　　2014 年现场调查中 1360 个房间数据，与装修材料总用量对应的房间甲醛浓度数据（无家具）的调查统计数据共 885 个，统计分布如表 4.2-5、图 4.2-7 所示。

表 4.2-5　甲醛浓度的房间样本量分布（无家具）

甲醛浓度 (mg/m³)	0.01	0.02	0.03	0.04	0.05	0.06	0.07
房间样本量 (个)	33	51	76	78	105	71	44
甲醛浓度 (mg/m³)	0.08	0.09	0.10	0.11	0.12	0.13	0.14
房间样本量 (个)	64	25	21	16	24	—	—

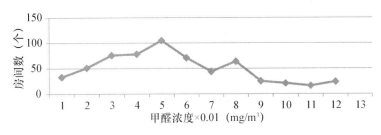

图 4.2-7　甲醛浓度的房间样本量分布（无家具）

可以看出：甲醛浓度房间样本量有一个分布，最大值出现在 0.05 mg/m³ 处，也就是说，甲醛浓度在（0.05 mg/m³）附近时的房间数最多。

（5）装修材料总用量负荷比的房间样本量分布最大值与甲醛浓度的房间样本量分布最大值的对应一致性。

所谓"装修材料总用量负荷比的房间样本量分布最大值与甲醛浓度的房间样本量分布最大值的对应一致性"即指装修材料总用量负荷比样本量最多的房间实际指甲醛浓度样本量最多的房间。

为求证这一点，以无活动家具的装修材料总用量负荷比－甲醛浓度数据为例进行统计分析，如下：

将装修材料总用量负荷比样本量出现峰值（0.3～0.7 m²/m³）对应的房间甲醛数据拿出（染色），然后按房间甲醛浓度-房间样本量关系统计出一个分布，此分布与前面的甲醛浓度的房间样本量分布编在同一个表里，并绘制在同一个图里，如表 4.2-6、图 4.2-8 所示。

表 4.2-6　装修材料总用量负荷比样本量出现峰值 $[0.3～0.7 (m²/m³)]$
对应的甲醛浓度的房间样本量分布表

室内甲醛浓度（mg/m³）	<0.01	0.01~0.02	0.02~0.03	0.03~0.04	0.04~0.05	0.05~0.06	0.06~0.07
材料用量负荷比峰值房间样本数（个）	0	0	2	4	6	3	6
室内甲醛浓度（mg/m³）	0.07~0.08	0.08~0.09	0.09~0.10	0.10~0.11	0.11~0.12	0.12~0.13	0.13~0.14
材料用量负荷比峰值房间样本数（个）	7	6	2	1	3	0	4
室内甲醛浓度（mg/m³）	0.14~0.15	0.15~0.16	0.16~0.17	0.17~0.18	0.18~0.19	0.19~0.20	0.20~0.21
材料用量负荷比峰值房间样本数（个）	1	1	0	0	0	0	—

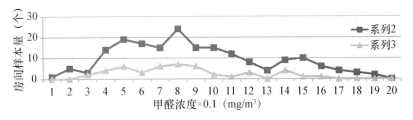

图 4.2-8　装修材料总用量负荷比样本量出现峰值（0.3～0.7（m²/m³））
对应的甲醛浓度的房间样本量分布图

可以看出，装修材料总量负荷比峰值对应的房间样本量变化与无活动家具（2014）房间甲醛浓度样本量变化数据基本一致，房间样本量出现峰值的位置基本一致。或者说，装修材料总用量负荷比的房间样本量分布最大值与甲醛浓度的房间样本量分布最大值具有对应一致性，基本上都是峰值附近那些房间的数据。

（6）装修材料负荷比均值与室内甲醛浓度均值对应性。

2014 年现场调查中取得的 1360 个房间原始测试数据，"符合①装修完工 3 月内；②调查取样前，对外门窗关闭 1h（与《民用建筑工程室内环境污染控制规范》GB 50325 基本一致）；③18～27℃范围常温"三条件的 274 个房间数据，分别进行装修材料总用量负荷比平均值统计和甲醛浓度平均值统计，得出房间装修材料总用量负荷比平均值为 0.97（m^2/m^3），房间甲醛浓度平均值位 0.087 mg/m^3，两者具有对应关系。

（7）综合统计分析。

综上所述，当包括活动家具时，装修材料使用量负荷比的样品量最多处值（峰值）位置是 0.70；当不包括活动家具时，装修材料使用量负荷比的样品量最多处值（峰值）位置是 0.40；相对应的"甲醛样本量最多处值"位置是：当包括活动家具时是 0.06mg/m^3，当不包括活动家具时是 0.05mg/m^3，同时考虑到无装修材料时（即装修材料使用量负荷比为 0）室内甲醛浓度理论上应当也为 0。另外，考虑到装修材料总用量负荷比平均值与甲醛浓度平均值之间的对应关系，这样，可以形成如表 4.2-7 数据及图 4.2-9。

表 4.2-7　装修材料不同使用量负荷比与不同甲醛浓度下的相关性（关门 1h）

装修材料使用量负荷比（m^2/m^3）	0	0.4（无家具）	0.7（有家具）	1.0（均值）
甲醛浓度（mg/m^3）	0	0.05	0.06	0.087（均值）

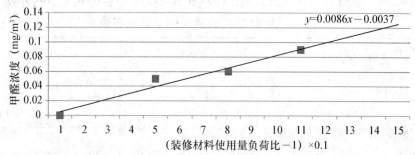

图 4.2-9　两种不同装修材料使用量负荷比与甲醛浓度的相关性

图示趋势线表明：随着装修材料总用量负荷比增加，室内甲醛浓度呈增加态势，当装修材料总用量负荷比达到约 1.0 附近时，室内甲醛浓度达到约 0.08mg/m^3。为了简化装修材料计算，将装修材料总用量负荷比取为 1.0，此结论与前面"利用'装修材料总用量负荷比-甲醛浓度相关性'直接求解"结果基本一致。

3．利用"装修材料总用量负荷比与甲醛浓度超标率对应关系"求解

现场污染调查表明，室内甲醛浓度与装修材料使用量负荷比有关，使用量超过一定量后室内环境污染将会超标。

（1）调查已知 2014 年Ⅰ类建筑 309 个房间样本量（装修住宅，无家具）甲醛超标率为 33%，由此可以从表"房间装修材料总使用量负荷比（无家具）的样本量分布"中整理出如下"房间超过不同装修材料总使用量负荷比下（无家具）的样本量占比分布"表，如表 4.2-8、表 4.2-9 所示。

表 4.2-8 房间装修材料总使用量负荷比（无家具）的样本量分布

装修材料总量负荷比（m²/m³）	0.1	0.2	0.3	0.4	0.5	0.6	0.7
样本数（个）	34	20	33	54	32	17	16
装修材料总量负荷比（m²/m³）	0.8	0.9	1.0	1.1	1.2	1.3	1.4
样本数（个）	13	17	9	8	11	6	7
装修材料总量负荷比（m²/m³）	1.5	1.6	1.7	1.8	1.9	2.0	2.1
样本数（个）	12	6	5	3	2	2	2

表 4.2-9 房间不同装修材料总使用量负荷比（无家具）的样本量占比

装修材料总量负荷比（m²/m³）	0.1	0.2	0.3	0.4	0.5	0.6	0.7
样本数占比	100	89	83	72	55	44	39
装修材料总量负荷比（m²/m³）	0.8	0.9	1.0	1.1	1.2	1.3	1.4
样本数占比	34	30	24	21	19	15	13
装修材料总量负荷比（m²/m³）	1.5	1.6	1.7	1.8	1.9	2.0	2.1
样本数	11	10	10	8	8	8	7

可以看出，装修材料总使用量负荷比（无家具）超过 0.8～0.9m²/m³ 的样本量占比 30%～34% 与甲醛浓度超标率 33% 一致。

（2）调查已知 2014 年 Ⅰ 类建筑 1332 个房间样本量（装修住宅，有家具）甲醛超标率为 48%，由此可以整理出如下"房间超过不同装修材料总使用量负荷比下（有家具）的样本量占比分布"表，如表 4.2-10、表 4.2-11 所示。

表 4.2-10 房间装修材料总使用量负荷比（有家具）的样本量分布

装修材料总量负荷比（m²/m³）	0.1	0.2	0.3	0.4	0.5	0.6	0.7
样本数	32	46	77	50	64	82	127
装修材料总量负荷比（m²/m³）	0.8	0.9	1.0	1.1	1.2	1.3	1.4
样本数	63	57	55	69	52	66	66
装修材料总量负荷比（m²/m³）	1.5	1.6	1.7	1.8	1.9	2.0	2.1
样本数	—	—	—	—	—	—	—
装修材料总量负荷比（m²/m³）	2.2	2.3	2.4	2.5	2.6	2.7	2.8
样本数							
装修材料总量负荷比（m²/m³）	2.9	3.0	3.1	3.2	3.3	3.4	3.5
样本数	56	58	43	44	29	32	23
装修材料总量负荷比（m²/m³）	3.6	3.7	3.8	3.9	4.0	4.1	4.2
样本数	17	21	16	17	18	19	13
装修材料总量负荷比（m²/m³）	4.3	4.4	4.5	4.6	4.7	4.8	4.9
样本数	11	7	7	7	7	2	6
装修材料总量负荷比（m²/m³）	5.0	5.1	5.2	5.3	5.4		
样本数	9	7	4	3	0		

表 4.2-11 房间装修材料总使用量负荷比（有家具）的样本量占比

装修材料总量负荷比 (m^2/m^3)	0.1	0.2	0.3	0.4	0.5	0.6	0.7
样本量占比（%）	100	98	96	90	86	81	75
装修材料总量负荷比 (m^2/m^3)	0.8	0.9	1.0	1.1	1.2	1.3	1.4
样本量占比（%）	65	61	56	52	50	46	41
装修材料总量负荷比 (m^2/m^3)	1.5	1.6	1.7	1.8	1.9	2.0	2.1
样本量占比（%）	—	—	—	—	—	—	—
装修材料总量负荷比 (m^2/m^3)	2.2	2.3	2.4	2.5	2.6	2.7	2.8
样本量占比（%）	—	—	—	—	—	—	—
装修材料总量负荷比 (m^2/m^3)	2.9	3.0	3.1	3.2	3.3	3.4	3.5
样本量占比（%）	27	25	23	21	18	16	14
装修材料总量负荷比 (m^2/m^3)	3.6	3.7	3.8	3.9	4.0	4.1	4.2
样本量占比（%）	13	11	10	8	7	6	5
装修材料总量负荷比 (m^2/m^3)	4.3	4.4	4.5	4.6	4.7	4.8	4.9
样本量占比（%）	4	3	3	2	2	1	1
装修材料总量负荷比 (m^2/m^3)	5.0	5.1	5.2	5.3	5.4		
样本量占比（%）	1	0	0	0	0	—	—

可以看出，装修材料总使用量负荷比（有家具）超过 $1.2\sim1.3m^2/m^3$ 的样本量占比 $46\%\sim50\%$，与甲醛浓度超标率 48% 一致。

综合以上两方面统计数据，可以认为，装修材料总使用量负荷比 $0.8\sim1.3m^2/m^3$ 为室内甲醛不超标的装修材料总使用量负荷比限量，简化为装修材料总使用量负荷比 $1.0m^2/m^3$。

综合结论：常温 23℃ 左右、完工 3 月内、关门 1h 条件下，综合三种求解方法后，将室内甲醛浓度不超过国家标准规定的限量值 $0.08\ mg/m^3$ 的室内装修材料最大总用量负荷比（包括家具）设定为 $1.0m^2/m^3$。

4.2.5 装修材料污染控制

中国室内环境概况调查与研究表明，在以下 4 项常规条件下：

①装修完工一周后；

②现场取样测量前，对外门窗关闭 1h（《民用建筑工程室内环境污染控制规范》GB 50325 的要求）；

③18～27℃ 范围常温；

④房间通风换气率大体 $0.3\sim0.4$ 次/h。

现场实测调查数据的统计分析有以下结论：

（1）随着装修材料总使用量负荷比增加，总体上室内甲醛浓度呈增加趋势，装修材料总使用量负荷比增加与甲醛浓度基本呈线性关系，即室内甲醛浓度大体与装修材料使用量负荷比成正比。

（2）随着装修材料甲醛释放强度增加，总体上室内甲醛浓度呈增加趋势，基本呈线性关系，即室内甲醛浓度大体与装修材料甲醛释放强度成正比。

从现场实测调查的情况看，此两点结论应适用于 VOC。为简化叙述，进行以下论述时，仅提及甲醛，可理解为对 VOC 同样适用。

设 n 代表装修材料总使用量负荷比，s 代表装饰装修材料甲醛释放强度，c 代表室内甲醛浓度，可建立以下数量关系式：

$$n \cdot s = \lambda c \tag{4.2-1}$$

式中：λ 为计算系数。

λ 值的确定与影响室内环境污染物浓度的诸因素有关，特别是门窗关闭时间、室内气温、完工时间长短、通风状况等，当这些因素情况稳定在一定范围内时，影响室内环境污染物浓度的主要就是装修材料的使用量及污染物释放确定，也就是说，当门窗关闭时间、室内气温、完工时间长短、通风状况等稳定在一定范围内时，λ 值可以为常数。

式（4.2-1）表明：装修材料总使用量负荷比及室内装修材料总甲醛释放强度两项因素共同决定室内甲醛浓度。也就是说，n 的增加会造成 c 的增加，s 的增加也会造成 c 的增加，如果 s 增加、n 适当减少可以保持 c 不变。

为计算方便，可以令室内装修材料总甲醛释放强度 s 以 0.12 mg/m^3/（m^2/m^3）的 1 倍为单位（s 成为无量纲量，注意：0.12（mg/m^3）/（m^2/m^3）正是国家标准《室内装饰装修材料　人造板及其制品中甲醛释放限量》GB 18580 "气候箱法" 测人造板甲醛释放量规定的限量值），也就是说，当以 0.12（mg/m^3）/（m^2/m^3）为单位时，室内装修材料总甲醛释放强度记作 1.0；令 n 以 1.0（m^2/m^3）为单位时，室内装修材料总使用量负荷比 1.0 m^2/m^3 记作 1.0（n 成为无量纲量）；令室内甲醛浓度 c 以 0.08 mg/m^3 为单位，也就是说，当室内甲醛浓度为 0.08 mg/m^3 时记为 1.0（c 成为无量纲量）。如此，可以将 $s = 1.0$，$n = 1.0$，$c = 1.0$ 代入式（4.2-1），可得下式：

$$1 \cdot 1 = \lambda \cdot 1$$
$$\lambda = 1$$

也就是说，以上 4 项常规条件下室内装修材料总甲醛释放强度 s 以 0.12（mg/m^3）/（m^2/m^3）的 1 倍为单位（记作 $s_倍$）、室内装修材料总使用量负荷比 n 以 1.0 m^2/m^3 的 1 倍为单位（记作 $n_倍$）、室内甲醛浓度 c 以 0.08 mg/m^3 的 1 倍为单位（记作 $c_倍$）时，式（4.2-1）数量关系式可以简化为式（4.2-2）：

$$n_倍 \cdot s_倍 = c_倍 \tag{4.2-2}$$

由于数量关系上 $n_倍 = n$，因此，式（4.2-2）可以进一步明确为式 4.2-3：

$$n \cdot s_倍 = c_倍 \tag{4.2-3}$$

此经验公式对于装修设计的材料选用具有重要意义，因为，在实际工作中，可以根据需要（室内甲醛或 VOC 浓度限量值要求）确定装修材料的使用量负荷比和污染物释放强度。

当然，如果以上 4 项前提条件改变，三者之间的数量关系将随之变化，例如：在满足室内甲醛浓度水平指标不变条件下，如果房间通风换气率增加，装修材料总使用量负荷比可以增加。

4.3　家具污染控制

作为使用中的房屋，总是要有家具的。

2014—2015 年全国性现场实测调查数据表明，室内甲醛问题约 30% 来自家具，VOC 污染约 40% 来自家具，可知控制家具污染的重要。

控制家具污染可以主要从两方面考虑：一是家具材质污染物释放量要少，二是控制家具数量，简约使用。

1．使用无机类材料制作的无污染家具或实木类家具

许多无机类材料无污染（无污染物释放）家具性能非常适合应用，例如，玻璃材料、金属材料、"人造石"材料、陶瓷材料生产的卫生洁具、厨房操作台柜、桌、柜、门窗等。

由于实木类家具污染轻微，因此，桌椅、床、橱柜灯尽量使用实木类家具也是正确选项。

2．实施工厂化生产、现场装配式家具

装配式家具将实现现场湿式作业逐渐向工业化生产转变，这样，家具材料可以选用环保材料，检测合格后使用，大量减少使用胶粘剂，大大降低室内环境污染。

3．装饰装修设计时为活动家具留下适当净空间

室内装修一个要求是：装修活动产生的污染不仅不能"超标"，还要留有余地，为活动家具留下一定的净空间。

2014 年现场实测调查数据的统计分析表明：家具甲醛污染对室内环境污染的贡献率为 33%，家具 VOC 污染对室内环境污染的贡献率近 40%。由此计算，为保证入住后室内污染不超标，室内装修承担方应与用户共同约定：室内装修时，为家具留下约三分之一净空间，只有这样才能避免出现"家具未进入不超标，家具进入后超标"情况出现。

4.4　装修材料、家具与房屋通风换气协调控制

1．目前自然通风房屋室内环境污染的主因：通风换气率低

现场实测调查数据表明：目前我国约一半住宅房屋处在甲醛、VOC 等污染物超标的室内环境中。"中国室内环境概况调查与污染防治研究"对 2015—2016 年 5 省市住宅（个别办公室）130 个自然通风房间进行的通风换气率现场实测表明：住房通风换气率在 0.5 次/h 及以上的房间数仅占比约 30%，可以说明通风换气不足是现有自然通风房屋污染问题突出的主要原因。

《民用建筑供暖通风与空气调节设计规范》GB 50736—2012 国家标准的条文说明中说："由于居住建筑和医院建筑的建筑污染部分比重一般要高于人员污染部分，按照现有人员新风量指标所确定的新风量没有考虑建筑污染部分，从而不能保证始终完全满足室内卫生要

求，因此，对于这两类建筑应将建筑的污染构成按建筑污染与人员污染同时考虑，并以换气次数的形式给出所需最小新风量。"

该规范第 3.0.6 条规定：居住建筑的换气次数应按照下表 4.4-1 确定。

表 4.4-1　住宅建筑最小新风量

建筑类型	人均居住面积（m²）	换气次数（h⁻¹）
住宅	人均居住面积≤10	0.70
	10<人均居住面积≤20	0.60
	20<人均居住面积≤50	0.50
	人均居住面积>50	0.45

据国家公布的调查资料看，我国城镇人口人均居住面积已经超过 $20m^2$，按此表要求，通风换气次数应当约在 0.5 次/h。为了保证这一要求得到落实，《民用建筑工程室内环境污染控制规范》GB 50325—2010 第 4.1.4 条已做出明确规定。

2. 门窗气密性要求过高加重室内环境污染

按照有关标准规定，目前的建筑外门窗气密性分级如表 4.4-2、图 4.4-1、图 4.4-2 所示。

表 4.4-2　建筑外门窗气密性分级表

分级	1	2	3	4	5	6	7	8
单位缝长分级指标值 q_1/[m²/(m·h)]	$4.0 \geq q_1 > 3.5$	$3.5 \geq q_1 > 3.0$	$3.0 \geq q_1 > 2.5$	$2.5 \geq q_1 > 2.0$	$2.0 \geq q_1 > 1.5$	$1.5 \geq q_1 > 1.0$	$1.0 \geq q_1 > 0.5$	$q_1 \leq 0.5$
单位面积分级指标值 q_2/[m³/(m²·h)]	$12 \geq q_2 > 10.5$	$10.5 \geq q_2 > 9.0$	$9.0 \geq q_2 > 7.5$	$7.5 \geq q_2 > 6.0$	$6.0 \geq q_2 > 4.5$	$4.5 \geq q_2 > 3.0$	$3.0 \geq q_2 > 1.5$	$q_2 \leq 1.5$

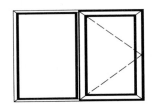

图 4.4-1　1 樘窗计算对应的缝长

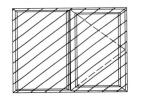

图 4.4-2　1 樘窗计算对应的面积

对于自然通风建筑来说，建筑外门窗是室内通风换气的主要通道，除了开关门窗外，通风换气主要靠对外门窗的缝隙徐徐进行，因此，气密性成为保证通风换气效果的重要指标。气密性等级越低，空气渗透量越大。

以 $50m^3$ 的房屋为例，在不同气密性等级的情况下，$2m^2$ 窗使空气全部更换一次，所需时间比较，可以宏观了解气密性能对通风换气的影响，如表 4.4-3 所示。

表 4.4-3　不同等级气密性换气能力比较

气密性等级	空气渗透量 $[m^3/(m^2 \cdot h)]$	窗面积 (m^2)	换气量 (m^3)	所需时间 (h)
1	12	2	24	2
2	10.5	2	21	2.3
3	9	2	18	2.7
4	7.7	2	15	3.2
5	6.5	2	12	4.0
6	4.5	2	9	5.3

由表 4.4-3 可得，每提高一级，空气渗透量减小 $1.5m^3/m^2$，窗户按 6 级窗考虑，窗面积按 $2m^2$ 计，$50m^3$ 房间换气 1 次约需 5h，相当于每小时换气 0.2 次。

现行建筑节能设计标准和门窗应用技术规范对建筑外门窗的气密性都有具体规定，如表 4.4-4 所示。

表 4.4-4　我国建筑节能设计标准中对建筑外门窗气密性的规定

序号	标　准	气密性等级要求
1	《公用建筑节能设计标准》GB 50189—2015 第 3.3.5 条	≥6 级（1～10 层） ≥7 级（≥10 层）
2	《严寒和寒冷地区居住建筑节能设计标准》JGJ 26—2010 第 4.2.6 条	≥6 级（严寒地区） ≥4 级（寒冷地区 1～6 层） ≥6 级（寒冷地区≥7 层）
3	《夏热冬暖地区居住建筑节能设计标准》JGJ 75—2012 第 4.0.15 条	≥4 级（1～9 层） ≥6 级（≥10 层）
4	《夏热冬冷地区居住建筑节能设计标准》JGJ 134—2010 第 4.0.9 条	≥4 级（1～6 层） ≥6 级（≥7 层）
5	《住宅建筑门窗应用技术规范》DBJ 01—79—2004 第 4.2.1 条	6 级

目前，自然通风建筑大体是按 6 级要求的，相当于只能满足通风换气率 0.2 次/h 要求，也就是说：门窗气密性要求过高致使室内环境污染问题恶化。

3. 保证房间通风换气次数≥0.5 次/h 应是房屋竣工验收的一条红线

根据《民用建筑工程室内环境污染控制规范》GB 50325 的规定，为保证自然通风建筑房间通风换气次数大于或等于 0.5 次/h，自然通风的民用建筑工程，应采取有效的通风换气措施，使室内通风换气次数达到 0.5 次/h 以上。

4. 装修材料、家具与通风换气率协调控制的重要性

在进行装修设计时，在满足约定的室内装修完工时间、取样测量前房屋对外门窗时间、室内常温等常规条件下，可以通过装修材料总使用量、装饰装修材料甲醛释放强度与通风换气率的相互配合调整，实现室内环境污染浓度的协调控制，例如：

（1）可以通过减少 s，达到 n 适当增加目的，且使 c 不变。

"中国室内环境概况调查与研究"的数据表明：60% 的装修材料总使用量负荷比分布在 0.3～1.4 之间，样本量最多处在 0.7 附近；0.7 使用量负荷比可以作为装修材料总使用量负荷比（包括有活动家具）的普适参考值；装修材料总使用量负荷比（包括有活动家具）统计的有效最大值为 5.3，由此可知，只要控制装修材料总甲醛释放强度不超过限量值的五分之一，那么，装修材料使用量负荷比可以不受限制。

调查研究结果还表明：人造板主要用于室内装修及制作家具，使用了人造板的房间约占总房间数的一半。有约 12% 房间使用量负荷比超过 1.0，最大值达 4.3。由此可知，只要控制人造板甲醛释放量不超过限量值的四分之一（保险一点可按五分之一），那么，人造板使用量负荷比可以不受限制。

（2）可以通过减少 n，达到适当增加 s 目的，且使 c 不变。

（3）可以通过增加通风换气率，达到 n、s 都适当增加目的，使 c 不变。例如，采用集中中央空调系统的建筑，只要满足通风设计要求，做到通风换气率 1 次/h 以上（大体是目前自然通风建筑通风换气率的 3 倍），基本上不会发生室内环境污染问题。

4.5　室内空气污染的其他影响因素

1. 大气雾霾

室外大气污染必然影响到室内，近年来我国发生的大面积雾霾污染问题严重影响到室内空气质量。

目前我国大气污染的主要来自工业排放。最新数据显示，2011 年我国工业二氧化硫废气排放中，电力行业所占比例高达 47.52%，而钢铁、水泥建材、有色冶金行业的二氧化硫排放量分别达 10.64%、13.26%、6.04%。有资料显示，2000—2011 年，中国工业废气排放量年均增速为 19.06%，由 2000 年的 138145 亿标立方米增长至 2011 年的 674509 亿标立方米。

燃料燃烧：燃料（煤、石油、天然气等）的燃烧过程是向大气输送污染物的重要发生源。

交通运输过程的排放：汽车、船舶、飞机等排放的尾气是造成大气污染的主要来源。

各地大气污染的情况不尽相同。据 2014 年 4 月北京市环保局调查发布的北京市 PM2.5 来源解析研究成果报告，在本地污染贡献中，机动车排放占 31.1%、燃煤占 22.4%、工业生产占 18.1%、扬尘占 14.3%，餐饮、汽车修理、畜禽养殖、建筑涂装等其他排放约占 14.1%，机动车污染是北京空气污染的主要来源，工业排放和燃煤对北京市空气污染的贡献也很大。

雾霾严重的时候，在紧闭门窗的情况下，也并不等于隔绝了空气流动，微小的 PM2.5 颗粒还是可以跑到屋子里来。长期处于密闭的室内环境中，人体代谢导致室内二氧化碳、微生物等污染物的浓度上升，对健康的危害甚至更大。

为解决大气污染问题，我国 2012 年出台了《重点区域大气污染"十二五"规划》，2013 年出台了《大气污染防治行动计划》，国家投入大量资金进行大气污染治理，各地联防治理，几年来，空气质量得到一定控制。可以预期，随着我国绿色发展规划的实施，大气污染问题将会逐步得到解决。

2. 局地污染

近年来，各地有关学校受局地污染的报道时有发生。某公司场地用于提炼废润滑油，购置大量油泥、滤渣，造成场地及周边地区土壤受到严重污染，气味浓重的化学污染物四处飘散，周围学校深受其害，有关检测数据表明，建设该新校区的这片地块污染最重的是氯苯，地下水和土壤中浓度超标达 95000 倍和 79000 倍；

多地多所学校出现"毒跑道"问题：2015 年，深圳市教育局称，首批发现 11 所疑似塑胶运动场地有害物质含量超标的学校，受"毒跑道"影响最严重的深圳外国语中学初中部的塑胶跑道的样本检测结果显示，跑道中的甲苯和二甲苯总量分别达到 1.31mg/m^3 和 6.98mg/m^3，超过国家标准的 26 倍和 140 倍。

局地污染问题已经引起我国政府的高度重视，《污染地块土壤环境管理办法（试行）》已于 2016 年 12 月由环境保护部部务会议审议通过，自 2017 年 7 月 1 日起施行。

相信随着该试行办法的贯彻执行，局地污染问题会得到逐步解决。

4.6　相关标准规范执行情况

室内空气污染控制离不开标准，更离不开标准的贯彻执行。

以国家标准《民用建筑工程室内环境污染控制规范》GB 50325 为例，该规范于 2001 年 11 月发布，该规范结束了我国控制民用建筑工程室内环境污染无标准可依的历史，为建造安全舒适的民用建筑工程创造了条件，为保障人民健康发挥了积极作用。该规范于 2002 年年初发布执行后，北京市建委首先转发建设部通知并提出贯彻执行规范的具体要求，做出全面部署，紧接着上海等沿海省市也相继行动，结合本地区实际出台相关规定，有的地方制定了分步骤贯彻执行规范的时间表，对设计、施工和工程验收的室内环境检测等提出具体要求，之后逐渐扩展到内地省市。多年来的实践看，全国大部分地方工程竣工验收的室内环境污染检测把关已经做到，工程勘察设计阶段工作、材料进场检验环节执行稍差。总体看，凡是认真贯彻执行规范的地方，室内环境污染控制工作逐步正常化并深入人心，室内环境污染状况会有所改观，贯彻执行差的地方，问题就比较突出。

影响室内空气污染控制工作深入开展的原因很多，其中有认识问题。例如，直到目前，有的人还在说环境污染问题哪有那么严重，吸烟的人不是也活得很好吗？有的地方搞工程质量管理的人认为，房子不塌是工程建设的硬指标，不能含糊，室内空气污染看不见（不必管得很严）；还有的人担心室内空气污染超标不好处理，不敢认真监管，怕通不过验收自己不好交代……据了解，至今有些地方（市县）室内环境检测实验室都没有，环境污染问题无人过问。

住房城乡建设部在发布规范公告中强调："……强制性条文必须严格执行。"如果各级政府监督管理部门不能严格执行，再好的标准也是一纸空文。

4.7　民用建筑绿色装修关键技术

1. "绿色装修"涉及的若干概念

《民用建筑工程室内环境污染控制规范》GB 50325 对建筑装修材料、对室内环境污染控制的一系列规定是基本、起码要求，而不是高、更好的要求。因此，"绿色装修"可以理解为：通过控制装修材料、家具污染物释放量及保障室内必要通风等手段、科学合理地使室内环境污染物浓度小于或等于《民用建筑工程室内环境污染控制规范》GB 50325 限量值的装修理解为"绿色装修"。

实现"绿色装修"涉及范围很广，是一个系统工程，既要控制装修材料、家具、通风，还要考虑季节变化的温度影响（夏季高温不能超标）、门窗关闭时间影响，需要考虑装修完工时间长短不同影响、室内污染物不仅有甲醛还有 VOC 等污染物的复杂情况。

（1）关于"绿色装修"的空气污染物限量值。

"绿色装修"的室内环境应当比普通房屋室内空气质量更好。国家标准《民用建筑工程室内环境污染控制规范》GB 50325 是对民用建筑室内环境污染控制的起码要求，达不到要求不允许通过验收，不许交付使用，因此，该《规范》GB 50325 所规定的室内污染物限量值是对民用建筑室内环境污染控制的起码要求，在目前各地室内污染物超标情况十分严重的背景下，"绿色装修"应有更好、更严格要求。

实际上，发达国家（地区）早就有不同级别要求的做法。例如，加拿大要求室内甲醛 24h 均值为 0.06 mg/m³，美国加州要求室内甲醛 8h 浓度限值为 0.035，中国香港地区要求室内甲醛-卓越级为 0.03 mg/m³ 等（我国《民用建筑工程室内环境污染控制规范》GB 50325 规定 I 类建筑 0.08 mg/m³）；日本要求室内 VOC 限量值为 0.4 mg/m³，中国香港地区要求室内 VOC 限量值-卓越级为 0.2 mg/m³（我国《民用建筑工程室内环境污染控制规范》GB 50325 规定 I 类建筑 0.5 mg/m³）；WHO 建议（2009 氡手册）将室内（不分类）氡限量值设为 100Bq/m³（我国《民用建筑工程室内环境污染控制规范》GB 50325 规定 I 类建筑氡限量值设为 200Bq/m³）。值得注意的是：这些国际标准的限量值均为实际使用中的房屋，室内均有会释放甲醛、VOC 的家具、家电、必备用品、物品等。与《民用建筑工程室内环境污染控制规范》GB 50325 仅由建筑装修材料释放污染物的限量值比较起来，差距不小。

从全国现场调查数据看，对室内污染物限量值提出更严格要求通过努力可以做到。因为全国现场调查室内甲醛样本量最多处集中在 0.05～0.06mg/m³ 附近（有家具），VOC 样本量集中点在 0.3～0.4 mg/m³ 之间，近 50％房间浓度范围在 0.4 mg/m³ 以下，《中国室内氡研究》实测调查：全年住宅室内氡浓度大于 100Bq/m³ 的房间数小于 10％。

对于绿色建筑、绿色装修来说，客户自然会提出更高、比《民用建筑工程室内环境污染控制规范》GB 50325 更严的要求，至于严格到什么程度，可以事先约定，并按约定要求建设、验收。

（2）"绿色装修"污染的标示物。

室内污染物种类很多，国家标准《民用建筑工程室内环境污染控制规范》GB 50325 根据其毒性大小及在全国出现概率高低等情况首先选择性控制甲醛、氨、苯、氡、VOC 等 5 类（随着情况变化会有相应变化）。

"中国室内环境概况调查与研究"的现场调查资料表明，目前超标情况突出的污染物是甲醛、VOC 两种。在"绿色装修"实施过程中，为了简化装修设计的材料选用计算，考虑到以下几方面情况，以甲醛作为代表室内环境污染物的标示物比较合适：

①甲醛是致癌物，危害突出；

②全国现场调查表明：室内甲醛污染与 VOC 污染总体呈正相关关系，甲醛浓度高，则 VOC 浓度也高；

③无论是装修材料的释放甲醛检测或者是空气中甲醛浓度检测，均比 VOC 检测容易，方便监测。

（3）家具影响。

活动家具（室内装修后，根据使用者需要进入的、可以拆装或移动的家具、电气等，如桌椅、橱柜、床、沙发、家用电器等）本不属于房屋装修内容，从装修本身要求来讲，只要装修后室内环境污染指标达标即算完成任务，但从房屋使用者角度说，房屋使用总是要有活动家具的，那么，无活动家具的达标"绿色装修"，进入家具后超标合理吗？"绿色装修"设计时为活动家具进入预留一定净空间（使活动家具进入后不超标）才是合理的。这样一来，就对装饰装修的污染控制提出了更严格的要求。

（4）完工时间影响。

装修过程中挥发最快的是涂料。常温下，涂料有 7 天挥发期，因此，《民用建筑工程室内环境污染控制规范》GB 50325 规定工程验收检测应在 7 天以后进行。其他装修材料的污染物释放要慢得多。总体来看，装修后室内环境污染随着装修完工时间的延长逐渐呈下降趋势，减小到一定程度后达到平衡稳定阶段，在室温条件下很难继续减小。

理想的"绿色装修"应当是在装修完工后的合理时间内室内环境质量即达到污染物限量值水平要求。全国现场调查显示，完工 1 个月内室内环境验收检测的工程占比约 7%，检测样本量集中点出现在完工 3~4 个月内，也就是说，绝大多数住户入住在装修完工 1 个月后。既然如此，可以考虑将验收检测放在 1 个月后进行，既不会因为检测时间推迟影响住户使用，符合实际情况，也不伤害开发商的利益。

当然，约定"1 个月后"比约定"7 天后"室内污染物浓度总趋势会有所降低（估计值≈20%）。

（5）门窗关闭时间影响。

自然通风房屋验收检测前门窗关闭时间长短是必须回答的一个技术问题，《民用建设工程室内环境污染控制规范》GB 50325 规定为 1h，当时的主要依据是通风设计要求每小时换气 1 次。

采用自然通风换气的民用建筑，决定室内通风换气多少的主要是对外门窗的缝隙：缝隙大，通风换气多；缝隙小，通风换气差。

全国现场调查显示：房间数按通风换气率大小分布如表 4.7-1 所示。

表 4.7-1　房间数按通风换气率大小分布

通风换气率（次/h）	≥1	≥0.6	>0.5	>0.4
房间数占比（%）	0.10	0.26	0.30	0.60

可以看出：现有房屋约 70% 房间的通风换气率在 0.2~0.5 次/h 之间，被调查房间的通风换气率集中分布在 0.3 次/h 附近。

因此，以通风换气率 0.3 次/h 为基础确定对外门窗关闭时间比较恰当，即确定化学污染物检测前对外门窗关闭时间为：3.3h，简化为门窗关闭 3h，或者 4h（严格一点）。

（6）季节（温度）影响。

全国现场调查表明：随着温度增加，室内甲醛浓度基本按线性增加，室内高温约30℃高温时，室内甲醛浓度大约是20℃时的1.2倍。

"绿色装修"设计时应考虑季节影响因素，避免出现冬季验收合格的工程，到了夏季出现室内污染物浓度超标情况。

2. 实现"绿色装修"的主要难题与解决办法

（1）多种装修材料同时使用如何确定材料使用量？解决办法：总量控制。

全国现场调查数据显示：房间装修材料总使用量负荷比（包括家具）平均值为1.34，最大值达到8.0（典型过度装修）。为实现绿色装修只能首先进行总使用量控制：根据房间的污染物浓度约定控制指标，在满足房间使用功能基础上首先进行装修材料总使用量负荷比控制，然后，装修设计者可根据设计需要分解计算出各类装修材料的使用量。

（2）装修材料污染物释放量如何控制？解决办法：材料污染物释放量一律检测，不许超标。

使用的装修材料只能一律检测污染物释放强度，并且不许超标，同时根据房间的污染物浓度约定控制指标，在满足装修材料使用量负荷比要求基础上确定可以接受的具体污染物释放强度。

全国现场调查数据显示：目前房间的装修材料总体甲醛释放强度平均值为0.12mg/m^3（恰好是气候箱法对人造板规定的甲醛释放强度限量值）。

（3）家具影响问题，解决办法：房屋装修设计时加入家具影响系数。

为保证装修后活动家具进入不超标，"绿色装修"设计时需为活动家具进入预留一定净空间。全国现场调查数据显示：家具污染影响份额约为30%，因此，在装修设计污染控制计算时预留30%净空间即可。

（4）季节影响问题，解决办法：房屋装修设计时加入温度影响系数。

为保证装修后验收不受季节影响（即低温季节不超标，到高温季节也不超标），"绿色装修"设计时需为季节变化（温度变化）影响预留一定净空间。全国现场调查数据显示：季节（温度）影响份额约为20%，因此，在装修设计污染控制计算时预留20%净空间即可。

3. 实现"绿色装修"并不难

历史表明，实现"绿色装修"需要各有关方面共同努力。2012年发生的所谓万科"安信毒地板"事件就是例证：社会信誉度很高的万科房地产由于采用了甲醛超标的安信牌地板而遭到社会广泛谴责，建筑装修行业发展陷入低谷。

"绿色装修"是人心所向，也是我国建筑业必然发展趋势。

为实现绿色装修，要进行必要的技术准备，比较突出的有两点：

一是装修队伍的整体学习、培训，提高污染控制技术水平。以往的装饰装修程序是：制作效果图→购置材料→施工作业→完工入住，既没有装修设计的污染控制计算，也没有材料的污染物检测，完工后的室内环境情况不可预知，如果超标也没有办法。现在按照《民用建筑绿色装修技术规程》的要求，装修设计前双方要有室内环境质量约定，装修设计时要根据约定进行装修材料使用量计算，装饰装修材料使用前要进行污染物检测，不符合要求的不能使用，还要按照该《规程》要求进行施工，完工后的室内环境情况要进行检测，达不到约定指标要求将要承担责任，新要求下，需要学习培训，装修队伍的整体污染控制技术水平必须提高。

二是检测工作必须跟上。可以看出，没有检测就没有绿色装修，装饰装修材料的污染物释放强度检测、装修后的室内环境检测必须进行。

只要各方面条件具备，绿色装修就可以起步。

5 | 回顾与展望

我国大规模室内环境污染控制工作是从《民用建筑工程室内环境污染控制规范》GB 50325—2001 的批准发布开始的。近 20 年，我国室内环境污染变化如何，有什么值得总结的经验教训，今后的发展前景如何等诸多问题值得认真研究。

5.1 20 年回顾

1. 20 世纪末我国室内环境污染显现并迅速加剧

改革开放以来，我国各项建设事业迅速发展，特别是 20 世纪 90 年代以来，更是日新月异。一方面，随着社会发展和科技进步，人们的生活水平快速提高，住房和办公条件不断改善，住房面积越来越大，居住和办公场所等民用建筑的装修程度越来越高，各种新型建筑材料和装修材料不断地涌现。另一方面，在市场经济快速发展的形势下，由于管理工作跟不上，各种假冒伪劣建筑材料和装修材料充斥市场。在这种背景下，各类民用建筑工程室内环境污染问题日益突出，到了不抓紧解决就要影响到社会安定的严重程度。

我国室内环境污染问题的提出开始于大批新型建筑装修材料的引进。各类美观、方便加工的人造板生产线一条条建立起来，大批量的各类人造板、色彩丰富的溶剂型涂料及胶粘剂被用到室内外装修工程上，这些新颖的装修材料在给人们带来喜悦的同时，还带来了呛人的气味，影响到人们的身体健康，装修材料污染迅速成为社会热点问题。

2000 年 11 月 1 日，《人民日报》发表了署名为以"家庭装修不少，各种纠纷真多"的文章，文章中提到：据中国消费者协会提供的材料，1997 年，住宅装修业成为排名第二位的消费者不满意的服务行业；1998 年，对家庭装修质量的投诉成为全国消费者投诉第二大热点，1999 年，它仍是投诉十大热点之一，其中，相当一部分投诉内容即为装修引起的污染问题。

2001 年前，公开报道的室内环境污染检测数据很少，据中国消费者协会 2001 年 8 月初公布的一项调查结果：在北京对 30 户装修后的室内环境污染进行检测，甲醛浓度超标的达到 73%，对杭州市 53 户装修后的室内环境污染进行检测，甲醛浓度超标的达到 79%，最高的超标 10 多倍，此外，VOC 和苯的超标情况也很严重，分别占 20% 和 43%。多数消费者反映眼睛、鼻子和呼吸道不适。分析原因，主要是使用劣质涂料、油漆、板材等导致的。

在室内环境污染问题日益突出的情况下，建设系统、卫生部门、环保部门及一些高等院校陆续开始关注室内环境污染方面问题的调查及控制研究工作。河南省建筑科学研究院从 1992 年开始"建筑与环境"的研究，并于 1994 年发表文章《民用建筑应关注室内氡污染问题》，在河南省开展民用建筑氡防治试点工作，开展《室内环境质量控制研究》课题研究，从 1998 年开始编制标准申报立项，由河南省建筑科学研究院为主编单位编制的国家标准

《民用建筑工程室内环境污染控制规范》GB 50325—2001 从 2000 年正式开始编制，2001 年批准发布，随后，环保部、卫生部合作编制的《室内空气质量标准》GB 18883—2002 于 2002 年批准，2003 年开始执行。

2. 10 年防控不见好转

《民用建筑工程室内环境污染控制规范》GB 50325 于 2002 年发布执行后，北京市建委首先转发建设部通知，提出贯彻执行《规范》的具体要求并做出全面部署，紧接着上海等沿海省市也相继行动，结合本地区实际出台的相关规定，有的地方制定了分步骤贯彻执行《规范》的时间表，对设计、施工和工程验收的室内环境检测等提出具体要求，之后逐渐扩展到内地省市。与此相适应，各地实验室建设发展迅速，购置仪器设备，培训人员，建立规章制度，并陆续投入使用。

深圳 8 家装饰企业公开对社会做出承诺：不使用有污染的材料，保证做到装修环保化；国内百家企业联合发起"北京宣言"，带头贯彻执行国家标准；河南焦作矿务局、河南建业集团分别主动在住宅建设开工前进行土壤氡调查和进行商品房室内污染物检测等。

总体来看，国家标准《民用建筑工程室内环境污染控制规范》GB 50325 和《室内空气质量标准》GB/T 18883 发布后，各地建设系统、质检、工商管理、建筑材料等部门密切配合，从建筑材料的生产、市场管理到工程设计、施工、工程竣工的把关等各个环节开展工作，落实国家标准的要求，社会各界新闻媒体积极跟进、推动，社会各方面为控制室内环境污染做了大量工作。

尽管如此，但从不同渠道提供的大量信息来看，经过 10 年的防控，我国室内环境污染状况仍不见好转。

（1）媒体关于室内环境污染报道资料。

媒体关于室内环境污染报道资料统计可如表 5.1-1 所示。

表 5.1-1　报纸发表的涉及室内环境质量或建筑装修材料污染物方面的文章（篇）统计

年　份	人民报等	建设报	建材报	合计	年　份	人民报等	建设报	建材报	合计
2002 年前	4	4	2	10	2002 年前	4	4	2	10
2003	0	16	—	16	2003	0	16	—	16
2004	3	58	—	61	2004	3	58	—	61
2005	1	55	32	88	2005	1	55	32	88
2006	10	23	34	67	2006	10	23	34	67
2007	2	6	8	16	2007	2	6	8	16
2008	0	11	10	21	2008	0	11	10	21
合计	20	173	86	279	合计	20	173	86	279

《中国建材报》2009 年 1 月 5 日刊载文章说：山西质检局抽查油漆涂料，有害物质超标率 13%。

《中国建设报》2008 年 11 月刊载文章说：国家质检总局抽检 5 种室内装修材料有害物质释放量，胶合板合格率 93%，熔剂型涂料 95%，细木工板 97%，水性内墙涂料 99%。

《中国建设报》2008 年 11 月 19 日刊载文章：深圳质检局抽检涂料胶粘剂有害物质释放量，熔剂型涂料合格率 97%，胶粘剂合格率 92%。

《中国建材报》2008 年 2 月 4 日刊载文章说：南京家装空气质量检测汇总报告显示，2007.7 全市受检家庭环保指标全部达标仅一成。

从以上资料可以看出，我国的室内环境污染问题仍比较严重。

（2）2005 年 CCTV-2 组织的全国性室内环境污染调查。

1）调查名称：我国 22 个城市家庭装修室内环境污染（2005 年 8～10 月）。

2）检测项目：甲醛、苯、总挥发性有机物（TVOC）。入户检测共采集了 4735 个样本，室内空气中甲醛、苯及 TVOC 等污染数据 3030 个。

3）依据标准：《民用建筑工程室内环境污染控制规范》GB 50325—2001。

4）调查参加单位：环保部门、卫生部门、建设部门及上海市的上海申丰地质新技术应用研究所有限公司等（缺陷：参加的检测单位未进行统一考核）。

5）调查和评价方法：

①入户调查的对象（作为本次调查入户检测的条件）：

● 能够提供正规装修公司合同；

● 装修完工后通风 7 天以上；

● 没有外购家具。

报名参加此次调查的家庭有 1163 户，符合上述要求的有 555 户，占报名总数的 49%。

②入户调查内容：包括房屋结构、使用面积、装修情况及用料、工艺等。

③污染物采样和检测方法：

依据标准《民用建筑工程室内环境污染控制规范》GB 50325—2001。

采样要求：现场不得残留装修材料，采样前关闭门窗 1h（关闭门窗采样）。

④ 结果和分析：

● 甲醛污染状况。

甲醛检测结果如表 5.1-2、图 5.1-1 所示（由于有些城市入户检测数量太少，检测数据不具有代表性，所以就无法计算这些城市的超标比例）。

表 5.1-2　各城市甲醛浓度检测结果

城市名称	检测户数	超标户数	超标比例（%）	最大值（mg/m³）	算术平均值（mg/m³）	中位数值（mg/m³）
北京	91	55	60	0.63	0.13	0.10
上海	6	3	—	0.14	0.07	0.07
天津	75	56	74	0.78	0.18	0.16
盘锦	13	5	38	0.12	0.08	0.08
苏州	50	22	44	0.47	0.10	0.07
长沙	88	65	74	0.89	0.18	0.14
深圳	30	29	97	0.67	0.26	0.14
北海	20	19	95	0.56	0.19	0.18
佛山	30	28	93	0.52	0.19	0.16
常州	50	34	68	1.26	0.21	0.14
泉州	22	18	82	0.62	0.21	0.15
沈阳	20	10	50	0.21	0.09	0.08
昆明	10	5	50	0.12	0.08	0.08
总计	566	383	71	1.26	0.16	0.12

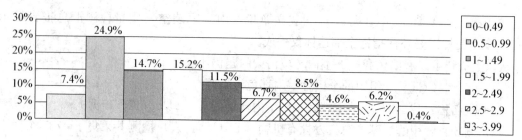

图 5.1-1　各城市甲醛浓度检测结果统计

可以看出，555 户中甲醛合格的占检测总数的 32%；甲醛超标占检测总数的 68%。深圳、北海、佛山室内甲醛污染严重，超标比例 90% 以上。最高污染值出现在常州，1.26mg/m³，超出标准限值约 15 倍。

- 苯污染状况。

苯检测结果如表 5.1-3、图 5.1-2 所示（由于有些城市入户检测数量太少，检测数据不具有代表性，所以就无法计算这些城市的超标比例）。

表 5.1-3　各城市苯浓度检测结果

城市名称	检测户数	超标户数	超标比例（%）	最大值（mg/m³）	算术平均值（mg/m³）	中位数值（mg/m³）
北京	91	22	24	10.02	0.14	0.04
上海	6	0	—	0	0	0
天津	75	3	4	2.91	0.05	0.02
盘锦	13	3	5	0.12	0.05	0.03
苏州	50	4	8	0.36	0.03	0
长沙	88	2	5	0.67	0.01	0
深圳	30	1	3	1.15	0.05	0.03
北海	20	13	65	4.8	1.05	0.34
佛山	30	3	10	0.62	0.08	0.05
常州	50	1	2	0.20	0.04	0.03
泉州	22	1	5	0.14	0.03	0.02
沈阳	20	5	25	0.15	0.05	0.03
总计	555	63	11	10.02	0.10	0.02

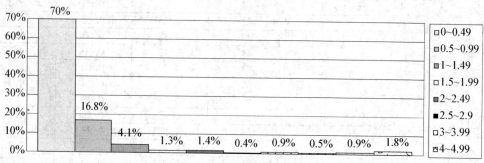

图 5.1-2　苯检测结果的数据分布图

可以看出，555 户中苯合格的有 492 户，占总数的 89%，苯超标 63 户，占总数的 11%，北京和沈阳超标比例相对较高，为 24% 和 25%。最高污染值出现在北京，为 10.02mg/m³，超出标准限值 110 倍。

- 总挥发性有机物（TVOC）污染状况。

TVOC 检测结果如表 5.1-4、图 5.1-3 所示（由于有些城市入户检测数量太少，检测数据不具有代表性，所以就无法计算这些城市的超标比例）。

表 5.1-4　各城市 TVOC 浓度检测结果

城市名称	检测户数	超标户数	超标比例（%）	最大值（mg/m³）	算术平均值（mg/m³）	中位数值（mg/m³）
北京	91	48	53	9.5	1.00	0.5
上海	6	2	—	0.80	0.41	0.40
天津	75	29	39	2.90	0.65	0.34
盘锦	13	4	31	0.65	0.40	0.44
苏州	50	9	18	1.68	0.28	0.16
深圳	30	21	70	3.40	0.90	0.31
北海	20	9	45	6.60	0.72	0.24
佛山	30	8	27	0.85	0.41	0.38
常州	50	9	18	2.57	0.38	0.31
泉州	22	6	27	1.25	0.48	0.46
沈阳	20	2	10	0.7	0.26	0.20
昆明	10	4	40	18.4	1.74	0.92
总计	477	182	38	18.4	0.69	0.38

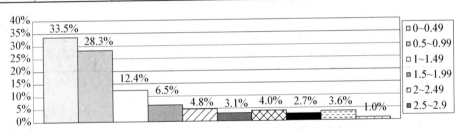

图 5.1-3　TVOC 检测结果的数据分布图

可以看出，477 户中 TVOC 合格的有 295 户，占总数的 62%，TVOC 超标 182 户，占总数的 38%，深圳和贵阳超标较严重，超标比例为 60%～70%，最高污染值出现在贵阳，为 25.27mg/m³，超出标准值 50 倍。

由以上检测结果可见，此次调查的三种污染物中，超标较严重的是甲醛（超标比例 68%），其次是 TVOC（超标比例 38%），苯污染较轻（超标比例 11%）。

- 污染物来源分析：

《民用建筑工程室内环境污染控制规范》GB 50325 规定，将室内的浓度减室外的浓度来评价装修带来的污染。但是各城市室外环境背景差异较大，室外浓度会直接影响评价结果。例如，在本次调查中，北京市、贵阳市和石家庄市提供的室外浓度，它们的差异是很明显的（如表 5.1-5 所示）。在评价室内环境装修污染问题时，应参考室外环境现状，对室内污染物来源进行分析。

表 5.1-5　北京市、贵阳市室内外污染物平均水平的比较

城市	甲醛（mg/m³）			苯（mg/m³）			TVOC（mg/m³）		
	室内	室外	室内/室外	室内	室外	室内/室外	室内	室外	室内/室外
北京	0.13	0.03	3.9	0.18	0.02	9.0	1.0	0.24	4.2
石家庄	0.13	0.03	4.3	0.08	0.02	4.0	1.2	0.61	2.0
贵阳	0.19	0.07	2.9	0.14	0.16	0.9	4.40	3.08	1.4

2015 年 CCTV-2 根据各城市上报的检测数据进行了汇总和分析调查报告，摘要如下：

"结果统计：参加这次调查入户检测的家庭中，有 71% 的家庭装修后室内空气中甲醛浓度超过《民用建筑工程室内环境污染控制规范》GB 50325 所规定的限值，苯超标 11%，TVOC 超标 38%。用综合指数来评价，室内空气质量良好的家庭占 34%，有污染的家庭占 66%。其中重污染的家庭占 30%。CCTV-2 的调查结论：我国因装修造成的室内污染较为严重，应引起有关部门关注。"

（3）2008 年前后建设系统工程验收检测数据。

从全国建设系统检测单位获取真实信息比较困难，原因：一是大部分验收的工程是毛坯房，甲醛、苯、TVOC 等污染表现不突出；二是精装修房少，检测超标难看到报告。但从以下两方面统计可以看出一个大体情况：

1）近年来，精装修办公楼（河南、深圳等地）室内污染检测数据表明（按Ⅱ类建筑）超标比例在 40% 左右，主要以甲醛和 TVOC 超标为主。调查结果如表 5.1-6 所示。

表 5.1-6　室内污染检测（甲醛、氨、苯和 TVOC）结果

检测项目	工程项目总数	超标工程数量	超标率（%）
甲醛	24	8	33
氨	24	—	0
苯	24	1	4.2
TVOC	24	11	46

2）关于氨的工程验收检测情况。

从几个省市反映的数据看，可以做出以下判断：

①2002 年以来，随着国家对建筑材料有害物质监控力度不断加大，北方地区混凝土外加剂（防冻剂）的氨释放问题已初步控制（南方此问题本来不突出，《民用建筑工程室内环境污染控制规范》GB 50325 提出氨污染控制主要是基于混凝土外加剂（防冻剂）的氨释放）；从全国看，室内氨超标现象逐步减少，到目前为止，超过 0.5mg/m³ 情况已经很少（个别地区除外）。

②《民用建筑工程室内环境污染控制规范》GB 50325 修订中，如果将Ⅱ类民用建筑室内氨限量指标由 0.5mg/m³ 修改为 0.2mg/m³ 基本可以接受，尚有一定风险。

③同时需要注意的是：有些地方氨室内环境污染问题仍不可忽视（例如长春、大连等北方地区，可能不是个别城市才有的现象），其他地方甲醛、VOC 等污染仍是普遍现象，氡污染也不可忽视。因此，必须继续加强对建筑材料有害物质含量的监控，继续加强对民用建筑室内环境污染的监控。

值得注意的是，从公开报道的资料也可以看出：工程验收检测结果与卫生、环保系统检

测单位的检测结果出入大，例如，天津环保检测氨超标约 40％；广州质检检测氡超标比例很大。各地普遍反映家装后超标现象普遍存在。

3. 近年来数据情况

（1）中国环境监测总站对 2007 年 1 月～2015 年 12 月北京市新装修在 12 个月以内的 390 套居民住宅和 47 个办公场所（共 2478 个房间）进行室内空气中甲醛、总挥发性有机物（TVOC）、苯及甲苯、二甲苯、氨、氡的检测。

结果统计：

①甲醛：空气中甲醛超标率分别为 50.8％，最高浓度超标 12.9 倍。

②TVOC：TVOC 超标率为 76.3％，最高浓度超标 55.8 倍。

③苯、甲苯和二甲苯超标率分别为 1.8％、22.9％和 26.9％，最高浓度分别为超标 4.5 倍、32.6 倍、57.9 倍。

④氨：氨超标率为 0.09％，最高浓度超标 3.4 倍。

⑤氡：未发现超标。

该项调查认为，北京市因装修导致的室内空气污染较为严重，应采取适当的污染防治措施，减少室内环境污染对人体产生的损害。

（2）2010—2015 年"中国室内环境概况调查与研究"数据表明：

1）苯：污染明显减轻，三分之一检出，仅百分之三超标。

2）甲醛：Ⅰ类建筑（住宅、幼儿园等，已装修，对外门窗关闭 1h 后检测，无家具）室内甲醛浓度超标 0.08 mg/m³ 约 33％；也就是说，约三分之一装修后家庭甲醛超标；Ⅰ类建筑（住宅、幼儿园等，已装修，对外门窗关闭 1h 后检测，有家具）室内甲醛浓度超标 0.08 mg/m³ 约 48％；也就是说，约一半家庭生活在甲醛超标的房子里。

3）VOC（挥发性有机化合物）：Ⅰ类建筑（住宅、幼儿园等，已装修，对外门窗关闭 1h 后检测）室内 VOC 浓度超标 42 ％（超过 0.5mg/m³）；也就是说，近一半家庭生活在 VOC 超标的房子里。

4）氡（2006—2010 年数据，结合中国原子能院等单位调查结果）：超过世界卫生组织（WHO）建议值 100Bq/m³ 的比例为 3％，平均值约 40Bq/m³，大大超过 20 世纪 60～70 年代部分地区 24Bq/m³ 的调查值。

国家标准《民用建筑工程室内环境污染控制规范》GB 50325 发布后，住房城乡建设部为了及时方便受理、处理各地反映的室内环境污染技术方面问题，专门成立了一个《民用建筑工程室内环境污染控制规范》环境标准管理组，此管理组成立至今，往往几乎每天都会收到各地的电话、电子邮件，还经常接受住房城乡建设部委托回答来自政府部门、人大、政协的信函、提案关于室内环境污染方面的问题，特别是近年来，许多普通老百姓反映装修后室内环境污染问题，社会各界对中小学、幼儿园污染问题更是反响强烈，仅 2017 年收到的此方面政协提案、函件就有 6 件。

综合室内环境污染状况多方面信息可以看出，近 20 年来，我国因装修造成的室内化学污染苯、氨明显减轻；氡污染虽比 20 年前有所增加，但超标房屋比例尚不算大；甲醛、VOC 等主要污染物仍十分严重，同 20 年前不相上下；也就是说，约半数家庭至今生活在甲醛、VOC

浓度超标的房子里，不少学校教室已成为社会、家庭担心孩子们健康受到损害的地方。

5.2 我国室内环境污染没有根本改善的原因

分析发现，我国室内环境污染 20 年之所以没有根本改善，问题可能主要出在以下几个方面：

1. 生产监管及市场监管方面问题

与国家标准《民用建筑工程室内环境污染控制规范》GB 50325 几乎同时批准发布的还有另外十个装修材料污染控制国家标准（涉及人造板、涂料、胶粘剂、地毯、无机材料放射性、混凝土外加剂、木家具、卷材地板、壁纸等），这些标准均对污染物释放量有具体限量规定，装修材料生产厂家应该认真执行这些标准，严格控制生产过程，超标产品坚决不允许出厂。但是，有些厂家并未严格控制生产过程，超标产品不经检验照样出厂。

调查表明，造成室内甲醛环境污染的主要原因是装修使用的各类人造板，人造板使用的胶粘剂（以脲醛树脂为主）是造成污染主要因素，我们可以通过对人造板的生产、市场监管等方面情况深入了解室内装修产生甲醛污染的原因。

人造板（wood based panel）是以木材或其他非木材植物为原料，经一定机械加工分离成各种单元材料后，施加或不施加胶粘剂和其他添加剂胶合而成的板材或模压制品。人造板主要包括胶合板、刨花（碎料）板和纤维板等三大类产品，其延伸产品和深加工产品达上百种。人造板的诞生，标志着木材加工现代化时期的开始，使过程从单纯改变木材形状发展到改善木材性质。这一发展，不但涉及全部木材加工工艺，需要吸收纺织、造纸等领域的技术，从而形成独立的加工工艺。

由于人造板可提高木材的综合利用率，1m³ 人造板可代替 3~5m³ 原木使用，装修加工方便，美观大方，因此，从 20 世纪末开始大量引进（仿制）生产线，一时间全国各省均有了胶合板企业，总数合计上万家，多数为中小型民营企业，且 90% 的企业年产量在 1 万 m³ 以下，仅少数年产 2 万 m³ 以上，家庭作坊式工厂更是遍地开花，如图 5.2-1 所示。

图 5.2-1 生产人造板的家庭作坊式工厂

目前，我国人造板产量和消费量已位居世界第一，我国人造板年产量2亿多立方米，超过全球总产量的50%。

中国林产工业协会2015年行业活动年度报告表明"我国人造板、木质家具、木地板等传统木材加工产品产能严重过剩，小型企业众多且生产条件差，装备落后，环保设施不健全，而这些企业，连同流通领域部分不法机构，将木质林产品以次充好，以假冒真，在市场营销环节出现了十分混乱的现象，严重影响到我国木质林产品的信誉、行业形象，使优秀的品牌企业遭受重大损失"。

胶粘剂的情况与人造板相类似。我国胶粘剂生产大多依附于人造板生产企业，由人造板生产企业自产自用，胶粘剂的生产工艺落后，质量不稳定，对原料和施胶设备的适应性差，小农经济的生产方式很不利于胶粘剂行业的发展。我国人造板生产企业的规模大多偏小，几乎没有认真对待胶粘剂的生产和质量问题。由于胶粘剂自身存在的质量问题，为保证人造板产品的质量，只能通过增加施胶量来解决。我国中密度纤维板的施胶量以质量计算竟然达到10%以上。施胶量过大是人造板产品生产成本降不下来、甲醛超量的主要原因。胶粘剂中游离甲醛含量过高，致使人造板产品中的甲醛释放量普遍超标。从第三次人造板生产许可证换发工作中发现，不合格的企业中约有50%是由于产品甲醛释放量超标，影响产品质量而造成的。除此之外，胶粘剂中其他有害成分，如苯酚等，对人体健康和环境的影响也不可忽视。

不仅装修材料存在胶粘剂超标的问题，还影响到家具。2005年，中国家具协会推出实木家具概念。以木榫框架结构为主，主体采用实木制造的家具称实木家具。也就是说，只要家具的主体结构上使用实木结构，而门板和侧板不使用实木，同样可以称为实木家具，而门板或侧板使用复合板，必定存在一定的甲醛。

从以下抽检方面信息可以看出人造板质量情况：

2007年国家进行的中密度纤维板抽查，总体合格率为62.5%，其中国企抽样合格率为85.7%，集体企业抽样合格率为40%，股份制企业抽样合格率为50%。产品不合格的主要原因大多与胶粘剂的质量有关。

2012年12月，国家质检总局组织了涉及日用消费品、建筑和装饰装修材料、食品、农业生产资料、工业生产资料等28类产品质量国家监督抽查，共抽查了2615家企业生产的2686种产品，本次抽查共发现263种产品不符合标准要求，主要质量问题是：有14种木（制）家具产品的甲醛释放量超标，检出的最高值超出标准限值5倍多。

2014年，国家联动监督抽查不合格产品检出率最高的产品为木制家具，共抽查16个省（自治区、直辖市）857家企业生产的878批次木制家具产品，对理化性能、力学性能、有害物质甲醛释放量、重金属含量（铬、铅）4类53个项目进行了检验和判定，共发现157批次不合格，不合格率为17.9%。其中，甲醛释放量不合格产品达75批次，占不合格总数的47.8%。

2015年，广东省质量技术监督局公布人造板产品定期监督检验质量状况，在373批次被抽查样品中，不合格72批次，有8批次产品甲醛释放量超标。

有关国家标准发布执行后，各地工商管理部门陆续加强了对建筑装修材料的市场管理，发现超标产品清理出市场，许多经销商主动打出对客户可"免费检测""环保材料市场"等口号，对规范市场管理发挥了积极作用。

例如，2007 年底，北京市工商行政管理局委托国家建筑材料测试中心对北京市 14 个建材市场销售的防水涂料、胶粘剂、内墙砖、人造板、木地板、腻子、坐便器、水嘴、PVC 扣板九大类室内装饰装修商品进行了监督抽查。根据抽查结果，胶粘剂中 7 个样品不合格，主要问题是有害物质含量超标。人造板中 19 个样品不合格，主要问题是甲醛释放量超标。北京市工商行政管理局根据不合格商品退出机制，将不合格产品退出市场，并对商品经营者依法处理。要求生产企业整改，其产品经复检合格后，方可再进入市场销售。

客观地讲，多地质监部门及工商部门虽然进行过多次主要建筑装修材料污染物释放量的抽查，一些产品不合格企业也被迫关闭，但市场上大量的环境品质低劣产品依然存在。

从建设系统得到的信息也表明，市场上购得的装修材料基本没有环境品质方面的出厂检测报告，生产厂自己制作在产品上的环境品质标记均为"优良"（E1 级，或者自撰的 AAAA 级等）。老百姓（使用者）缺少装修材料品质好坏方面的知识和检测手段，最容易选用品质差但价格便宜的装修材料。

2. 房屋建设的污染控制方面问题

（1）不少地方该管的没有管到位。

2001 年 11 月，国家标准《民用建筑工程室内环境污染控制规范》GB 50325 发布后，结束了我国控制民用建筑工程室内环境污染无标准可依的历史，为建造安全舒适的民用建筑工程创造了条件。目前，全国大部分地方工程竣工验收的室内环境污染检测把关已经做到，工程勘察设计阶段工作、材料进场检验环节执行稍差。总体看，凡是认真贯彻执行 GB 50325 的地方，室内环境污染控制工作逐步正常化并深入人心，室内环境污染状况会有所改观；贯彻执行差的地方，问题就比较突出。

《民用建筑工程室内环境污染控制规范》GB 50325—2001 从工程勘察设计、材料选用、工程施工到竣工验收的各环节均有严格规定（强制性条文），如下：

"1.0.5 民用建筑工程所选用的建筑材料和装修材料必须符合本规范的有关规定。"

"3.1.1 民用建筑工程所使用的砂、石、砖、砌块、水泥、混凝土、混凝土预制构件等无机非金属建筑主体材料的放射性限量应符合表 3.1.1 的规定。"

表 3.1.1 无机非金属建筑主体材料放射性限量

测定项目	限量
内照射指数（I_{Ra}）	≤1.0
外照射指数（I_γ）	≤1.0

"3.1.2 民用建筑工程所使用的无机非金属装修材料，包括石材、建筑卫生陶瓷、石膏板、吊顶材料、无机瓷质砖粘结材料等，进行分类时，其放射性限量应符合表 3.1.2 的规定。"

表3.1.2　无机非金属装修材料放射性限量

测定项目	限量	
	A	B
内照射指数（I_{Ra}）	≤1.0	≤1.3
外照射指数（I_γ）	≤1.3	≤1.9

"3.2.1　民用建筑工程室内用人造木板及饰面人造木板，必须测定游离甲醛含量或游离甲醛释放量。"

"3.6.1　民用建筑工程中所使用的能释放氨的阻燃剂、混凝土外加剂，氨的释放量不应大于0.10%，测定方法应符合现行国家标准《混凝土外加剂中释放氨的限量》GB 18588的有关规定。"

"4.1.1　新建、扩建的民用建筑工程设计前，应进行建筑工程所在城市区域土壤中氡浓度或土壤表面氡析出率调查，并提交相应的调查报告。未进行过区域土壤中氡浓度或土壤表面氡析出率测定的，应进行建筑场地土壤中氡浓度或土壤氡析出率测定，并提供相应的检测报告。"

"4.2.4　当民用建筑工程场地土壤氡浓度测定结果大于20000Bq/m^3，且小于30000Bq/m^3，或土壤表面氡析出率大于0.05Bq/（m^2·s）且小于0.1Bq/（m^2·s）时，应采取建筑物底层地面抗开裂措施。"

"4.2.5　当民用建筑工程场地土壤氡浓度测定结果大于或等于30000Bq/m^3，且小于50000Bq/m^3，或土壤表面氡析出率大于或等于0.1Bq/（m^2·s）且小于0.3Bq/（m^2·s）时，除采取建筑物底层地面抗开裂措施外，还必须按现行国家标准《地下工程防水技术规范》GB 50108中的一级防水要求，对基础进行处理。"

"4.2.6　当民用建筑工程场地土壤氡浓度大于或等于50000Bq/m^3或土壤表面氡析出率平均值大于或等于0.3Bq/（m^2·s）时，应采取建筑物综合防氡措施（见附录D）。"

"4.3.1　民用建筑工程室内不得使用国家禁止使用、限制使用的建筑材料。"

"4.3.2　Ⅰ类民用建筑工程室内装修采用的无机非金属装修材料必须为A类。"

"4.3.4　Ⅰ类民用建筑工程的室内装修，采用的人造木板及饰面人造木板必须达到E_1级要求。"

"4.3.9　民用建筑工程室内装修中所使用的木地板及其他木质材料，严禁采用沥青、煤焦油类防腐、防潮处理剂。"

"5.1.2　当建筑材料和装修材料进场检验，发现不符合设计要求及本规范的有关规定时，严禁使用。"

"5.2.1　民用建筑工程中，建筑主体采用的无机非金属材料和建筑装修采用的花岗岩、瓷质砖、磷石膏制品必须有放射性指标检测报告，并应符合本规范第3章、第4章要求。"

"5.2.3　民用建筑工程室内装修中所采用的人造木板及饰面人造木板，必须有游离甲醛含量或游离甲醛释放量检测报告，并应符合设计要求和本规范的有关规定。"

"5.2.5　民用建筑工程室内装修中所采用的水性涂料、水性胶粘剂、水性处理剂必须有同批次产品的挥发性有机化合物（VOC）和游离甲醛含量检测报告；溶剂型涂料、溶剂型胶粘剂必须有同批次产品的挥发性有机化合物（VOC）、苯、甲苯＋二甲苯、游离甲苯二异氰酸酯（TDI）（聚氨酯类）含量检测报告，并应符合设计要求和本规范的有关规定。"

"5.2.6　建筑材料和装修材料的检测项目不全或对检测结果有疑问时，必须将材料送有资格的检测机构进行检验，检验合格后方可使用。"

"5.3.3　民用建筑工程室内装修时，严禁使用苯、工业苯、石油苯、重质苯及混苯作为稀释剂和溶剂。"

"5.3.6　民用建筑工程室内严禁使用有机溶剂清洗施工用具。"

"6.0.3　民用建筑工程所用建筑材料和装修材料的类别、数量和施工工艺等，应符合设计要求和本规范的有关规定。"

"6.0.4　民用建筑工程验收时，必须进行室内环境污染物浓度检测，其限量应符合表6.0.4的规定";

表6.0.4　民用建筑工程室内环境污染物浓度限量

污染物	Ⅰ类民用建筑工程	Ⅱ类民用建筑工程
氡（Bq/m³）	≤200	≤400
甲醛（mg/m³）	≤0.08	≤0.1
苯（mg/m³）	≤0.09	≤0.09
氨（mg/m³）	≤0.2	≤0.2
TVOC（mg/m³）	≤0.5	≤0.6

"6.0.19　当室内环境污染物浓度的全部检测结果符合本规范6.0.4表的规定时，应判定该工程室内环境质量合格。"

"6.0.21　室内环境质量验收不合格的民用建筑工程，严禁投入使用。"

住房城乡建设部在《民用建筑工程室内环境污染控制规范》GB 50325的发布公告里强调："强制性条文，必须严格执行。"

为贯彻该《规范》，住房和城乡建设部先后多次组织过全国规模的培训，成立了国家建筑工程室内环境检测中心，协助、指导各地建设环境检测实验室。在几年时间里，建设了上千家环境检测实验室，培训了环境检测人员上万人。目前，大部分地方室内环境污染控制工作已纳入工程监管工作日程：土壤氡影响问题日益受到工程质量监督管理部门的重视；进入工地的材料必须提交污染物检测报告，超标的不允许使用；工程竣工验收要进行室内环境污染检测，超标将不予备案，无法交付使用；许多房屋开发商主动承诺建造无污染的绿色建筑等等。总的来看，各方面都在做工作，是有成效的。但是，各地发展不平衡。例如，有的地方至今仍未认真宣传贯彻国家标准GB 50325，工程中的污染问题无人过问，老百姓的苦衷无人关心。多数地方进入工地的建筑装修材料仅凭生产厂自己标示的环境品质"优良"、不经检测即被使用；据说，有的地方建设主管部门有意放松工程监管，担心管起来之后，当地企业生产的（有问题的）材料卖不出去，害怕工程验收时污染超标不好处理，影响当地的经济发展；还有的地方借口"经费问题"，至今"自己"的实验室未建起来，又不让别的检测单位进来，因而不愿意认真宣传贯彻GB 50325；有些地方开发商或建设单位甚至对执行GB 50325采取抵制态度，给GB 50325贯彻带来困难；据了解，在检测工作已经市场化了的今天，有的建设单位拿好材料送检，而工程中使用的是差的材料；有的为了使工程能顺利通过验收，在工程验收时弄虚作假，甚至公然要求检测单位编造假数据，出具假报告，否则"让你关门！"等等。

按理说，工程建设的任何一个环节都可以实施污染有效控制，但现实是，监管不力，检测不到位。

（2）多数地方毛坯房交工后的装修管理不到位。

长期以来，我国一般民用建筑建设（住宅、办公楼、学校教室等）的监督管理只管到毛坯房验收完成为止，至于后面怎么做，工程建设管理部门不再管。随着改革开放和社会经济发展以及人民群众生活水平提高，室内装修已成为普遍现象，并且要求越来越高，由于工程建设管理部门对毛坯房的进一步装修未纳入监督管理，因此，后装修过程的管理成了真空，问题很多：重复装修带来资源极大浪费，原先布置的电线、抽水马桶重新更换，都变成了废品；装修过程中敲墙挖洞，对建筑安全带来严重隐患；装修过程冗长，污染了小区环境，影响邻里关系；装修材料以次充好，室内污染问题突出……

这种情况将会随着国家推进的"绿色建筑和建筑工业化发展"计划逐步得到解决。与传统设计与建造方式相比，新建住宅全部实行全装修和成品交付，鼓励在建住宅积极实施全装修，全装修住宅将成为主流产品，而毛坯房将逐渐退出市场。由于是统一批量施工，全装修房的成本会明显降低，污染和浪费大大减少，室内环境污染问题将会从装修材料使用等根本上控制住，使之更符合健康、安全和环保的要求。

造成室内装修管理不到位的还有一种情况：装修不报建，认为装修是自己的事，不办理申报，随意进行，出现室内环境污染后难以投诉。实际上，近年来发生的多起学校教室污染事件、幼儿园污染事件也属于这种情况，学校利用假期自行决定装修（自找装修队、自购材料、自己验收），学生家长发现室内环境污染后社会舆论哗然，但处理起来十分困难。

3．技术标准方面问题

（1）单一装修材料标准未考虑多种材料同时使用的污染叠加。

从目前国家已经发布的诸多装修材料标准看，均为材料单一使用的污染物控制，对多种材料同时使用的污染叠加问题重视不够，与现实情况差距较大。

2014年调查统计的15个城市Ⅰ类建筑1360中，共1300个房间均使用了装修材料，装修材料包括：人造板、复合地板、壁纸、实木板、地毯、及家具（固定及活动等折合的板材量）。调查结果表明：

①四分之三房间使用家具；

②约一半房间使用人造板、实木板；

③约三分之一房间使用壁纸（壁布）；

④约百分之三十使用复合地板；

⑤使用地毯的约为百分之一。

也就是说，同一个房间里要使用多种多样的装饰装修材料。

据统计，使用了人造板装修的房间中，80%以上使用量为$0.3\sim0.6 m^2/m^3$，样本量最多处在$0.5 m^2/m^3$附近；人造板使用量负荷比平均值$0.42 m^2/m^3$，有约12%房间使用量负荷比超过$1.0 m^2/m^3$，最大值达$4.3 m^2/m^3$。

造成室内环境污染的五大类材料人造板、复合地板、壁纸、实木板及家具的使用量负荷比情况如表 5.2-1 所示。

表 5.2-1　人造板、复合地板、壁纸、实木板、地毯及家具使用量负荷比情况

材 料 名 称	活动家具	人造板	实木板	壁纸	复合地板	总装修材料 （包括活动家具）
装修材料使用量负荷比最多处	0.5	0.5	0.3	0.9	0.3	0.7
材料使用量负荷比最大值	8.0	4.5	3.5	2.2	1.0	8.0

目前，我国各类装饰装修材料的污染物释放量限量值均按单一使用该材料确定，没有考虑装修时的各类材料叠加使用，后果是装修后的污染物浓度叠加。例如，装修材料总使用量负荷比（包括活动家具）平均值为 1.34，超过 1.0 的样本数占 56%，有效最大值 5.3。均远远超出单一种类材料的污染，造成室内污染超标是必然的。

（2）技术标准要求过于宽松。

室内装修中，人造板使用量大，其甲醛释放持续时间长、释放量大，对室内环境中甲醛超标起着决定作用，如果不从材料上严加控制，要使室内甲醛浓度达标是不可能的。

国家标准《室内装饰装修材料　人造板及其制品中甲醛释放限量》GB 18580 是实施室内环境污染的重要标准之一，然而，围绕着该标准存在的问题还不少。

目前的 GB 18580 标准规定甲醛释放限量值为 $0.124mg/m^3$，限量标识为 E1，虽然名义上与国际接轨（ISO 16983：2016《木质人造板-刨花板》、ISO 16985：2016《木质人造板-干法纤维板》规定一致），但实际上问题很大：

第一，甲醛检测试验方法为"1m³ 气候箱法"，其运行条件是：气候箱内的空气交换率为 1 次/h。对于自然通风的住宅等房屋来说，全国现场调查表明，随着建筑节能的要求越来越高，民用建筑的门窗密封性也越来越高，一般情况下远远达不到此值（多数房间的通风换气率在 0.3 次/h 上下），即使按照《民用建筑供暖通风与空气调节设计规范》GB 50736 标准对自然通风住宅等的通风换气次数大于 0.5 次/h 的有具体要求，也采用达标的人造板装修，但室内甲醛超标仍然不可避免。

第二，GB 18580 规定甲醛检测试验方法的运行条件是：气候箱内的人造板表面积与气候箱容积之比应为 1：1，如果考虑多种装修材料使用情况下的污染叠加问题，考虑家具使用带来的污染问题，即使采样达标的人造板装修，室内甲醛超标是难以避免。

第三，GB 18580 气候箱内的甲醛释浓度低于 $0.124mg/m^3$ 即为符合要求，这样的限量值要求太松了。全国室内环境概况调查数据可以说明问题：

①通风换气率。对于自然通风的住宅等房屋来说，即使按照《民用建筑供暖通风与空气调节设计规范》GB 50736 标准要求，1 次/h 情况下合格的 $0.124mg/m^3$ 相当于 0.5 次/h 通风换气次率下的 $0.25mg/m^3$ 合格，可以看出 GB 18580 标准与 GB 50736 标准不协调。

②与涉及室内环境污染物的限量的有关标准不协调。《室内空气质量标准》GB/T 18883 规定室内甲醛浓度限量值为 $0.10mg/m^3$，《民用建筑工程室内环境污染控制规范》GB 50325 规定 I 类建筑甲醛浓度限量值为 $0.08mg/m^3$，II 类建筑甲醛浓度限量值为 $0.10mg/m^3$，均低于 $0.124mg/m^3$。

比较起来可以看出，GB 18580 规定的人造板甲醛释放量限量值 $0.124mg/m^3$ 太松了，使用符合 GB 18580 要求的人造板难以控制室内甲醛污染。

《室内装饰装修材料 地毯、地毯衬垫及地毯胶粘剂有害物质释放限量》GB 18587 将甲醛释放限量定为 0.050mg/m²h，相当于气候箱法的≤0.12mg/m³，情况与 GB 18580 基本相同。

国家标准《民用建筑工程室内环境污染控制规范》GB 50325 对室内环境污染控制的限量值目前也存在要求过于宽松的情况，例如，在没有活动家具情况下，GB 50325 规定Ⅰ类建筑（住宅、学校教室、幼儿园等）的甲醛限量值为 0.08mg/m³，Ⅱ类建筑（办公楼、宾馆、商店等）的甲醛限量值为 0.10mg/m³。2014 年全国调查已知活动家具的污染贡献约占总体污染的三分之一，也就是说，按照现在的规定，活动家具进入后（使用中的房屋总是要有活动家具的），Ⅰ类建筑的甲醛浓度将可以达到 0.11mg/m³，Ⅱ类建筑的甲醛浓度将可以达到 0.13mg/m³，显然，因为没有考虑活动家具污染问题，看似比 GB/T 18883 限量值要求严，实际上要求松，难以真正体现标准规范重视Ⅰ类建筑的初衷。

（3）污染检测方法标准跟不上实际需要。

检测方法标准跟不上实际需要的情况严重存在。

1）缺少空气污染简便检测方法，跟不上实际需要。

缺少空气中化学污染物（VOC）简便检测方法，恐怕是最突出的问题。

空气污染检测技术是一项随着空气污染的发现、研究而发展起来的微量测量技术，近几十年以来，随着光谱、气相色谱、液相色谱、质谱等高端检测技术的使用，使得空气污染检测技术水平大大提高。但是，这些检测方法使用的是价格昂贵的仪器设备，检测费用也比较高（按 GB 50325 规定，以目前一般检测单位的粗略统计，1 个检测点的甲醛、氨、苯、氡、TVOC 等五项检测所需成本费用在 300～600 元，对外收费约 500～1000 元，最少按测 2 个点计算，需支付 1000～2000 元人民币），一般老百姓感觉难以接受，造成不少住宅、学校、幼儿园未经检测即投入使用，后果严重。我们在各地多次听到来自多方面的呼吁，希望国家推出空气污染简便检测方法，降低检测收费。

民用建筑工程验收时，室内环境污染检测集中、工作量大、时间要求急，按照国家标准 GB 50325 规定的室内环境污染标准检测方法，化学污染物取样检测程序复杂、周期长，往往给及时提交检测报告造成困难；简便取样仪器检测方法虽然方便快捷，但易受环境因素影响，且一般灵敏度较低，标准检测方法与简便取样仪器检测方法两者各有所长。

我国目前的室内环境污染问题依然比较突出，普通老百姓要求了解自家污染情况的愿望十分迫切。实际上，普通老百姓要求知道的东西就是"是否超标？"，只要不超标就可以放心。从技术上讲，回答"是否超标"属于"筛选性检测"，而不是要求采用高端技术测得的十分准确的数据。

为了解决简便方法使用问题，2011 年住房城乡建设部组织了《建筑室内空气污染简便取样仪器检测方法》标准编制组，编制组向已知国内外简便检测仪器厂家发出了告知信和邀请函，得到供应商的大力支持和配合，此后进行了大量实验室比对，遴选出了适合于空气中甲醛检测的简便方法，但缺少真正适用的 VOC 简便检测仪器。

根据我国发展情况估计，今后一段时间内，甲醛和 VOC 将是室内最普遍、突出的污染物，缺少 VOC 简便检测方法（仪器）对室内空气污染防治工作影响很大。

2）人造板甲醛释放量检测仅允许使用气候箱法问题。

民用建筑工程使用的人造木板及饰面人造木板是造成室内环境中甲醛污染的主要来源之一。目前国内生产的板材大多采用廉价的脲醛树脂胶粘剂，这类胶粘剂黏结强度较低，加入过量的甲醛可提高黏结强度。以往，由于胶合板、细木工板等人造木板国家标准没有甲醛释放量限制，许多人造木板生产厂就是采用多加甲醛这种低成本方法使粘接强度达标的。有关部门对市场销售的人造木板抽查发现甲醛释放量超过欧洲 EMB 工业标准 A 级品几十倍。由于人造木板中甲醛释放持续时间长、释放量大，对室内环境中甲醛超标起着决定作用，如果不从材料上严加控制，要使室内甲醛浓度达标是不可能的。因此，必须测定游离甲醛含量或释放量，便于控制和选用。

《人造板及其制品中甲醛释放限量》GB 18580—2001 曾提出三种检测方法：环境测试舱法、干燥器法、穿孔法。从技术角度讲，这三种方法各有其特点，各有适用的情况，相辅相成；从应用角度讲，适合装饰装修工程材料检测的为干燥器法，因为，某建筑物装饰装修进行过程中，干燥器法过程快（1 天时间），不会耽误工程进度，且测量的是装修材料的甲醛释放量。

遗憾的是，新修订的《人造板及其制品中甲醛释放限量》GB 18580—2017 取消了干燥器法，仅保留气候箱法。气候箱法检测要求：测定前试件首先需在（23±1）℃、相对湿度（50±5）％、空气换气率不小于 1 次/h 的条件下放置 15d 进行平衡，然后开始测量，每天测试 1 次。当连续 2d 测试浓度下降不大于 5％时，可认为达到了平衡状态。以最后 2 次测试值的平均值作为材料游离甲醛释放量测定值；如果测试第 28 天仍然达不到平衡状态，可结束测试，以第 28 天的测试结果作为游离甲醛释放量测定值。气候箱法取样测量时间过长，给装饰装修的材料甲醛释放量检测带来很大困难，难以执行的后果将很可能是不执行，或者出现造假。

3）家具污染物控制标准问题。

家具的污染问题至今没有进行有效控制。目前，我国对木家具环保质量检测标准是国家标准《室内装饰装修材料—木制家具中有害物质限量》GB 18584，要求检测的项目也只是甲醛和重金属。测试甲醛的方法是从一套家具中抽出一块 0.075m² 板材样品，将其锯成 5cm×15cm 的 10 小块样品置于干燥器内，24h 后测试其释放出的游离甲醛浓度。这个标准实际上针对的是具体的家具板材，而不是经加工后制成的家具成品。

成品家具及成套家具的材料实际面积与检测样品面积上存在极大差异。例如，制作一个普通写字台大约需要 3m² 以上的板材；制作一套卧室柜需要 10m² 以上的板材；即使是一个床头柜所需要的板材面积也在 1.5m² 左右。二者面积相差了几十倍甚至上百倍，以此标准检测的结果根本不能客观反映那些家具成品的有害物质释放量。而且，成品家具在其加工过程中不可避免地会使用到胶粘剂、油漆等其他材料，释放出的有害物质不仅仅是甲醛，还可能存在苯、甲苯、二甲苯等多种有害物质。

家具污染检测最好采用可以进行整体检测的大型环境测试舱，目前我国的家具检测标准形同虚设，实施室内环境污染控制的标准体系不完整，这也是造成室内环境污染超标严重的原因之一。

（4）室内污染控制标准与建筑节能方面技术标准之间的协调不够。

技术标准方面存在的问题还表现在标准之间不协调，最突出的是与建筑节能标准之间的不协调。近年来，强调建筑节能，但建筑物过度密封会带来室内环境污染加剧，特别是自然通风的住宅等建筑。

我国建筑外门窗作为建筑围护结构的重要组成部分，除了起到保温节能的作用，还担任着防尘防水等功能。其中，针对室内空气质量的防尘效果而言，气密性是影响防尘效果的重要指标。气密性等级越低，空气渗透量越大，防尘效果越差。

现行建筑节能设计标准和门窗应用技术规范对建筑外门窗的气密性都做了具体规定，总结如表 5.2-2 所示。

表 5.2-2 我国建筑节能设计标准中对建筑外门窗气密性的规定

序号	标　准	气密性等级要求
1	《公用建筑节能设计标准》GB 50189—2015	≥6 级（1~10 层） ≥7 级（≥10 层）
2	《严寒和寒冷地区居住建筑节能设计标准》JGJ 26—2010	≥6 级（严寒地区） ≥4 级（寒冷地区 1~6 层） ≥6 级（寒冷地区≥7 层）
3	《夏热冬暖地区居住建筑节能设计标准》JGJ 75—2012	≥4 级（1~9 层） ≥6 级（≥10 层）
4	《夏热冬冷地区居住建筑节能设计标准》JGJ 134—2010	≥4 级（1~6 层） ≥6 级（≥7 层）
5	《住宅建筑门窗应用技术规范》DBJ 01—79—2004	6 级

按照《建筑外门窗气密、水密、抗风压性能分级及检测方法》GB/T 7106—2008 第 4.1 条规定，我国门窗气密等级的划分如表 5.2-3 所示。根据标准状态下压力差为 10Pa 时，每小时单位开启缝长度空气渗透量 q_1 和每小时单位面积空气渗透量 q_2 作为标准做出的分级。

表 5.2-3 建筑外门窗气密性分级表

分级	1	2	3	4	5	6	7	8
单位缝长分级指标值 $q_1/[m^3/(m·h)]$	$3.5<q_1$ $≤4.0$	$3.0<q_1$ $≤3.5$	$2.5<q_1$ $≤3.0$	$2.0<q_1$ $≤2.5$	$1.5<q_1$ $≤2.0$	$1.0<q_1$ $≤1.5$	$0.5<q_1$ $≤1.0$	$q_1≤0.5$
单位面积分级指标值 $q_2/[m^3/(m^2·h)]$	$10.5<q_2$ $≤12$	$9.0<q_2$ $≤10.5$	$7.5<q_2$ $≤9.0$	$6.0<q_2$ $≤7.5$	$4.5<q_2$ $≤6.0$	$3.0<q_2$ $≤4.5$	$1.5<q_2$ $≤3.0$	$q_2≤1.5$

对一般住宅来说，门窗气密性检测要求达到 3 级、4 级以上，大体相当于通风换气率 0.3~0.4 次/h。

现以 48m³ 的房屋空间在不同气密性等级的情况下、2m² 窗使空气全部更换一次所需时间比较说明问题，如表 5.2-4 所示。

表 5.2-4 不同等级气密性换气能力比较

气密性等级	空气渗透量 $q_2[m^3/(m^2·h)]$	窗面积（m²）	换气量（m³）	所需时间（h）
1	12	2	24	2
2	10.5	2	21	2.3
3	9	2	18	2.7
6	4.5	2	9	5.3

从以上数据可以看出，按照门窗气密性要求，特别是按照建筑节能标准要求，自然通风房屋的通风换气率很难达到 0.3 次/h 以上，甚至仅有 0.1～0.2 次/h，如此低的通风换气率将很难避免室内环境污染物的不断积累，直至超标。

4. 法制建设方面的问题

按照定义，国家标准是对重复性事物和概念所做的统一规定，它以科学、技术和实践经验的综合为基础，经过有关方面协商一致，由主管机构批准，以特定的形式发布，作为共同遵守的准则和依据。

在法治社会里，法规健全，执行标准应当是自然的事，天经地义。

然而，我国实际情况是：污染物释放量超过标准规定的人造板、胶粘剂充斥市场，比比皆是，而符合标准要求的环境品质好的产品反而卖不出去。同样，竣工的民用建筑工程自然应进行室内污染物浓度检测，达不到标准要求即自觉采取措施，决不交付使用。可是，我国实际情况是，室内环境污染超标的房子照样通过验收，超标房数量 20 年居高不下。

近些年来，各地发生的室内环境污染纠纷不少，污染受害者往往长期投诉，花费大量财力，最终无人承担法律责任，最后不了了之，真正能够受到处理的案例极少。

2002 年初，《民用建筑工程室内环境污染控制规范》编制组曾到德、法等国考察，考察过程中，当向工程设计人员问及"工程竣工验收，污染超标怎么办？"时，回答者似对这样的问题不可理解，因为在他们那里不会发生这种情况，也没有听说过有这种情况。如果真的发生了这种情况，那么，开发商将被起诉，没有人再找他做事，受到的惩罚将是很严厉的，他的公司要完蛋了"。这与我国现实差距太大，一段时间以来，我国大范围、恶性的违法事件频频发生：三鹿奶粉造假事件、小煤窑塌方、透水死人事件、桩基检测造假、室内环境检测报告造假……

可以看出，全社会守法、守规意识淡薄，法制建设不健全，违法、违规惩治不力是我国室内环境污染控制总体进展迟缓、成效不明显原因之一。

5.3　启示与展望

1. 其他国家经验教训的启示

发达国家都是从工业化初期的灰蒙蒙的环境中走出来的，无论是室外大环境的污染问题，或者是室内环境污染问题，他们都经历过，看看他们所走过的路或许对我们今天有所启示。

震惊于世的伦敦烟雾事件、洛杉矶烟雾事件记忆犹新：

（1）伦敦烟雾事件。

作为世界历史上第一个工业化国家，英国所走过的路值得借鉴思考。

早在 16 世纪，由于英国首都伦敦附近薪材和木炭短缺，人口却连续增加，煤炭被迅速应用于室内取暖和室外工业生产。低效率的壁炉和啤酒厂、石灰窑等工厂密集排放的烟尘不但危及人体健康，还损害了城市建筑和绿色空间，引起市民不满和抗议。爱德华一世国王和伊丽莎白女王都曾发布皇室公告，要求石灰窑和啤酒厂不再使用或减少使用烟煤。

工业革命开始后，英国迅速进入"煤烟时代"。燃煤蒸汽机的大量使用虽然迅速提高了生产效率，但也排放了大量煤烟和烟尘。一些工业城市情况最为严重，那里工厂多，有很多低的烟囱，整个城市被烟尘笼罩，人们满身都是灰尘和烟灰，每天晚上睡觉前必须洗澡。除了煤烟之外，随着公共运输系统的发展和轿车进入家庭，城市的流动污染越来越严重。大量聚集的污染气体在寒冷的冬季极易形成雾霾，有些城市因为污染严重简直成了暗无天日的人间地狱。

1952年12月，伦敦发生严重雾霾，空气中的污染物质含量达到每立方米 $3800\mu g$，是平常的10倍，二氧化硫浓度高达1.34ppm，导致4000人死亡（根据最新研究成果，死亡人数大概是1.2万人）。到了20世纪70年代，无形污染气体和跨界空气污染成为英国面临的严重问题，随着石油逐渐替代煤成为主要燃料，含硫量更高的石油燃烧会释放出更高的硫氧化物，加上二氧化碳、氟氯烃（CFCs）和甲烷等温室气体的排放，不但使英国成为飘向斯堪的纳维亚国家的酸雨的重要来源地，也成为影响全球气候变暖的一个重要因素。

严重的是空气污染直接危害人体健康，患呼吸系统和循环系统疾病的人数大幅度增加，支气管炎、肺病、肺结核成为生活在工业污染城市的人的常见病。从这个意义上说，英国的空气污染决不仅仅是个环境问题，它同时也是技术问题、经济问题和社会问题。

伦敦烟雾事件历史图片如图5.3-1所示。

(a)

(b)

图 5.3-1 伦敦烟雾事件

（2）洛杉矶烟雾事件。

美国洛杉矶光化学烟雾事件是1940—1960年间发生在美国洛杉矶的有毒烟雾污染大气的事件，也是世界有名的公害事件之一。在1952年12月的一次光化学烟雾事件中，洛杉矶市65岁以上的老人死亡400多人。1955年9月，由于大气污染和高温，短短两天之内，65岁以上的老人又死亡400余人，许多人出现眼睛痛、头痛、呼吸困难等症状，甚至死亡。

洛杉矶烟雾事件历史图片如图5.3-2所示。

(a)

(b)

图 5.3-2　洛杉矶烟雾事件

　　早期发生在欧美国家的室内环境污染事件历历在目：20 世纪 70 年代，由于石油的禁运，建筑设计师们把建筑物设计得更为密闭，以减少与室外空气的交换，达到有效利用能源的目的，由此产生了恶果。

　　1976 年在美国费城召开退伍军人会，与会者中有 182 人突然生病，症状是发热、咳嗽、肺部炎症，其中有 29 人死亡。美国疾病控制中心组织大量人力对病源进行调查，曾从毒素、细菌、真菌、病原体、病毒、原虫等方面考虑并进行分离，半年后偶然发现，是空调系统滋生的革兰氏阴性杆菌引起的。这就是著名的军团病，也是迄今为止最著名的"建筑物关联症"（Building-related Illness），属于空调系统长期封闭运行引起的室内生活环境污染事件。

　　1984 年，美国加州一新建商业大厦使用一周后便有人感到不舒服，两周后 174 名员工中 154 人有头痛、恶心、上呼吸道感到刺激和疲倦等 20 种症状，特点是发病快，患病人数多，病因很难确认，人们离开一段时间后症状会自然消失，类似情况在欧美国家又发生多次，经过认真调查研究，最后弄清了原因，医学界将其定义为"建筑物综合征"。

　　面对愈演愈烈的空气污染问题，整个欧美早工业化国家包括学术界，都经历了一个逐步认识过程。例如，起初，人们对空气污染不仅不太介意，反而认为烟尘有益身体健康，工厂的高炉和烟囱是工业化和进步的标志。有学者承认城市环境问题是随工业化和城市化而来的副产品，但不承认工业化和城市化本身有问题，而是认为在快速的工业化和城市化进程中，旧的机制尚未完全根除，新的城市规划也未完全做好，因此解决城市环境问题只能通过放慢城市化进程来解决，尤其是要限制人口大量涌入城市，在规划好之后开始有序发展。

　　在英国的工业化快速发展时期，人们逐渐认识到限制城市化进程是行不通的，也是违背人口自由流动的基本权利的。于是就把重点放在能源的更新换代上，尤其是鼓励在室内使用无烟煤，替代高硫煤。但是，这一设想的实现需要以丰富的无烟煤供应和相对低廉的价格为前提条件，而这两个条件在英国几乎都难以实现。

　　严重的空气污染对不同社会阶层的人都形成威胁，在下层发起抗议的同时，在中产阶级推动下，上层也不得不采取对策，有所行动。

　　在工业污染开始的时候，由于污染源容易辨认，民间团体和相关机构采取的对策主要是要求污染企业搬出城市核心区，或禁止使用某种容易引发污染的燃料。但是，这种简单的做法对关系到每个家庭日常生活的室内取暖和煮饭是不起作用的。于是，英国科学家和政治家就倡导企业家使用"最可行的方法"防止污染气体的排放，其实就是通过安装在技术和经济上都可行的设备来去除污染物质。但是，在科学的减排方法尚未建立之前，"最可行的方法"往往成为企业家不作为或小作为的托词，因为企业家经常以生产可以创造就业机会、促进经济繁荣，而加装减排设施会影响经济效益等来为自己辩护。后来，随着技术的改进和批量化生产，减排设施的成本大大降低，但又遇到传统文化的影响。英式壁炉不但浪费能源，而且污染严重，中央供暖系统无疑是可替代的良好选择，但是，因为壁炉和英国人的宗教文化传统等有机结合，"英国人发现他们突然没有了拨火的炉子，便会倍感失落"。因此即使壁炉问题多多，但英国人宁愿付出更多金钱和健康代价也顽固维持自己的传统。不过，这种状况在第二次世界大战后得到改变，因为随着新居住区的建设和能源由煤向石油和天然气的转化，传统的壁炉逐渐被更为清洁便宜的集中供暖所取代。

二战之后，石油和天然气大量投入使用，恰好这时英国在北海发现油田和天然气田，虽然英国严重依赖煤炭，但焦炭生产最终还是在 1975 年停产了。石油和天然气这种相对于煤还算比较清洁的能源的使用，为治理英国的大气污染提供了契机。

与此同时，英国制定了一系列遏止空气污染和净化空气的法律：1821 年颁布了《烟尘防止法》，鼓励在合理条件下对烟尘造成的公害进行起诉，但其涉及范围很小，不包括燃煤机车和锅炉等；后来颁布的《制碱业管制法》等扩大了需要治理的污染源的范围，当然，治理大气污染法制化的进程与人们对大气污染认识的进步几乎是同步的；1866 年制定《环境卫生法》，1875 年制定《公共卫生法案》，1926 年通过了《公共卫生（烟害防治）法》。这些法律赋予地方政府必要时整治工业烟尘危害的权利，确定了空气污染和身体损害之间的科学关系，并在一定程度上规定了健康损害的赔偿和惩罚原则。从这些法律的名称就可以清楚地看出，空气污染在当时主要被局限地看成是一个危害人体健康的问题。

1952 年的伦敦雾霾之后，英国开始从"环境是一个整体"的角度考虑空气污染问题，制定了《清洁空气法》，改变了在英国重视水污染治理忽视空气污染治理的情况，体现了恢复良好空气质量的成本比继续污染要低得多的认识。通过实施这个法案，辅之以能源换代和技术升级，英国的工业烟尘排放大大减少。

美国治理环境污染的路，虽然没有英国漫长，但经历的认识过程和采取的方法步骤大体相同。

看来，发达国家在快速发展过程中也曾没有处理好发展与资源、发展与环境协调发展关系，没有处理好发展进程中方方面面平衡发展、可持续发展关系问题，走了不少弯路。

为了有所借鉴，国家标准《民用建筑工程室内环境污染控制规范》编制组于 2002 年初对德国、法国等国进行了建筑工程室内环境污染控制方面的考察访问。考察对象有：联邦德国材料研究院、法国船级社（国际检验局）、维也纳建材市场及各类正在进行的建筑装修。考察方式：同受访国工程设计人员、检测单位负责人和技术人员、高级管理人员座谈，结合现场考察、参观。作为对装修材料污染物释放问题的重视，重点考察了德国联邦材料研究院，参观考察了维也纳建材市场，了解了所接触过的宾馆、饭店、商场、办公室、车站、机场候机室等公共场所的实际情况。

考察组在座谈交流中感到，接待人员虽然对污染控制的具体工作不甚了解，但均明确表示，该国对建筑材料的有害物质含量有明确要求，材料出厂有检测报告，工程开发商自觉使用符合要求的材料已是自然之事，室内污染超标准、不符合要求的工程已成为过去。

考察组现场考察所接触过的人造木板闻不到气味，室内用人造木板皆为饰面板；建材市场货架上的人造木板，无论饰面与否，贴近板面及断面均闻不到明显气味，可见板材的游离甲醛含量不高（人对甲醛的嗅觉阈一般在 $0.1mg/m^3$ 上下），室内家具（桌、柜等）用板材皆为内外双面饰面材料；宾馆、饭店、商场、办公室、车站、机场候机室等公共场所，装修档次均比较高，装修时间有长有短，有的装修工作正在进行中，但均闻不到明显（甲醛等）刺激气味。建材市场里尚未出售的新板材、开了罐的涂料也均闻不到明显气味，使用板材制作的宾馆房间的衣柜、小桌，打开之后，也闻不到明显气味。

20 世纪 90 年代初，从东、西德国统一后对原东德住房的改造工程，可以看出德国对环境问题（内外环境两个方面）的重视程度。原东德的许多住房建筑内原先所使用的通风管道由于使用了石棉制品，存在石棉纤维污染隐患，因而决定全部拆除，并更换成新材料的通风管道。在拆除旧石棉管道并更换成新材料的通风管道过程中，为了防止对周围环境造成石棉纤维污染，施工中，他们将整个建筑物封了起来，并保持负气压，使石棉纤维无法飞散。由此可见，他们的环境意识和施工管理已经达到的程度。

在法国，按照国家规定，工程建设项目开始前，均应经过政府有关部门的批准，然后，开发商和用户之间要签订一份协议，协议内容除包括国家对于建筑工程的一般要求外（国家标准及法规所规定的内容），还应包括用户的特殊要求（只要不违背国家法律）。现在德、法、意、加、美、英、西班牙等国均实行建筑物质量保证期制度，多数国家规定为 10 年，对建筑材料、电气等质量保证期短一些，例如，法国和西班牙规定为 3 年。这些都要写进协议里。设计单位在进行设计时，既要考虑结构安全，还要考虑建筑物建成后，气候对建筑物的长期影响和其他隐患，考虑用户对舒适度提出的要求等。为减小工程建设过程中的风险，以及建成后 10 年质量保证期内的风险，设计单位和开发商及监理、检验机构均会向保险公司投保。设计单位投保金额一般为设计费用的 7%（设计费为工程费用的 7%），开发商的投保金额一般为工程费用的 $0.5\% \sim 1\%$。

工程施工开始前，开发商要选一家监督检测单位对工程建设过程进行监督检测（这里讲的监督，类似我国的监理，下同。在比利时，由保险公司委托检测单位）。监督检测费用一般为工程总费用的 $0.5\% \sim 1\%$，监督检测单位为减小日后风险，也要投保，投保金额一般为监督检测费用的 4%（这样，设计方、开发方、检测方等的投保金额合计为工程总费用的 $0.8\% \sim 1\%$）。

检测单位接受委托后，要制订一个监督检测计划，找出可能发生质量问题的关键所在，然后，有计划地进行监督检测，定期去工地查看，该进行现场检测时，要进行现场检测。建筑材料进场一般不再进行检测，材料供应商提供材料的性能说明书，材料性能要符合要求。如有疑问，要进行检测。工程过程中检测单位要分阶段提供质量情况报告。工程完成后，检测单位要提供一份工程质量情况的总的评价报告。检测单位要对最后评价负责，发生问题要赔偿损失。例如，在加拿大，由于全年雨水多，建筑物损坏较快，10 年质量保证期难以达到，因而，工程检测单位往往要担较大风险，有时检测工作无人敢做。

欧美国家可以接受社会监督检测委托任务的检测单位，应是经国家有关部门认可的、具有第三方公正性的、具备监督检测实力和资质的、独立的监督检测实体。这样的检测单位具有独立的法人地位，有承担一定法律责任的能力，有相当的技术实力，并取得实验室检验认证资质，取得国家认可。具备资格的单位，3~4 年要重新认定一次，要求是很严格的。法国有三家大的检测公司，小的检测公司有 5~6 家，英国原先有国有的检测公司，现已私有化。

法国目前纳入质量检测管理的工程约占工程总数的 2/3。另外 1/3 未纳入质量检测管理，主要为住户自己建房，以及农场的农舍等简易房屋建造等。

2004 年，国家标准《民用建筑工程室内环境污染控制规范》编制组曾经对美国室内氡防治情况进行考察。目前，美国各州关于室内氡浓度防治及检测要求不一。有的州规定出售房屋必须测氡（本底调查高原因之一，宾州、马萨诸塞州、纽约州、新泽西州等），有的州只是建议测氡，但测量结果必须告诉客户。美国测氡公司及氡办公室很多，都可以承担测氡任务。美国多年来新建筑寥寥无几，房子交易基本上通过房屋中介，因此，目前测氡主要是房屋中介的事，他们需了解室内氡浓度，并向客户介绍。

在美国的一些城市，住宅建设工地时而可见，可以看出，绝大部分为低层别墅式木结构住宅建筑（混凝土地坪，上部材料主要是原木及人造板），经实地观察，发现所使用的材料环境品质好，闻不到气味。政府时常派人巡查施工工地，发现建筑工程的质量问题，处罚严厉。

美国氡检测人员分两类：现场工作人员及专业技术人员，前者只能做现场工作（采样、布点等），无资格出报告，后者可以受委托进行检测并出具报告，两者资质不同（分工细，有一定道理）。

通过对欧美的考察深深感到，西方发达国家之所以能在较短时间里解决室内环境污染问题，一个原因，他们资金雄厚，可以较容易地淘汰落后产品，保证使用环境品质好的材料；另一个原因，他们是一个技术经济管理法制化较健全的社会，法律、法规（包括技术标准）的权威性强，执法监督有力，惩处严厉，人们按法律行事的自觉性高（这方面与我国差距大）。与我国比较起来，诸多这种情况虽然会随着我国社会经济的发展逐步得到改善，但毫无疑问，在进程中，每前进一步，都必须要付出艰苦努力。

综合多方面情况，可以看出：20 世纪 70—80 年代曾经给西方发达国家带来许多痛苦和烦恼的建筑室内环境污染问题，同工业化过程出现的大环境污染问题一样，通过他们多年努力，由于社会各方面采取了多方面技术的、经济的、法治的等综合措施，至今已经基本得到解决；在这些国家，新建房屋室内环境污染超标的情况基本上已经成为历史（遗憾的是参观现场由于缺少甲醛、VOC 等空气污染检测仪器，无法给出具体数据）。

关于建筑工程的室内环境监督管理，通过考察还了解到，虽然他们的管理体制与我国不尽相同，但反映到工程监督管理的内容上，同国家标准《民用建筑工程室内环境污染控制规范》GB 50325 大体一样：设计单位要按照国家有关标准规定进行设计，材料生产厂家要提供符合标准要求的材料，并附带材料检验报告书，施工单位要按设计要求施工，监督检测单位要跟踪监督检测，工程竣工要提供总体评价报告并对检测评价负责，达不到设计要求不允许投入使用等。也可以说，西方发达国家控制建筑工程室内环境污染所采取的技术措施不外乎材料控制、设计及施工、验收等环节把关，纳入法制轨道。

2．展望

（1）必须从行业和全社会角度观察和处理室内环境污染治理问题。

国家标准《民用建筑工程室内环境污染控制规范》编制组对欧美发达国家考察结束后，曾经在考察报告上乐观地写了如下结论：

①西方发达国家用约 20 年时间基本解决了室内环境污染问题，是真实的。

②GB 50325 内容应充分肯定、有效，中国的路子是正确的。

③本次出国考察，发现欧洲发达国家天蓝、水清，说明他们解决了自然环境的污染问题。20 世纪 70—80 年代，困扰西方发达国家的室内环境污染问题，通过这次考察，看来也已解决，他们用了约 20 年时间。我国室内环境污染问题发生较晚，解决也需要一个过程。时间太长，人民不答应；太短，困难很大，估计 10 年时间解决问题应是可能的……

回过头来看，"10 年解决中国的室内环境污染问题"，这样的想法太乐观了，也太幼稚了，因为，问题远没有这样简单。

为了便于分析，不妨将室内环境污染问题与我国目前正在大力推进的大气雾霾治理工作进行一番比较，作为参考和借鉴。

困扰亿万人的大气雾霾已经深度影响到了民众的生活，大气污染治理问题已经受到各方的极度重视。但究竟如何治理？经过长期深入思考，社会各界已经达成一致：综合整治，从"源头"做起。也就是说，只有从源头控制污染物的排放整治入手（工业生产、汽车尾气、燃煤、扬尘等），全社会支持配合，再加上末端的综合治理，才能收效。

具体讲，首先，需从产生污染的产业入手，拿产业结构"开刀"，结构性污染等一些深层次矛盾和问题需取得根本性突破。作为大气污染的"重灾区"，将治污染与调结构有机结合，开展化解钢铁、水泥过剩产能集中行动。钢铁、水泥、玻璃等高耗能、高污染产业数量多、规模大，低端过剩产能多，高端产品相对较少。产业布局不合理问题依然严重。有的地区多年形成了污染企业围城的状况，城区及周边地区单位面积燃煤消耗量和污染物排放量巨大，严重影响城区空气环境质量。部分地区皮革、铸造等传统产业总体发展处于原始自发状态，规模化、集约化、园区化不够，"小、散、乱、污"情况比较普遍。

虽然产业结构调整是关键，但也是一种阵痛，因为，进一步调整产业结构，淘汰落后产能，压缩过剩产能，优化产业布局，对位于城市建成区、对城市环境质量影响大的生产企业或设施进行环保搬迁，淘汰落后产能的同时，要提高产业清洁生产和污染治理水平，以电力行业为突破口，在钢铁、水泥、平板玻璃、石油化工、化工等行业燃煤锅炉领域研发并推行超低排放技术，加快取缔"土小"企业群；坚决取缔"土小"企业，推进传统产业转型升级并向规模化、集约化、园区化方向发展，努力实现污染统一收集、统一治理、统一监管。可以想见，在这些工作进行中，势必要伤及许多企业和员工切身利益，推行起来难度极大，因此，既要决心大，把污染大、产能落后的企业淘汰掉，又要把工作做细，需要花钱、付出代价，需要一个过程。

在调整产业结构的同时，需进行能源结构调整。国内燃煤污染问题突出，应将燃煤污染防治作为重点，用燃气热电中心替代燃煤电厂，并进行燃煤设施清洁能源改造，大力开展煤炭清洁化利用试点；燃煤电厂超低排放升级改造；必须解决城中村、城乡接合部和广大农村地区居民燃烧散煤问题；为此，开工一批水电、核电项目，增加天然气供应，加快页岩气技术研究和资源开发，因地制宜发展风电、太阳能、生物质能、地热能，推动分布式能源发展。加大清洁能源供给，优化煤炭使用方式，提高清洁煤技术和燃煤污染防治水平。

还需要压减机动车污染。要加快开展老旧车淘汰，实行严格的新车排放标准和油品标准。制定一些好的经济政策，按照多使用多付出的原则，通过经济杠杆的调节，使得机动车的使用量下降，除此之外，柴发合建议加快机动车排放监管体系、柴油车车用尿素供应体系建设，提升车用油品品质，严格控制汽车和加油站的挥发性有机物无组织排放。油品的标准，要由质检、环保、还有产油部门共同制定，要加大标准制定机构的代表性和指标的完整性，油漆、涂料、溶剂等标准的制定，环保部门也应该介入。要多手段、多方面抓好机动车污染防治。加快淘汰老旧机动车，从严控制重型柴油车污染，抓好公交、环卫等重点行业车辆的更新换代，大力推广新能源车。

除此之外，还应注意多污染物协同控制。大气污染成因复杂，除了工业排放和机动车尾气等来源外，建筑工地、道路扬尘，农业生产排放等也是不可忽视的源头，严控扬尘污染，实施扬尘排污收费，建设单位在工程造价中列支扬尘治理专项资金，并将扬尘控制情况纳入企业信用、市场准入管理；采用卫星遥感、无人机航拍严控秸秆焚烧；加强施工扬尘监管，推进绿色施工。渣土运输车辆应采取密闭措施，并逐步安装卫星定位系统。推行道路机械化清扫等低尘作业方式。大型煤堆、料堆要实现封闭储存或建设防风抑尘设施。推进城市及周边绿化和防风防沙林建设，扩大城市建成区绿地规模。

还要注意农业领域，那里是所有治污领域最薄弱的环节，秸秆焚烧、家庭燃煤产生的污染，十分突出。解决这些问题的出路，要靠技术的突破，比如秸秆的综合利用，新能源的使用推广。

从治理室外雾霾可以看出，环境污染治理不是简单一句话，它牵涉到社会的许多方面，需要一个时间过程。

同样的，解决室内环境污染问题也需要综合整治，从产生污染的建筑装修材料"源头"做起。也就是说，只有从源头控制污染物的排放整治入手（人造板、胶粘剂等），全社会支持配合，再加上工程建设的综合治理，才能收效。与室外大环境雾霾等治理相比，室内环境污染整治虽然规模小一些，但同样涉及产业结构调整、生产监管、市场监管、工程建设、法治建设等全社会整治问题。

为了说明问题，不妨从造成甲醛污染最突出的人造板行业的方方面面情况说起，思考如何从源头开始进行整治。

据统计，一段时间以来，中国人造板产量稳居世界首位，人造板需求量也是全球第一。

我国人造板主要用在装修上，做家具、做地板、做门等，需要表面非常细腻的纤维板，而刨花板则不然，在国外主要用于建筑盖房子。

我国目前生产的大部分人造板使用的胶粘剂大多是以甲醛为主要成分的脲醛树脂，板材中残留的和未参与反应的甲醛会逐渐向周围环境中释放，形成甲醛污染的主要来源。大量使用的人造板制品，如地板、家具、门窗、隔板等，甲醛释放量就会成倍增加。

目前影响人造板行业发展的障碍之一是甲醛污染问题。全世界甲醛含量要求严格的日本，其最高标准为 F 四星级，要求甲醛释放量不得超过 0.3mg，达到这个标准的板材可以无限制的使用。我国目前甲醛测定采用的标准要求过于宽松，就是如此，仍然有很多企业反对，进一步要求更是困难，因为把我国人造板甲醛含量标准降低，意味着很多企业要关门。

降低人造板甲醛释放量从技术上可以做到，并且，一些有条件企业已经做到，但是，那些高甲醛低成本的人造板比它更有市场，因为多数消费者并不知道"E0 级""E1 级"等概念，也缺少手段了解人造板的具体性能指标。

我国社会经济的快速发展对人造板有巨大需求。国内城镇化建设、新农村建设、交通基础设施建设等均需要大量的人造板供应。

由于人造板品类不断增加，新品不断涌现，加之原材料越来越广泛，一些过去不可想象的材料都可应用来制作人造板，如各种废弃木质材料、回收塑料、农业秸秆等，因此，其应用范围也越来越广阔，家居产品种类和花色越来越丰富。现在人造板产品在室内装修中几乎无所不包。

2013 年美国《复合木制品甲醛标准法案》升级版出台，对木制基材人造板提出了更高的环保要求，对我国木制品出口造成极大影响。

林产工业协会提供的资料显示，目前人造板行业无序竞争带来的市场混乱问题突出，恶性价格战导致产品质量下降，企业诚信缺失，并造成市场混乱；存在环保指标不过关、产品甲醛释放量超标、质量检测报告不规范、质检报告与产品不符甚至无质检报告等问题。

我国人造板生产企业均规模小，全国家庭作坊式工厂遍地开花，缺乏具有超强竞争力的产业和商业巨头，无力引进先进技术设备，无法开展有效市场营销，无法实现企业内部与外部的双重规模经济。全国各省都有胶合板企业，总数合计上万家，但大多数是中小型民营企业，且 90％的企业年产量在 1 万 m^3 以下，就业人员数百万。

据了解，现在业内有些人士不愿谈及甲醛问题，因要改变甲醛问题意味着他们要放弃比较便宜的胶粘剂，增加生产成本。加之我国人造板整体来说附加值不高，竞争又十分激烈，所以目前只有少部分企业在使用不含甲醛的胶粘剂生产低醛板或者无醛板。例如，有些企业虽然已经能够生产出甲醛含量很低的产品，但是时至今日也没有被大量投产，主要原因是低甲醛或者无甲醛新技术的应用生产成本肯定要高，成本增加，利润减少，企业为难，尤其是一些实力不足的小企业，愿意维持现状，阻碍了低甲醛产品的替代进程。

各方面行业信息表明，人造板行业既是一个有光明前景的行业，同时又面临重重困难，如何治理我国的室内环境污染既不是简单的技术问题，也不是简单让工厂关门就能解决的局部问题，只有从行业和社会角度观察，考虑各方面全面情况，统筹部署，才能找到切实可行的解决办法。

（2）在全面建成小康社会过程中解决我国的室内环境污染问题。

西方发达国家用了约 20 年时间使室内环境污染问题初步解决，至今，他们仍然有许多问题在研究解决之中，已经 30 年过去了。

中国是一个发展中大国，污染问题须在经济社会发展中解决。

从根本上说，环境问题（无论是室外或者是室内）既是对有限资源的浪费，同时又危害人民群众健康，因此，这样的发展是不可持续的、总归是走不通的。我国目前发生的室内外污染问题同样是在工业化快速发展过程中，由于没有处理好发展与资源、发展与环境的协调关系而产生的问题。解决环境问题必须从整个社会的全面、协调发展、绿色发展过程中逐步调整解决，通过提升全社会发展水平中解决，通过调整产业结构、促进产业转型升级、强化社会监督、提升全民法治理念、健全法治等措施逐步解决。

目前，我国社会主要矛盾已经转化为人民日益增长的美好生活需要和不平衡不充分的发展之间的矛盾；突出的问题是发展不平衡不充分，这已经成为满足人民日益增长的美好生活需要的主要制约因素；坚持节约资源和保护环境的基本国策，绿色发展方式和生活方式正在成为人民群众的普遍要求。

青藏铁路、西气东输、三峡工程、地震灾害、退耕还林、炸掉小电厂、水泥厂、关闭造纸厂……说不尽的国家级大行动在显示国家意志、显示国力。

我国发展方针明确：在今后发展中要着力解决突出环境问题，坚持全民共治、源头防治，健全环保信用评价、信息强制性披露、严惩重罚等制度，构建政府为主导、企业为主体、社会组织和公众共同参与的污染防治治理体系；坚持去产能、补短板，这些大政方针与室内环境污染防治必由之路完全一致，为从根本上解决室内外环境污染问题提供了前提。

从环境污染中走出来的美国洛杉矶，在谈及中国现在的室内外环境污染问题时，2008 年《洛杉矶时报》曾发表过一篇题为"中国正遭受室内空气污染之痛"的文章，文中说：目前，"地球上 20 个污染最严重的城市有 16 个在中国，这是两位数经济增长率带来的恶果。老百姓家中的空气质量比外面还要坏 10 倍……中国有能力改变现状。在这个能实现令人羡慕的经济增长的国家，只要愿意，他们就能解决这一污染问题"。

我国社会经济发展的速度是惊人的，在建设和谐社会的进程中，解决我国室内环境污染问题的步伐或许会更快一些。

与社会建设同步将是我国解决室内污染问题的可行之路。有理由相信，按照国家发展计划，到 2035 年，我国将全面建成小康社会，我国现代社会治理格局将基本形成，社会充满活力又和谐有序；生态环境将根本好转，实现温馨、洁净的家居环境目标完全可能的。